PROCESSOS DE DECAPAGEM, LAMINAÇÃO A FRIO E RECOZIMENTO DE PRODUTOS PLANOS DE AÇO

abm
Associação Brasileira de
Metalurgia, Materiais e Mineração

Coleção de Livros ABM em
Metalurgia, Materiais e Mineração

Série: Capacitação Técnica em Processos Siderúrgicos
Área: laminação

Ernandes Marcos da Silveira Rizzo

Associado da ABM, técnico em metalurgia (IFES), engenheiro mecânico (UFES), mestre em Materiais e Processos de Fabricação (UNICAMP), doutor em Materiais e Processos de Fabricação (UNICAMP e The University of Iowa, Estados Unidos).

Website: www.erct.com.br

PROCESSOS DE DECAPAGEM, LAMINAÇÃO A FRIO E RECOZIMENTO DE PRODUTOS PLANOS DE AÇO

Processos de decapagem, laminação a frio e recozimento de produtos planos de aço

Editora Edgard Blücher Ltda.

Publisher Edgard Blücher
Editor Eduardo Blücher
Coordenação editorial Jonatas Eliakim
Produção editorial Lidiane Pedroso Gonçalves
Preparação de texto Maurício Katayama
Diagramação Roberta Pereira de Paula
Revisão de texto Ana Lúcia dos Santos
Capa Leandro Cunha
Imagem da capa iStockphoto

Blucher

Rua Pedroso Alvarenga, 1245, 4º andar
04531-934 – São Paulo – SP – Brasil
Tel.: 55 11 3078-5366
contato@blucher.com.br
www.blucher.com.br

Segundo o Novo Acordo Ortográfico, conforme 6. ed. do *Vocabulário Ortográfico da Língua Portuguesa*, Academia Brasileira de Letras, julho de 2021.

Dados Internacionais de Catalogação na Publicação (CIP)
Angélica Ilacqua CRB-8/7057

Rizzo, Ernandes Marcos da Silveira
Processos de decapagem, laminação a frio e recozimento de produtos planos de aço / Ernandes Marcos da Silveira Rizzo. – São Paulo : Blucher, 2022.
370 p. (Coleção Capacitação Técnica em Processos Siderúrgicos)

Bibliografia
ISBN 978-65-5506-454-4 (impresso)
ISBN 978-65-5506-455-1 (ebook)

1. Laminação (Metalurgia) 2. Aços – Tratamento térmico I. Título II. Série

22-3850 CDD 669.1

Índice para catálogo sistemático:
1. Laminação (Metalurgia)

APRESENTAÇÃO DA COLEÇÃO DE LIVROS ABM

A Coleção de Livros ABM em Metalurgia, Materiais e Mineração, criada em 2005, tem por principais objetivos suprir lacunas de conhecimentos e estimular o desenvolvimento de pessoas.

De forma a ter uma abordagem mais didática, a coleção foi segmentada em quatro séries:

Livros de Referência – apresentam-se como materiais para consulta rápida de informações úteis, gerais ou focalizadas em um determinado campo do conhecimento, abrangendo, normalmente, tabelas, estatísticas, definições, exemplos, históricos e outros tipos de conteúdo.

Obras de Difusão – têm o propósito de levar a notícia e o conhecimento até o leitor comum, familiarizando-o com a natureza do progresso científico e tecnológico, bem como apresentar implicações econômicas, sociais e políticas, em uma sociedade exposta a constantes mudanças.

Livros de Atualização – fornecem ao leitor mais experiente a abordagem de assuntos especializados que complementam o conhecimento técnico-científico, além de atualização sobre os progressos nas áreas de metalurgia, materiais e mineração.

Livros-texto – destinam-se a leitores iniciantes ou que queiram se aprofundar no assunto, abordando temas de Fundamentos, Matérias-primas e Processos, Produtos e Aplicações e Gestão, seguindo uma sequência lógica de assunto e grau progressivo de dificuldade, compatíveis com a finalidade didática do livro.

O livro *Processos de decapagem, laminação a frio e recozimento de produtos planos de aço* é fruto de mais uma parceria entre ABM e Editora Blucher, e vem enriquecer a Coleção de Livros, contribuindo com a série Livros-texto.

abm
Associação Brasileira de
Metalurgia, Materiais e Mineração

Ronaldo Barbosa
Editor-chefe

APRESENTAÇÃO

A série de materiais instrucionais denominada Capacitação Técnica em Processos Siderúrgicos foi elaborada com o intuito de oferecer aos interessados na área de metalurgia e materiais informações essenciais, objetivas e atualizadas a respeito dos diversos processos envolvidos na elaboração, conformação e aplicação dos aços, materiais estes de fundamental importância para o desenvolvimento da sociedade. As publicações podem ser utilizadas para aperfeiçoamento de profissionais que militam na área da siderurgia, por estudantes interessados em compreender a siderurgia ou para treinamento de novos funcionários em um determinado setor da indústria.

Esta série é subdividida em quatro áreas: *conhecimentos básicos*, *redução*, *aciaria* e *laminação*, procurando, assim, cobrir todo o espectro de conhecimentos relacionados à siderurgia. Em vez de uma publicação que cubra todo o conteúdo de uma determinada área, optou-se pela elaboração de diversas publicações, de forma a cobrir os *itens de conhecimentos* específicos de cada *especialidade*, procurando evitar um excesso de informações que, embora pudessem ser consideradas como enriquecedoras, poderiam prejudicar a assimilação do conteúdo pelo público-alvo a que se destinam.

Saliente-se que as publicações foram elaboradas com o intuito de apresentar e discutir os principais fluxos de processos, as principais variáveis ou parâmetros de controle desses processos e os principais tipos de equipamentos utilizados. Detalhes construtivos dos equipamentos, as faixas de controle das variáveis ou parâmetros variam de empresa para empresa, em função do fornecedor dos equipamentos, do grau de atualização tecnológica da empresa e do tipo de produto produzido, não sendo, portanto, alvo desta série de publicações, e sim de treinamentos específicos na função (*on-job-training*). O objetivo principal desta série de publicações é apresentar ao leitor um breve panorama da produção dos aços, o macrofluxo de obtenção e processamento desses materiais, as razões da existência de uma ampla gama de tipos de aços no mercado, os parâmetros que governam a seleção de um determinado tipo de aço e as linhas gerais para estudo desse ramo relativamente complexo da ciência e da tecnologia intitulado siderurgia ou metalurgia das ligas ferrosas.

Para atingir tal finalidade, são feitas descrições objetivas de cada um dos itens de conhecimentos em detrimento de análises mais aprofundadas e quantitativas ou de peculiaridades dos equipamentos ou procedimentos de uma determinada empresa. Equações matemáticas ou químicas só são utilizadas em casos essenciais, para a compreensão de um determinado fenômeno ou processo no grau de exigência típico de provas de certificação.

As publicações foram elaboradas de forma a apresentarem, nos capítulos iniciais, as principais características dos equipamentos utilizados e o fluxo de operações do processo em estudo, procurando deixar para os últimos capítulos as informações relativas aos fenômenos físico-químicos, metalúrgicos e mecânicos que "explicam" os diversos processos.

Na *área de conhecimentos básicos*, os seguintes títulos foram publicados:

Títulos das publicações
Introdução aos processos siderúrgicos
Noções sobre tecnologia de gestão na indústria

Na *área de redução*, o seguinte título foi publicado:

Títulos das publicações
Processos de fabricação de ferro-gusa em alto-forno

Na *área de aciaria*, os seguintes títulos foram publicados:

Títulos das publicações
Introdução aos processos de preparação de matérias-primas para o refino dos aços
Introdução aos processos de refino primário dos aços nos convertedores a oxigênio
Introdução aos processos de refino primário dos aços nos fornos elétricos a arco
Introdução aos processos de refino secundário dos aços
Introdução aos processos de lingotamento dos aços

No caso específico das publicações para a *área de laminação*, os seguintes títulos compõem esta série:

Títulos das publicações
Processos de laminação dos aços: uma introdução
Processos de laminação a quente de produtos planos de aço
Processos de laminação de produtos longos de aço
Processos de decapagem, laminação a frio e recozimento de produtos planos de aço

O autor expressa seus agradecimentos aos funcionários das usinas siderúrgicas, da Associação Brasileira de Metalurgia, Materiais e Mineração (ABM) e de fornecedores de equipamentos e insumos para a siderurgia, que forneceram informações vitais para a elaboração desta publicação, além de terem participação fundamental na revisão dela. Como todo trabalho que se inicia, este certamente apresentará falhas, seja de conteúdo, de forma ou de abrangência, cuja identificação, bem como as sugestões para o aperfeiçoamento desta publicação, será recebidas de bom grado.

O autor também agradece às seguintes empresas e associações de classe que cederam imagens para ilustrar esta publicação:

ArcelorMittal Tubarão

Associação Brasileira de Metalurgia, Materiais e Mineração (ABM)

Danieli do Brasil Ltda.

JFE Steel Corporation

Mitsubishi-Hitachi Metals Machinery, Inc.

Siemens VAI Metals Services Ltda.

Siemens VAI Metals Technologies GmbH & Co.

Sistema Usiminas

SMS Siemag Metalurgia do Brasil Ltda.

Vitória (ES), agosto de 2022.

Prof. Dr. Ernandes Marcos da Silveira Rizzo

ernandes@erct.com.br

CONTEÚDO

CAPÍTULO 1

Produtos planos laminados a frio

1.1 CLASSIFICAÇÃO DOS PRODUTOS PLANOS LAMINADOS

De uma maneira geral, as normas consideram produtos planos aqueles produtos laminados acabados com a seção transversal retangular (ou aproximadamente, se considerarmos as bordas e o perfil transversal), com a largura muitas vezes maior que a espessura. A sua superfície é tecnicamente lisa, mas pode, em certos casos, apresentar intencionalmente entalhes ou relevos regularmente espaçados (chapas de piso ou painéis, por exemplo). A superfície também pode apresentar uma combinação de acabamento e rugosidade, para torná-la adequada a receber certos revestimentos superficiais ou passar por processos de conformação de forma mais adequada (receber uma camada de lubrificante na etapa de estampagem, por exemplo).

Pela ABNT e pela maioria das normas internacionais (ISO, ASTM, CEN, DIN etc.), são considerados produtos planos laminados de aço os seguintes tipos: chapas finas, chapas grossas, tiras, folhas e fitas. Esses produtos podem ser fornecidos na forma linear ou enrolados formando bobinas e rolos. Podem ser fornecidos com ou sem revestimentos metálicos ou orgânicos.

As normas técnicas das organizações ABNT, ISO, ASTM e CEN também devem ser consultadas, entre várias outras organizações de normalização e outras normas da ABNT que serão citadas no decorrer do livro. Para a classificação dos produtos laminados planos de aço, foram utilizadas as seguintes normas da ABNT:

NBR 6215/2011	Produtos siderúrgicos – Terminologia
NBR 8643/1995	Produtos siderúrgicos de aço
NM-COPANT 1588/1996	Produtos siderúrgicos
NBR 5903/2015	Produtos planos laminados de aço – Terminologia
NBR 8590/1994	Grandezas e unidades de medida na laminação de produtos de aço
NBR 11888/2015	Bobinas e chapas finas a frio e a quente de aço-carbono e de aço de alta resistência e baixa liga – Requisitos gerais

Outras normas de outros órgãos de normalização também podem ser consultadas:

ISO 6929/1987	Steel products – Definitions and classification
EN 10079/2007	Definition of steel products (norma da União Europeia)
ASTM A941 – 10a/2010	Standard Terminology Relating to Steel, Stainless Steel, Related Alloys, and Ferroalloys
ASTM A6/A6M/2012	Standard Specification for General Requirements for Rolled Structural Steel Bars, Plates, Shapes, and Sheet Piling
ASTM A994/2011	Standard Guide for Editorial Procedures and Form of Product Specifications for Steel, Stainless Steel, and Related Alloys

As delimitações dimensionais para cada tipo de produto acabado plano, obtidas por laminação a quente ou a quente e a frio, foram atualizadas na versão de 2015 da NBR 5903 (Produtos planos laminados de aço - Terminologia). Ressalta-se que essas delimitações dimensionais e os termos associados podem variar significativamente conforme o tipo de organização de normalização escolhida, podendo variar inclusive entre as normas de uma mesma organização em função, entre outros motivos, da data de revisão de uma dada norma. A seguir, são apresentados os principais produtos definidos pela NBR 5903/2015 (entre parênteses são apresentados os termos correspondentes em espanhol e inglês), além de algumas definições da NBR 6215/2011.

Os *produtos acabados planos* são obtidos por laminação a quente de placas em cilindros lisos (sem canais), podendo ainda ser laminados a frio em etapas subsequentes. Esses produtos planos são classificados, de acordo com as dimensões (segundo a NBR 6215/2011 e com algumas inserções do autor por existirem falhas na norma), em:

bobina (*rollo/coil*) – produto plano laminado, com largura mínima de 600 mm, enrolado na forma cilíndrica e com comprimento variável;

chapa (*plancha/sheet*) – produto plano de aço, com largura superior a 600 mm, laminado a partir de placa, podendo ser obtido de bobina.

- Chapa fina (*plancha delgada/sheet*) – chapa cuja espessura[1] é igual ou inferior a 5,00 mm e igual ou superior a 0,30 mm.
- Chapa fina a frio (*plancha delgada laminada en frio/cold rolled sheet*) – chapa fina cuja espessura final é obtida por laminação a frio.

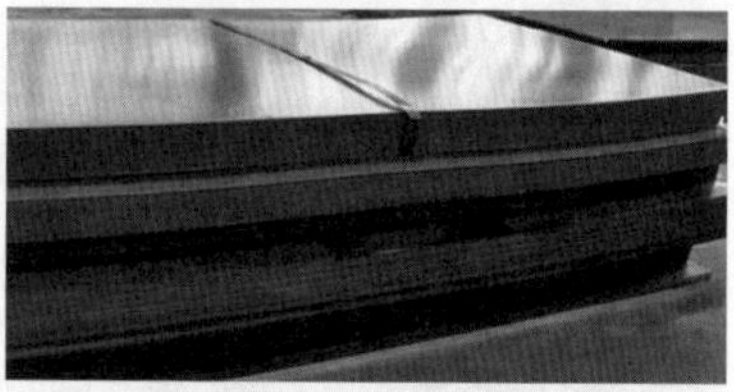

- Chapa fina a quente (*plancha delgada laminada en caliente/hot rolled sheet*) – chapa fina cuja espessura[2] final é obtida por laminação a quente.
- Chapa grossa (*chapa gruesa/plate*) – chapa cuja espessura é superior a 5,00 mm (de acordo com a NBR 11889/2011 – Bobinas e chapas grossas de aço-carbono e de aço de baixa liga e alta resistência – Requisitos, as bobinas e chapas do laminador contínuo são fabricadas com espessuras entre 5,00 mm e 16,00 mm, e, acima dessa espessura, o produto plano é fabricado, geralmente, no laminador reversível).[3]

- Chapa galvanizada ou zincada (chapa galvanizada/*galvanized sheet*) – chapa fina de aço revestida, em uma ou ambas as faces, com camada de zinco ou suas ligas (zinco-alumínio, zinco-ferro), aplicada por imersão a quente ou por eletrodeposição.
- Chapa de piso ou xadrez (*chapa embutida/flooring sheet* ou *tear plate*) – chapa que apresenta em uma das faces uma configuração geométrica em relevo, destinada a assegurar características antiderrapantes, podendo também ser fornecida em bobina;

1 A EN 10079/2007 (Definition of steel products) estipula o valor de 3,0 mm para separação entre chapas finas (*sheet*) e grossas (*plate*). A NM-COPANT 1588/1996 (Produtos siderúrgicos - Definições e classificação) também faz a mesma divisão. Já a norma estadunidense ASTM A6/2012 (Standard Specification for General Requirements for Rolled Structural Steel Bars, Plates, Shapes, and Sheet Piling) designa "chapa grossa" (*plate*) o produto plano com espessura > 6 mm e largura > 200 mm, ou espessura > 4,5 mm e largura > 1.200 mm.

2 Apesar de a norma considerar como bobina laminada a quente a partir da espessura de 1,2 mm, já existem empresas que realizam a laminação de bobinas com uma espessura de 0,8 mm.

3 Já existem empresas que laminam e bobinam chapas grossas com espessuras acima de 18 mm.

tira (*fleje/strip*) – produto laminado plano, com largura igual ou inferior a 600 mm.

- Tira cortada – produto plano laminado fornecido com comprimento definido. Pode ser obtido de rolos cortados aplainados ou de corte mecânico de chapas finas a frio, chapas finas a quente, chapa grossa ou qualquer produto plano laminado.
- Tira relaminada (*tira relaminada/rerolled cold strip*) – tira laminada a frio, com espessura igual ou inferior a 8,00 mm, que se distingue da tira cortada por ter tolerâncias mais restritas na espessura e largura decorrentes do processamento de fabricação.

Observação: A NM-COPANT 1588/1996 define tira estreita laminada quando a largura é menor que 600 mm, e tira larga laminada quando a largura é igual ou maior que 600 mm, definição semelhante à da EN 10079/2007 (sem a menção de espessura nas duas normas citadas), porém, nessa norma, o termo *strip* se refere a um produto bobinado;

rolo (*rodillo/platen*) – produto plano relaminado a frio ou produto plano laminado, com largura igual ou inferior a 600 mm, enrolado na forma cilíndrica de tal modo que a largura final do rolo seja igual à largura do produto plano (rolo simples), ou, então, de modo que a largura final do rolo seja superior à largura do produto plano, o qual é obtido em sistema oscilante (rolo zigue-zague).
Na NBR 6215/2011, o rolo é definido como produto resultante do bobinamento do *aço longo*, com seção transversal tipicamente redonda, proveniente de laminação a quente, trefilação ou laminação a frio;

fita de aço para embalagem (*cinta de acero para empaquietamiento/steel strip for packing* ou *steel band for package*) – produto plano laminado, com espessura igual ou inferior a 1,50 mm e largura igual ou inferior a 51,00 mm, utilizado como elemento de fixação e compactação no acondicionamento e/ou na embalagem. É fornecido na forma de rolo;

folha (*hoja/sheet*) – produto plano laminado de aço baixo carbono, com espessuras entre 0,12 e 0,49 mm, revestido com estanho ou cromo, e não revestido.

- Folha de flandres – folha laminada de aço-carbono, revestida, em ambas as faces, com estanho, pelo processo de eletrodeposição e passivação com compostos de cromo.
- Folha de flandres revestida com revestimento diferencial – folha que apresenta camada nominal de estanho diferente em cada uma das faces.
- Folha cromada – folha de aço com baixo teor de carbono, revestida em ambas as faces com camada de cromo aplicada por eletrodeposição.
- Folha não revestida – folha laminada de aço sem revestimento protetivo, normalmente oleada e sem nenhum outro tratamento superficial.

A NM 42/2001 (Folha de flandres e chapa não revestida em folhas e bobinas de simples e dupla redução) define:

- bobina e folha não revestida de simples redução: obtidas por laminação a frio a partir de uma tira laminada a quente de espessura entre 0,17 mm e 0,53 mm;
- bobina e folha duplamente reduzida: obtidas por relaminação a frio a partir de uma tira laminada a quente, que tem uma maior redução a frio no laminador de encruamento depois de recozida, em espessuras de 0,15 mm a 0,38 mm.

Na Figura 1.1, são representados os limites dimensionais para os produtos planos laminados. Observa-se que esses limites não são muito claros na norma.

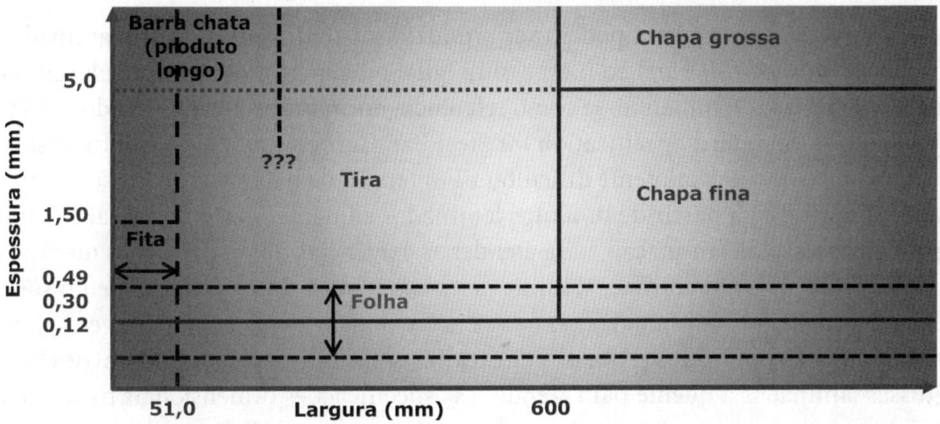

Figura 1.1 – Representação esquemática dos limites dimensionais entre produtos planos laminados (com algumas incoerências na norma).

Apesar de a ABNT e algumas normas internacionais, como a ASTM, definirem que produtos com espessuras acima de 5 mm são classificados como chapas grossas, algumas empresas consideram como chapa grossa um produto que é fabricado na linha de chapas grossas e que possui espessura ≥ 6,0 mm e largura ≥ 900 mm.

A EN 10079/2007 menciona o termo *wide flat* para designar o produto plano com 150,0 < largura ≤ 1.250 mm, e espessura > 4,0 mm, com 4 faces laminadas na execução dos passes, de modo a se obterem as quinas retangulares, e sempre fornecido na forma linear, isto é, sem ser bobinado. Nessa norma, as chapas grossas e finas (*plates* e *sheets*) são produzidas com livre deslocamento das bordas. Estas podem ser fornecidas laminadas ou podem ser cortadas por tesouras, guilhotinas e maçaricos, ou serem chanfradas.

É importante reforçar ainda que, nessa norma, o termo *strip* se refere a um produto bobinado, que pode ser desbobinado e cortado para gerar peças de comprimento específico ou folhas. Em função da largura, tem-se: *wide strip* (largura ≥ 600 mm) e *narrow strip* (largura < 600 mm), quando laminada com a largura abaixo de 600 mm; ou *slit wide strip*, quando laminada com largura ≥ 600 mm e cortada para largura abaixo de 600 mm antes do despacho. Essa norma especifica que, para produtos com largura acima de 600 mm, estes só são classificados como laminados (*cold rolled flat product*) se forem submetidos a um grau de deformação da seção transversal acima de 25%. Para produtos com largura menor que 600 mm ou para determinados tipos de aços especiais, um grau de redução menor que 25% pode ser exigido.

Um produto laminado que também apresenta a seção transversal retangular é a *barra chata* (*barra plana/flat bar*), barra de seção transversal retangular, de cantos vivos ou arredondados, com espessura superior a 2,50 mm e largura inferior[4] a 300 mm. Esse produto, apesar de ser plano, é classificado como um produto laminado *longo*.

Observa-se que também podem ser produzidas *barras chatas* de aço laminadas a frio (*cold finished flat bars*) com espessura igual ou superior a 6,35 mm e largura de até 304,8 mm (12"), tomando-se como referência normas dos Estados Unidos (ASTM A108/2007 – Standard Specification for Steel Bar, Carbon and Alloy, Cold-Finished). Essas dimensões normalmente dificultam a obtenção da barra por processos de trefilação (*drawn bar*) a partir de produtos laminados a quente, razão pela qual é empregado o processo de laminação, para atender às exigências de propriedades mecânicas (maior resistência à deformação, limite de escoamento e dureza), acabamento superficial e precisão dimensional. Essas exigências podem explicar por que em alguns casos não são empregados processos que realizam a subdivisão longitudinal de chapas grossas laminadas a quente para atender às especificações dimensionais para as barras chatas, o que, a princípio, seria mais produtivo e econômico.

Em Rizzo (2007), que faz parte de uma série de publicações da ABM e cuja leitura é recomendada, são apresentadas as especificações dimensionais de produtos laminados semiacabados laminados e lingotados, além de exemplos típicos de aplicações de produtos planos acabados.

Outro aspecto a ser observado é o fato de o mercado disponibilizar *bitolas padronizadas* (séries de espessuras padronizadas), designadas por números ou por dimensões-padrão (expressas em milímetros ou polegadas) para os produtos planos laminados a quente e a frio, assim como o faz para diversos tipos de produtos longos. No caso da laminação de chapas, deve-se ficar atento ao fato de que um determinado número de bitola (em inglês, podem ser utilizados os termos *gage* ou *gauge*) pode indicar dimensões diferentes para aços e ligas não ferrosas (são especificados principalmente produtos de ligas de alumínio e cobre). As Tabelas também apresentam as tolerâncias dimensionais padronizadas, bem como as tolerâncias e a equivalência entre massa e espessura fixadas por normas técnicas, muitas vezes não devidamente mencionadas, para as diversas bitolas. A largura nominal pode ser definida por acordo prévio entre fornecedor e cliente. Para um aprofundamento deste tópico, recomenda-se a consulta das normas técnicas para produtos planos que apresentem em seu título os termos "padronização" ou "especificação".

[4] Na EN 10079/2007 e na ASTM A6/2012, tem-se a especificação para *flat bar*: espessura $\geq$ 5,0 mm e largura $\leq$ 150 mm. A ASTM A6/2012 ainda aceita: espessura $\geq$ 6,0 mm e largura $\leq$ 200 mm.

1.2 FLUXOGRAMAS PARA A FABRICAÇÃO DE PRODUTOS PLANOS LAMINADOS A FRIO

Um fluxograma geral do processo de laminação de produtos planos de aço é apresentado na Figura 1.2, na qual pode ser observado que os produtos planos laminados a quente de aço podem ser fabricados por um dos dois caminhos específicos descritos a seguir:

a) produção de *chapas grossas*;

b) produção de *bobinas* que podem ou não ser laminadas a frio e, depois, também de forma opcional, ser revestidas.

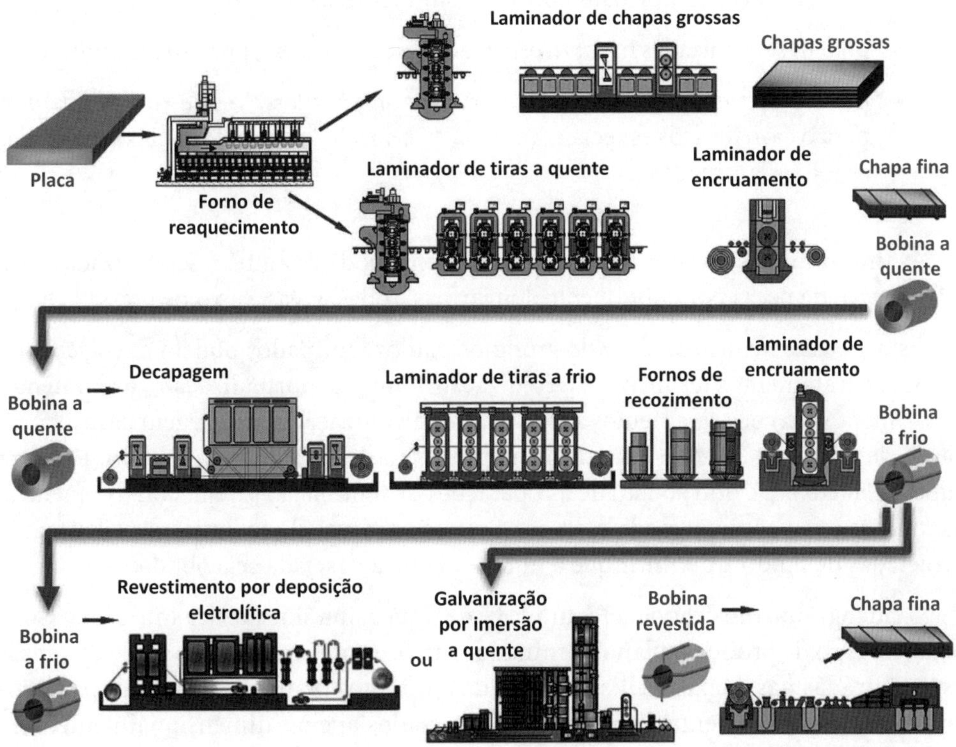

Figura 1.2 – Fluxograma de produção típico da área de laminação de produtos planos de indústrias siderúrgicas.

Como pode ser observado na Figura 1.2, as *placas* são reaquecidas nos fornos de reaquecimento das respectivas linhas e podem seguir por dois caminhos distintos: ou são encaminhadas a um *laminador de chapas grossas*, onde a espessura da placa será reduzida; ou são encaminhadas para o *laminador de tiras a quente*, onde serão obtidas as bobinas de chapas laminadas a quente. Apesar de haver faixas comuns em alguns valores dimensionais, os produtos apresentam características e aplicações bastante distintas. Esses *produtos acabados* devem atender às especificações estabelecidas em termos de propriedades mecânicas, forma, dimensões, acabamento superficial, entre outros critérios. Outro ponto a ser observado é o fato de que, para alguns tipos de aços, ocorrem alterações na sequência de processos, fato que será discutido posteriormente neste texto.

As *bobinas de tiras (chapas) laminadas a quente* podem, por sua vez, seguir vários caminhos distintos:

- podem servir de matéria-prima para o *laminador de tiras (bobinas) a frio*, obtendo-se, assim, chapas e tiras laminadas a frio, com ou sem revestimentos superficiais. Essas bobinas podem ser subdivididas ao longo do comprimento e/ou da largura para se obterem *folhas* ou *fitas* laminadas. As bobinas com esse destino têm normalmente espessura entre 2,0 mm e 3,0 mm;
- podem ser utilizadas na *fabricação de tubos com costura*, por diversos processos;
- podem servir de matéria-prima para os *laminadores a frio tipo Sendzimir*, para o caso de aços especiais (inoxidáveis, ao silício etc.), dos quais são obtidas as folhas laminadas.

As tiras oriundas do laminador de tiras a quente podem também ser utilizadas para a fabricação de peças por dobramento, longarinas, rodas, vigas, vasos de pressão etc.

As *operações de acabamento* de produtos planos laminados podem envolver operações de tratamentos térmicos (esferoidização, têmpera, normalização, revenimento, recozimento etc.) ou tratamentos superficiais (galvanização, estanhagem para a fabricação de folhas de flandres utilizadas na produção de embalagens, pintura, têmpera superficial etc.). Devido ao fato de as operações de laminação serem, com frequência, as últimas operações que podem alterar a microestrutura do material, elas devem ser projetadas de modo a permitir que a microestrutura desejada seja obtida.

O fluxograma mostrado na Figura 1.3 é de uma usina siderúrgica integrada. Contudo, no caso de produtos planos laminados a frio, é comum a existência de empresas especializadas nas etapas de distribuição dos produtos planos siderúrgicos padronizados laminados a quente e/ou a frio, reprocessados apenas dimensionalmente, sem alteração significativa de espessura e de propriedades mecânicas, denominadas de *centros de serviço*; e a existência de empresas que realizam as etapas de decapagem, laminação a frio, tratamentos térmicos, revestimentos e diversas operações de cortes e acabamento de produtos planos. Tais empresas são comumente denominadas de *relaminadoras*, e parte de seus produtos são denominados de relaminados a frio. Essas empresas podem processar bobinas laminadas a quente e/ou a frio provenientes das usinas siderúrgicas.

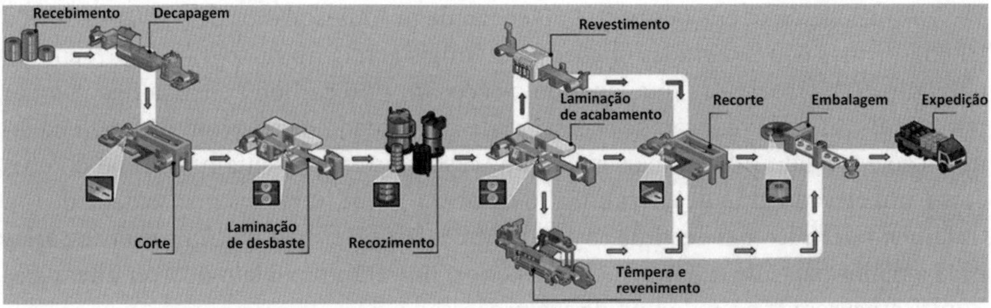

Figura 1.3 – Fluxograma típico de produção de uma empresa relaminadora de aços.

Ressalta-se que, nos fluxogramas apresentados neste Capítulo, são mostrados os principais equipamentos ou processos utilizados na laminação a frio de aços, mas, por limitação de espaço e para não prejudicar a clareza das imagens, alguns processos importantes não são representados; por exemplo, o processo de limpeza eletrolítica, os processos de regeneração de ácidos na decapagem, as linhas de inspeção de produtos laminados etc.

Em Rizzo (2011), que também faz parte desta série de publicações da ABM, são apresentados os processos de laminação a quente para a produção de chapas e bobinas finas e grossas de aço, bem como uma breve análise da classificação dos aços utilizados na fabricação de produtos planos laminados e a distribuição de aplicações desses produtos. Assim, a leitura desta publicação, junto com a do livro citado na página anterior, é de fundamental importância para a compreensão dos assuntos tratados no presente livro. Portanto, nele serão analisados os processos de laminação a frio e suas operações auxiliares de acabamento, tratamento térmico e revestimento e as características dos materiais laminados a frio que o distinguem dos produtos gerados em unidades de laminação a quente.

Ressalta-se ainda que as empresas fabricantes dos produtos planos de aço geralmente se especializam na produção de determinadas categorias de produtos, em função de particularidades de aplicações destes. Uma avaliação do mercado permite que certas categorias básicas de produtos planos de aço possam ser distinguidas, por exemplo:

- produtos de aços-carbono, de aços inoxidáveis e de aços magnético-elétricos;
- produtos planos laminados a quente ou laminados a frio;
- produtos planos revestidos ou não revestidos;
- produtos planos para embalagens (folha de flandres, por exemplo); e
- produtos planos compósitos (*clad*): chapas bimetálicas, chapas ou painéis sanduíches.

A sequência de operações para a obtenção de produtos planos de aço laminados a frio nas usinas não integradas obedece, em linhas gerais, ao fluxograma apresentado na Figura 1.3. Observa-se que, quando os aços do tipo carbono e baixa liga passam por um processo de redução de espessura de intensidade severa, como é típico na laminação a frio (até 90% ou mais em alguns casos), estes apresentam, no final do processo, um elevado grau de encruamento e dureza, o que implica a necessidade de um tratamento térmico que restitua as condições de propriedades mecânicas necessárias para a maior parte de sua utilização posterior. Entretanto, podem ocorrer alterações significativas em função do tipo de aço processado.

Por exemplo, no caso de aços inoxidáveis ou aços siliciosos, geralmente são realizadas as etapas de recozimento e decapagem antes do processo de laminação a frio, ou mesmo para a comercialização de bobinas laminadas a quente, podendo ser ou não aplicado um processo de recozimento após a laminação a frio (Figura 1.4). Isso é necessário para a decomposição da martensita gerada pela deformação a quente em ferrita mais carbonetos, adequando as propriedades do material para a execução do processo de laminação a frio. Como é gerada uma camada de carepa durante a realização da etapa de recozimento, uma etapa de decapagem é necessária para remover essa carepa antes de submeter a bobina ao processo de laminação a frio. Outros tipos de aços podem ser submetidos a um tratamento térmico antes da laminação a frio, como é o caso de aços-mola, aços-ferramenta e aços revenidos. Novas alternativas estão sendo propostas para a laminação a frio de aços inoxidáveis sem a necessidade da aplicação do recozimento prévio.

Em aços elétricos, a laminação de encruamento é realizada antes de processos de recozimento, com o objetivo de se fornecer energia suficiente para o crescimento de grãos. Quando o material é semiprocessado (SP), ele é vendido para o cliente após uma laminação de encruamento, que garantirá um crescimento de grãos suficiente para boas propriedades eletromagnéticas, sendo o recozimento final realizado pelo comprador. Quando o material é vendido após o processamento completo, ele é denominado totalmente processado (FP).

Em linhas gerais, as vantagens do processo de laminação a frio de produtos planos de aço em relação aos processos de laminação a quente podem ser sintetizadas em:

- possibilidade de se obterem espessuras mais reduzidas;
- excelentes características de acabamento e controle de rugosidade superficial;
- obtenção de faixas mais estreitas de tolerâncias dimensionais, com variações de espessura nominal de até 1,5% ou menos em alguns casos;
- possibilidade de melhor controle de aplainamento com menor coroamento da chapa e melhor controle de forma;

- facilidade no controle das propriedades mecânicas e físicas, com menor variação de propriedades ao longo do comprimento da bobina e com faixas mais estreitas de variação de propriedades;
- lote mínimo de fornecimento normalmente acima de 30 t na laminação a quente, sem a necessidade de cobrança de um sobrepreço, enquanto na laminação a frio esse lote gira em torno de 0,5 t;
- facilidade de fornecimento de acabamentos de superfícies especiais, larguras especiais e uma ampla possibilidade de divisão das bobinas e rolos laminados;
- possibilidade de fornecimento de produtos laminados com um determinado tipo de acabamento superficial (rugosidade e/ou fosfatização) que facilite a lubrificação na interface matéria-prima/ferramenta de conformação nas etapas posteriores, por exemplo, na estampagem;
- possibilidade de fornecimento de produtos com cantos e bordas trabalhadas.

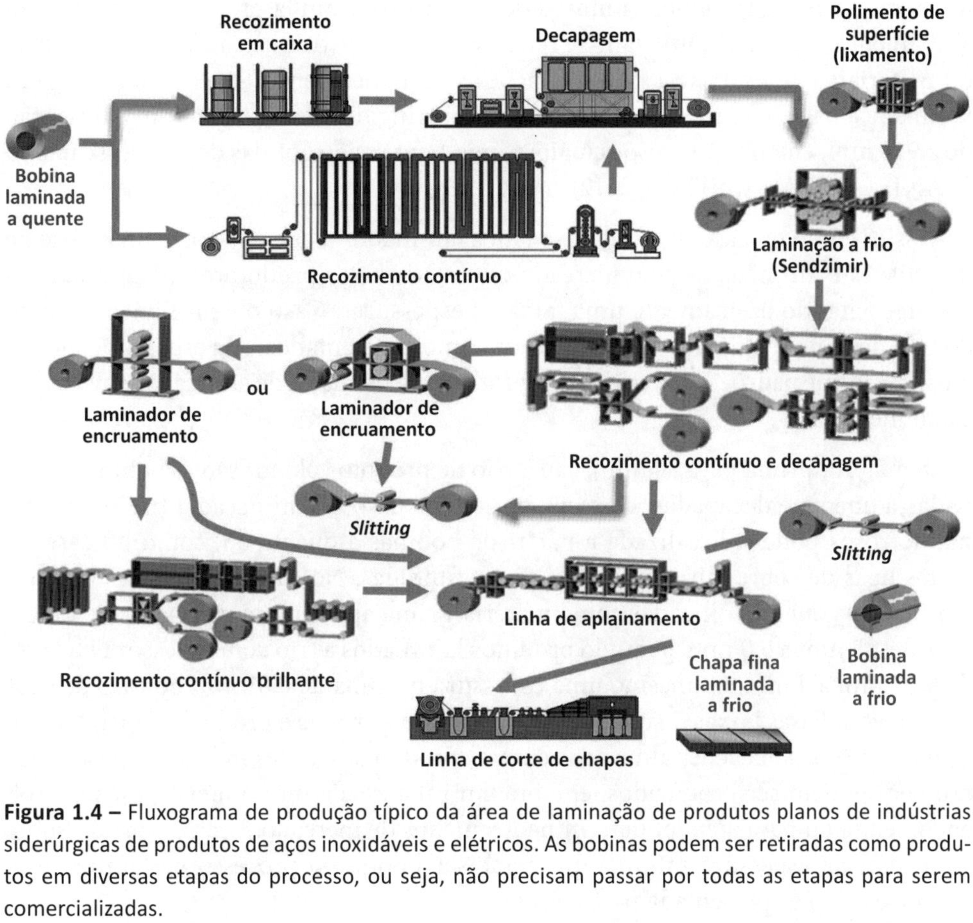

Figura 1.4 – Fluxograma de produção típico da área de laminação de produtos planos de indústrias siderúrgicas de produtos de aços inoxidáveis e elétricos. As bobinas podem ser retiradas como produtos em diversas etapas do processo, ou seja, não precisam passar por todas as etapas para serem comercializadas.

Pode-se concluir que o processo de laminação a frio é utilizado para produzir folhas e chapas finas com acabamento superficial e com tolerância dimensional superiores, comparadas com as chapas finas produzidas por laminação a quente. Além disso, o encruamento resultante da redução a frio pode ser aproveitado para dar maior resistência ao produto final. Uma porcentagem bem superior de produtos de metais não ferrosos é acabada por laminação a frio comparada com os produtos fabricados em aço.

Entretanto, por serem processos de conformação a frio, efetuados à temperatura ambiente, embora algum aquecimento possa ocorrer se a refrigeração não for adequada, as cargas de deformação aplicadas são altas e há limitações nas larguras que podem ser produzidas. Essa limitação de largura está relacionada à elevada carga por unidade de largura e à maior variação de espessura ao longo da largura associada com a laminação de chapas de maior largura, devido à maior flexão dos cilindros. O aquecimento citado pode ser gerado pelo atrito entre o cilindro e a chapa ou pela própria energia interna gerada no processo de deformação plástica do aço. A temperatura da chapa pode ser elevada até valores de 50 °C a 240 °C. Para evitar esse incremento de temperatura na chapa e nos cilindros de laminação, e ainda proporcionar um bom acabamento superficial, utilizam-se refrigerantes e lubrificantes na laminação a frio, ou materiais que exercem as duas funções simultaneamente. O recorde de largura laminada a frio em laminadores comerciais foi atingido em 2011, com uma dimensão de 2.950 mm, embora dimensões maiores possam ter sido obtidas depois desse marco (DANIELI WEAN UNITED, 2012).

Assim como no caso de produtos planos laminados a quente, existe uma série de dimensões padronizadas pelo mercado e ofertada pelos produtores de laminados a frio, respeitando basicamente uma faixa de espessuras. Caso o item final a ser produzido permita a utilização dos materiais como apresentados, nas espessuras nominais, conforme padrões ofertados pelos produtores, os custos de fabricação envolvidos serão menores.

A matéria-prima para a laminação a frio de produtos planos são as bobinas laminadas a quente e decapadas. Observa-se que, no caso, a laminação a frio de metais não ferrosos pode ser realizada a partir de bobinas a quente ou, como no caso de certas ligas de cobre, diretamente de peças fundidas. No caso dos aços, as bobinas laminadas a quente utilizadas como matéria-prima apresentam uma faixa de espessura de 1,5 mm a 5,0 mm, gerando produtos laminados a frio com espessura na faixa de 0,02 mm a 4 mm, ou mesmo uma espessura mínima de 0,01 mm no caso de aços inoxidáveis. Essas faixas de espessuras de matérias-primas e produtos dependem do tipo de aço das aplicações almejadas para os produtos. Valores inferiores aos citados também podem ser produzidos, embora em uma escala muito menor, ou seja, sob encomenda ou para atender determinados nichos de mercado. Uma discussão sobre os limites de espessura mínima que pode ser obtida no processo de laminação a quente e a frio é apresentada no Capítulo 3.

Normalmente, os produtos planos laminados a frio são fornecidos na forma de bobinas ou chapas, com bordas naturais de laminação ou aparadas, acabamento superficial brilhante, espelhado, fosco ou áspero, usualmente oleadas para proteção contra oxidação, no caso de aços-carbono. Observa-se que, na laminação a quente, o acabamento é geralmente do tipo comercial. É possível se obter um acabamento uniforme e controlado com variação de rugosidade de 0,02 μm até 3,0 μm. Além do retardamento da oxidação, também podem ser aplicados revestimentos para evitar a contaminação do produto em contato, como ocorre em envasamentos de produtos químicos/alimentares. Para aços inoxidáveis e para alguns aços revestidos, existem especificações particulares de acabamento de superfície e de embalagem que são apresentados posteriormente neste livro.

1.2.1 LAMINAÇÃO A FRIO DE PRODUTOS LONGOS

Nos últimos anos, foram apresentados equipamentos para laminação a frio de arames[5] que passam a concorrer com o processo de trefilação. Esses equipamentos são empregados na laminação de produtos como arames com seção circular, retangular abaulada ou trapezoidal, com superfície lisa ou nervurada, com bitola de até 10,0 mm. O processo é denominado de *microlaminação a frio* (*cold rolling wire*) e emprega equipamentos similares às máquinas de trefilação, porém, substituindo as fieiras por conjunto de roletes (dois ou três roletes por seção).

As primeiras tentativas para substituir fieiras por roletes foram realizadas no Japão, em 1960, mas o processo conjunto funcional foi apresentado pelos japoneses Gokyu e Saito em 1964. A partir do final da década de 1990, foram comercializadas na Itália linhas de produção com essa tecnologia, que passa a ser utilizada também no Brasil em 1999. Observa-se que a microlaminação permite a introdução de nervuras, como é apresentado na Figura 1.5.

5 Embora o processo de laminação a frio de arames já fosse utilizado desde o século XIX, conforme citado, por exemplo, pela empresa alemã Wälzholz GmbH & Co. KG, que montou um laminador a frio com cilindros de ferro fundido e tanques de têmpera, adequados para fabricação de fios de crinolina laminados a frio. Crinolinas eram armações usadas sob as saias para lhes conferir volume.

Figura 1.5 – Exemplos de ferramental e peças produzidos por microlaminação a frio de produtos longos.

Fonte: Eurorolls Group.

1.3 APRESENTAÇÃO DAS NORMAS TÉCNICAS RELATIVAS A PRODUTOS PLANOS LAMINADOS A FRIO

Em Rizzo (2011) são apresentados conceitos e dados fundamentais para a compreensão dos processos discutidos no presente texto. Além dos equipamentos, operações e caracterização dos produtos planos laminados a quente, matéria-prima para laminação a frio, também é apresentada uma classificação e caracterização dos aços empregados na fabricação de produtos planos laminados, a distribuição em volume dos diversos tipos de aplicações e exemplos de aplicações para os produtos planos laminados no Brasil e no mundo. Nessas avaliações, não é feita uma distinção entre produtos planos laminados a quente e laminados a frio. Também é feita uma apresentação das principais normas técnicas da ABNT relativas à classificação, à especificação e à aplicação dos aços.

A apresentação de *normas técnicas* é justificada pelo fato de que elas são elaboradas por organizações que reúnem consumidores, produtores e órgãos regulamentadores da fabricação e utilização de produtos, criando critérios para regulamentar a produção, o aceite e a utilização desses produtos. Isso se traduz em uma excelente ferramenta para garantir a segurança na aplicação, na produção e na redução de impactos ambientais nessas fases, e, atualmente, avançando para a reciclagem dos produtos (ciclo de vida). As normas são usualmente elaboradas para aqueles produtos ou tipos de aplicações considerados relevantes, em termos de volume de produção, ou estratégicos, em função de aspectos relacionados com a segurança (pessoas, meio ambiente ou equipamentos) ou sofisticação na aplicação dos produtos (valor agregado ou estratégico).

Portanto, a relação de normas permite ao leitor conceber um razoável panorama do mercado de produtos planos laminados. A compreensão e a utilização dessas normas facilitam muito a seleção e a especificação correta, econômica e segura dos aços. Essa afirmação pode parecer óbvia, mas essas atividades ainda carecem de pessoas qualificadas no mercado brasileiro.

Em Rizzo (2011) são apresentadas as normas de seleção e especificação de aços para produtos planos laminados a quente (chapas ou bobinas finas e grossas). Essa relação será complementada no presente texto com as normas de seleção e especificação de aços para produtos planos laminados a frio (chapas, tiras, bobinas, fitas, rolos etc.). A seguir, é apresentada uma relação complementar com normas da ABNT e ABNT NM (Mercosul) que dizem respeito aos produtos planos laminados a frio revestidos ou não (normas que se referem a chapas e tiras laminadas a quente e/ou a frio são mencionada no citado livro):

- NBR 10734/2015 – Folhas laminadas de aço-carbono revestidas eletroliticamente com estanho ou cromo ou não revestidas – Defeitos de superfície, forma e dimensões – Terminologia;
- NBR 11888/2018 – Bobinas e chapas finas a frio e a quente de aço-carbono e de aço de alta resistência e baixa liga – Requisitos gerais;
- NBR 14513/2022 – Telhas de aço de seção ondulada e trapezoidal – Requisitos;
- NBR 14762/2010 – Dimensionamento de estruturas de aço constituídas por perfis formados a frio;
- NBR 14964/2018 – Produtos planos de aço zincados pelo processo contínuo de eletrodeposição – Requisitos gerais;
- NBR 14965/2017 – Tiras de aço relaminado microligado de alta resistência mecânica – Requisitos;
- NBR 15253/2014 – Perfis de aço formados a frio, com revestimento metálico, para painéis reticulados em edificações – Requisitos gerais;
- NBR 15490/2007 – Ensaio de efeito mola (springback) em folhas laminadas de aço-carbono duplamente reduzidas, revestidas eletroliticamente com estanho ou cromo, ou não revestidas – Método de ensaio;
- NBR 15578/2008 – Bobinas e chapas de aço revestidas com liga 55% alumínio – Zinco pelo processo contínuo de imersão a quente – Especificação;
- NBR 16158/2013 – Produtos planos de aço para fins elétricos, de grão não orientado, semiprocessados – Especificação;
- NBR 16284/2018 – Bobinas e chapas de aço bifásico revestidas com zinco ou liga de zinco-ferro pelo processo contínuo de imersão a quente – Especificação;
- NBR 16539/2016 – Chapas e bobinas de aço revestidas com liga de alumínio-silício pelo processo contínuo de imersão a quente – Requisitos;

- NBR 16580/2017 – Bobinas e chapas finas de aço de baixa liga e alta resistência mecânica para uso estrutural – Requisitos;
- NBR 16875/2020 – Chapas e bobinas de aço laminadas, revestidas ou não, para peças estampadas a quente – Requisitos;
- NBR 5007/2020 – Tiras relaminadas de aço de baixo teor de carbono para estampagem – Requisitos;
- NBR 5599-1/2012 – Tubo de aço-carbono de precisão – Parte 1: Tubos trefilados a frio sem solda longitudinal;
- NBR 5599-2/2012 – Tubo de aço-carbono de precisão – Parte 2: Tubos trefilados a frio com solda longitudinal;
- NBR 5599-3/2014 – Tubo de aço-carbono de precisão – Parte 3: Tubos calibrados a frio, com solda longitudinal;
- NBR 5903/2015 – Produtos planos laminados de aço – Terminologia;
- NBR 5915-1/2013 – Chapas e bobinas de aço laminadas a frio – Parte 1: Requisitos;
- NBR 5915-2/2013 – Chapas e bobinas de aço laminadas a frio – Parte 2: Aços para estampagem;
- NBR 5915-3/2013 – Chapas e bobinas de aço laminadas a frio – Parte 3: Aços isotrópicos e aços estruturais de extrabaixo carbono;
- NBR 5915-4/2013 – Chapas e bobinas de aço laminadas a frio – Parte 4: Aços endurecíveis em estufa;
- NBR 5915-5/2013 – Chapas e bobinas de aço laminadas a frio – Parte 5: Aços refosforados;
- NBR 5915-6/2013 – Chapas e bobinas de aço laminadas a frio – Parte 6: Aços microligados;
- NBR 5920/2015 – Bobinas e chapas finas laminadas a frio, de aços de baixa liga e alta resistência, resistentes à corrosão atmosférica, para uso estrutural – Requisitos e ensaios;
- NBR 5921/2015 – Bobinas e chapas finas laminadas a quente, de aços de baixa liga e alta resistência, resistentes à corrosão atmosférica, para uso estrutural – Requisitos e ensaios;
- NBR 6353/2014 – Tiras de aço-carbono relaminadas – Requisitos gerais;
- NBR 6355/2012 – Perfis estruturais de aço formados a frio – Padronização;
- NBR 6591/2008 – Tubos de aço-carbono com solda longitudinal de seção circular, quadrada, retangular e especial para fins industriais – Especificação;

- NBR 6649/2014 – Bobinas e chapas finas a frio de aço-carbono para uso estrutural – Especificação;
- NBR 6651/2013 – Bobinas e chapas finas de aço-carbono, laminadas a frio, para esmaltação vítrea – Especificação;
- NBR 6653/1991 – Fitas de aço para embalagem;
- NBR 6658/2020 – Bobinas e chapas finas de aço-carbono para uso geral – Especificação;
- NBR 6661/2012 – Tiras relaminadas a frio, temperadas e revenidas de aço de alto teor de carbono ou de aço ligado, destinadas à fabricação de serras de fita para madeira (SFM) – Especificação;
- NBR 6662/2008 – Tiras relaminadas de aços-carbono e aços ligados – Especificação;
- NBR 6665/2014 – Folhas laminadas de aço-carbono revestidas eletroliticamente com estanho ou cromo ou não revestidas – Especificação;
- NBR 6839/2012 – Tiras relaminadas a frio, de aço de alto teor de carbono, destinadas à fabricação de serras de fita para metais – Especificação;
- NBR 7008-1/2012 – Chapas e bobinas de aço revestidas com zinco ou liga zinco-ferro pelo processo contínuo de imersão a quente – Parte 1: Requisitos;
- NBR 7008-2/2012 – Chapas e bobinas de aço revestidas com zinco ou liga zinco-ferro pelo processo contínuo de imersão a quente – Parte 2: Aços de qualidade comercial e para estampagem;
- NBR 7008-3/2012 – Chapas e bobinas de aço revestidas com zinco ou liga zinco-ferro pelo processo contínuo de imersão a quente – Parte 3: Aços estruturais;
- NBR 7008-4/2013 – Chapas e bobinas de aço revestidas com zinco ou liga zinco-ferro pelo processo contínuo de imersão a quente – Parte 4: Aços endurecíveis em estufa;
- NBR 7008-5/2012 – Chapas e bobinas de aço revestidas com zinco ou liga zinco-ferro pelo processo contínuo de imersão a quente – Parte 5: Aços refosforados;
- NBR 7008-6/2012 – Chapas e bobinas de aço revestidas com zinco ou liga zinco-ferro pelo processo contínuo de imersão a quente – Parte 6: Aços microligados;
- NBR 7013/2013 – Chapas e bobinas de aço revestidas pelo processo contínuo de imersão a quente – Requisitos gerais;
- NBR 7407/2009 – Folhas de aço – Determinação da dureza Rockwell superficial;
- NBR 8267/2008 – Bobinas e chapas de aço-carbono e aço de baixa liga e alta resistência, para fabricação de aros e discos de rodas de veículos automotores e derivados – Especificação;

- NBR 8268/1983 – Produto plano laminado de aço-carbono e de aço baixa liga e alta resistência – Embalagem – Padronização;
- NBR 8269/2014 – Produtos planos laminados de aço-carbono e aço baixa liga e alta resistência, processados por centros de serviço – Requisitos gerais;
- NBR 8640/2016 – Chapa fina a frio de aço-carbono em bobina – Tratamento térmico de recozimento branco – Requisitos;
- NBR NM 71/2000 – Produtos planos de aço para uso elétrico, de grão não orientado, totalmente processados;
- NM 100/1996 – Chapas de aço-carbono, laminadas a frio, aluminizadas por imersão a quente, tipo 1, para uso geral e estampagem;
- NM 141/1998 – Tiras de aço com teor de carbono maior que 0,25% e ligados, laminadas à quente;
- NM 144-1/1998 – Requisitos gerais para produtos laminados planos de aço--carbono e aço de baixa liga e alta resistência. Parte 1: Laminados a frio;
- NM 144-2/1998 – Requisitos gerais para produtos laminados planos de aço--carbono e aço de baixa liga e alta resistência. Parte 2: Produzidos em laminadores de tiras a quente;
- NM 144-3/1998 – Requisitos gerais para produtos laminados planos de aço--carbono e aço de baixa liga e alta resistência. Parte 3: Chapas grossas produzidas em laminador reversível;
- NM 145/1998 – Chapas de aço-carbono, laminadas a frio, chumbadas por imersão a quente, para uso geral e estampagem;
- NM 233/2000 – Chapas finas de aço laminadas a frio, resistentes à corrosão atmosférica, para uso estrutural;
- NM 262/2001 – Bobinas e chapas finas de aço, laminadas a frio, com alto limite de escoamento, revestidas ou não revestidas, com característica de endurecimento após deformação por cura da pintura em estufa;
- NM 72/1996 – Tiras de aço-carbono, relaminadas a frio, com um teor máximo de carbono de 0,25%;
- NM 73/1996 – Embalagem para produtos planos laminados;
- NM 94/1996 – Chapas de aço-carbono, laminadas a frio, qualidade comercial para uso geral;
- NM 96/1996 – Chapas de aço-carbono, laminadas a frio, aluminizadas por imersão a quente, tipo 2, para uso geral;
- NM 98/1996 – Tiras de aço para embalagem;
- NM-COPANT 1550/1993 – Bobinas de chapas de aço de baixo carbono laminadas a quente destinadas a laminação a frio.

Outras normas para decapagem, produtos revestidos, tratamentos térmicos e acabamento de produtos planos de aço laminados a frio são apresentadas nos Capítulos que tratam especificamente desses temas.

1.4 APLICAÇÕES TÍPICAS DE PRODUTOS PLANOS LAMINADOS A FRIO

De forma mais simplificada, sem avaliar toda a gama de normas técnicas nacionais e internacionais disponíveis, pode-se considerar que os aços-carbono e de baixa liga mais utilizados na fabricação de chapas finas laminadas a frio podem ser agrupados, em termos de qualidade e aplicação, nas seguintes categorias:

- qualidade usos gerais – este agrupamento refere-se aos aços ao carbono sem adição de elementos de liga, dos quais apenas se garante a composição química;
- qualidade estrutural – aplicação: peças e partes externas de veículos, máquinas, vagões, móveis de aço e recipientes em geral. Neste grupo, enquadram-se os aços estruturais de resistência média e boa soldabilidade, além de melhor resistência a corrosão que os aços ao carbono comum (teor de cobre mínimo de 0,20%). São utilizados em operações de simples dobramento ou estampagem leve;
- qualidade estrutural soldável de alta resistência, resistente à corrosão atmosférica – aplicação: transformadores, polo de geradores, pré-aquecedores de ar, revestimento de tanques, radiadores, incineradores, calhas etc. São aços de baixa liga, caracterizando-se pela alta resistência à corrosão atmosférica, além de boa soldabilidade, o que os indica para emprego em equipamentos sujeitos a ação do desgaste, corrosão e intempéries. Sua utilização, quando comparada à dos aços comuns, proporciona economia, fruto da redução da espessura;
- qualidade estampagem – aplicação: peças conformadas, expostas ou não. Neste agrupamento, enquadram-se as chapas de aço que sofrem conformações por meio de estampagem, estiramento e repuxamento. Podem ser fornecidas com graus de estampagem apropriados segundo a sua aplicação:
    - ▹ estampagem extraprofunda (EEP) – peças de difícil estampagem e/ou expostas;
    - ▹ estampagem profunda (EP) – peças de estampagem profunda não expostas;
    - ▹ estampagem média (EM) – peças não expostas de estampagem média.
- qualidade esmaltagem vítrea – aplicação: peças esmaltadas aplicadas em fogões, fornos, aquecedores de água, lavadoras, secadoras, refrigeradores, utensílios domésticos e equipamentos para a indústria química e hospitalar etc. Este agrupamento refere-se aos laminados a frio adequados à esmaltagem vítrea, especificações da NBR-6651, podendo ser fornecidos em dois graus distintos:

- QCV – qualidade comum para esmaltagem vítrea;
- EEV – estampagem extraprofunda resistente ao envelhecimento, para esmaltagem vítrea.

Quanto às propriedades, as chapas do grau QCV suportam estampagem média e as do grau EEV, além da resistência ao envelhecimento, suportam estampagem extraprofunda (altura do embutimento).

Nos processos de laminação a frio, outra parte das chapas finas laminadas a quente é destinada à laminação a frio, para a produção de chapas finas (espessura na faixa de 0,38 mm a 1,0 mm) e folhas (espessura igual ou inferior a 0,38 mm), que são aplicadas após a aplicação ou não de revestimentos protetores (zincagem, estanhagem, cromação etc.), em usos como estampagem de carrocerias de automóveis, embalagens de alimentos, telhas, tubos de pequeno diâmetro, autopeças, fitas e componentes eletroeletrônicos.

Para avaliarmos as principais aplicações dos produtos planos de aço, são apresentados nas Tabelas 1.1 e 1.2 alguns dados do ano de 2012 relativos à distribuição das aplicações dos produtos laminados de aço (chapas grossas, chapas finas, laminados a quente, laminados a frio, revestidos ou não). Apesar de esses dados levarem em conta os produtos planos e longos, eles apresentam uma razoável ideia da distribuição do consumo de aço por diversos tipos de aplicações. Observa-se que, em algumas fontes de dados estatísticos, são apresentados os dados relativos ao mercado de produtos siderúrgicos, que é atendido por meio de distribuidores e revendedores. Entretanto, ao se avaliar a redistribuição setorial das vendas destes, é possível calcular o consumo aparente dos setores consumidores finais.

Tabela 1.1 – Dados da distribuição das aplicações por setor dos produtos laminados de aço no mundo em 2012

Setor	Produtos planos (Mt)	Produtos longos (Mt)	Tubos (Mt)	Total (Mt)	Total (%)
Construção civil (incluindo estruturas)	126	390	22	538	38,1%
Máquinas e equipamentos (engenharia mecânica)	121	148	16	285	20,2%
Setor automotivo	64	16	0	80	5,7%
Outros meios de transporte (incluindo construção naval e ferroviária)	48	11	0	59	4,2%

(*continua*)

Tabela 1.1 – Dados da distribuição das aplicações por setor dos produtos laminados de aço no mundo em 2012 (*continuação*)

Setor	Produtos planos (Mt)	Produtos longos (Mt)	Tubos (Mt)	Total (Mt)	Total (%)
Utilidades domésticas (incluindo a área de engenharia elétrica)	44	0	0	44	3,1%
Mercadorias de metal (utilidades comerciais e processos de fabricação)	204	66	5	275	19,5%
Óleo e gás (exploração e transporte)	1	0	65	66	4,7%
Outros	36	28	0	64	4,5%
Total	644	660	109	1.413	100%

Fonte: Metals Consulting International.

Tabela 1.2 – Dados da distribuição das aplicações por setor dos produtos laminados de aço no Brasil em 2012

Setor	Subsetor	Brasil (%)
Bens de consumo	Automotivo	22,1%
	Utilidades domésticas e comerciais (linha branca)	6,4%
	Embalagens	2,9%
Bens de capital	Máquinas e equipamentos	19,7%
Construção civil	–	37,7%
Tubos (pequeno diâmetro)	–	6,0%
Outros	–	5,2%
Total	–	100,0%

Fonte: IABr.

Em relação aos dados de aplicações, é pertinente que sejam feitas algumas considerações a respeito da categorização dos dados levantados. Na categoria *bens de consumo,* são agrupadas as aplicações dos aços planos e longos no setor automotivo, na produção de utilidades domésticas e comerciais e na fabricação de embalagens para acondicionamento de produtos. A classe de aplicação denominada *bens de capital* se refere àquelas aplicações do aço destinadas à fabricação de máquinas que servirão para fazer produtos necessários ao bem-estar da população.

O *setor automotivo* é um importante setor consumidor de aços laminados planos, tanto em volume como em valor agregado, devido às elevadas exigências de qualidades desse segmento. O tipo mais comum de aço utilizado na indústria automobilística é o aço de baixo carbono, devido à sua capacidade de deformação para assumir as diferentes formas exigidas nas diversas peças dos automóveis (Figura 1.6). Contudo, em função da necessidade atual de se reduzir o peso dos automóveis para, consequentemente, reduzir a emissão de gases poluentes e aumentar a segurança dos passageiros, novos tipos de aço foram desenvolvidos com o objetivo de se obterem resistências mecânicas cada vez mais altas. Outro aspecto que tem assumido um lugar importante nos aços automotivos é o revestimento aplicado aos aços para proteger os automóveis contra a corrosão.

Figura 1.6 – Exemplo de uma "vista explodida", mostrando os diversos componentes de um automóvel de passeio. Nessa categoria de veículo, em torno de 50% a 60% da massa é confeccionada com aços (planos e não planos, laminados a quente ou a frio).

O sistema construtivo em aço, quando utilizado na *construção civil*, permite liberdade no projeto de arquitetura, maior área útil, flexibilidade, compatibilidade com outros materiais, menor prazo de execução, racionalização de materiais e mão de obra, alívio de carga nas fundações, garantia de qualidade, maior organização nos canteiros de obras e precisão construtiva.

O aço na forma de vergalhões (produto longo) é aplicado em estruturas de concreto armado e/ou alvenaria. Já as *estruturas metálicas* podem ser confeccionadas com *produtos longos* (perfis laminados e tubos sem costura) ou *produtos planos* (perfis formados a frio, perfis soldados, perfis tubulares com costura e *steel framing*). Os produtos planos laminados são utilizados na fabricação de fachadas, telhas para coberturas e fechamentos, portas e janelas, sistema *drywall* e mobiliário urbano e interiores. O consumo de aço na construção civil teve um razoável crescimento nos últimos anos, mas ainda está muito aquém dos países de primeiro mundo, e mesmo daqueles com renda *per capita* semelhante à nossa. Na Figura 1.7, são apresentados alguns exemplos.

Figura 1.7 – Exemplos do uso do aço na construção civil, com destaque para produtos planos: a) Burj Khalifa, em Dubai, com 828 m e 160 andares; b) edifício SWFC, em Xangai, China, com 492 m e 102 andares; c) tabuleiro e estrutura de pontes em aço; d) utilização do método construtivo denominado de *steel frame*, que emprega perfis conformados com chapas finas de aço.

As *embalagens* de aço são usadas pela indústria em geral, sendo importantes na conservação e no transporte de alimentos, produtos químicos, agrícolas, tintas, gases de cozinha e industriais (Figura 1.8).

Figura 1.8 – Exemplos de aplicações de produtos laminados planos para fabricação de embalagens para acondicionamento de alimentos (após passarem pela etapa de laminação a frio e revestimento).

Outra importante categoria de aplicação dos aços é denominada de *utilidades domésticas e comerciais*. Nesse caso, o aço é empregado em restaurantes, na cutelaria e artefatos estampados (talheres, baixelas e panelas), cozinhas industriais, móveis, hospitais, laboratórios, empresas em geral e nas casas, por ter a resistência necessária para os mais variados usos em forma de utensílios domésticos e comerciais (Figura 1.9).

Figura 1.9 – Exemplos de aplicações dos aços na produção de utilidades domésticas e comerciais (incluindo hospitalares).

Na Figura 1.10, são apresentados exemplos de aplicações da categoria *bens de capital*, ou seja, aços utilizados na fabricação de máquinas e equipamentos (incluindo agrícolas) que servirão para fazer produtos necessários ao bem-estar da população.

Figura 1.10 – Exemplos de aplicações de produtos laminados para a produção de bens de capital, ou seja, fabricação de máquinas e equipamentos (incluindo agrícolas) que servirão para fazer produtos necessários ao bem-estar da população.

Algumas fontes de dados estatísticos ou estudos setoriais de grande importância nas análises de mercado para investimentos ou para definição de políticas industriais de governos podem utilizar outros critérios para a agregação setorial, ou mesmo uma subdivisão das aplicações.

Por exemplo, é comum considerar-se uma subdivisão do setor de *bens de capital* em: setor de energia, setor de transportes (ferroviário e naval, excluindo-se, portanto, a indústria automobilística) e indústria leve. Outros critérios subdividem ainda o setor de *energia* em áreas: petróleo e gás (extração e transporte, o que inclui tubos de maior diâmetro), energia elétrica (geração e distribuição) e outras fontes de energia (eólica, nuclear etc.).

Os critérios utilizados geralmente não são idênticos entre os países. Na verdade, a distribuição setorial do consumo siderúrgico varia conforme o nível de desenvolvimento econômico dos países e sua vocação regional para determinados tipos de indústrias.

Nas nações mais industrializadas, em função da menor necessidade de investimentos em infraestrutura, a participação relativa da construção tende a ser menor. Por outro lado, países menos industrializados tendem a contabilizar uma maior participação relativa da construção civil.

O perfil do desenvolvimento, o consumo setorial e o grau de urbanização de uma determinada economia, naturalmente, influenciam os tipos de aços a serem demandados e fabricados.

Por exemplo, é digno de nota que na indústria naval e de petróleo e gás existe uma demanda por chapas grossas e aços de requisitos mais elevados em termos de resistência mecânica (tenacidade), resistência à corrosão e soldabilidade, o que exige maiores desenvolvimentos em termos de processos e equipamentos das indústrias siderúrgicas.

Na Tabela 1.3, é apresentada uma distribuição dos diversos tipos de aços produzidos e laminados por uma usina siderúrgica integrada e por uma usina relaminadora, com destaque para o tipo de exigência predominante (rigor) para cada aplicação.

Nesse caso, são apresentadas aplicações de aços do tipo carbono, microligado e baixa liga, não sendo consideradas as aplicações de aço de alta liga e de aços inoxidáveis. Em alguns dos casos mostrados, os produtos laminados a frio são aplicados revestidos.

Tabela 1.3 – Principais aplicações dos produtos laminados a frio de aços do tipo carbono, microligado e baixa liga, destacando-se os principais tipos de aços e critérios (rigor) de qualidade

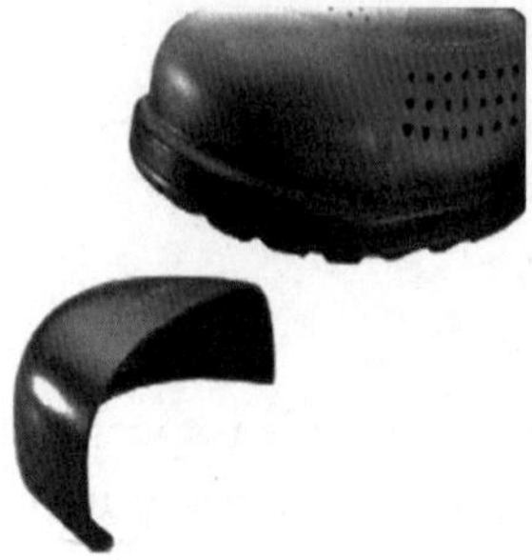	**Autopeças e peças endurecidas por tratamento térmico ou termoquímico após conformação:** Aços de alta resistência: RW, DP, LN e HSLA. Aços de médio e alto teor de carbono temperáveis após conformação. **Rigor:** dimensão, forma, aspecto, resistência à fadiga, conformabilidade, tenacidade, soldabilidade e limpidez.
	**Automobilística:** Aços para estampagem extraprofunda e crítica. Aços revestidos e/ou não revestidos. Aços IF, BH, DP, HSLA, ZSTE e isotrópicos. Aços de alta resistência refosforados ou não. **Rigor:** dimensões, forma, aspecto, controle de dureza, estampabilidade e estiramento.
	**Construção civil:** Aços soldáveis de alta resistência. Aços resistentes à corrosão – SAC; aço estrutural resistente à corrosão atmosférica; aços revestidos: EG, HDG com pós-tratamento. **Rigor:** composição química, soldabilidade e boa planicidade. Indicado para produção de telhas, silos, tapamentos laterais da construção civil, forros e peças estruturais.
	**Eletrodomésticos (linha branca) e utilidades domésticas:** Aço-carbono comum, EG e HDG; aços para pós-tratamento; aços para estampagem; aços para esmaltação vítrea; aços resistentes à corrosão atmosférica (pequenas adições de Cu, Cr e Ni). **Rigor:** superfície, forma, limpeza, controle de dureza, manuseio, estocagem e transporte.

(*continua*)

Tabela 1.3 – Principais aplicações dos produtos laminados a frio de aços do tipo carbono, microligado e baixa liga, destacando-se os principais tipos de aços e critérios (rigor) de qualidade (*continuação*)

<table>
<tr><td></td><td>Elétrica/eletrônica:
Aços de alta eficiência elétrica, GNO-SP.
Aços com características de puncionalidade.
Rigor: limpeza, dimensão e planicidade.
As propriedades magnéticas são adequadas por meio de tratamentos térmicos realizados pelo cliente da usina siderúrgica. Utilizados em pequenos motores e transformadores e em compressores herméticos de geladeiras e aparelhos de ar-condicionado.</td></tr>
<tr><td></td><td>Estrutural comum ou qualidade comercial:
Aços do tipo C-Mn com ou sem adição de elementos de liga.
Rigor: garantia de composição química e com boas características de corte, dobramento e soldabilidade.
Aplicado em peças estruturais com baixa exigência de conformação, nos setores de construção civil, tubos, linha branca e uso geral. Diversos tipos de estruturas e peças que recebem dobramento ou soldagem.</td></tr>
<tr><td></td><td>Embalagens:
Produção de embalagens de duas categorias: a) três peças, para armazenamento de óleos comestíveis, ceras, graxas, produtos desidratados, como leite em pó e farinhas; e b) duas peças, para armazenamento de bebidas carbonatadas (cervejas, refrigerantes e sucos). Nesse caso, é geralmente empregado o aço IF.
Rigor: conformabilidade, soldabilidade, planicidade e sanidade interna.</td></tr>
<tr><td></td><td>Móveis:
Aços do tipo C-Mn com ou sem adição de elementos de liga.
Rigor: garantia de composição química e com boas características de corte, dobramento e soldabilidade.</td></tr>
</table>

(*continua*)

Tabela 1.3 – Principais aplicações dos produtos laminados a frio de aços do tipo carbono, microligado e baixa liga, destacando-se os principais tipos de aços e critérios (rigor) de qualidade (*continuação*)

	**Tubos de pequeno diâmetro:** Aços para tubos de pequeno diâmetro utilizados na indústria de móveis e automobilística. **Rigor:** soldabilidade, limpidez e sanidade interna.
	**Aços temperados:** São aços para aplicações em peças planas ou sujeitas a um baixo grau de conformação, em que se exige alta resistência mecânica aliada a boa tenacidade, assegurando-se, assim, a estabilidade dimensional e a redução do ciclo de produção do componente. Apresentam um teor de carbono de 0,35% a 1,0%. **Exemplos de aplicações:** serra, espátulas, molas etc.

Na Figura 1.11 é apresentada uma representação esquemática das diversas aplicações dos produtos laminados a quente, a frio e revestidos produzidos por uma usina siderúrgica integrada (grupo Usiminas), na forma de *segmentos de comercialização*, ou seja, grupos de clientes que adquirem os aços da empresa por mercado de atuação.

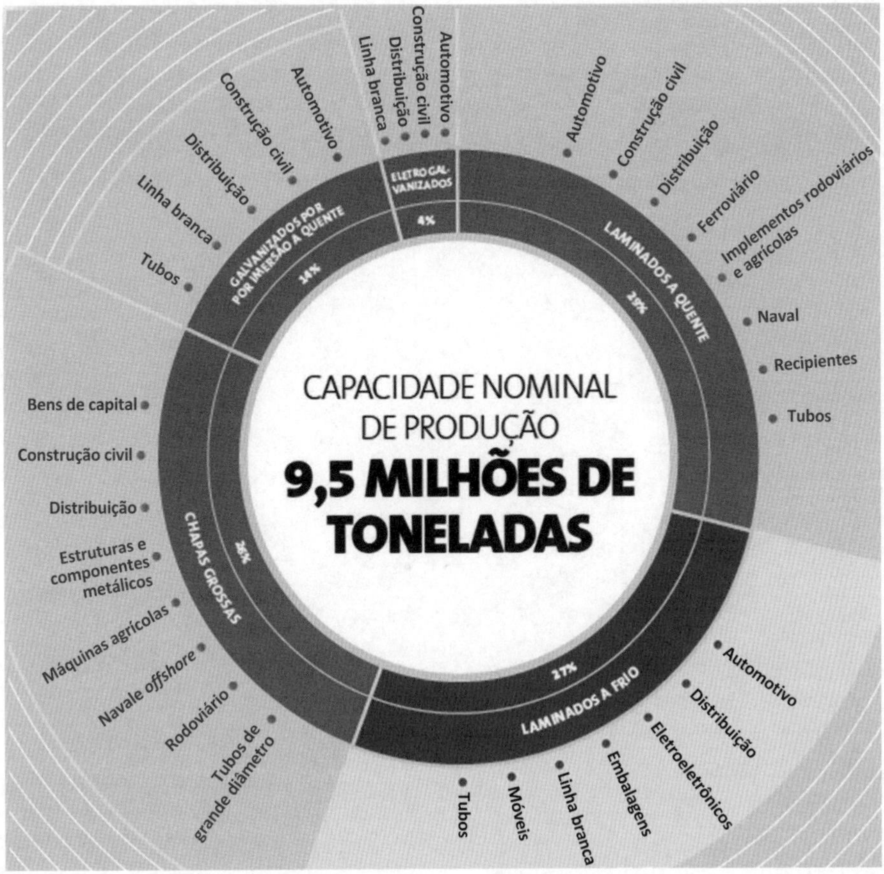

Figura 1.11 – Representação esquemática das diversas aplicações dos produtos laminados a quente, a frio e revestidos, produzidos pelo grupo Usiminas.

CAPÍTULO 2
Decapagem

2.1 OBJETIVO

No decorrer de sua elaboração e/ou aplicação, um material metálico sofre diversas transformações mecânicas ou térmicas, no curso das quais a sua superfície vai evoluir de um ponto de vista tanto físico-químico quanto de sua rugosidade superficial. Uma superfície industrial é, por conseguinte, de natureza complexa e será constituída de vários estratos sobrepostos, resultantes de interações entre o metal e o seu ambiente.

O termo *decapagem* pode ser entendido genericamente como a remoção de revestimentos antigos, sejam orgânicos (decapagem das pinturas) ou metálicos (desmetalização seletiva) ou a remoção de camada de óxidos e/ou hidróxidos, sempre preservando a superfície do metal básico. A diversidade quase infinita dos materiais metálicos e os seus óxidos correspondentes, bem como a multiplicidade dos métodos mecânicos ou químicos que podem ser levados a efeito, faz com que existam vários métodos de decapagem, que possuem, cada um, as suas especificidades.

No presente texto, será tratado o processo de decapagem para remoção de óxidos da superfície de aços laminados para possibilitar a realização de laminação a frio ou a aplicação de revestimentos aos aços. Apesar de serem ambas operações de "limpeza" da superfície metálica, observa-se que as operações de decapagem se distinguem das operações de desengorduramento. Estas consistem na remoção de substâncias de origem orgânica (óleos ou graxas) da superfície metálica. Normalmente, a operação de desengorduramento é realizada em primeiro lugar.

Enquanto a *ferrugem* consiste principalmente de hidróxido de ferro, a camada de óxido, ou seja, a *carepa*, apresenta várias zonas de diferentes composições, espessura e porosidades. Assim, o termo *carepa* refere-se normalmente a produtos de oxidação muito diferentes, tanto do ponto de vista da composição como das características estruturais. Em geral, observam-se dispostas, uma sobre a outra: Fe_2O_3, Fe_3O_4, FeO e ferro metálico, além de óxidos de outros elementos de liga e contaminantes óxidos de Si, Cr, Cu etc. Conhecer as características da camada de carepa formada bem como o impacto das condições de elaboração nas suas propriedades permite selecionar o processo de decapagem mais adequado e ajustar seus parâmetros de controle, de modo que resulte em um processo mais seguro, produtivo e econômico.

Mais detalhes das características da camada de carepa serão apresentados na próxima seção. Entretanto, para fins de apresentação dos objetivos do processo de decapagem, pode-se adiantar que a camada de carepa apresenta a característica de ser menos deformável do que o aço, alongando-se, portanto, muito menos que o aço na laminação a frio, gerando a sua incrustação no metal, ocorrendo a penetração em espessuras mais reduzidas, diminuindo sensivelmente a aptidão do aço à deformação (por estampagem, por exemplo). A presença de uma camada de carepa na superfície das chapas destinadas às operações de estampagem provoca a diminuição da vida das ferramentas (matrizes), gera uma estampagem irregular e prejudica o acabamento superficial dos produtos acabados.

Por ser mais dura do que o metal base, a carepa se comporta na laminação a frio como um abrasivo, promovendo um aumento do desgaste dos cilindros de laminação a frio, resultando em um aspecto final das chapas laminadas inaceitável (aspereza ou brilho não conforme), exigindo a parada da linha e substituição dos cilindros. Além disso, esse fenômeno acelera o processo de contaminação da emulsão lubrificante. Em alguns tratamentos térmicos, caso a superfície não esteja decapada, pode ocorrer a descarbonetação.

A presença de carepa na superfície dos produtos planos laminados é indesejável na aplicação do produto, por diversos motivos. A diferença visual, de coloração e de relevo entre a região com carepa e o restante da chapa prejudica muito a apresentação do produto laminado. A diferença de plasticidade entre a carepa e a matriz pode levar ao seu desprendimento após a chapa ter sofrido um processo de recobrimento superficial (por exemplo, a galvanização), deixando a matriz exposta à ação corrosiva do meio. A presença de uma camada de carepa dificulta a formação de ligas e aderência de camadas de revestimentos metálicos, pois, prejudica o fenômeno de difusão atômica atuante nesse processo, além de dificultar a aderência de camadas de revestimento não metálicos.

Quando a camada de óxidos (carepa) é espessa e passível de ser removida por métodos mecânicos gerando uma superfície aceitável para o processo em questão, o método utilizado é a *descarepação*, empregado no processo de laminação a quente.

Os domínios de aplicação da operação de decapagem são vastos e referem-se tanto a métodos de fabricação como a aplicação dos metais.

Nos fluxogramas de processo de laminação, a *decapagem* é o processo de remoção da camada de óxidos (ferrugem ou carepa) da superfície do aço para que esta superfície seja apta a receber tratamentos subsequentes mecânicos (como laminação, estiramento ou estampagem) ou a aplicação de um recobrimento protetor (por pintura, imersão ou eletrodeposição). Além desse objetivo básico, a eliminação da camada de óxido, o processo de decapagem também pode ser empregado para:

- diminuir o coeficiente de atrito da superfície metálica quando submetida ao processo de laminação a frio;
- fazer o oleamento da chapa decapada, evitando uma posterior oxidação, além de esse óleo atuar como a lubrificante para melhorar a eficiência do processo de laminação a frio (menor consumo de energia);
- aumentar o peso das bobinas a frio, fazendo o agrupamento das bobinas laminadas a quente por intermédio de solda inerente ao processo;
- corrigir as bordas das chapas por meio de tesoura rotativa de bordas (*side trimmer*);
- eliminar os defeitos da chapa, como dobra, bolsas, borda serrilhada e outros, por meio de corte por tesoura;
- fazer inspeção da superfície da bobina, verificando o atendimento ou não das especificações;
- gerar produto acabado, BQD (bobina a quente decapada), CFQD (chapa fina a quente decapada) e BGD (bobina grossa decapada).

Uma comparação da aparência de bobinas laminadas a quente e resfriadas (bobina preta no linguajar comercial e industrial) e uma bobina logo após passar pelo processo de decapagem é apresentada na Figura 2.1.

Figura 2.1 – Exemplos de produtos planos de aço laminados a quente: a) bobina preta; b) bobina decapada (bobina branca).

Ressalta-se ainda que o processo de decapagem deve ser realizado de forma a evitar que a superfície da chapa esteja isenta de elementos químicos residuais, como o aço (Si, Cu, Ni), que pode interagir com os revestimentos posteriores (Sn ou Zn). Além disso, o processo deve ser realizado de forma a não introduzir defeitos nas chapas, principalmente nas suas bordas, de modo a não comprometer a realização dos processos posteriores.

Durante a realização do processo de laminação a quente de aços-carbono, a formação da carepa é inevitável, embora possa ser amenizada pela implantação de alguns equipamentos e medidas operacionais, por exemplo, a aplicação de uma película de água sobre a chapa durante a laminação (sistemas *oxide killing interstand cooling*, ou resfriamento entre cadeiras), a eficiência dos mecanismos de remoção da carepa formada ou, ainda, a redução do tempo de exposição do material a altas temperaturas e o controle adequado da temperatura, atmosfera e tempo de aquecimento do material nos fornos da laminação. A espessura da chapa produzida e a distribuição de redução por passe também devem ser consideradas.

Outras contramedidas podem ser adotadas e são discutidas nos textos relativos ao processo de laminação a quente dos aços. Essa formação de óxidos de ferro ou óxido de ferro associado com óxidos de outros elementos de liga na superfície dos aços é de grande relevância para os processos posteriores de laminação, revestimento e aplicação dos aços laminados, influenciando tanto o acabamento superficial dos produtos como as condições de atrito durante a laminação a frio. Particularmente em relação ao processo de decapagem, em geral considera-se (segundo Bolt *et al.*, 2000) que os parâmetros principais para a decapabilidade de um aço são a espessura da carepa e sua composição, oriundas da laminação a quente, razão pela qual será apresentada nas próximas seções uma análise mais aprofundada do processo dos fenômenos que interferem na formação da carepa e na variação de sua composição e espessura ao longo da superfície da chapa laminada.

2.2 O FENÔMENO DA FORMAÇÃO DE CAREPA

Para se evitarem os defeitos e inconvenientes citados na Seção anterior e conseguir-se uma maior produtividade das linhas de decapagem, é necessário estudar o processo de formação da carepa e as variáveis que afetam esse processo, como a temperatura do forno, o tempo de exposição a elevadas temperaturas, a composição da atmosfera do forno, o fluxo de gases nessa atmosfera, a composição química do aço, a vazão de água de resfriamento da superfície do esboço ou chapa, a utilização ou não de óleo de laminação para lubrificação da interface esboço/cilindro (incluindo o tipo de óleo, o volume aplicado e a forma de aplicação), a velocidade de resfriamento após a laminação da bobina e a composição da atmosfera reinante nessa etapa, além do próprio perfil transversal da chapa.

A formação dos óxidos segue os processos distintos de adsorção, nucleação e crescimento da película. O processo de adsorção pode ser descrito como adsorção química propriamente dita de moléculas, seguida por ruptura das moléculas na interface gás/óxido e transferência do metal da fase metálica na forma de íons e elétrons para a interface metal/óxido. O oxigênio é absorvido na superfície e dissolve-se na rede de átomos de ferro, ocupando lacunas. O elemento ferro entra na rede na forma de íons Fe^{++}. Ocorre a difusão de átomos de ferro e de oxigênio através da camada de óxidos, formada com uma taxa de difusão ditada pela espessura da camada dos óxidos formados em altas temperaturas. Pelo fato de o íon metálico ser bem menor, a difusão dos íons de ferro é geralmente mais rápida que a dos íons de oxigênio.

A camada de carepa é formada desde a etapa de aquecimento dos aços nos fornos da laminação a quente e prossegue durante as etapas de conformação e resfriamento da bobina. Por se tratar de uma causa significativa na desclassificação de produtos laminados, o fenômeno de formação de carepa vem sendo objeto de diversos estudos, tanto no ambiente acadêmico como no industrial, ao longo do século XX, e ainda o é no século XXI. Além disso, diversos processos e procedimentos operacionais são implantados, visando a remover a camada de carepa (a própria decapagem em foco neste Capítulo) ou a minimização de sua formação durante a laminação a quente ou tratamentos térmicos posteriores.

Esses estudos podem ser categorizados em função do tipo de abordagem aplicada. Assim, foram apresentados estudos com foco na distinção entre os tipos de carepa por origem (GINZBURG, 1989; SANTOS; BARRETO; CARMO, 2002; TORRES; COLÁS, 2000; FERRAZ, 1987; BLAZEVIC, 2002), na sua composição química (ROSSI; CASTRO, 2000; BOLT, 2003; SUN *et al.*, 2003; BLAZEVIC, 1996), nos mecanismos de formação (XAVIER *et al.*, 2002; BOLT, 2003; MASCLA; MARINI; UBICI, 1998), na caracterização de sua espessura (BOLT, 2003; MELFO; DIPPENAAR; REID, 2006; BLAZEVIC, 1996), na adesão e coesão da cada de carepa (BOLT *et al.*, 2000; BOURDON *et al.*, 2003) e nos fatores de processamento que influenciam a ocorrência da carepa na laminação a quente (OIKE *et al.*, 2002; SUN *et al.*, 2004; SANTOS; BARRETO; CARMO, 2002; BEYNON; KRZYZANOWSKI, 2002; PRADO *et al.*, 1997; REIS; DA SILVA; GUIMARÃES, 1984).

É digno de nota o fato de que a ocorrência de defeitos relacionados com o descontrole na formação da carepa nos produtos laminados a quente é um dos problemas que devem ser superados para se permitir a aplicação desses produtos em substituição aos laminados a frio, uma vez que, com os modernos equipamentos implantados atualmente, pode-se obter faixas de espessura compatíveis com aplicações tradicionais de laminados a frio.

Em relação aos estudos de caracterização da camada de carepa por origem, é correntemente aceito que a *carepa* pode ser classificada (GINZBURG, 1989) em:

- **primária** – aquela formada no interior dos fornos de reaquecimento, com espessura que não deve ultrapassar cerca de 2,5 mm a 3 mm (FERRAZ, 1975) ou 1,8 mm a 2,0 mm (valores do ano de 1995), ou ainda menos nos processos atuais. Uma faixa típica de temperatura de formação é de 1.150 °C a 1.250 °C, mas pode ser alterada em função do tipo de semiacabado ou lingote sendo aquecido;

- **secundária** – formada durante a exposição da placa ou esboço aquecido ao ambiente na etapa de laminação de desbaste, após a ruptura da camada de carepa primária por descarbonetação ou na mordida do esboço pelos cilindros de laminação, com espessura normalmente entre 20 µm e 100 µm (KRZYZANOWSKI; BEYNON; FARRUGIA, 2010), porém, valores de até 400 µm também são citados no caso de tempos elevados para crescimento da carepa (GINZBURG, 1989; BLAZEVIC, 1983a). A faixa típica de temperatura de formação é de 1.060 °C a 1.150 °C, mas pode ser alterada em função do tipo do processo de laminação, principalmente com relação à velocidade de sua realização e do tipo de aço em processamento;
- **terciária** – aparece na etapa de laminação de acabamento, após a descarepação na saída do laminador de desbaste e na etapa de resfriamento e bobinamento da chapa. A espessura dessa camada de carepa normalmente não ultrapassa 10 µm nas condições normais de laminação a quente, mas depende diretamente da temperatura de bobinamento, sendo maior quanto mais alta a temperatura e o contato da superfície da chapa com o ar. A faixa típica de temperatura de formação é de 850 °C a 1.060 °C, mas pode ser alterada em função do tipo de aço em processamento.

Os dados de temperatura citados são relativos à laminação de produtos planos a quente e processamento de aços-carbono. Destaca-se também que os valores de espessura da carepa são citados apenas de forma ilustrativa, pois variam em função de uma série de fatores, dentre os quais podem ser destacados: a temperatura e o tempo de exposição do aço, da atmosfera do reinante no estágio de crescimento, da composição do aço e do número de passes e do grau de redução de espessura aplicado na etapa de laminação de desbaste e de acabamento.

Alguns autores (como BLAZEVIC, 1992) preferem incluir nessa classificação a *carepa quaternária*, que seria formada pela combinação da carepa terciária remanescente com uma carepa adicional, que ocorre nas mesas após a laminação de acabamento e durante o resfriamento da bobina.

Alguns dados experimentais (CASTRO, 2006) evidenciam que há uma relação entre a espessura da carepa e a microrrugosidade superficial da bobina laminada a quente. Quanto maior a espessura da carepa, maior a microrrugosidade. Assim, controlar a formação da carepa significa reduzir também a rugosidade nas bobinas laminadas a quente. Ressalta-se que temperaturas elevadas e o tempo de exposição a essa condição promovem o aumento da espessura de carepa, pois incrementam a difusão de átomos de O e Fe. Considerando que o óxido permanece aderido à superfície do metal-base, a taxa de oxidação é geralmente medida e expressa como ganho de peso por unidade de área. Por ser controlada por difusão, a cinética de oxidação segue uma equação do tipo:

$$\Delta m/S = k \cdot t^n$$

sendo:

$\Delta m/S$ = o ganho de massa por área (crescimento da camada de carepa);

t = tempo;

k = constante de oxidação;

n = coeficiente.

Essa equação de oxidação exprime a espessura da camada em função do tempo, podendo ser uma "lei" linear, parabólica, cúbica ou logarítmica (CAHN; HAASENT, 1996), dependendo do estágio do processo de oxidação, do tipo de metal que está reagindo, do tempo e temperatura envolvidos no processo. Em geral, no início da oxidação de metais, é observado um comportamento linear, seguido por uma lei parabólica, com crescimento de uma camada de óxido protetora. Ao ocorrer o aumento da espessura, a camada pode fraturar, e o crescimento tende a retornar ao comportamento linear.

A difusão de íons através da camada de óxido conduz a uma lei parabólica em que a espessura do óxido se desenvolve em função da raiz quadrada do tempo. Nesse caso, n é igual a ½, e é o caso mais frequente de óxidos protetores. Assim, após a formação do óxido inicial, a oxidação posterior pode ser separada em duas etapas, sendo: a) reações nas interfaces metal/óxido e óxido/oxigênio, que controlam a velocidade inicial; b) transporte de material na forma de cátions metálicos, ânions de oxigênio e elétrons, através do óxido. Quando o óxido aumenta de espessura, esta etapa controla a velocidade (CAHN; HAASENT, 1996). A constante parabólica k_p segue a uma lei de Arrhenius (k_p = k°. e-Q/RT).

A etapa de descarepação durante a realização do processo de laminação a quente remove as carepas primária e secundária nos descarepadores primário e secundário, respectivamente, evitando, assim, a incrustações nos cilindros de trabalho e no esboço, e a consequente formação de defeitos superficiais nos produtos laminados. A constituição das camadas de carepa varia conforme a temperatura: acima de 1.100 °C, tem-se a predominância de Fe_3O_4 + FeO; abaixo de 570 °C, tem-se o domínio de Fe_3O_4 com a decomposição de wustita (ou wüstita) em Fe_3O_4. Na faixa intermediária de temperatura, têm-se camadas dos três tipos de óxidos.

Em relação aos processos de laminação a quente, descarepação, decapagem e laminação a frio (ou trefilação, no caso de produtos longos), deve-se analisar a constituição da camada de carepa, de forma a se identificar qual situação é mais favorável à execução das operações inerentes a esses processos. Na Tabela 2.1, são apresentadas as principais características desses óxidos[1] e do ferro puro. Ressalta-se que a junção entre as camadas de

[1] Para efeito de estudo, é aconselhável que seja feita a distinção entre os termos óxido e carepa. Na literatura, é muito comum encontrar o óxido (ou das várias camadas de óxido possíveis de estarem presentes na superfície do produto laminado) sendo denominado como carepa. Para efeito de clareza, óxido é a camada superficial resultante da reação do ferro com elementos ou

carepa é normalmente mais forte do que a junção da carepa com o metal. Como consequência, os processos de descarepação e laminação tendem a quebrar a ligação interfacial entre a carepa e o metal, em vez da separação das camadas de carepa. A presença de determinados elementos de liga no aço formando compostos na interface carepa/metal pode alterar esse comportamento, como será detalhado posteriormente neste livro.

Tabela 2.1 – Principais características dos óxidos que constituem a carepa dos aços-carbono e do ferro puro

Tipo de Óxido	Cor (sem a hidratação dos óxidos)	Estrutura cristalina	Temperatura de fusão (°C)	Massa específica (g/cm³)	Coeficiente de expansão (vol. óxido/ vol. Fe)	Coeficiente de dilatação linear (10^{-6}/K)	Condutividade térmica (W/cm·K)
Hematita αFe_2O_3	Avermelhada (se dividida) Cinza-azulada (maciça)	Romboédrica hexagonal compacta	1.565	5,24	2,14	9,6 a 13, 9 entre 20 e 750 °C	0,15 a 30 °C
Magnetita Fe_3O_4	Cinza-clara	Ortorrombica	1.600 1.595	5,18	2,10	8 a 0 °C	$12,5 \cdot 10^{-3}$ a $25 \cdot 10^{-3}$
Wustita FeO	Preta ou cinza-escura	CFC	1.370 a 1.425	5,52 a 5,7	1,67 a 1,83	11 (independente da temperatura)	–
Ferro	cinzenta	CCC (Feα) CFC (Feγ)	1.538	7,85	–	11,7 a 20 °C	0,8 à temperatura ambiente

Fonte: WÉRY (2001a).

Observa-se, por exemplo, que a *wustita* é um óxido com estrutura granular e porosa, mais macio do que a magnetita e a hematita. A composição não estequiométrica da wustita é designada por $Fe_{1-x}O$, ou simplificadamente por FeO. A relação entre o teor de ferro e o de oxigênio pode variar entre os limites de $Fe_{0,875}$ e $Fe_{0,946}$, em função da temperatura. Para temperaturas maiores que 900 °C, a camada de wustita apresenta alta plasticidade, sendo mais macia do que o Fe, podendo atuar como um filme de lubrificante durante a laminação a quente, mas, à temperatura do ambiente, ela é que-

compostos oxidantes, enquanto carepa são fragmentos de óxido não removidos nas operações de descarepação (ou descamação como é denominado em algumas usinas), constituindo um defeito superficial.

bradiça. Esse óxido apresenta um baixo ponto de fusão (1.370 °C a 1.425 °C) se comparado ao ferro puro (Figura 2.2). A sua fusão durante a laminação a quente pode provocar a penetração de óxido nos contornos de grão, acarretando uma deterioração da qualidade superficial. Por sua vez, o óxido *hematita* é quebradiço e extremamente duro, e, portanto, indesejado em qualquer fase do processamento do aço. No evento de "mordida" no cilindro na laminação, a hematita causa excessivo desgaste e uma má qualidade de superfície no produto plano laminado. O óxido *magnetita* apresenta alguma plasticidade em temperaturas de laminação. Por isso, uma certa fração de magnetita pode ser tolerada durante as reduções nas cadeiras durante a laminação a quente.

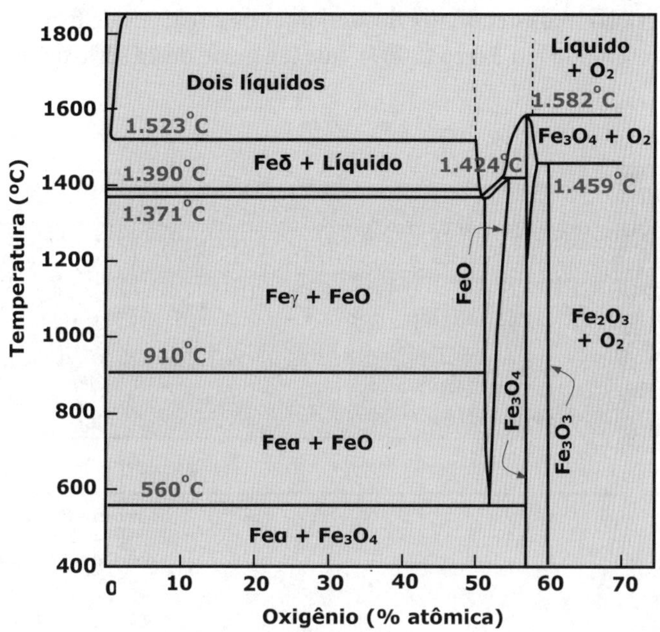

Figura 2.2 – Diagrama de fases do sistema ferro-oxigênio.

Fonte: ROTHERY (1968); WÉRY (2001a).

Medidas de dureza realizadas à temperatura ambiente indicam: 460-500 HV para FeO, 540-550 HV para Fe_3O_4 e 920-1050 HV para Fe_2O_3. Testes de dureza realizados à temperatura de 900 °C por Lundberg e Gustavsson (1994) apresentam valores de 105, 366, e 516 HV para wustita, magnetita e hematita, respectivamente. Os valores de resistência à tração à temperatura ambiente são: 0,4, 10 e 40 Mpa, respectivamente, para a wustita, a hematita e a magnetita. Analisando-se essas informações, conclui-se que uma camada de carepa em alta temperatura é constituída predominantemente por óxidos duros e quebradiços (hematita e magnetita), sendo mais favorável de ser removida por meio de esforços de impacto ou dobramento. Na temperatura ambiente, deve-se analisar a constituição dessa camada para se selecionar qual o método mais adequado a ser empregado.

A reatividade química desses óxidos será objeto de análise na Seção 2.4 do livro, por ser uma característica que afeta decisivamente a forma de realização da decapagem química e a velocidade de execução desse processo.

Com a deformação à qual o aço é submetido a cada passo de laminação, o filme de óxido é continuamente formado e destacado da superfície. A carepa remanescente sobre o aço laminado e já bobinado é formada, portanto, a partir da saída do último trem de laminação, na curta passagem pela mesa de resfriamento e durante o bobinamento e esfriamento da bobina formada em condições de temperaturas variáveis. Na Figura 2.3, tem-se uma representação esquemática de uma camada típica de carepa na superfície de uma placa de aço e a variação da composição dela com a variação da temperatura. Uma descrição mais detalhada dos fenômenos e reações de formação da camada de carepa é apresentada em Rizzo (2007), que faz parte desta série de publicações.

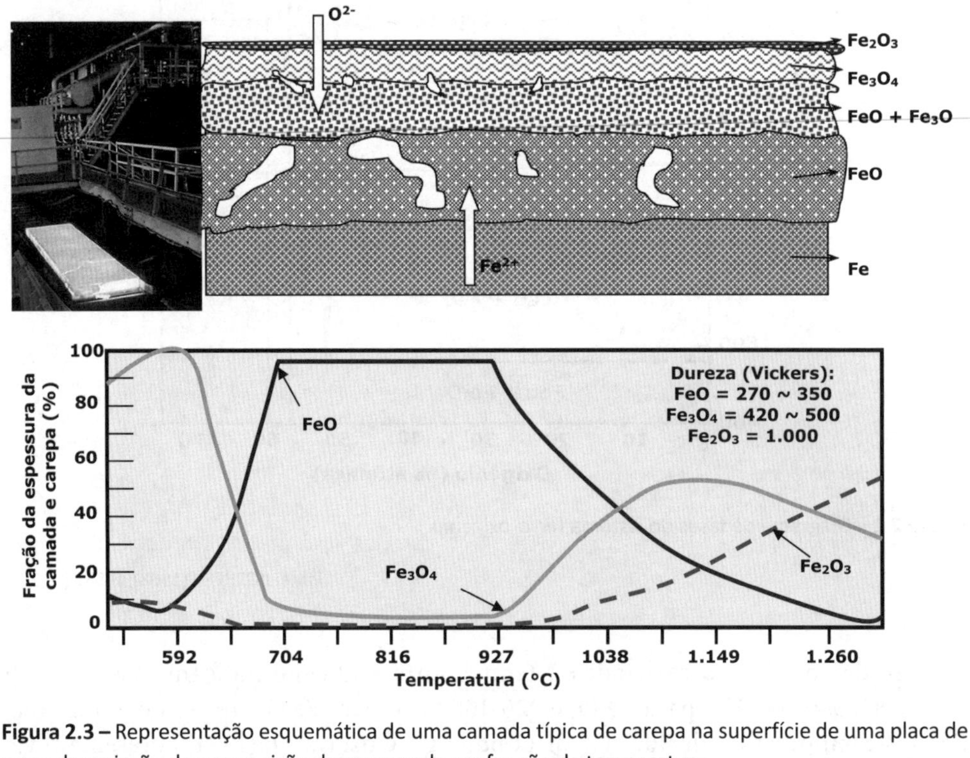

Figura 2.3 – Representação esquemática de uma camada típica de carepa na superfície de uma placa de aço e da variação da composição dessa camada em função da temperatura.

Fonte: adaptada de BLAZEVIC (2002) e ....

A *wustita* (FeO) pode ser formada a partir das seguintes reações:

$Fe + ½O_2 \leftrightarrow FeO$

$$2Fe + CO_2 \leftrightarrow FeO + CO$$

$$H_2O + Fe \leftrightarrow FeO + H$$

$$Fe_3O_4 \rightarrow 3FeO + O_2 \text{ (acima de 700 °C)}$$

A *hematita* (Fe_2O_3) é formada em temperaturas acima de 800 °C por meio da reação:

$$2FeO + \frac{1}{2}O_2 + \leftrightarrow Fe_2O_3$$

A *magnetita* (Fe_3O_4) é formada por meio da reação:

$$FeO + Fe_2O_3 \leftrightarrow Fe_3O_4$$

$$4FeO \rightarrow Fe + Fe_3O_4 \text{ (reação eutetoide abaixo de 570 °C)}$$

Analisando-se o gráfico apresentado na Figura 2.3, conclui-se que, para uma temperatura típica de acabamento no processo de laminação de bobinas a quente de aço-carbono (850 a 900 °C), se a chapa for resfriada rapidamente até o bobinamento, têm-se os três tipos de óxidos, com o FeO em maior proporção e em contato com o metal base; em seguida, vem a camada de Fe_3O_4; e, por último, uma fina camada de Fe_2O_3. Quando o material é resfriado, quase sempre se produz uma ruptura do contato carepa-metal, o que impede a entrada de novos íons de ferro. Apesar disso, os íons de ferro da wustita continuam migrando, permitindo igualar sua concentração e aumentando, consequentemente, a percentagem de magnetita.

De acordo com experimentos realizados por Paidassi (1958) e depois confirmados com resultados similares por Mrowec e Przybylski (1977), a espessura relativa das diferentes camadas em um esboço laminado a quente geralmente obedece à seguinte proporção: 1% de Fe_2O_3, 4% de Fe_3O_4 e 95% de FeO, do total da espessura da camada. Essa análise é realizada em uma amostra "congelada", isto é, que passou por um resfriamento muito rápido para reproduzir a estrutura reinante à temperatura de laminação. A principal razão para essa distribuição de espessura relativa das camadas é o fato de que, nas altas temperaturas reinantes nos fornos de aquecimento dos aços para laminação e nas etapas de laminação a quente, o coeficiente de difusão do ferro na wustita é muito maior do que na magnetita, e o coeficiente de difusão do oxigênio e ferro na hematita é muito baixo. A quantidade de Fe na carepa primária para essa proporção de camadas citada é de 4,3 g/cm^3. Esse dado é de fundamental importância no cálculo da perda de peso percentual de um semiacabado após o reaquecimento. Essa densidade aumenta para 4,6 a 4,8 no caso de aços inoxidáveis (CASTRO *et al.*, 2006).

Devido à maior facilidade de coleta e caracterização de amostras, normalmente a literatura apresenta macrografias da seção transversal da carepa gerada no aquecimento dos aços para laminação, por exemplo, a representação esquemática mostrada na Figura 2.4. Entretanto, observa-se que, se o resfriamento for muito lento até o bobinamento, de modo que a temperatura nesse ponto esteja elevada, a espessura da carepa aumenta.

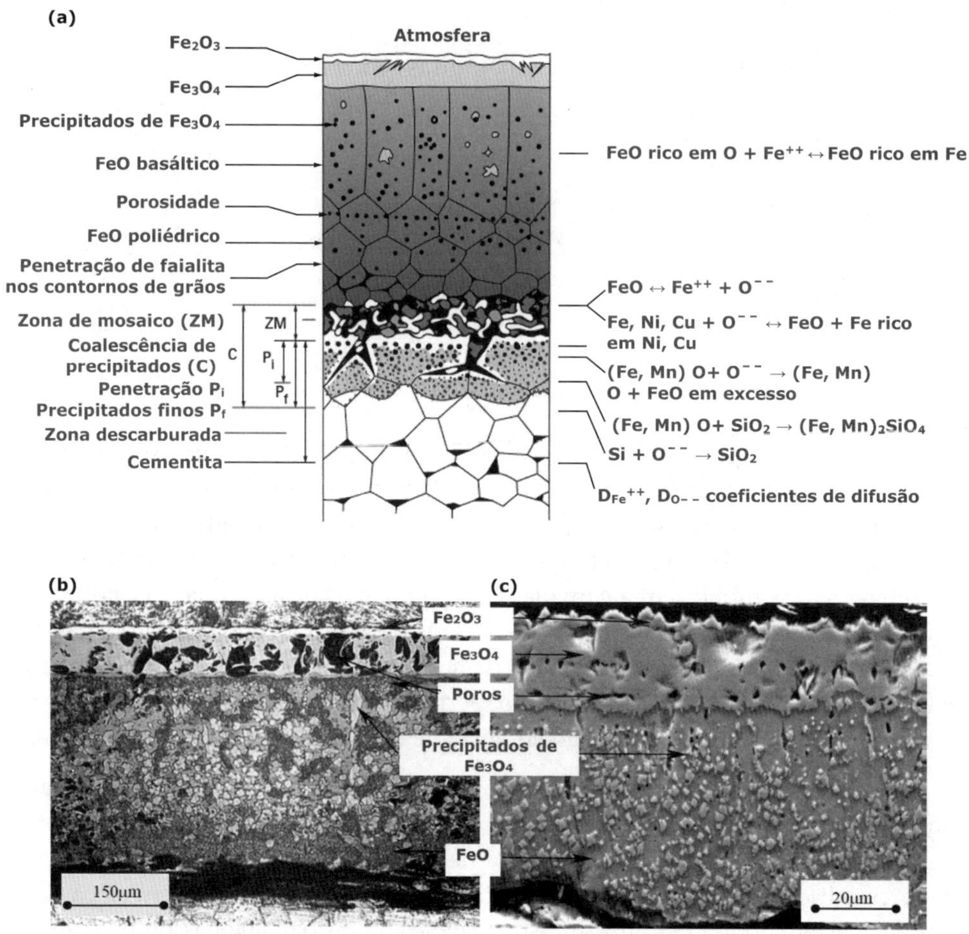

Figura 2.4 – a) Corte esquemático de uma camada de carepa gerada durante o aquecimento de um semiacabado de aço em um forno de reaquecimento (representação esquemática a partir do trabalho de Cagnet e Moreau, 1960); b) micrografia ótica da camada de carepa de um aço baixo carbono em uma amostra aquecida em contato com o ar até a temperatura de 1.100 °C por 1.200 s (ataque com HCl 1% e álcool); c) imagem de microscópio eletrônico de varredura (MEV) de uma amostra do mesmo aço aquecida em contato com o ar até a temperatura de 900 °C por 1.800 s (ataque com HCl 1% e álcool).

A estrutura e a constituição da camada de carepa à temperatura ambiente dependem, entre outros fatores, da velocidade de resfriamento. Uma maior velocidade favorece a conservação da estrutura a quente, enquanto uma velocidade lenta propicia condições para a decomposição do FeO em ferro puro e magnetita ($4FeO \rightarrow Fe + Fe_3O_4$, reação eutetoide que ocorre abaixo de 570 °C). A temperatura e o tempo controlam a difusão de íons Fe e O através das camadas de óxidos e, assim, as reações de transformação de um tipo de óxido em outro. Uma representação esquemática desse fenômeno é apresentada na Figura 2.5. Observa-se que o padrão de porosidade presente na camada de carepa depende principalmente, mas não apenas, da temperatura na qual a camada de carepa cresce.

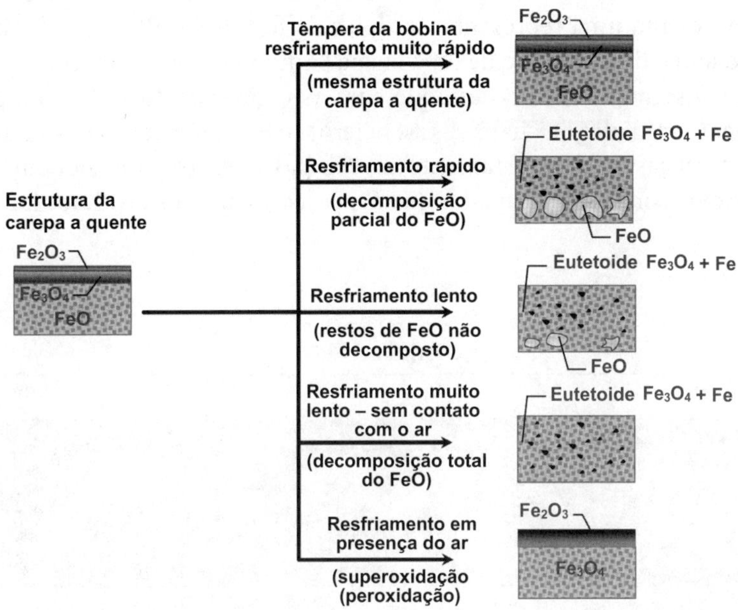

Figura 2.5 – Representação esquemática da evolução da estrutura da carepa em função do tipo de resfriamento das bobinas laminadas a quente – composição a partir do trabalho de Calmon e Cenac (1994). Esse padrão pode ser alterado em função da temperatura de bobinamento. Por exemplo, se a temperatura de bobinamento for elevada (720 a 740 °C), ocorre a formação de FeO na condição de resfriamento sem contato com o ar (típico da região central da chapa).

Observa-se ainda que a composição, a proporção entre os óxidos e a espessura da camada de carepa presente ao longo da superfície da chapa são influenciadas pela composição da carepa formada a alta temperatura, mas é decisivamente afetada pela variação da velocidade de resfriamento durante a etapa de laminação a quente e bobinamento da chapa e durante o resfriamento das bobinas, sendo também modificada pelo contato com a água de resfriamento. O bobinamento mais ou menos frouxo também influencia a velocidade de resfriamento e o contato com a umidade.

Na laminação a quente, a temperatura com a qual a tira sai da última cadeira do laminador é chamada de *temperatura de acabamento*, e aquela com a qual é bobinada é chamada *temperatura de bobinamento*. Durante esse intervalo, ocorre um rápido resfriamento, mas, depois desse bobinamento, as bobinas são resfriadas lentamente. Se o resfriamento é muito lento, para temperatura acima de 575 °C, a espessura da carepa aumenta e, além disso, o FeO pode se decompor total ou parcialmente, de acordo com a reação por meio da reação eutetoide:

$$4FeO \rightarrow Fe + Fe_3O_4$$

A espessura e a composição da camada de carepa também podem variar ao longo do comprimento da bobina, em função das diferenças de tempo, temperatura e velocidade de resfriamento, normalmente associadas com a cauda e o topo de bobinas. A Figura 2.6 apresenta uma representação típica da formação diferenciada da camada de carepa ao longo da superfície de uma chapa laminada (bobina aberta para mostrar todo o seu comprimento), com destaque para as regiões de 10 a 20 cm a partir das bordas e as extremidades da chapa. Essas heterogeneidades locais na camada de carepa geram diferenças de comportamento em relação à decapagem e podem explicar o aparecimento de zonas subdecapadas ou surperdecapadas nos produtos laminados.

(a)

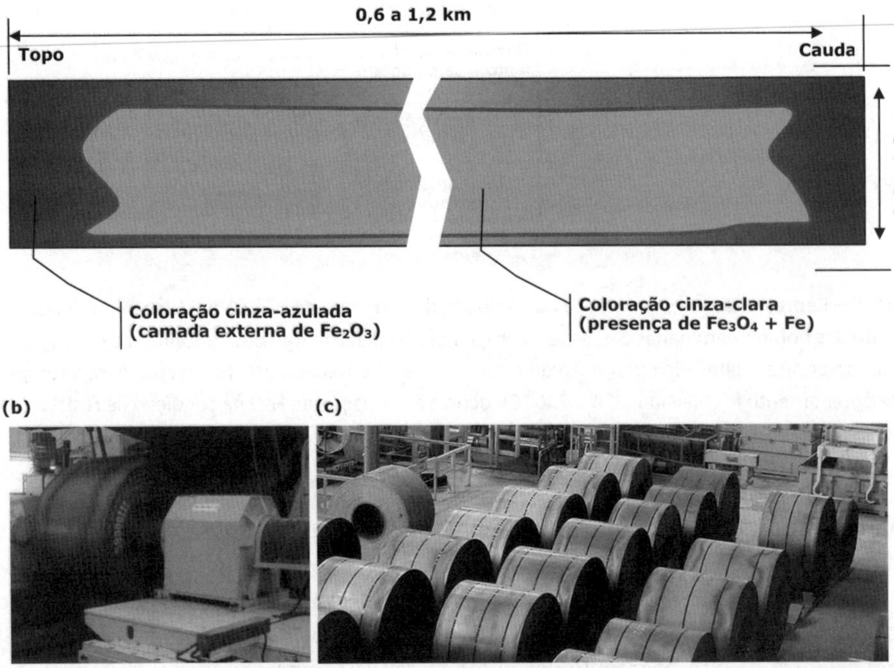

(b) (c)

Figura 2.6 – a) Representação esquemática típica da formação diferenciada da camada de carepa ao longo da superfície de uma chapa laminada com destaque às regiões de 10 a 20 cm a partir das bordas e as extremidades da chapa (ponta e cauda); b) e c) imagens reais de chapas com o aspecto descrito na figura esquemática.

O FeO é o óxido mais solúvel, facilitando o processo de decapagem química. Alguns fatores favorecem sua formação e permanência na superfície da tira, como:

- elevada velocidade de laminação;
- elevada velocidade de resfriamento após a laminação;
- baixa temperatura de laminação e de bobinamento.

Em suma, se a temperatura de bobinamento for elevada, haverá o aumento da espessura da carepa e, também, o que é pior, da quantidade de óxidos menos solúveis nos ácidos utilizados na decapagem, dificultando a remoção da camada de carepa.

Observa-se que as extremidades e as bordas da chapa são resfriadas rapidamente em contato com o ar durante a laminação. Ressalta-se ainda que, normalmente, a espessura nas bordas apresenta um valor em torno de 0,1 mm a menos que a espessura na região central, fazendo com que, quando bobinada, ocorra um maior contato com o ar nessa região. Esses fatores propiciam a geração, a frio, de uma carepa com coloração cinza-azulada, típica do Fe_2O_3, na camada externa, e uma interna de Fe_3O_4. Essa camada é resultado da oxidação completa do FeO, graças ao contínuo suprimento de oxigênio. Bobinas resfriadas com temperatura na faixa de 500 a 520 °C podem apresentar uma terceira camada interna de Fe_3O_4 + Fe (KRZYZANOWSKI *et al.*, 2010).

Na região correspondente ao centro da chapa, as espiras da bobina, principalmente no caso de um bobinamento apertado, são resfriadas lentamente, sem contato com o ar. Nesse caso, forma-se apenas uma camada de FeO, que, em seguida, devido ao resfriamento lento, decompõe-se mais ou menos completamente na temperatura de 570 °C por meio da reação eutetoide apresentada anteriormente.

Essa carepa na região central da chapa apresenta cor cinza-clara, típica do Fe_3O_4. Observa-se que, se houver carepa primária incrustada na superfície da chapa devido à descarepação deficiente, ou, se houver carepa incrustada devido à maior adesão da camada de carepa ao aço (por exemplo, em aços com adição de Si, como será discutido posteriormente neste texto), ou a presença de refratário aderido à superfície do aço ou outros tipos de defeitos, podem ocorrer pontos de coloração distinta na superfície da chapa (BLAZEVIC, 1983b).

Se o resfriamento for mais uniforme com o emprego de equipamentos com mais recursos de ajuste e de técnicas mais modernas de controle do processo, e/ou se a temperatura de bobinamento for considerada baixa, não se verifica esta variação de coloração ao longo da largura ou comprimento da chapa laminada. Ressalta-se que a hidratação da camada superficial de óxido provoca uma alteração da coloração citada na direção de cores alaranjadas.

O fenômeno de oxidação de um aço é mais complexo que o do ferro puro. A carepa formada sobre os aços, embora majoritariamente constituída de óxidos de ferro, apresenta as suas estruturas alteradas pela presença dos elementos de adição susceptíveis à formação de óxidos. Nesse caso, são analisados os efeitos dos elementos de liga na difusão de átomos, na geração de trincas na camada de carepa e na alteração da temperatura de formação dos óxidos de ferro. A presença de elementos de liga afeta a velocidade de oxidação dos aços e a aderência da carepa, principalmente devido à distribuição desses elementos na região da interface metal-óxido como parte integrante de espinélios e outros compostos.

O carbono, por exemplo, pode facilitar ou impedir a difusão dos íons, de modo a aumentar ou diminuir a formação de carepa. Ele se difunde na interface carepa/metal e reage com o óxido de ferro, gerando o gás CO na interface metal/óxido por meio da reação:

$$FeO + C \leftrightarrow Fe + CO$$

Em altas temperaturas, a pressão de gás promove a formação de poros entre a carepa e o metal base, reduzindo, assim, a adesão e a taxa de formação dessa carepa, se não ocorreram trincas grosseiras. Entretanto, em altas temperaturas e altos teores de carbono, a pressão dos gases no interior dos vazios pode causar trincas na camada de carepa, permitindo o acesso de ar às camadas internas, acarretando um novo contato com a atmosfera e nova formação de carepa.

Numerosos são os elementos mais oxidáveis que o ferro (P, Mn, Cr, Si, Al...) podendo reagir com os óxidos de ferro e formar soluções sólidas (Mn) ou óxidos mistos (Cr, Al etc.). A presença de elementos formadores de barreira de difusão na carepa, como Cr, Si e Mn, tem influência também na estrutura da camada externa de hematita, resultando na diminuição de sua porosidade, provavelmente por diminuir a velocidade total de oxidação. A presença desses compostos na interface metal-carepa promove um aumento da adesão da camada de carepa ao aço, com consequências frequentemente nefastas para a decapagem dos aços (Figura 2.4).

Elementos como Cr e Al formam camadas protetoras (Cr_2O_3, Al_2O_3), que aumentam a resistência à oxidação. Por sua vez, elementos como o Ni, Cu e Si formam precipitados na interface metal/óxido que, apesar de reduzirem a taxa de formação da carepa, podem aumentar a adesão dela ao metal base (Ni) ou defeitos superficiais (Cu), ou fusão do precipitado (Si), que aumenta a formação de carepa. Outro aspecto relativo à presença de elementos mais oxidáveis que o ferro é a alteração da cinética de oxidação, desviando de um crescimento parabólico inicial quando ocorre a formação de uma camada protetiva rica em elementos de liga.

Deve-se ressaltar que a análise dos efeitos dos elementos de liga na formação da camada de carepa deve ser feita considerando-se a quantidade adicionada, ou seja, se estão presentes como elementos residuais ou como elementos de liga. Por exemplo, no caso da presença de Cr como elemento residual, o seu efeito é negligenciável na formação de carepa. Entretanto, é relatado (REGAD *et al.*, 1994) que adições de Cr, Si e Mn em aços baixo carbono (0,005 %C; 0,875 %Cr; 0,384 %Si; 0,224 %Mn) diminuem a velocidade de oxidação de aços de baixa liga. Outros experimentos, conduzidos por Ramanathan, Pohl e Padilha (1995) mostraram que, no caso de aços inoxidáveis (presença de Cr em elevados teores), ocorre a formação de uma camada protetiva de Cr_2O_3, aumentando a resistência à oxidação.

Ainda para o caso desses aços inoxidáveis, o aumento no teor de nióbio no aço aumenta a formação do Cr_2O_3 na interface entre o metal e a carepa, devido à formação de (Nb, Cr) O_2, que age como uma barreira na difusão de íons de ferro. Ainda no caso de aços inoxidáveis, a temperatura no processo de laminação tem relação direta com a concentração de cromo na carepa.

Reduzir a temperatura de laminação significa reduzir a concentração média de cromo na carepa e isso pode facilitar a remoção desta tanto na descarepação como na decapagem. Quanto maior a temperatura, maior é o aumento na difusão de cromo comparada à difusão do ferro, no ferro α. Significa aumento na quantidade de cromo disponível para formar óxidos na região próxima à interface entre a carepa e o metal. Nessa região há baixo potencial de oxigênio, que é a condição necessária para a formação do óxido de cromo (CASTRO, 2005). A atmosfera do forno também pode exercer efeito significativo. Em uma atmosfera ligeiramente oxidante, forma-se uma carepa de cor marrom, pouco aderente e facilmente solúvel, enquanto, em uma atmosfera redutora, cria-se uma camada de carepa cinzento-azulada, aderente e de difícil solubilidade (ORDENBACH; DAVID, 1990).

Além do Cr, outro elemento que pode formar uma camada dura e protetiva na camada de carepa, reduzindo a taxa de formação desta se for adicionado em teores que caracterizam a sua presença como elemento de liga em vez de elemento residual, é o Al. Esse elemento apresenta um efeito adicional no aumento da resistência à oxidação do ferro devido ao seu efeito no aumento da temperatura de formação da wustita.

O silício forma com o ferro e com o oxigênio um composto eutético (Fe_2SiO_4 – temperatura *solidus* = 1.171 °C), denominado faialita, que precipita na interface metal/carepa e, apesar de diminuir a taxa de formação de carepa, dificulta a remoção dela. A *failalita* é gerada na interface aço/FeO e promove a formação de irregularidades em ambos os lados FeO e aço, propiciando um efeito de ancoragem, dificultando a completa remoção da camada de FeO fraturada durante as operações de laminação (SOUZA, 2000). Mesmo baixos teores de Si (por exemplo, 0,25% em aços acalmados ao Si) podem apresentar o problema de adesão de carepa.

Observa-se que, se ocorrer a fusão da camada de faialita, o efeito protetivo desaparece e ocorre um rápido aumento da taxa de oxidação do aço. A formação do defeito denominado carepa vermelha, associado com a presença de Si, é explicada em Rizzo (2007), que faz parte desta série de publicações.

Verifica-se ainda que, normalmente, a formação do defeito carepa é favorecida por altos teores de fósforo, enxofre e manganês (OIKE, 1992).

O coeficiente de difusão do Ni no ferro é muito baixo, fazendo com que ocorra uma elevada concentração de Ni na interface carepa/metal e uma interpenetração entre a camada de óxido e o metal, o que aumenta a resistência à oxidação, mas torna a carepa aderente, resultando em defeitos na chapa laminada a quente.

O elemento Cu apresenta um comportamento similar ao Ni, ou seja, esse elemento é rejeitado na interface metal/carepa. Entretanto, o Cu não forma uma carepa adesiva como o Ni. Porém, quando o teor de Cu é elevado, pode ocorrer a precipitação de uma fase separada rica em cobre (com teor de Cu acima de 8%). Essa fase apresenta um ponto de fusão em torno de 1.096 °C e forma uma camada entre o metal e a carepa que provoca a fragilidade a quente e defeitos superficiais.

A identificação, caracterização e localização dos óxidos no interior das carepas podem ser realizadas por exames metalográficos, empregando-se microscopia óptica (auxiliada ou não por analisadores de imagens) e microscopia eletrônica de varredura, técnica de difração de raio X, espectroscopia Mössbauer, microespectroscopia Raman ou a técnica de espectrometria de emissão óptica por centelhamento. Outras técnicas empregadas para a análise química de revestimentos superficiais também podem ser utilizadas.

Uma variável que auxilia o ataque do ácido sobre camada de óxido é a quantidade de alongamento fornecido à chapa, que tem a função de gerar trincas na estrutura da carepa. Essas trincas são responsáveis por facilitar a penetração do ácido e aumentar a superfície de contato para a reação. Outro fator que pode provocar trincas e fraturas na carepa são as transformações de fase no metal base, por exemplo, a transformação de fase $\alpha \rightarrow \gamma$ em alguns aços inoxidáveis (o aço inoxidável 430A).

Além dos óxidos de ferro citados, a camada de carepa pode ser recoberta, na ausência de poluentes atmosféricos agressivos (Cl^-, SO_2), com hidróxidos (FeOOH), geralmente na forma de lepidocrocita (γ-FeOOH) e/ou goethita (α-FeOOH), situados sobre a camada externa. As condições climáticas (umidade, temperatura, poluentes) afetam decisivamente na formação da carepa.

Não faz parte dos objetivos deste texto discutir os problemas relacionados com o processo de laminação a quente devido à formação de carepa. Entre tais problemas, os mais frequentes e de maior importância são: a geração de defeitos superficiais nos produtos laminados a quente, os defeitos introduzidos e o desgaste acentuado dos cilindros de laminação, a redução do rendimento metálico devido ao descontrole na formação de carepa e a descarbonetação do aço, a falta de regularidade no controle de temperatura,[2] além da perda de produtividade e o inerente aumento de custo devido ao aumento da frequência de parada da linha de laminação para troca de cilindros ou realização de ajustagens nos dispositivos de descarepação. Para o aprofundamento deste tópico, recomenda-se a leitura de Rizzo (2011), que também faz parte desta série de publicações da ABM. Na citada publicação, é apresentada uma classificação das diversas classes de defeitos de laminação do tipo carepa, com a sua caracterização, prováveis causas e imagens ilustrativas desses defeitos.

Entretanto, como o defeito do tipo carepa influencia de forma significativa a realização do processo de decapagem, quer seja na produtividade deste, quer seja na qualidade do produto decapado, será apresentada uma breve descrição da formação do defeito e de suas consequências em termos de qualidade da chapa laminada.

---

2 A camada de carepa reduz a perda de calor do esboço; portanto, a sua retirada parcial provoca alterações na temperatura estimada para a superfície do esboço.

Em primeiro lugar, normalmente atribui-se a formação do defeito carepa em chapas laminadas a quente à ação de dois principais mecanismos (LUYCKX; LORANG, 1965; XAVIER *et al.*, 2002) associados com a diferença entre as taxas de deformação da superfície e do núcleo do material laminado:

- o aparecimento de elevadas tensões de cisalhamento que, sob certas condições, causam o lascamento da camada de óxido superficial normalmente formada durante a laminação a quente, produzindo partículas de óxido, que são posteriormente impressas no esboço pelo próprio cilindro de laminação;
- a formação de "ondas" (cristas) na camada de óxido superficial, cujas partes mais elevadas ("cristas") podem ser impressas no esboço durante os passes subsequentes.

Considerando-se essa hipótese, os fatores de processo que induzem a formação de carepa podem ser divididos em dois grupos: fatores ligados às tensões de cisalhamento (grau de redução, rugosidade do cilindro e velocidade de laminação) e fatores ligados à formação de óxidos (temperatura e composição química) (LUYCKX; LORANG, 1965). No primeiro grupo, destaca-se o grau de redução imposto nas primeiras cadeiras de laminação. Altas taxas de redução geram altas tensões de cisalhamento na superfície do material (YUEN; NGUYEN, 1996), podendo provocar o destacamento do óxido normalmente formado na superfície da chapa. No segundo grupo, a temperatura se apresenta como uma das principais variáveis que afetam a formação do defeito em aços laminados a quente. Com o aumento da temperatura, aumentam a cinética de oxidação (ROBERTS, 1993) e a plasticidade da camada de óxido, propiciando a formação de "ondas" nesta última. Por outro lado, com baixas temperaturas de laminação, a plasticidade da camada de óxido é baixa, facilitando a ocorrência de fratura e o destacamento dessa camada.

De acordo com a análise de Blazevic (2002), a temperatura da superfície da chapa não é constante nem uniforme ao longo de sua largura e de seu comprimento durante a laminação a quente, devido a fatores como a sobreposição de leques de água de descarepação, água de resfriamento fora da posição de projeto, padrão dos jatos de água de descarepação ou de resfriamento entre cadeiras não uniforme e perda de radiação pelas bordas do esboço. O resultado é a formação de camadas com diferentes percentuais de óxidos ao longo da largura do esboço. Segundo o citado autor, essa diferença de temperatura em faixas é a causa fundamental da degradação de cilindros de trabalho.

Por sua vez, a variação de temperatura ao longo do comprimento do esboço ocorre em função de fatores como: a existência de marcas de *skid*, a variação da velocidade de atravessamento e a prática de aceleração no trem acabador, a variação de velocidade do esboço dentro da caixa de descarepação, o resfriamento secundário (após descarepação) e práticas de resfriamento entre cadeiras (inclusive o volume de água utilizado), além do contato com os cilindros de trabalho frios. Esses fatores, por si só, já explicam o crescimento de camadas de óxidos distintas, que, por sua vez, ajudam a explicar o desgaste diferenciado dos cilindros.

Levando-se em consideração ainda que existem diferentes configurações de laminadores e que estes possuem também práticas operacionais, existe também uma diversidade ainda maior de desgaste dos cilindros. Uma relação indireta entre temperatura e aumento da incidência do defeito de carepa em produtos laminados a quente é a espessura do esboço a ser laminada. Quanto menor a espessura do esboço, menores serão tanto a sua temperatura superficial quanto a diferença entre o núcleo e sua superfície. Com a diminuição de temperatura, diminui-se a cinética de oxidação, reduzindo a possibilidade de fratura da camada de óxido durante o processamento e também a impressão desse óxido no metal base (XAVIER *et al.*, 2002), diminuindo, assim, a intensidade de carepa no produto.

Além da influência da tensão de cisalhamento, da formação de "ondas" e da temperatura na formação de carepa, citadas anteriormente, outro fator importante é o tempo. O tempo de crescimento da carepa no trem acabador é definido pela localização do descarepador, pela velocidade de laminação, pelas práticas de redução por passe, espessura de entrada e distância entre cadeiras.

Considerando a influência da temperatura e do tempo na formação da camada de carepa em um esboço no trem acabador, Blazevic (2002) destaca duas situações opostas que podem ser encontradas na entrada da primeira cadeira de laminação de um trem acabador contínuo: a) a camada de carepa pode ser fina e quente (Figura 2.7a); ou b) espessa e fria (Figura 2.7b). Nessas figuras, mostra-se o que acontece no processo de redução em cada caso.

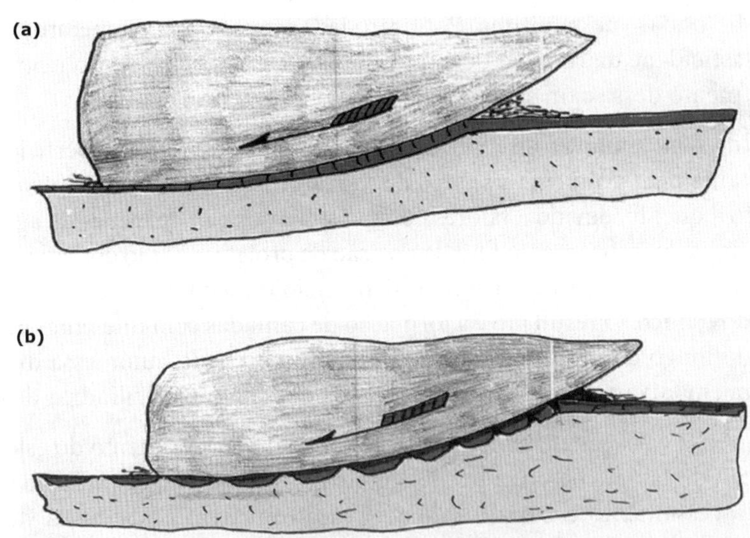

Figura 2.7 – Representação esquemática do fenômeno de deformação da camada de carepa em duas situações opostas na entrada da primeira cadeira de laminação de um trem acabador contínuo de chapas (bobinas) de aço: a) com uma camada de carepa fina e quente; e b) com uma camada de carepa espessa e fria.

Como pode ser observado na Figura 2.7a, quando a camada de carepa é fina e quente, ela apresenta maior plasticidade. Assim, quando o esboço é "mordido" pela cadeira, a carepa é inicialmente comprimida e começa a se alongar. Essa compressão faz com que o metal flua para reduzir a rugosidade criada pelo cilindro de trabalho. A camada de carepa fratura em finas linhas, e o metal quente é expulso parcialmente para fora através dessas estreitas linhas. O resultado é uma superfície da chapa em parte lisa e em parte rugosa.

Já a Figura 2.7b representa uma camada de carepa que, por ser mais fria, torna-se menos plástica. Assim, quando a redução acontece, a carepa é novamente comprimida, mas, sendo menos plástica, a carepa começa a fraturar severamente quando o aço começa a se alongar. O resultado é que as partículas mais frias de carepa não estão sendo alongadas tanto quanto o aço, mas estão sendo apenas pressionadas profundamente contra a superfície do metal base mais quente, ao mesmo tempo que o aço está sendo posto para fora da cadeira e preenchendo os vazios entre as partículas de carepa. O resultado é uma superfície áspera para a chapa.

De importância considerável em termos de formação de carepa no trem acabador é a utilização de óleo lubrificante na interface cilindro/esboço. Estudos realizados por Blazevic (2002) e Bolt *et al.* (2000) citam que o óleo age como lubrificante, diminui o coeficiente de atrito entre a carepa e os cilindros, melhorando a deformação da carepa e do metal base e evitando a ocorrência do defeito, pela manutenção da integridade do conjunto.

É comum nas indústrias siderúrgicas a realização da classificação do defeito do tipo carepa em classes distintas em função de este apresentar diferentes aspectos, possíveis causas e consequências para o processo ou produto. Essa classificação foi apresentada e ilustrada em Rizzo (2011). A título de recordação, normalmente é utilizada uma classificação em cinco ou seis tipos:

- carepa de forno (primária ou carepa incrustada);
- carepa de temperatura (carepa de excesso de temperatura);
- carepa em faixa ou alinhada (carepa tipo cometa ou chuvisco);
- carepa de cilindro (carepa em forma de areia);
- carepa folha de bambu (carepa em forma de nuvens);
- carepa vermelha (carepa siliciosa).

Na Tabela 2.2, são apresentados os principais efeitos da presença dos diversos tipos de carepa na qualidade do produto plano laminado a quente.

Tabela 2.2 – Principais efeitos da presença dos diversos tipos de carepa na qualidade do produto plano laminado a quente

Tipo de carepa	Efeito na qualidade superficial da chapa
Carepa de forno (carepa primária ou carepa incrustada) e carepa folha de bambu (carepa em forma de nuvens)	• Levam ao descarte de parte da bobina ou chapa para eliminação do defeito, afetando o rendimento de produto; • ficam normalmente incrustadas na da bobina ou chapa (alta gravidade); não são removidas no processo de decapagem; • podem gerar desclassificação da bobina ou chapa, afetando o índice de aprovação de produto.
Carepa de cilindro (carepa em forma de areia)	• Apresenta sensível alteração da aspereza da superfície; • apresenta cavidades após sua remoção no processo de decapagem; • pode gerar desclassificação da bobina ou chapa, afetando o índice de aprovação de produto.
Carepa em faixa ou alinhada (carepa tipo cometa ou chuvisco)	• Leva ao descarte de parte da bobina ou chapa para eliminação do defeito, afetando o rendimento de produto; • pode não ser removida no processo de decapagem; • pode gerar desclassificação da bobina ou chapa, afetando o índice de aprovação de produto; • tem característica de ocorrer em aços com baixa espessura de acabamento, levando, após sua ocorrência, a troca imprevista de cilindros de trabalho do trem acabador.
Carepa de temperatura (carepa de excesso de temperatura)	• Apresenta sensível alteração da aspereza da superfície (em menor grau que a carepa de cilindro). • apresenta cavidades após sua remoção no processo de decapagem, dependendo da intensidade apresentada no laminado a quente; • pode gerar desclassificação da bobina ou chapa, afetando o índice de aprovação de produto.
Carepa vermelha (carepa siliciosa)	• Pode ser em determinadas composições específicas de aços (alto Si) e, por isso, em alguns casos, é impossível de ser evitada a sua ocorrência. Neste caso, os clientes utilizam as da bobina ou chapa laminadas a quente, mesmo apresentando o defeito.

Fonte: Lima Jr. (2006).

2.3 MÉTODOS DE REMOÇÃO DE CAREPA

Uma definição básica do processo de decapagem estabelece que ele consiste na remoção de óxido, tinta ou incrustação de uma superfície metálica. Na laminação a frio, o objetivo é a remoção da camada de óxido (carepa) formada durante e após a laminação a quente. Os processos de decapagem de metais, tanto no caso de peças produzidas em série por processos de fundição, soldagem e conformação como no caso de preparação de superfícies para receber um recobrimento por pintura ou deposição de metais, podem ser classificados como a seguir.[3]

A – DECAPAGEM MECÂNICA

Nesta categoria, são incluídos vários tipos de processos, dentre os quais se destacam os mais amplamente utilizados: o processo de escovação (escovas rotativas ou manuais, escovas rotativas de arame de aço ou de bronze, escovas de crina de cavalo ou de substâncias sintéticas), o tamboreamento, a projeção de abrasivos sobre o material a ser tratado (jato abrasivo, areia de quartzo, óxido de alumínio, esferas de aço umidificadas ou não), a raspagem e a remoção da carepa por flexionamento.

Com exceção do método de flexionamento aplicado para produtos laminados ou trefilados, normalmente são processos associados a indústrias de pequeno porte ou para peças avulsas, ou uma operação eventual. Também pode ser realizado o esmerilhamento (para juntas soldadas e fundidas) e o uso de martelos pneumáticos (remoção de incrustações em caldeiras). Observa-se ainda que o processo de escovação pode ser acompanhado do uso de abrasivo misturado com óleo, e, para camadas mais espessas de óxidos, faz-se necessário um tratamento químico preliminar.

O tamboreamento é um método de esmerilhamento em que as peças são colocadas dentro de um tambor, fechado ou aberto, que gira, provocando a limpeza das peças pelo atrito com o material abrasivo contido nele. Para tambores abertos, o ângulo de inclinação pode ser controlado alterando-se a altura de queda das peças. O processo de projeção de substâncias abrasivas pode ser feito a seco, com agentes alcalinos ou com ácido sulfúrico diluído.

O flexionamento consiste em romper a camada de carepas de natureza frágil por meio da imposição de deformação. O método exige uma decapagem posterior (química ou mecânica por escovação). A carepa também pode ser desprendida mediante o enrolamento das chapas ou arames, em forma de hélice, sendo que alguns estudos têm pesquisado a ruptura da carepa por meio do alongamento do arame.

Observa-se ainda que, normalmente, a decapagem mecânica tende a gerar uma maior espessura de camada de recobrimento por galvanização devido à maior rugosidade da superfície decapada gerada por esse método.

Um exemplo de uma planta industrial que utiliza o processo de jateamento sob pressão com mistura de partículas de aço com formato arenoso e água é apresentado na Figura 2.8. Ar comprimido também pode ser utilizado nesse processo. Também podem ser empregadas turbinas para gerar um fluxo de partículas que atingem a superfície da pela força centrífuga.

---

3 Alguns autores citam também a decapagem térmica.

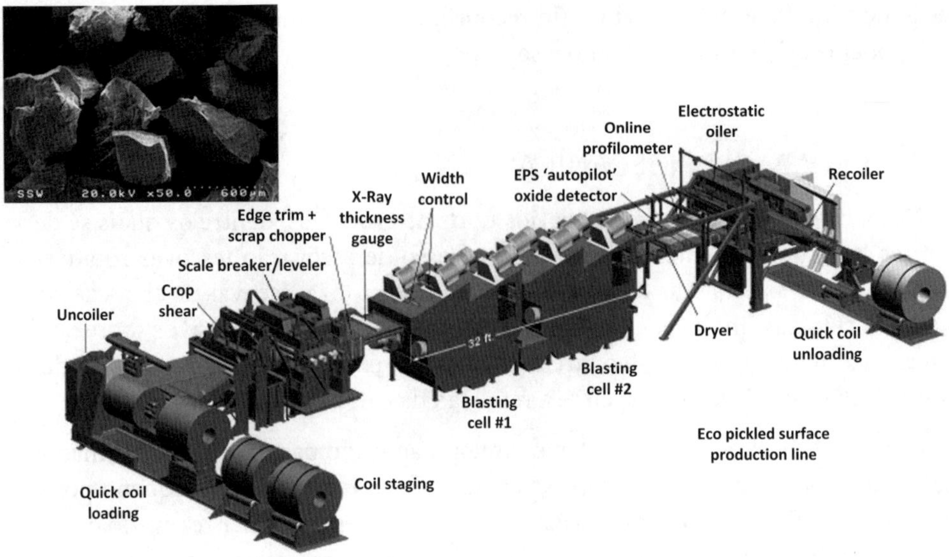

Figura 2.8 – Exemplo de uma planta industrial que utiliza o processo de jateamento com mistura de partículas de aço com formato arenoso e água.

Fonte: The Material Works, Ltd.

B – DECAPAGEM ELETROLÍTICA

Esse processo é realizado por meio da submersão em soluções ácidas, similarmente à decapagem química, mas com a variação de se aplicar corrente elétrica ao sistema, com vistas a provocar uma eletrólise. Em outras palavras, os processos eletrolíticos de decapagem associam o banho ácido e a aplicação de uma corrente contínua controlada. Os banhos (eletrólitos) empregados variam conforme o tipo de material a ser processado e devem ser sempre muito bem controlados, assim como a corrente aplicada.

Existem vários tipos de processos eletrolíticos, e entre eles temos: decapagem eletrolítica e o eletropolimento. O processo de *decapagem eletrolítica* é baseado na transferência de elétrons entre materiais com diferença de potencial elétrico (ânodos e cátodos). O material a ser decapado é imerso em um banho em tanques com eletrodos que recebem corrente contínua de retificadores. Além disso, durante o processo, o banho eletrolítico (uma solução de sulfato de sódio) gera ácido sulfúrico em quantidades controladas. Esse tipo de processo é praticado geralmente sobre aços inoxidáveis.

O eletrólito utilizado, para os aços austeníticos, é geralmente à base de sulfato e pode ser ácido ou neutro. A decapagem é executada a quente, a fim de se evitar a cristalização dos sulfatos metálicos. Os aços ferríticos podem ser decapados em meio nítrico diluído, conservando, ao mesmo tempo, um bom brilho. Esse método apresenta diversos inconvenientes, essencialmente tecnológicos, ligados à utilização de um eletrólito fortemente concentrado em circuito fechado. Os constrangimentos ambientais tendem a prejudicar esse método devido à formação dos subprodutos da decapagem (níquel e cromo, geralmente hexavalentes).

No processo de eletropolimento, um item a ser eletropolido é exposto a um eletrólito, que, com a passagem de corrente, dissolve partículas de metal da superfície da peça, sendo que as saliências são dissolvidas mais rapidamente que as depressões. Oferece a vantagem de também poder ser aplicado em regiões localizadas.

C – DECAPAGEM QUÍMICA

Consiste no processo de remoção da carepa pelo processo de ataque químico, sendo que o tipo de ácido utilizado e a temperatura de processo podem mudar conforme o metal base. Os processos químicos de decapagem empregam sempre reagentes químicos com composições específicas para cada tipo ou família de produto que se deseja processar. A utilização de decapantes não adequados para um determinado material pode desencadear fortes processos corrosivos. Existem vários tipos de decapagem química, dentre os quais se destacam:

- por imersão ácida – a peça é mergulhada na solução decapante, onde permanece até a remoção completa da camada de óxido. O ácido também pode ser aplicado em forma de *spray*;
- por imersão salina – este processo consiste na imersão do metal em um banho contendo um sal fortemente redutor (que reduzirá óxidos mais ricos em metais) e/ou em banho com sal oxidante (que dissolverá óxidos mais ricos em oxigênio);
- pasta ou gel decapante – o princípio geral é o mesmo do banho por imersão ácida, mas, além dos ácidos oxidantes e redutores, são adicionados à composição agentes ligantes, conferindo-lhe uma consistência tal que permita sua aplicação localizada.

Uma alternativa ao processo de decapagem química com o uso de soluções ácidas que tem sido introduzida e testada nos últimos anos é a tecnologia denominada comercialmente de *acid-free process* ou *acid-free cleaning* (processo ou limpeza sem o uso de ácidos). Em uma das propostas desse tipo de processo, são utilizados fornos para aquecimento da chapa, com o emprego de uma atmosfera redutora (rica em H_2) no interior deles. A temperatura de aquecimento deve ser aquela que "otimize" as reações químicas entre o redutor e os óxidos que constituem a camada de carepa. Na saída do forno, com a chapa já resfriada para temperatura abaixo de 120 °C, são instaladas escovas para remover flocos de óxidos reduzidos. Os fornos são aquecidos com gás natural e com uma atmosfera não oxidante para evitar a progressão da formação de carepa na chapa. Esse tipo de instalação também dispensa a necessidade de unidades de regeneração da solução de ácido gasta no processo. A aplicação dessa tecnologia para unidades de produção ainda é motivo de discussão no meio industrial.

Como na decapagem de produtos planos laminados a modalidade química é o processo mais empregado, ela será apresentada com mais detalhes na próxima seção. Na Tabela 2.3 é apresentado um resumo da comparação dos processos de decapagem, tanto de peças como de produtos conformados.

Tabela 2.3 – Análise comparativa das vantagens e desvantagens dos processos de decapagem de peças e de produtos conformados

Tipo de Processo	Vantagens	Desvantagens
Mecânico	• Tem procedimentos simples e rápidos; • não apresenta as dificuldades do trabalho com produtos químicos, como questões de segurança e de tratamento de efluentes; • pode ser aplicado em peças de qualquer tamanho; • por gerar tensões de compressão na superfície do material (jateamento de granalhas), melhora a resistência à corrosão sob tensão; • pode ser facilmente automatizado para produções seriadas.	• As decapagens mecânicas, principalmente o jateamento, tendem a produzir superfícies rugosas, indesejáveis em muitas aplicações; • pode não apresentar bons resultados em peças com geometria complexa; • pode, dependendo da velocidade e do ângulo de ataque, incrustar partículas de óxidos de ferro na superfície da peça ao invés de removê-las; • pode gerar microdeformações na superfície do material.
Eletrolítico	• O processo de decapagem eletrolítica é muito eficiente para remoção de óxidos pesados e grosseiros; • não trabalha diretamente com reagentes ácidos, apesar de haver formação de ácido sulfúrico no processo; • não altera mecanicamente a superfície do material a ser tratado; • apresenta excelente repetitividade, permitindo a padronização de processos.	• Na decapagem eletrolítica, existem muitas variáveis a serem controladas durante o processo (concentração, densidade de corrente, condutividade, distância da peça aos eletrodos, temperatura, pH do banho, teor de ferro do banho etc.), e elas variam de acordo com o tipo material processado; • a manutenção das condições ideais de operação nos banhos de decapagem eletrolítica exige um controle muito apurado das variáveis envolvidas.
Químico	• Adapta-se muito bem a peças de qualquer geometria; • pode ser aplicado em regiões localizadas (na forma de pasta ou gel); • pode ser aplicado na fábrica ou em campo (na forma de pasta ou gel); • não altera mecanicamente a superfície do material tratado; • apresenta excelente repetitividade, permitindo a padronização de processos.	• Exige um esforço de conscientização em relação ao trabalho com ácidos, abrangendo aspectos de segurança e meio ambiente; • os tratamentos por imersão (banhos em tanques) apresentam restrições quanto ao tamanho das peças; • os banhos exigem controles frequentes de concentração, temperatura e metais pesados depositados; • apresenta consumo excessivo de ácidos para remoção de óxidos pesados e grosseiros.

Para o caso de produtos laminados que serão submetidos a outras etapas de laminação, tratamentos térmicos ou revestimentos, os processos de decapagem químicos são primordialmente empregados, sendo os processos mecânicos (escovação, raspagem, jateamento com granalhas de aço ou de areia, flexionamento da peça etc.) mais aplicados na preparação de peças para pintura ou em pequenas empresas, ou trabalho de campo. O processo de decapagem química apresenta as seguintes vantagens em relação aos demais tipos de decapagem: apresenta melhor homogeneidade de remoção de camada, é economicamente mais viável e mais produtivo para esse produto (bobinas de aço). No caso de decapagem química de peças, inicia-se com um banho com concentração a 20% e uma temperatura de 50 °C, e pouco a pouco o banho é aquecido até cerca de 100 °C.

Os processos eletrolíticos e térmicos podem ser empregados para a decapagem de peças com reentrâncias ou em situações em que também se deseja a remoção de graxa e óleos da superfície das peças. Os processos eletrolíticos associam o banho ácido e a aplicação de uma corrente contínua controlada. Os banhos (eletrólitos) utilizados variam conforme o tipo de material a ser processado, exigindo um controle preciso de todo o processo. Normalmente, emprega-se o sulfato de sódio como principal componente do banho. O material a ser decapado é imerso em um banho em um tanque que recebe corrente contínua de retificadores, incentivando a transferência de elétrons entre materiais com diferentes potenciais elétricos (ânodos e cátodos). Os processos de decapagem eletrolítica exigem um tratamento de passivação química após sua conclusão. A passivação corresponde à formação de uma camada de óxidos estável e homogênea após a remoção da carepa ou ferrugem.

Obviamente a espessura da camada de carepa das bobinas laminadas que são enviadas para o setor de decapagem, a aderência da carepa ao metal base, a proporção entre as diversas camadas e a composição química destas dependem da composição química do aço e das condições de realização do processo de laminação a quente. Destaca-se que um fator muito importante na espessura da carepa é a temperatura de bobinamento na laminação a quente. Ressalta-se também que é importante analisar a história térmica e mecânica de um produto recoberto com uma camada de carepa para selecionar o método de decapagem e os parâmetros de processo que forneçam a melhor produtividade, o menor custo e a maior segurança operacional para os trabalhadores e o meio ambiente.

2.4 O PROCESSO DE DECAPAGEM QUÍMICA

Na decapagem por *processos químicos*, utilizam-se como meios de decapagem ácidos ou sais orgânicos. O tipo de ácido, o método de aplicação e o tempo de aplicação dependem do tipo de aço a ser decapado, da constituição da camada de carepa e do resultado desejado no processo (aspereza, aspecto etc.), que obviamente está relacionado, de maneira direta, com a aplicação final. Questões relativas ao custo e aos impactos ambientais do processo também são variáveis importantes a serem consideradas.

É interessante, para fins didáticos, recordar os objetivos do processo de decapagem química:

- eliminar a camada de óxidos para melhorar o aspecto da superfície da tira;
- diminuir o coeficiente de atrito da superfície metálica quando submetida ao processo de laminação a frio;
- fazer o oleamento da tira decapada, evitando uma posterior oxidação, bem como lubrificá-la para melhorar a eficiência do processo de laminação a frio (menor consumo de energia);
- aumentar o peso das bobinas a frio, fazendo o agrupamento das bobinas laminadas a quente por intermédio de solda;
- acertar as bordas das tiras, por meio de tesoura rotativa de bordas (*side trimmer*);
- eliminar os defeitos da tira, como dobra, bolsas, borda serrilhada e outros, por meio de tesoura manual;
- fazer inspeção da superfície da bobina, verificando o atendimento ou não da qualidade a que se destina;
- gerar produto acabado, BQD (bobina a quente decapada) e CFQD (chapa fina a quente decapada). Esse último é processado na linha de tesouras da laminação a quente.

A camada de óxidos é removida devido à necessidade de se obter uma superfície limpa para posterior transformação ou tratamento, por exemplo: laminação a frio, pintura, fosfatização, eletrodeposição etc.

Geralmente, os óxidos metálicos apresentam um carácter básico ou anfótero em alguns casos (alumina, por exemplo). Por essa razão, as soluções de decapagem são essencialmente ácidas e mais particularmente compostas de ácidos minerais, mais baratas e passíveis de reaproveitamento.

Em indústrias siderúrgicas, o processo frequentemente empregado para essa remoção é o de *decapagem química* com soluções ácidas, sendo mais utilizados o ácido clorídrico ou o ácido sulfúrico para aços baixo carbono. Outros ácidos, como o nítrico, o fluorídrico, o cítrico, o fórmico e o acético, também são utilizados para outros tipos de metais e ligas.

Normalmente, são empregados ácidos diluídos em água, em concentrações máximas (no último estágio de decapagem), em torno de 15% a 30% em volume para o ácido sulfúrico (concentrações menores, em torno de 10%, também são citadas na literatura) e de 15% a 20% em volume para o ácido clorídrico para decapagem de aços-carbono ou aços de baixa liga (essa concentração pode chegar a 50% no caso de decapagem de peças). Elementos químicos como Al, Si, Cu, Co, Cr e Ni retardam a velocidade de decapagem por formarem óxidos mais estáveis no interior da carepa, ou por recobrirem-na.

Para aços inoxidáveis ou outros aços resistentes à corrosão que contêm maiores proporções de cromo e níquel, normalmente não existe um único tipo de ácido capaz de remover todos os tipos de carepa. De modo geral, são empregadas misturas de ácidos nítrico e fluorídrico ou de ácidos clorídrico e nítrico, em proporções variáveis. Podem ser empregados à temperatura ambiente ou quente (50 °C a 60 °C). A literatura apresenta inclusive uma distinção entre os ácidos empregados na decapagem de aços inoxidáveis ferríticos e martensíticos ao cromo e o cromo-molibdênio dos destinados ao tratamento dos aços austeníticos e austenítico-ferríticos.

A citada mistura de ácidos também pode ser empregada para decapagem de aços siliciosos. Podem ainda ser empregados métodos de decapagem eletrolítica para aços ligados. No caso de aços inoxidáveis, quanto maior a concentração de cromo na camada de óxidos, mais difícil é a sua remoção no processo de decapagem. Os fornecedores de equipamentos siderúrgicos têm oferecido alternativas ao uso de ácido nítrico em função das restrições ambientais relativas aos nitratos gerados nesse processo (CURLETTO, 2010).

Existem registros de que o emprego do ácido sulfúrico para decapar uma a uma as chapas oxidadas começou no ano de 1806. Em 1850, as chapas laminadas a quente pelo método em pacote eram decapadas ao serem mergulhadas em tanques de chumbo contendo uma solução líquida com ácido, durante uma hora, a 40 °C, com agitação. Esse método foi melhorado seguidamente por utilização de carrosséis e cestos mergulhadores (PRAT; LEMAIRE, 1983). O advento, nos Estados Unidos, em 1923, do primeiro trem contínuo para laminação a quente de bobinas de aço provocou o desenvolvimento das linhas horizontais de decapagem contínua com ácido sulfúrico, a fim de adaptar-se ao crescimento de produção desse novo tipo de laminador. A primeira linha de decapagem com ácido clorídrico foi instalada nos Estados Unidos, em 1964.

Por normalmente utilizar produtos nocivos ou tóxicos na remoção da carepa, uma das principais preocupações em relação ao processo de decapagem refere-se ao potencial poluidor do meio ambiente e no que diz respeito à segurança do pessoal e dos equipamentos empregados direta ou indiretamente no processo. Assim, devem ser adotadas medidas rigorosas de higiene e segurança nas operações relativas a ele, além de precauções específicas relacionadas às emissões atmosféricas ou às rejeições aquosas ou sólidas. Os banhos já usados na decapagem devem ser submetidos a um tratamento antes de serem descarregados para o meio ambiente, evitando agredi-lo. Existem legislações específicas que delimitam os quantitativos de elementos ou compostos que podem ser eliminados no ar ou por meio de efluentes líquidos (água servida) e lamas inerentes ao processo de decapagem.

É fato que o processo de decapagem ácida gera emissões de gases das reações químicas, como *sprays* de névoas dos banhos, incrementadas por alguns produtos de baixa tensão superficial, ou voláteis, que se disseminam pelo ambiente. Essas emissões, se não contidas ou capturadas por sistemas de exaustão adequados, não só causam problemas ocupacionais como também afetam os materiais, peças e equipamentos existentes no setor. Exposições prolongadas ou repetidas aos aerossóis podem resultar em afecções pulmonares. Há riscos, inclusive, da ocorrência de erosões dentárias.

O aquecimento de soluções ácidas provoca a liberação de fumos ácidos e tóxicos, no caso SO_2, N_xO_y e Cl_2, cujo efeito é agravado em atmosfera úmida. Mesmo que as soluções dos banhos sejam diluídas, o grande volume de ácido torna o ambiente extremamente agressivo, oferecendo riscos significativos à saúde do trabalhador, devido às características dessas substâncias. O contato de solução decapante ácida com a pele e os olhos causa severas queimaduras, motivo pelo qual o seu manuseio requer a utilização de equipamentos de proteção individual (EPI's) compatíveis com os produtos envolvidos. São altamente irritantes para o aparelho respiratório, podendo provocar morte por asfixia.

Assim, são imperativos a utilização dos EPI's e dos equipamentos de proteção coletiva (EPC's) no ambiente de trabalho e o conhecimento das características dos produtos utilizados na decapagem; as informações de segurança e emergência devem estar à disposição dos funcionários do setor, e deve haver treinamento regular dos trabalhadores em relação ao funcionamento dos equipamentos e em relação às emergências que podem ocorrer na utilização dos produtos e equipamentos. Os reagentes ácidos devem ser de procedência confiável, se possível, testados, armazenados de forma e em local adequado. O ambiente de trabalho deve apresentar um sistema de exaustão de gases e uma ventilação adequada. A adição dos reagentes aos banhos deve ser feita cuidadosamente. A sinalização de segurança não deve ser descuidada.

É interessante que a unidade de decapagem que emprega o ácido clorídrico ou sulfúrico opere em um circuito fechado com uma unidade de regeneração de ácido. A finalidade é recuperar os ácidos que são reutilizados na preparação da solução ácida, evitando a contaminação do meio ambiente e o aumento de custos do processo. Esse aspecto será objeto de discussão posteriormente neste texto, quando também será analisado o tratamento de efluentes.

O tempo de decapagem depende da quantidade de carepa e ferrugem, devendo ser determinado experimentalmente em cada caso. Em casos especiais, pode-se usar ácido fosfórico. Ele promove uma proteção contra a ferrugem e proporciona uma melhor aderência das pinturas, mas é mais oneroso. Dispensa lavagem e neutralização posteriores.

No caso da decapagem com *ácido sulfúrico* (*sulphuric acid*), as seguintes reações podem ocorrer:

$$Fe_2O_3 + 2H_2SO_4 + H_2 \rightarrow 2FeSO_4 + 3H_2O$$

$$Fe_3O_4 + 3H_2SO_4 + H_2 \rightarrow 3FeSO_4 + 4H_2O$$

$$FeO + H_2SO_4 \rightarrow FeSO_4 + H_2O$$

Apesar de ser possível a reação do ácido sulfúrico com Fe_2O_3 e Fe_3O_4 de acordo com as reações químicas apresentadas, existe uma menor reatividade, o que torna menos eficiente a utilização desse ácido e exige que sejam promovidas fissuras na camada de carepa para que ocorra o contato do H_2SO_4 com o FeO, pelo qual ele tem maior afinidade química. Ressalta-se ainda que, na reação do ácido sulfúrico com o FeO, ocorre a geração do gás H_2, que, por promover um aumento local de pressão, atua como uma força mecânica na remoção de carepa.

No caso da decapagem com *ácido clorídrico* (*muriatic acid*), as seguintes reações podem ocorrer (WOLFGANG; KLADNIG, 2003):

$$Fe_2O_3 + 6HCl \rightarrow 2FeCl_3 + 3H_2O$$

$$Fe_3O_4 + 8HCl \rightarrow FeCl_2 + 2FeCl_3 + 4H_2O$$

$$FeO + 2HCl \rightarrow FeCl_2 + H_2O$$

Durante o processo de decapagem, podem acontecer dois fenômenos indesejáveis: a subdecapagem e a superdecapagem. A subdecapagem consiste na remoção ineficiente da carepa, isto é, a não remoção total do filme de óxido, e pode ocorrer pelo pouco tempo de decapagem, pela baixa temperatura dos banhos ou concentração inadequada destes. Já a superdecapagem é um ataque excessivo da solução na chapa. Isso ocorre quando o ácido reage com toda a carepa existente na região e inicia um ataque à superfície do material (metal base). Tal reação pode ser verificada nas equações a seguir:

$$Fe + 2HCl \rightarrow FeCl_2 + H_2$$

$$2FeCl_3 + Fe \rightarrow 3FeCl_2$$

$$FeCl_3 + H_2 \rightarrow 2FeCl_2 + 2HCl$$

A primeira destas reações é indesejável, pois envolve o ataque direto do ácido ao ferro. As duas últimas reações não podem ser evitadas com inibidores e também levam à formação de $FeCL_2$, que está presente na solução de ácido usada. Essas reações também explicam por que a solução gasta não contém $FeCl_3$ (HASLER; STONE, 1997). Assim, durante a decapagem com ácido clorídrico e considerando a ação efetiva do inibidor, ocorrem reações que predominam sobre as demais, como representado a seguir:

$$Fe_3O_4 + Fe + 8HCl \rightarrow 4FeCl_2 + 4H_2O$$

Considerando-se a reação, para se remover 1 grama de carepa (Fe_3O_4 + Fe) da superfície da tira, é necessário 1,05 grama de HCl a 100%; *ou* 2,6 litros de HCl a 39%. Obviamente que, para o caso de decapagens comerciais, além do gasto com remoção do óxido de ferro, é necessário considerar também as perdas por evaporação e pelo arraste de ácido promovido pela chapa para se ter o consumo total.

Esse fato é indesejável no sentido econômico e também no sentido de qualidade do produto, pois aumenta a aspereza da superfície. Para se tentar minimizar e até evitar o ataque do ácido sobre o ferro metálico, são usados *inibidores*, tanto no caso do uso do ácido sulfúrico como no do clorídrico. Os inibidores são compostos ou misturas de compostos orgânicos que, quando adicionados em pequenas quantidades, em meio corrosivo a determinado metal, minimizam a taxa de corrosão do metal. Eles se fixam à superfície de aço, controlando assim a reatividade eletroquímica desse substrato. Podem ser classificados como anódicos, catódicos e de filme passivante (orgânicos).

Outra forma de explicar a importância do uso de inibidores é considerando ainda a primeira das reações do Fe com o HCl:

$$Fe + 2HCl \rightarrow FeCl_2 + H_2$$

Essa reação é de natureza eletroquímica, sendo que a oxidação ocorre por meio da reação anódica:

$$Fe \rightarrow Fe^{2+} + 2e-$$

A redução ocorre pela reação catódica:

$$2H^+ + 2e- \rightarrow H_2$$

Se combinarmos essas duas reações, teremos:

$$Fe + 2H^+ \leftrightarrow Fe^2 + H_2$$

Esse resultado representa a reação global de oxidação do ferro e a redução do hidrogênio em meio ácido.

Devido à maior reatividade do ácido clorídrico com os três óxidos de ferro que constituem a camada de carepa, geralmente não é necessário o emprego de inibidores quando se usa o HCl porque existe um menor risco de superdecapagem, a não ser que a concentração de ácido seja muito elevada. A concentração do inibidor deve ser aumentada sempre que se incrementar a concentração do ácido, ou seja, sempre que for realizada a reposição de ácido no banho de decapagem.

Destaca-se ainda que a adsorção de um inibidor deve ser facilmente reversível após a decapagem, ou seja, este não pode ficar aderido à superfície, de forma a não prejudicar outras operações a serem efetuadas posteriormente, por exemplo, a aplicação de lubrificantes ou a aplicação de um revestimento a base de fosfato. A ABNT apresenta a seguinte norma técnica para o teste de inibidores: NBR 9880/1988 (Inibidores de corrosão para decapagem de aço com ácido clorídrico – Determinação da eficiência – Método de ensaio).

O licor gerado após a decapagem apresenta, normalmente, teores de ferro totais da ordem de 150 g/L, sendo o metal predominantemente encontrado sob a forma de cloreto ferroso $FeCl_2$ (50-100 g/L), e em menor parte como cloreto férrico $FeCl_3$ (3-5 g/L) (WOLFGANG; KLADNIG, 2003).

A Tabela 2.4 apresenta alguns dados de solubilidade dos diferentes óxidos de ferro em banhos de ácido sulfúrico e clorídrico. Constata-se que a solubilidade dos óxidos Fe_2O_3 e Fe_3O_4 é relativamente baixa, independentemente do meio, ainda que seja aumentada com a concentração e a temperatura.

Tabela 2.4 – Solubilidade (g/litro) de diferentes tipos de óxido de ferro em soluções ácidas com variação do tipo, concentração e temperatura do ácido

Tipo de ácido	Concentração (mol/litro)	Temperatura (°C)	Fe_3O_4	Fe_2O_3	FeO
HCl	4	20	0,03	0,18	2,61
		41	0,23	0,79	2,92
		63	3,82	2,04	3,98
		80	0,39	2,99	2,98
	6	20	0,76	1,05	0,33
		41	3,75	1,56	3,93
		63	3,69	2,65	3,92
		80	3,82	3,17	3,99
	8	20	3,63	1,43	4,09
		41	3,74	2,09	3,86
		63	3,75	3,02	3,77
H_2SO_4	2,25	41	0,03	0,03	0,18
		63	0,34	0,17	2,28
		80	2,15	0,62	3,13
	4,5	20	0,14	0,02	1,11
		41	0,09	0,06	2,22
		63	1,83	0,37	3,93
	9	20	0,75	0,03	0,53
		41	2,01	0,01	1,09
		63	3,72	0,59	0,48

Fonte: Lecourt (1994); Wéry (2001b).

O processo de decapagem que ocorre ao imergirmos uma peça de aço coberta com uma camada de carepa em uma solução de ácido sulfúrico ou clorídrico é representado de forma esquemática na Figura 2.9. Essa representação esquemática é válida para a decapagem com ácidos clorídrico ou sulfúrico, embora a dinâmica do processo possa variar em função do tipo de ácido, como será discutido posteriormente.

Ocorre uma dissolução muito lenta das camadas externas de Fe_2O_3 e Fe_3O_4. A solução ácida penetra pelas microfissuras das camadas de Fe_2O_3 e Fe_3O_4.

A solução ácida reage rapidamente com a camada interna de FeO, dissolvendo-a. A porosidade dessa camada facilita o contato com a superfície do aço. A reação da solução ácida com a camada de metal gera bolhas de hidrogênio. Podem ser formadas cavidades semiesféricas na superfície metálica.

As bolhas de hidrogênio são aquecidas e expandem-se, promovendo a desagregação e o destacamento de pedaços da camada de carepa. Assim ocorre a liberação na solução ácida de flocos de compostos de ferro e de Cl ou SO_4, e de óxidos não dissolvidos (flocos de camada de carepa), que são dissolvidos e "digeridos" lentamente no banho ácido. Em alguns casos, pedaços insolúveis da camada de carepa podem permanecer em suspensão na solução.

A superfície do aço passa a ser exposta e entra em contato com a solução ácida, ocorrendo a sua rápida corrosão eletroquímica se não for empregado um inibidor adequado que seja absorvido pela camada superficial de aço. Cada vez mais flocos de carepa e são absorvidos pela solução ácida, ocorrendo, assim, a diminuição de sua concentração de ácido com o aumento do teor de ferro e de outras impurezas, exigindo a sua reposição. Os flocos inicialmente flutuando na solução passam a decantar para a parte inferior do reservatório que contém a solução ácida. A agitação do banho acelera a precipitação de flocos na parte inferior do recipiente.

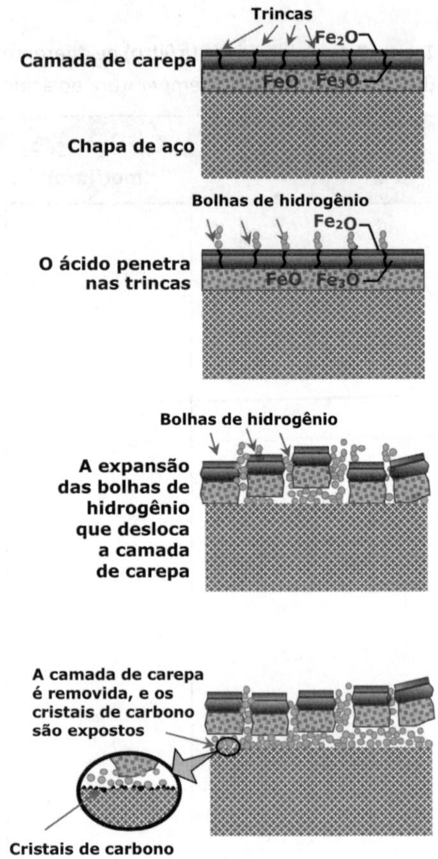

Figura 2.9 – Representação esquemática do processo de decapagem de aços-carbono laminados sem a utilização de inibidores ou com o emprego deficiente destes na solução ácida.

Nas linhas mais modernas de decapagem[4] de aços-carbono e aços microligados, tem sido predominante a utilização de HCl devido à sua maior eficiência em relação ao H_2SO_4, permitindo inclusive velocidades de operação mais elevadas. As principais vantagens da utilização do HCl em relação ao H_2SO_4 são:

[4] Antes de 1963, quase todo o aço era decapado com ácido sulfúrico.

- menor consumo, normalmente na faixa de 5 a 7 kg de HCl por tonelada de aço contra 15 a 22 kg de H_2SO_4; a efetiva utilização de HCl é de 88%, enquanto para o H_2SO_4 fica em 53%;
- menor risco de superdecapagem, uma vez que o HCl ataca menos o ferro que o H_2SO_4;
- melhor aspecto superficial, pois a superfície do aço fica mais clara, menos áspera, mais limpa e brilhante, já que o $FeCl_2$ é mais solúvel que o $FeSO_4$; o HCl dissolve os óxidos Fe_2O_3, Fe_3O_4 e FeO, além do pó de ferro finamente dividido;
- por ser mais reativo com a camada de carepa, a velocidade da decapagem com ele é aproximadamente o dobro em relação à solução de H_2SO_4; em situações comparáveis de temperatura, concentração, constituição e espessura da carepa, a decapagem com HCl é cerca de 2,5 a 3,5 vezes mais rápida do que a feita com H_2SO_4 (alguns autores chegam a mencionar quaro vezes mais); porém, na decapagem de aços ao silício e alguns aços baixa liga, essa diferença é desprezível;
- pode ser usado à temperatura ambiente, enquanto o ácido sulfúrico deve ser aquecido no uso, o que aumenta o consumo de energia no processo;
- produz-se uma menor quantidade de solução gasta na decapagem, e a regeneração do HCl é mais eficiente do que a do H_2SO_4, gerando, portanto, menos material do tipo resíduo ácido para ser disposto (armazenado em instalações adequadas na usina siderúrgica).

O ácido sulfúrico pode ser armazenado em tambores de ferro, enquanto o ácido clorídrico é armazenável em tambores de vidro ou de louça, ou em embalagens de polietileno de alta densidade. O ácido sulfúrico apresenta um odor mais fraco e uma menor tendência de geração de vapor. Se não houver uma excelente exaustão, os vapores ácidos provocam uma degradação dos equipamentos e estruturas metálicas dos galpões de decapagem. O ácido sulfúrico é vendido no mercado em concentrações mais altas (96% do ácido sulfúrico contra 33% do ácido clorídrico), requerendo menor espaço de armazenamento. A literatura cita a possibilidade de se adicionar o ácido clorídrico ao ácido sulfúrico para melhorar a qualidade da superfície decapada.

Por se tratar de um processo industrial, além de oferecer qualidade, a etapa de decapagem também deve ser a mais produtiva possível. Portanto, além do tipo de ácido e da utilização de inibidores, é importante levar em conta alguns outros fatores que afetam também o tempo de decapagem:

- **Composição química da carepa** – a wustita é a mais porosa e mais reativa com HCl. Portanto, quanto maior seu teor, mais fácil a decapagem com ácido clorídrico. O Fe_2O_3 representa uma casca dura e quebradiça, de coloração avermelhada. O Fe_3O_4, de coloração cinza-azulada, é mais poroso, enquanto o FeO tem uma estrutura granular e porosa. O FeO dissolve-se facilmente nos ácidos diluídos, enquanto o Fe_3O_4 já o faz mais dificilmente, e o Fe_2O_3 ainda mais. Se a superfície metálica estiver recoberta de uma camada ininterrupta de Fe_2O_3, será muito mais difícil efetuar a decapagem. Como a carepa é quebradiça, mediante um processo de dobramento da chapa em ambos os sentidos, é possível fissurar essa camada de óxidos, permitindo o ataque do ácido à camada mais solúvel de FeO.

- **Composição química do aço** – dependendo da quantidade de carbono e demais elementos, a carepa pode ser mais ou menos espessa e também mais ou menos estável, alterando, assim, o tempo de decapagem. Além do carbono, os aços contêm outros elementos que podem influenciar no processo de decapagem. Os mais comuns são: Cu, Ni, Cr, Si e Ti. A maior ou menor influência vão depender do teor de cada um desses elementos no aço. No caso de uma usina produtora de aços-carbono e microligados, com algumas exceções, o teor desses elementos de liga é muito baixo e, normalmente, pouca ou nenhuma influência exercem no tempo de decapagem. Cada um tem uma forma de atuar na formação de carepa e, consequentemente, no tempo de decapagem. No caso do carbono, até o teor de 0,28%, por exemplo, a uma temperatura de 680 °C, aumenta a espessura da carepa. De 0,28% até 1,2%, a espessura da carepa cai para aproximadamente 1/3 da espessura anterior. O carbono tem a propriedade de se difundir da superfície do aço para a camada de carepa, o que provoca uma descarbonetação superficial do aço. Essa difusão também influi altamente no processo de decapagem, porque, pela reação do carbono com os componentes da carepa, processa-se uma redução dos óxidos de ferro de maior para menor valência até atingir o ferro metálico. O Al, o Cr e o Si têm uma afinidade maior com o oxigênio do que o ferro e formam óxidos dúcteis e de grande aderência, o que dificulta o processo de decapagem. O Cu e o Ni, por serem mais nobres que o ferro, aparecem no seu estado metálico, na camada da carepa e na interface metal/carepa. No caso de aços inoxidáveis, quanto maior a concentração de cromo na camada de óxidos, mais difícil é a sua remoção no processo de decapagem.

- **Flexionamento** – a carepa, às vezes, tem pouca *porosidade* e também apresenta irregularidades na sua *espessura*, tanto ao longo do comprimento da tira quanto na largura. Para facilitar o ataque pelo ácido, necessita-se fazer uma fissuração na camada de óxido, aumentando a superfície de contato e expondo todas as camadas da carepa ao ataque ácido, inclusive as mais solúveis. Essa quebra de carepa torna-se mais necessária quando o meio decapante é o ácido sulfúrico. Com ácido clorídrico, ela não é tão necessária, apesar de contribuir para diminuir o tempo de decapagem. As formas mais comuns de se provocar a fissuração são por meio de *skin pass* e de rolos de curvatura. Em alguns textos, o flexionamento é associado com o termo *quebrador de carepa* antes da decapagem. Na Figura 2.10, é mostrado de um equipamento para realizar a fissuração da camada de carepa antes da decapagem.

Quando a chapa de aço é flexionada no "quebrador de carepa", a quantidade de fissuras na camada de carepa aumenta consideravelmente, pois os óxidos de suas camadas externas apresentam baixa ductilidade. Com essa ação, é potencializado o processo químico responsável pela decapagem, pois a solução passa a agir diretamente na camada interna de FeO. É importante escolher diâmetros adequados para os rolos de curvatura. Recomenda-se usar rolos com diâmetro em torno de 100 mm. A quantidade de fissuras por mm^2 com *skin pass* é maior do que com rolos de curvatura, fazendo com que o tempo de decapagem diminua quando o material é processado com *skin pass* em até 3%. O *alongamento*, processo pelo qual a fissura é gerada na camada de óxido, é fundamental para a melhoria no tempo de decapagem, pois há um aumento da superfície de contato entre o ácido e a carepa, facilitando as reações de decapagem. Em alguns casos, não é necessário mais que 1% de alongamento para se obter um valor ótimo de velocidade de decapagem. Um alongamento de 0,90% chega a reduzir o tempo de decapagem em 30%.

Figura 2.10 – Exemplo de um equipamento para realizar a fissuração da camada de carepa antes da decapagem.

- **Temperatura da solução** – a temperatura é um dos principais fatores usualmente utilizados para acelerar o processo e otimizar a vida útil do ácido. Para uma determinada concentração de HCl livre, o tempo de decapagem diminui com o aumento da temperatura. Os banhos são aquecidos entre 95 °C e 105 °C, e 60 °C e 90 °C para ácido sulfúrico e ácido clorídrico, respectivamente. O ácido clorídrico é muito volátil, o que provoca danos ao meio ambiente e aumento do consumo de ácido se a temperatura não for bem escolhida. Ou seja, o maior inconveniente do aumento contínuo de temperatura é a quantidade de solução que se perde por evaporação, o que torna inviável ou muito dispendiosa a manutenção do processo de decapagem a temperaturas muito próximas à da ebulição da água. No caso de mistura de ácidos, a temperatura de aquecimento gira em torno de 70 °C. Esse aquecimento é normalmente indireto, com tocadores de calor com passagem de vapor d'água ou água aquecida. Normalmente, quando a solução se encontra próxima ao limite superior da faixa, o tempo de decapagem é a metade em relação ao mínimo da faixa. Na Figura 2.11, é ilustrado um sistema de aquecimento em um tanque de decapagem.

A equação relaciona o tempo de decapagem com a concentração de HCl livre e a temperatura do banho:

$$Log\ t = A + B * logC_{HCl} + \left[\frac{D}{T_f + 459} \right]$$

Onde:

t = tempo de decapagem em segundos;

CHCl é a concentração de HCl livre na solução em gramas por 100 ml;

T_f = temperatura em °F;

A, B e D são coeficientes que devem ser determinados para cada tipo de aço, condições das soluções e de processo da tira.

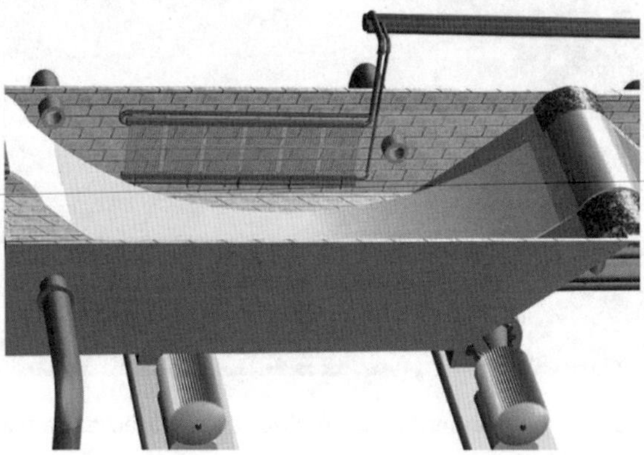

Figura 2.11 – Ilustração de um sistema de aquecimento em um tanque de decapagem.

• **Concentração de ácido livre na solução** – esse é o fator de maior importância para o processo de decapagem. Ele indica a qualidade do ácido utilizado: quanto maior a concentração, melhor a qualidade do ácido e mais rápido é o processo de decapagem, possibilitando acelerar a velocidade de deslocamento da chapa pelos tanques. É importante salientar que, a partir de uma determinada concentração, o aumento da velocidade se torna cada vez menos significativo, chegando a um ponto de quase estabilidade, podendo inclusive decair para concentrações maiores. As concentrações maiores são utilizadas nos processos de decapagem contínua, objetivando a redução do tempo de processamento. Por exemplo, no caso do HCl, para concentração de solução acima de 8%, o tempo passa a decrescer muito mais lentamente. Isso implica que não é muito recomendado trabalhar com concentrações acima do limite citado.

• **A concentração de ferro na solução** – também pode ser avaliada. O ferro fica em solução no banho decapante sob a forma de cloreto ferroso ($FeCl_2$). A causa da queda da velocidade de decapagem a partir de uma dada concentração é atribuída a uma acumulação local de íons ferro na interface metal/óxidos (no caso de uma camada de carepa muito compacta) seguida da precipitação de um sulfato de ferro hidratado que retarda ou mesmo interrompe a decapagem (WÉRY, 2001b). Conclui-se que, com o uso, as soluções ácidas de decapagem enriquecem-se progressivamente em íons metálicos (ferro, cromo etc.) e empobrecem-se "em ácido livre"; uma das atividades no controle desse processo consiste na realização de análises (composição, pH, densidade, condutividade etc.) na linha de decapagem e em laboratório. A influência do cloreto ferroso no tempo de decapagem é muito pequena, até a concentração de 34%. Isso corresponde a uma concentração de 150g Fe_2+ por litro da solução. Embora o teor de ferro na solução não afete significativamente o tempo de decapagem, a taxa de corrosão do metal base aumenta tanto com o aumento da concentração de HCl como com o aumento da concentração de ferro. Isso pode favorecer a ocorrência de *superdecapagem*.

- **Agitação de solução** – a agitação é outro método de grande eficiência para o aumento da velocidade de decapagem. Ela garante a homogeneidade da solução que está em contato com o material, além de executar uma ação mecânica sobre a remoção do óxido. Assim, é recomendável utilizar banhos turbulentos para aumentar a eficiência do processo de decapagem, permitindo ainda a redução do número de tanques e do volume de solução ácida contida neles (tanques rasos), reduzindo, assim, o comprimento da linha de decapagem, o consumo de ácido e o consumo de energia. A agitação dos tanques de decapagem pode ser obtida pela injeção de vapor ou pelos bicos de injeção de ácido nos tanques. Em alguns casos, tem-se trabalhado com queimadores submersos, onde os gases queimados proporcionam a necessária movimentação, com a vantagem de evitar a diluição do banho causada pela condensação do vapor de água. Na Figura 2.12, é apresentado um exemplo de um banho turbulento em um tanque de decapagem. A agitação do banho permite a utilização de tanques rasos na decapagem e a homogeneização de temperatura e composição do banho.

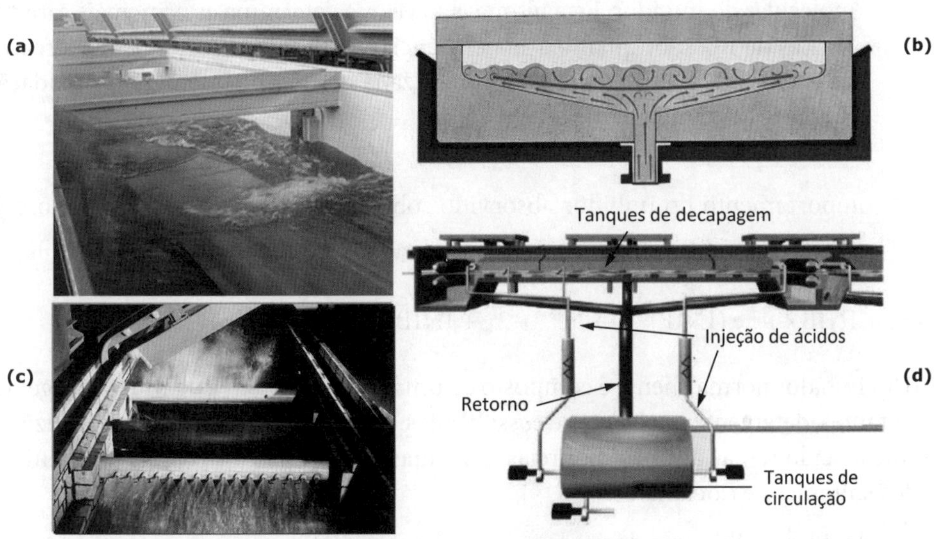

Figura 2.12 – Exemplo de um banho turbulento em um tanque de decapagem e de uma configuração para se obter um banho turbulento nos tanques de decapagem.

Fonte: a) e b) Siemens-VAI; c) e d) SMS-Siemag.

- **Profundidade dos tanques** – a utilização de tanques rasos em substituição aos tanques profundos apresenta a vantagem de melhor guiagem horizontal da chapa, rápida identificação de quebras na bobina, maior intensidade de circulação e, consequentemente, maior e mais rápida homogeneização de temperatura e composição do banho, de forma que as mudanças realizadas nos parâmetros de controle do processo são executadas mais rapidamente. A utilização de tanques rasos pode ser combinada com a utilização de dispositivos para tornar o banho turbulento.

- **Uso de inibidores** – inibidores são compostos ou mistura de compostos que, adicionados em pequenas quantidades em meio corrosivo a determinado metal, têm por objetivo minimizar a taxa de corrosão desse metal. Podem ser classificados como anódicos, catódicos e de filme passivamente (orgânicos). Os inibidores de decapagem são, principalmente, moléculas orgânicas contendo nitrogênio e enxofre em grupos polares, que por meio da absorção e quimissorção, formam um filme passivamente sobre a superfície metal. O tamanho e a forma da molécula do inibidor de absorção influenciam em seu poder de inibição. Um metal imerso em uma solução ácida contendo inibidor estará sujeito a vários fenômenos. O processo funciona da seguinte maneira:
    - os íons metálicos passam para a solução ácida, fazendo com que o metal fique carregado negativamente;
    - ocorre a difusão e a migração do inibidor da região de alta concentração à solução para a região de baixa concentração à superfície metálica;
    - o inibidor neutraliza as cargas negativas da superfície e deposita-se sobre essa superfície, formando um filme plurimolecular, com ligação quase iônica;
    - formação de hidrogênio atômico e molecular que entra em competição com as moléculas do inibidor. Esta última etapa é que determina as principais características do inibidor quanto a sua eficiência, ou seja, é importante que a reação de evolução de hidrogênio seja minimizada e, consequentemente, a oxidação do metal será inibida.

O comportamento do inibidor absorvido sobre a superfície metálica é dado pela reação:

$$Fe + INIB \leftrightarrow Fe\,(INIB)_{ads} \rightarrow Fe^{2+} + 2^{e-} + INIB$$

Um inibidor normalmente é composto de uma substância ativa de inibição, agentes umectantes, detergentes, solventes e cossolventes. As substâncias ativas mais utilizadas em meio ácido são as aminas, tioureias, piridinas, quinolinas; os álcoois acetilênicos, ácidos sulfônicos e tiocianatos.

A seleção de inibidores depende principalmente do tipo de ácido, da sua concentração, da temperatura do sistema, da velocidade do fluxo, da presença de substâncias inorgânicas dissolvidas e de contaminantes orgânicos, mesmo em pequenas quantidades, e, naturalmente, do tipo de material metálico exposto à ação da solução ácida.

Além disso, o inibidor não deve: ser agressivo ao meio ambiente, formar resíduos ou depósitos, deixar manchas sobre a chapa, ser solúvel e formar espumas quando aplicado em sistemas de decapagem contínua com circulação de banho.

Entre as propriedades requeridas para o bom desempenho de um inibidor, as mais importantes são:

- ter efetiva inibição na dissolução do metal e na reação de evolução de hidrogênio;
- não provocar superdecapagem na presença de altos teores de sais de ferro;
- não retardar a velocidade de decapagem;
- ser efetivo a baixas concentrações e altas temperaturas;
- ser termicamente e quimicamente estável;
- ter boas características surfactantes;
- não afetar o processo de regeneração.

Para se medir a eficiência de um inibidor em solução de HCl, procede-se de acordo com a NBR 9880, já mencionada. Geralmente, um bom inibidor deve ter eficiência superior a 95%, e a fórmula para cálculo para um tempo especificado é:

$$\%Inibição = \frac{S-C}{S} \cdot 100$$

Onde:

S = perda de massa por unidade de área (mg/cm^2) dos corpos de prova na solução sem inibidor;

C = perda de massa por unidade de área (mg/cm^2) dos corpos de prova na solução com inibidor.

Outros parâmetros também podem ser utilizados para se medir o desempenho do inibidor, como a eficiência no acabamento da superfície, pela medição da rugosidade da superfície, sem inibidor e com inibidor, e eficiência no brilho, pela medição do índice de reflexão sem inibidor e com inibidor.

O consumo típico de inibidor em uma planta de decapagem contínua é de 0,5 litro de inibidor/m^3 sol regenerada. Outra forma de medir o consumo é a quantidade em mililitros por minuto. Nesse caso, uma faixa típica é de 30 a 40 ml/min.

• **Velocidade da tira dentro dos tanques** – a velocidade da tira dentro dos tanques contribui, até um determinado limite, para diminuir o tempo de decapagem. É possível verificar, por meio de experimentos em laboratório, que, para uma dada solução a uma determinada temperatura, o tempo de decapagem decresce rapidamente até a tira atingir uma certa velocidade de deslocamento. A partir desse ponto, o tempo permanece constante, por mais que se aumente a velocidade. Para diminuí-lo, é necessário aumentar a temperatura da solução. Por exemplo, para a solução a 66 °C, o tempo de decapagem decresce rapidamente até a tira atingir uma velocidade de 75 mpm (metros por minuto). A partir daí, o tempo permanece constante, por mais que se aumente a velocidade. Para diminuí-lo, é necessário aumentar a temperatura da solução. Recomenda-se que, em uma decapagem contínua que processa aços baixo carbono, não se deve trabalhar com velocidades inferiores a 70 mpm. Esse fenômeno é mais sensível no ácido clorídrico do que no ácido sulfúrico. Isso é explicado pelo fato de que as decapagens contínuas trabalham com concentrações de HCl livre variando de 2% a 12%, e de ácido sulfúrico, de 10% a 30%. Nos experimentos em laboratório, observa-se que o empobrecimento com ácido clorídrico é maior do que com ácido sulfúrico. O efeito da velocidade (agitação) é muito maior em soluções mais diluídas do que em soluções concentradas, e esta faz com que não ocorra empobrecimento da solução próximo à superfície da tira.

• **Qualidade da matéria-prima** – a presença de defeitos na matéria-prima ou o desvio mais acentuado de algumas características das bobinas laminadas a quente afetam decisivamente a produtividade da decapagem. Entre as características mais importantes e seus efeitos nas variáveis de processo que afetam a produtividade, podem ser destacadas:

- defeitos de pontas – aumenta o tempo de preparação na entrada da linha;
- espessura fora do padrão – aumenta o tempo de soldagem;
- largura fora do padrão – aumento do tempo de corte lateral;
- espessura da camada de carepa (relacionada diretamente com a temperatura de bobinamento no laminador de bobinas a quente) – reduz a velocidade decapagem.

As considerações arroladas anteriormente sobre a produtividade de uma linha de decapagem devem ser levadas em conta também no dimensionamento de uma linha para permitir atingir o volume de produção que se pretende obter. Nesse dimensionamento, também são considerados os seguintes parâmetros:

- quantidade de tanques;
- comprimento dos tanques de solução;
- sistemas de acumulação de entrada e de saída;
- velocidade de processamento de execução da solda entre bobinas.

Apesar de, operacionalmente, não se levar em consideração toda essa série de fatores, é importante ter conhecimento da sua influência para fazer uma melhor avaliação da performance das soluções decapantes.

É válido ressaltar que, em certos casos, o processo de decapagem com soluções ácidas pode revelar-se difícil, ou mesmo impossível. O primeiro caso refere-se aos materiais que sofreram um endurecimento superficial que confere superfície enriquecida de carbonetos ou nitretos por exemplo, um caráter redutor e não solúvel em água, incompatível, assim, com as operações de decapagem em meio com soluções aquosas de ácidos. Essa característica pode gerar defeitos na superfície decapada, que prejudicam muito os processos posteriores, principalmente na realização de revestimentos. Para se remediar esse problema, pode-se aumentar a solubilidade da superfície por meio do aumento da oxidação prévia pela exposição natural à atmosfera (ar + umidade) ou por uma exposição "forçada", antes da dissolução em meio ácido da camada superficial.

O segundo caso ocorre na decapagem de aços especiais (aços elétricos com adições de cobre por exemplo), para os quais um enriquecimento de cobre metálico na interface óxido/metal induz um problema posterior à decapagem, caracterizado pela falta de aderência, ou de aços ligados com a presença de óxidos do tipo spinélios ($MnCr_2O_4$...) na camada de carepa e que prejudica a dissolução dessa camada em um banho de ácido sulfúrico. Uma das soluções consiste em proceder a um condicionamento prévio da superfície a decapar em meio alcalino (solução alcalina de permanganato), seguida da decapagem em um banho ácido.

2.5 *LAYOUTS* TÍPICOS DE UNIDADES DE DECAPAGEM QUÍMICA

Dependendo do volume e da natureza do material a ser tratado, a decapagem pode ser realizada basicamente de acordo com três métodos, classificados em função do deslocamento da chapa por meio dos tanques com ácido:

- em lote;
- contínua (com suas variantes); e
- em torre.

A seleção do tipo de processo de decapagem é feita levando-se em conta o volume de produção, o montante de investimento disponível e o tempo de retorno desse investimento objetivado, além, é claro, das condições locais de instalação (espaço disponível, produção atual e futuras expansões, instalação nova ou reestruturação de uma instalação existente).

A *decapagem em lote* foi utilizada originalmente para chapas de aço cortadas e ainda é empregada na decapagem de peças. Nesse caso, as peças ou chapas são colocadas em cestas ou grelhas metálicas, ou ainda penduradas em gancheiras e mergulhadas em sequência em tanques com solução ácida, água fria e água quente, em sistemas do tipo carrossel, com agitação do banho. As peças são imersas na solução decapante com inibidores orgânicos por um tempo determinado em função do tipo e espessura da camada de carepa. A decapagem em lote não permite atender às exigências de maior produção necessária para fornecimento de matéria-prima para os laminadores contínuos a frio de chapas.

O processo que permite obter a maior produção é a *decapagem contínua*. Nesse caso, a bobinas passam continuamente através de tanques e outras unidades acessórias para realização da decapagem. Pode ser feita ou não a emenda das bobinas. Em uma instalação que não prevê uma máquina de solda para junção das extremidades da bobina (método *push-pull*), as bobinas são decapadas uma a uma. Esse método exige menor investimento e espaço, sendo, em geral, empregado no caso de chapas bobinadas mais espessas. Entretanto, a instalação normalmente apresenta maior versatilidade, permitindo tratar uma diversidade maior de produtos; menor custo operacional e mais facilidade de ser colocada em operação e finalizada. Por esses motivos é usualmente utilizada por centros de serviço e empresas especializadas na decapagem e no corte de produtos laminados. Em alguns casos, utiliza-se uma unidade em separado para a preparação das bobinas a serem decapadas, visando a aumentar o tempo de utilização efetiva da unidade de decapagem. A Figura 2.13 mostra uma representação esquemática e imagens de uma instalação desse tipo.

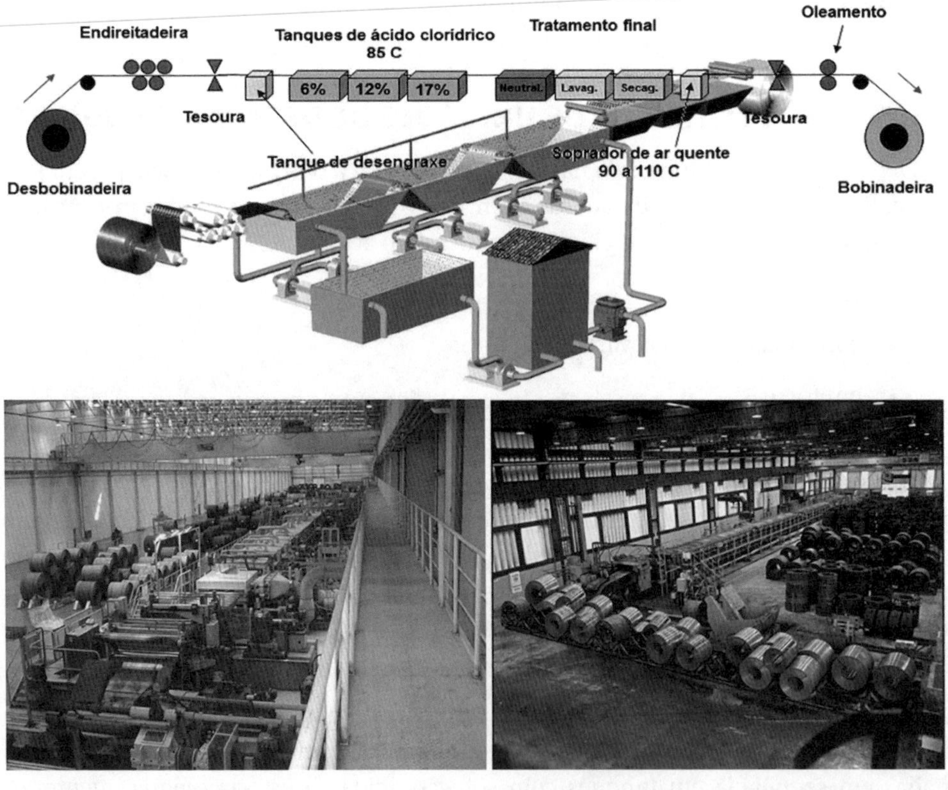

Figura 2.13 – Exemplo esquemático de uma instalação de decapagem contínua pelo método *push-pull* e exemplos de instalações industriais.

Fontes: Gonvarri-Hortolândia e Brasmetal-Diadema.

Normalmente, as bobinas são estocadas no pátio de recebimento da decapagem, com o eixo na horizontal, favorecendo o resfriamento da bobina e a diminuição das ocorrências de defeito durante o processo de movimentação (defeito conhecido usualmente como borda avariada). Todas as bobinas são inspecionadas no momento do recebimento, obedecendo ao padrão de inspeção de qualidade estabelecido pela empresa, podendo a bobina ser processada diretamente na decapagem, se o defeito for tolerado, ser devolvida para o processo anterior para uma correção ou sucateada, se o defeito for considerado grave, ou ser armazenada para um processamento posterior, em função da programação de produção, se o defeito não permitir atender aos requisitos de qualidade para uma determinada aplicação, mas permitir o aproveitamento da bobina para outra situação.

A instalação de decapagem contínua com junção de bobinas (exemplo da Figura 2.14) proporciona uma maior produtividade, pois a perda de tempo relativa aos procedimentos de encaixe é minimizada com as emendas realizadas pela solda. Também utilizar uma instalação do tipo semicontínua, na qual se simplificam alguns dos equipamentos para atender a uma menor produção ou para chapas mais finas. Uma instalação típica de decapagem contínua com máquina de solda de uma usina siderúrgica opera com velocidade na faixa de 100 a 300 m/min (valor tomada na Seção de decapagem – tanques) no caso de aços ao carbono, e o comprimento total da instalação gira em torno de 250 m.

Aços inoxidáveis e ao silício geralmente são decapados com uma menor velocidade de processamento. Além da velocidade de passagem da chapa pelos tanques, a produtividade da linha de decapagem deve ser analisada também, considerando, a redução dos tempos mortos na troca de bobinas. Ressalta-se que a velocidade de decapagem de 300 m/min foi atingida na década de 1970 e que poderia ser aumentada com as inovações nos equipamentos, principalmente em termos de automatização do processo. Entretanto, a generalização da utilização, nos anos 1980, de linha de recozimento contínuo e de linhas de galvanização para chapas finas com ciclo térmico muito curto (4 min) impõe, por razões metalúrgicas, uma temperatura de bobinamento mais elevada no laminador de bobinas a quente e, consequentemente, uma oxidação mais intensa, o que leva a um aumento do tempo de decapagem química. Por essa razão, uma série de desenvolvimentos foram realizados para a construção de linhas com alta produtividade, entre os quais podem ser destacados: o acoplamento de decapagem com outras operações, principalmente a laminação a frio, a utilização de processos de decapagem mecânica associados à decapagem química e a utilização de banhos turbulentos. Na Figura 2.14, é mostrada uma representação esquemática e imagens de uma instalação que integra decapagem e laminação a frio.

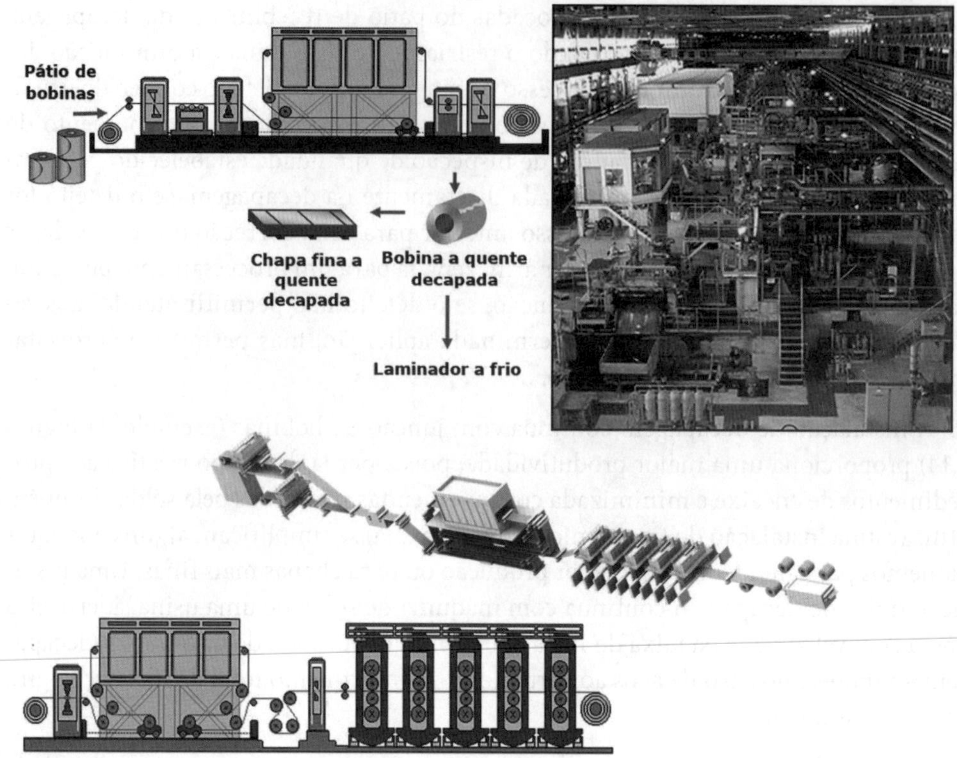

Figura 2.14 – Exemplo esquemático de uma instalação de decapagem contínua, instalação que integra decapagem e laminação a frio: Usiminas e Ipatinga; PLTCM, decapagem acoplada ao laminador tipo tandem.

O processo de decapagem química pode ser realizado em conjunto com processos mecânicos. Uma representação de uma instalação típica desse processo é mostrada na Figura 2.15, na qual podemos distinguir três partes:

A – alimentação ou entrada;

B – decapagem propriamente dita;

C – saída.

Figura 2.15 – Representação esquemática da decapagem continua, constituída de três partes: alimentação, decapagem e lavagem; linha de produção da ArcelorMittal Vega.

A – ALIMENTAÇÃO OU ENTRADA

Constituída do equipamento para colocar a bobina em posição na desbobinadeira, a tesoura (guilhotina) de pontas e as máquinas para juntar os extremos (solda). Essa tesoura serve para preparar as pontas para soldagem e para o descarte de partes defeituosas nos extremos da bobina, se esse tipo de operação for previsto. Observa-se que as bobinas são conduzidas para essa unidade por diversos tipos de sistemas de transporte de bobinas (*walking beam*, carro transportador, ponte rolante etc.).

Antes de a bobina ser posicionada no mandril da desenroladeira, devem ser feitas verificações típicas, como suas dimensões (incluindo o seu diâmetro externo) e seu peso, e confirmado o número do volume/a identificação de acordo com a programação da linha. Normalmente, são instaladas endireitadeiras ou desempenadeiras para corrigir ligeiramente a planicidade da bobina e facilitar, assim, a operação de solda e a passagem da chapa pela linha. Detectores de furos e roletes de empurradores também podem ser previstos. Podem ainda ser instalados dispositivos para medição contínua de espessura e largura da chapa desenrolada, melhorando o rastreamento dos produtos e o acerto das pontas das bobinas para o processo de soldagem, além de permitir aumentar o rendimento da chapa. Uma vez posicionada a bobina na desenroladeira, sua ponta é guiada por rolos de tração para alimentar a desempenadeira e preparar o início da tira para os demais passos do processo de encaixe. Na máquina de solda, as extremidades das tiras são unidas, tornando a decapagem contínua.

Também podem ser instalados sistemas de medição de temperatura da bobina. Esse controle é necessário para impedir que entre uma bobina na linha de processo com temperatura maior que 50 °C, evitando, assim, danificar rolos da linha e defeitos do tipo quebra de superfície.

Após a centralização da bobina na desenroladeira, o equipamento direcionador da ponta inicial busca a ponta, que é introduzida nos rolos propulsores e na desempenadeira de entrada. Após essa atividade, é executado o corte automático padrão para cada tipo de bobina, a fim de eliminar os defeitos originados na ponta (diâmetro externo), preparando, assim, a ponta inicial da bobina para ser soldada com a ponta final da bobina que está sendo decapada.

Um sistema de acumulação vertical ou horizontal para o comprimento de chapa é necessário para permitir a realização da operação de corte e solda sem a necessidade de interromper o deslocamento da bobina nas operações posteriores de decapagem, o que geraria defeitos na chapa e queda de produtividade da linha. Para recuperar o comprimento "acumulado" durante a parada da seção de entrada para a realização da soldagem, a velocidade de deslocamento da chapa nessa seção é superior à velocidade na seção de decapagem (tanques).

Linhas contínuas de alta produtividade podem acumular em torno de 500 m de comprimento da chapa. A título de exemplo, pode-se citar a utilização de uma velocidade de até 800 m/min na seção de entrada para uma velocidade de 220 a 360 m/min nos tanques. Quando o acumulador está completo, a velocidade é automaticamente reduzida para a velocidade de tratamento (decapagem). Guardas laterais podem ser utilizadas nesses acumuladores.

No setor de alimentação, também podem ser instalados dispositivos para promover a formação de macrofissuras na camada de carepa, de forma a facilitar a penetração da solução ácida até a camada interna de FeO mais solúvel. Podem ser utilizados os seguintes métodos:

- Dispositivos que promovem flexões alternadas da chapa com baixa tensão aplicada (5 MPa $\approx$ 0,5 kgf/mm^2) sobre rolos com cerca de 100 mm de diâmetro (equipamentos do tipo processadores Mac Kay);
- Passagem da bobina por um laminador de encruamento com aplicações de alongamento de 1,5 a 2%;
- Emprego de dispositivos que realizam a tração da chapa (desempenadeira sob tensão) visando a realizar o seu aplainamento pela combinação de esforços de tração (com cargas em torno de 100 MPa $\approx$ 10 kgf/mm^2) e de flexões alternadas da chapa sobre rolos de 80 mm de diâmetro; a chapa é submetida a um alongamento constante e ajustável de 1% a 2,5%, resultado de uma diferença de velocidade entre os blocos ou rolos tensores de entrada e de saída da desempenadeira; esse método promove um aplainamento mais eficiente do que a utilização do laminador de encruamento, corrigindo até certo ponto ondulações e empenos.

A curva provocada no desbobinamento, por meio de pressão do rolo descarepador, quebra a carepa superficial, que é lavada por bicos *sprays* de água e direcionada para o poço de carepa, normalmente existente do lado externo do galpão. Depois de decantada no poço, ela é retirada e colocada em recipientes próprios e enviada para o pátio de carepa da usina siderúrgica ou para outras empresas que processam esse resíduo. Já no processo que emprega a descarepação seca, a carepa é aspirada da linha e sobre a tira, acondicionada em recipientes próprios e depois recolhida ao pátio de carepa para posterior reciclagem.

Toda vez que ocorre uma parada prolongada de uma linha de decapagem, é necessária a movimentação de uma bobina denominada de *bobina de espera* ou *bobina guia* para a entrada da linha. Essa bobina é inserida na linha de decapagem utilizando-se cabos de aço, que são içados pelas pontes rolantes das linhas, ou a bobina é inserida normalmente na linha, como bobina de produção. Ao finalizar a utilização da bobina guia, esta é devolvida para a entrada da linha para sua reutilização. A bobina guia pode ser usada diversas vezes até se desgastar. Neste caso, deve ser descartada como sucata e ser reposta por uma nova bobina.

B – DECAPAGEM PROPRIAMENTE DITA

Constituída dos tanques para decapagem, em geral em número de 3 a 6, e dos tanques para neutralização e lavagem com água. Um exemplo de dimensões típicas dos tanques de decapagem é 18 a 28 m de comprimento, 1,20 m de profundidade e 30 a 40 cm mais largos que a largura máxima da bobina a ser decapada.

O comprimento dessa parte da instalação de decapagem gira em torno de 130 m quando quatro tanques são empregados (para um comprimento total da linha em torno de 200 a 250 m). A concentração de ácido nos tanques é variável, como será explicado posteriormente. Assim, cada seção, ou tanque, é separada do outro por uma combinação de barreiras e rolos de borracha que são comprimidos contra a chapa, retirando o excesso de solução, evitando a passagem de solução ácida com concentrações diferentes de uma seção para a outra. A título de exemplo, pode-se citar que, em uma determinada instalação, a chapa pode percorrer esse espaço em um tempo de 22 s se a velocidade máxima de processamento for empregada.

Em geral, os tanques são construídos em chapas de aço soldadas com um revestimento de borracha vulcanizada no seu interior. Para proteger a borracha da abrasão e do calor excessivos, pode ser construído um revestimento cerâmico, de tijolo antiácido vitrificado ou outro material, feito em duas ou três camadas, unidas por um cimento antiácido. Entretanto, tanques de polipropileno têm sido instalados nos últimos anos em substituição aos tanques metálicos, com excelentes resultados em termos de durabilidade, devido a sua maior resistência à corrosão pela solução ácida. Nesse caso, não é necessária a aplicação de uma camada de tijolos refratários e o revestimento de borracha dos tanques. Esses tanques também apresentam menor massa e uma redução na sua manutenção, dispensando inclusive sua pintura.

São utilizadas tampas de chapa de aço revestidas de borracha ou tampas de polipropileno. Essas tampas são equipadas com mecanismos para realizar o seu levantamento automático (normalmente dispositivos pneumáticos). Para evitar o escape de vapores de ácido para o ambiente, pode ser feita a exaustão lateralmente por meio de ventiladores com as pás recobertas de borracha, além do emprego de vedação por selo d'água nas tampas, conectadas ao sistema de exaustão. Este é complementado com um sistema de lavagem dos gases. A pressão é mantida levemente negativa, para prevenir escape de gases na área de trabalho.

No caso de aquecimento com vapor, este é injetado ao longo das paredes. Nos extremos de cada tanque, grandes rolos revestidos de borracha, operados por meio de cilindros pneumáticos, mantêm a chapa mergulhada no ácido. Antes de a chapa ser mergulhada nos tanques com ácidos diluídos, pode ser realizada uma operação de desengraxe da chapa por meio de sua passagem por dispositivos do tipo jatos de *spray* ou outros métodos particulares de cada instalação. Um tanque de lavagem com jatos de água fria sob pressão seguido de outro com água quente normalmente completam o sistema.

Na Figura 2.16, é mostrada uma representação esquemática da decapagem contínua integrada com um trem contínuo de laminação a frio de tiras (bobinas), constituída de três partes: alimentação, decapagem e lavagem.

Um conjunto de rolos empurradores, colocados na saída dos tanques de ácido, impulsiona a fita através dos tanques de lavagem. O tanque de água quente tem um comprimento efetivo de 4,5 a 6 metros. A água é aquecida para permitir secar mais rapidamente a chapa, a qual não deve apresentar manchas causadas por gotas de água. A temperatura da água varia de 70 a 80 °C e de 55 a 65 °C, quando se empregam HCl e H_2SO_4, respectivamente. O pH dessa água também deve ser controlado, normalmente objetivando, no mínimo, 5,0.

Também pode ser realizado o controle da condutividade elétrica da água no último tanque, que, ao ser contrastado com um valor predefinido, permite controlar a adição de água desmineralizada nos tanques. A secagem é completada por meio de jato de ar quente, dos dois lados da chapa. A água de enxágue pode ser recolhida em um tanque de coleta. Essa água pode ser parcialmente usada como água de formação do processo na seção de decapagem, enquanto a sobra é enviada para a planta de regeneração.

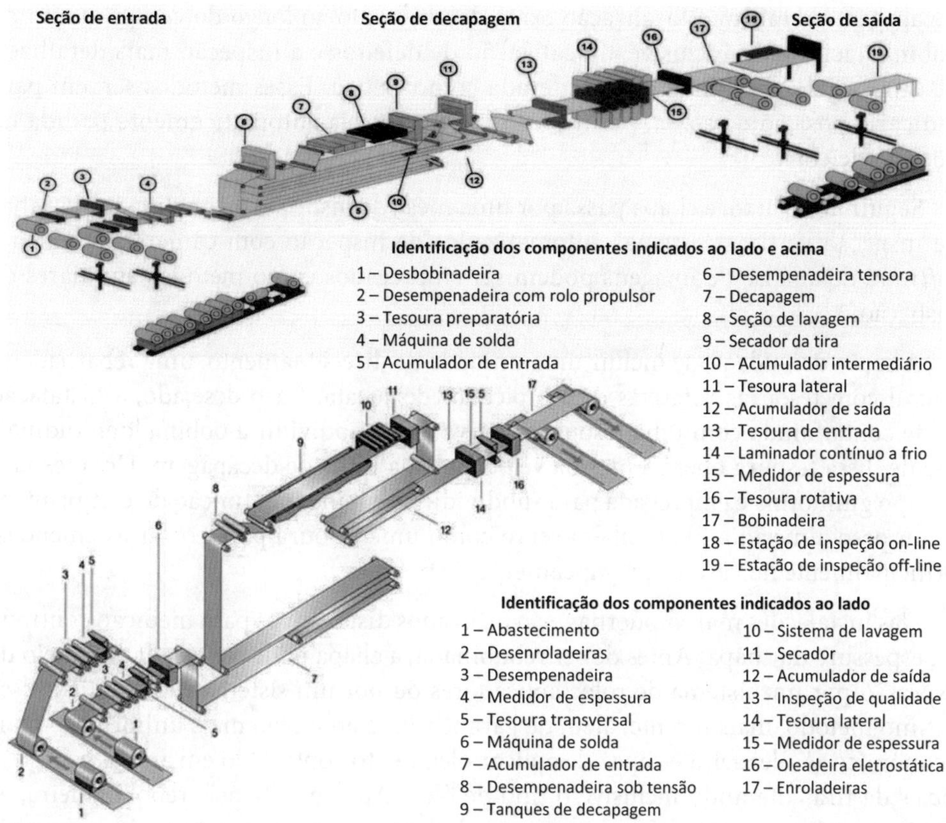

Figura 2.16 – Representação esquemática da decapagem contínua integrada com um trem contínuo de laminação a frio de tiras (bobinas), constituída de três partes: alimentação, decapagem e lavagem.

C – SAÍDA

Nesta seção, também são empregados sistemas de acumulação (de poço, mais antigos, ou de carros tensionadores, mais recentes) para permitir a retirada da bobina da bobinadeira e as operações de corte transversal, ou a mudança da dimensão de corte de rebarbas sem a paralização da linha. Linhas contínuas de alta produtividade podem acumular em torno de 400 m de comprimento da chapa. No caso de acumuladores do tipo carro, devem trabalhar sempre vazios, para que possam acumular a maior quantidade possível de tira. Quando liberada a saída, a velocidade é alta e, logo que o acumulador fica vazio, a velocidade cai para a da seção de tratamento.

A bobina pode ser cortada exatamente na região onde foi realizada a soldagem de extremidades. Nas instalações mais antigas, dispositivos baseados em detectores de furos eram utilizados para a determinação da posição da chapa ao longo da linha de decapagem. Atualmente, os sensores e os sistemas automatizados instalados na linha de decapagem permitem a localização exata de um ponto ao longo do comprimento da bobina, facilitando inclusive a localização de defeitos e a inspeção mais detalhada de uma região previamente considerada como crítica. Esses métodos servem para indicar a posição da solda, permitindo que a tira seja automaticamente parada na posição de corte.

Seguindo o fluxo, a chapa passa por uma mesa de inspeção de qualidade ou linhas de inspeção vertical. Sistemas automatizados de inspeção com câmeras de vídeo e *software* de análise de imagens podem ser empregados como métodos auxiliares de inspeção.

A seção de saída pode incluir uma unidade de direcionamento, uma rebarbadeira lateral com tesouras rotativas e com picador de sucata. Caso desejado, a instalação pode contar ainda com uma tesoura rotativa para subdividir a bobina longitudinalmente. Essa tesoura opera à mesma velocidade da linha de decapagem. Uma tesoura do tipo guilhotina é empregada para subdividir as bobinas em função do comprimento ou peso almejado. Ela também serve como uma tesoura para cortar as emendas, principalmente no caso de grampeamento de bobinas.

Nas instalações mais modernas, são utilizados dispositivos para medição contínua da espessura da chapa. Antes de ser rebobinada, a chapa pode ser oleada por meio de aspersão por um sistema de rolos aplicadores ou por um sistema eletrostático. Esse último método, mais recente, além de garantir uma aplicação mais uniforme, é mais econômico. A oleadeira é capaz de aplicar oleamento controlado em ambas as superfícies da tira, alterando inclusive o tipo de óleo. Após passar pela rebobinadeira, as bobinas podem ser amarradas com cintas de forma manual ou automática e a seguir devem ser identificadas, também de forma manual ou automática.

2.6 TURBULÊNCIA E CONCENTRAÇÃO DO ÁCIDO NOS TANQUES DE DECAPAGEM

Uma tendência verificada nos últimos anos é a utilização de *tanques rasos* com injeção de ácido lateralmente para promover turbulência e homogeneização da solução e em oposição aos tanques profundos e com fluxo laminar, com os seguintes benefícios:

- não há necessidade do uso de levantadores para retirar a chapa da solução ácida durante uma parada da linha;
- não há a necessidade de controlar altura da chapa dentro dos tanques;
- pequeno volume de solução, permitindo um rápido retorno à operação após um longo período de parada;
- redução do tempo de decapagem se comparado aos tanques profundos;
- uso da energia necessária para movimentar a chapa através dos tanques para aumentar a circulação do ácido;
- rápida alteração das temperaturas do banho de decapagem.

A concentração da mistura nos tanques de decapagem aumenta progressivamente do tanque de entrada para o de saída. Por exemplo, no caso do emprego do ácido clorídrico, pode-se utilizar concentrações sucessivas de 6%, 12% e 17%, quando se tratar de um processo com três tanques de solução de ácido diluído. À medida que a solução de decapagem é usada, ela se torna impura, necessitando ser trocada. A concentração do ácido sulfúrico gira em torno de 15% a 17%.

Até alguns anos atrás, todas as linhas de decapagem operavam com os tanques de ácido sem comunicação entre si. Porém, descobriu-se que, se a concentração de ácido é baixa e o teor de ferro é elevado no tanque de entrada, não há grande alteração na velocidade de remoção de óxido. Por outro lado, quando tal ocorre no tanque de saída, é necessário diminuir muito a velocidade da linha, pois o ácido diluído tem reduzida ação sobre a chapa a decapar. Isso levou ao desenvolvimento do sistema de decapagem em cascata em contracorrente, ou seja, no sentido contrário ao do deslocamento da chapa, que, automaticamente, adiciona ácido e água ao tanque de saída em um ritmo constante para manter a sua concentração de ácido e o teor de ferro nas faixas desejadas.

À medida que mais água e ácido vão sendo adicionados, o nível sobe, e o excesso extravasa para o tanque anterior, que está em um nível mais baixo, e assim sucessivamente, até se atingir o tanque de entrada.[5] Ou seja, o sistema em cascata resulta em uma concentração em etapas da carepa dissolvida (ferro em solução) e do ácido livre entre as cascatas de decapagem, como no exemplo mostrado na Figura 2.17.

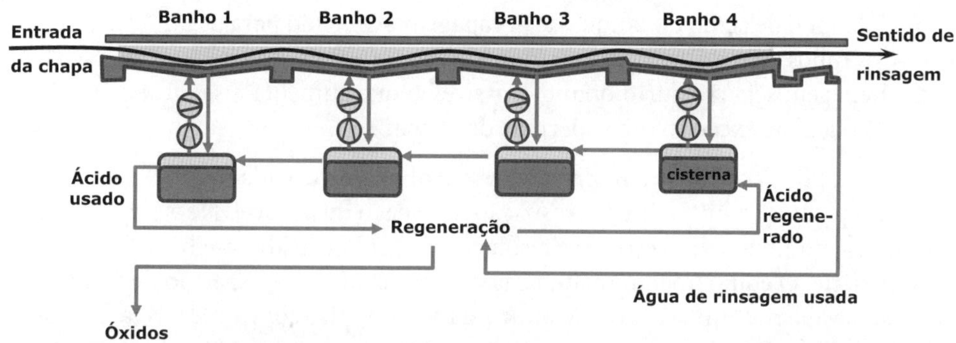

N° do Banho	1	2	3	4
HCl (g/l)	35	95	150	160
$FeCl_2$ (g/l)	140	75	15	5
Temperatura (°C)	80 a 85	80 a 85	80 a 85	80 a 85
Débito (m^3/h)	300 a 600	150 a 300	80 a 180	80 a 160
Tempo	22 segundos, no mínimo			

Figura 2.17 – Exemplo da variação de concentração de íons de ferro e de ácido ao longo dos tanques no processo de decapagem em cascata com o emprego de quatro tanques de ácido para decapagem.

[5] Ressalta-se que, por questão de segurança, na preparação de banhos e soluções, os ácidos concentrados devem ser adicionados lentamente à água, e nunca o inverso.

Para chegar a esse resultado, câmaras de transbordamento com rolos de secagem estão localizadas entre os tanques de decapagem. Os rolos de secagem impedem o arraste de ácido pela chapa para o tanque de circulação a jusante. Esse sistema reduz o consumo de água necessária no processo. As várias seções ou tanques são conectados por um sistema de contrafluxo do ácido, feito em tanques auxiliares. A preparação da solução de cada tanque, também. Normalmente, cada tanque tem seu controle individual de temperatura de aquecimento e concentração de ácido, que são previamente calculadas por um modelo matemático, de acordo com o material a ser produzido.

As vantagens desse sistema de decapagem são: a solução de ácido mais nova é adicionada no último tanque, onde a ação de decapagem é mais necessária para remover os derradeiros e mais resistentes restos de oxidação, e a solução mais fraca e com maior teor de ferro (no máximo 6% a 7% de ferro) está no tanque de entrada, onde a ação do ácido ainda se pode fazer sentir, atacando a carepa mais grossa e fácil de remover. Os valores citados de concentração de ferro e de ácido podem variar de empresa para empresa ou dentro de uma mesma empresa, em função do tipo de instalação, da velocidade de processo desejada e de parâmetros operacionais de controle almejados. A solução ácida gasta, rica em ferro e empobrecida em ácido, acumulada no primeiro tanque é enviada à estação de regeneração de ácido (assunto da Seção 2.6 deste livro).

Nas instalações mais modernas, para cada tanque de decapagem está previsto um tanque de circulação separado, com o devido sistema de bombeamento. Durante a paralisação da planta acima de um período preestabelecido (15 minutos, por exemplo), o conteúdo total de ácido do tanque de decapagem é drenado para os tanques de circulação, e os tubos de retorno são dimensionados com volume suficiente para que o tempo de drenagem seja tão curto quanto possível, o que aumenta a segurança na linha. Isso evita o ataque excessivo da superfície da chapa.

O método de *decapagem em torre* foi desenvolvido na década de 1980 para ser instalado em plantas industriais com restrição de espaço disponível. Nesse caso, a chapa é decapada em uma torre vertical, e a solução de ácido clorídrico é borrifada sobre a sua superfície. O equipamento inclui uma ou duas colunas de aspersão de ácido, uma seção de lavagem e um secador. A altura da torre varia, conforme a sua aplicação, entre 21 e 45 m. A estrutura suporta todos os componentes principais, como rolos, acionamentos e elevador. As colunas de aspersão de ácido clorídrico são de plástico reforçado. Os chuveiros de ácido são instalados de ambos os lados da chapa. A temperatura do ácido é mantida por meio de sua circulação em trocadores de calor aquecidos a vapor; o tanque coletor de ácido e as bombas de recirculação estão alojados na base da torre.

2.7 SOLDAGEM DE BOBINAS

Um aspecto fundamental que deve ser considerado em um processo de decapagem do tipo contínua, assim como em todos os processos contínuos de laminação a frio, revestimentos, tratamentos térmicos e nas operações de acabamento de bobinas, é a qualidade e confiabilidade do método utilizado para uni-las. A soldagem é o método empregado atualmente para realizar essa junção. Nesse caso, é aplicada uma fonte de calor, com ou sem aplicação de pressão. Uma solda de qualidade insatisfatória poderá causar acidentes operacionais, tanto na própria decapagem como durante os processos posteriores.

A título de exemplo, pode-se mencionar que o objetivo atual é a obtenção de zero ruptura de solda na etapa de galvanização e menos que 0,1% de ruptura durante a etapa de laminação a frio. As consequências principais das ocorrências de rompimentos das soldas são: parada prolongada dos equipamentos, danificação dos cilindros e outros componentes do laminador e das linhas de processamento, perda de produtividade e aumento de custo.

A qualidade do corte realizado na tesoura é fundamental para a geração de soldas com resistência adequada ao processo. Esse corte deve ser feito de tal forma que sejam obtidas arestas retilíneas nas extremidades das bobinas a serem unidas. Observa-se que no passado as chapas eram grampeadas por meio de furos. Essa região não podia ser processada no laminador a frio, o que ocasionava perda de produtividade.

Os processos mais utilizados para soldagem de chapas metálicas nas linhas de decapagem, laminação a frio, tratamentos térmicos, revestimentos e acabamento ou processamento de bobinas de aço são:

- soldagem por resistência com pontos múltiplos em uma só operação e com sobreposição (*mash-lap welding* ou outras terminologias em inglês para processos muito semelhantes: *mash seam welding* ou *resistance seam welding – RSEW*);
- soldagem por resistência do tipo soldagem de topo por centelhamento (*flash-butt welding* ou *flash welding*);
- soldagem a laser (*laser welding*).

Os processos de soldagem por resistência utilizam a eletricidade como geração da energia, e o princípio de aquecimento por efeito Joule (passagem de corrente elétrica em uma resistência), para realizar a fusão e junção da face comum entre as duas chapas. Dependendo da espessura das chapas, estas podem ter as extremidades sobrepostas para a realização da junção, ou a soldagem pode ser feita topo a topo. Tanto o topo da tira que se encontra na desbobinadeira quanto a base daquela que já se encontra em processo são presas por eletrodos. Em seguida, a máquina se move, fazendo com que as tiras se toquem; então, ocorre um curto-circuito, e o material se funde. A máquina continua a se mover durante a fusão do material, fazendo com que uma tira penetre na outra. Nesse processo, pode-se utilizar eletrodos circulares, que rolam pressionando as chapas e passando descargas intermitentes de corrente, formando a costura soldada. A costura consiste em uma série de pontos de solda. O calor fornecido (Q) é proporcional ao tempo (t), resistência elétrica (R) e intensidade de corrente aplicada (I), ou seja, $Q = RI^2 \cdot t$.

A sobreposição (*overlap* ou *mash-lap*) é utilizada para chapas de menor espessura (0,05 a 4,0 mm ou outros limites de faixas, dependendo do fabricante do equipamento).

Um ou mais cordões de solda podem ser aplicados, dependendo da dimensão sobreposta e da resistência da solda exigida no processo. Nos processos com sobreposição das chapas na junta soldada, a espessura da região da solda é um fator importante na seleção do tipo de equipamento a ser empregado. Se o processo em questão não envolver uma operação de rebobinamento, podem ser utilizados métodos com maior largura sobreposta se a protuberância criada nos pontos de solda não for prejudicial. A Figura 2.18 apresenta um esquema desse processo com a utilização de eletrodos rotativos para aplicação de pressão e corrente elétrica.

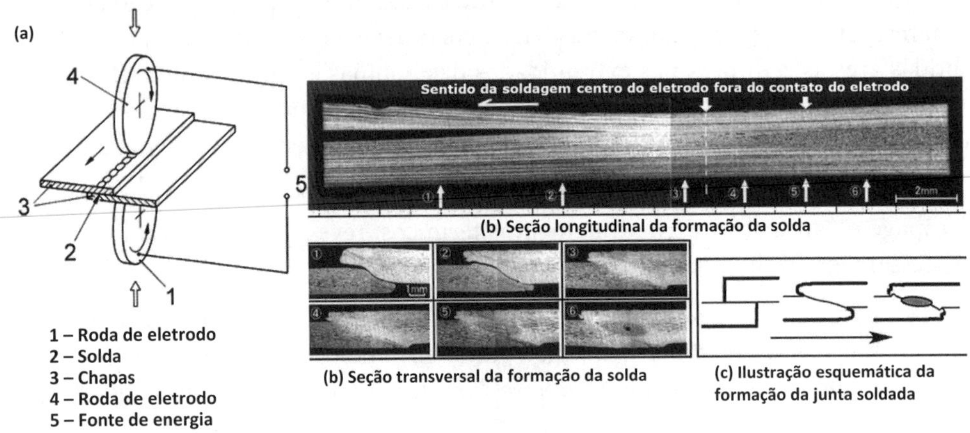

Figura 2.18 – Representação esquemática do processo de soldagem por resistência com pontos múltiplos em uma só operação e com sobreposição (*mash-lap welding* ou *mash seam welding*) e corte da seção transversal durante a realização de uma solda interrompida, para mostrar a formação da junta soldada.

Fonte: Miyazaki (2007).

A espessura da junta soldada é menor do que a do conjunto original de chapas sobrepostas. Normalmente, os parâmetros controlados são: a corrente aplicada, a pressão aplicada (largura sobreposta e força de junção ou *welding force*), a velocidade de soldagem e a força aplicada para aplainamento. Os parâmetros de processo e as especificações das máquinas de soldagem são selecionados principalmente de acordo com a espessura das chapas e o seu limite de escoamento e o tipo de aço (aço-carbono, aço bifásico, aço TRIP etc.). Isso é importante para que se obtenha uma solda de boa qualidade e para que esta suporte os esforços dos processos posteriores, após a máquina de solda.

Dispositivos para realizar o recozimento ou o aquecimento posterior (*postheating*) da região soldada também podem ser previstos, principalmente para o caso de aços de alto carbono, para evitar o endurecimento local na região de solda. Se esse tratamento não for previsto, em alguns casos pode-se desbastar a região da junta soldada, de forma que esta apresente uma menor espessura para compensar a maior dureza nessa região. Observa-se que a realização de tais tratamentos aumenta o tempo necessário para realizar a junção das pontas, exigindo a realização das outras etapas de modo ligeiro, para não aumentar o tempo de parada na seção de entrada da linha de decapagem.

Nas máquinas de solda de topo (*flash-butt welding*), os extremos da bobina são presos firmemente por meio de garras condutoras de eletricidade (eletrodos), permitindo formar um arco elétrico entre os topos que são justapostos para formar uma junta caldeada. A seguir, a solda é rebarbada por meio de uma raspadeira móvel ou por uma plaina para eliminar o excesso de material na região do cordão de solda. Um cuidado normalmente recomendado no laminador a frio é reduzir a velocidade e a tensão no momento que a junta passa pelos cilindros, a fim de evitar a ruptura dessa região soldada. Esse método é geralmente aplicado para chapas com espessura na faixa de 1,2 a 7,0 mm ou outros limites de faixas, dependendo do fabricante do equipamento. Por exemplo, em uma determinada usina, a máquina de solda é especificada para soldar bobinas com diferença de espessura de, no máximo, 1 mm, ou 30% da menor espessura (vale o valor que for menor), e diferença de largura de, no máximo, 300 mm. Normalmente, os parâmetros controlados são: a corrente aplicada, a força de *clamping* aplicada e a força de *upset* (Figura 2.19). Os parâmetros de processo e as especificações das máquinas de soldagem são selecionados principalmente de acordo a espessura das chapas e o seu limite de escoamento.

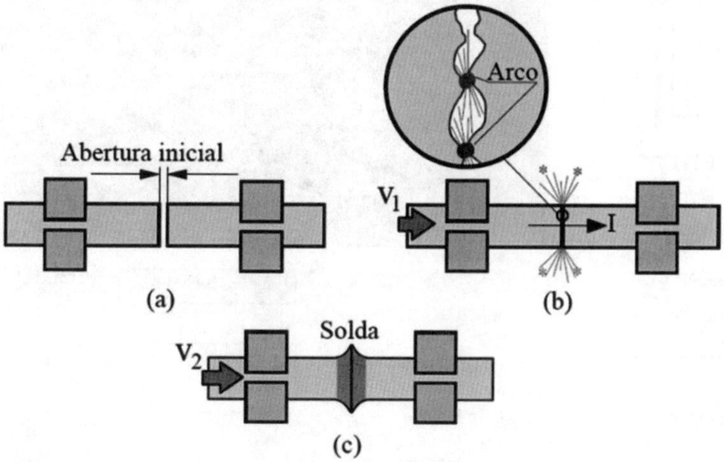

Figura 2.19 – Representação esquemática do processo de soldagem do tipo soldagem de topo por centelhamento (*flash-butt welding* ou *flash welding*). (a) Posicionamento inicial das peças; (b) após a energia elétrica ser ligada, as peças são aproximadas com uma velocidade v1, ocorrendo o centelhamento quando pontos das superfícies entram em contato (ver detalhe); (c) após o aquecimento adequado das superfícies, a corrente é desligada, e as peças são pressionadas (com uma velocidade v2 > v1) para a formação da solda.

O processo de soldagem a laser (*laser beam welding* - LBW) foi inventado mais recentemente; sua criação é atribuída a Martin Adams, na Inglaterra, em 1970, sendo posteriormente adaptado para a soldagem de chapas metálicas pelos fornecedores de equipamentos siderúrgicos. Nesse processo, um feixe de alta energia (laser), com normalmente 1 mm ou menos de diâmetro, é focalizado em uma determinada região, de tal forma a se conseguir uma elevada densidade de energia capaz de aquecer e fundir rapidamente o metal, permitindo a realização da soldagem a uma alta velocidade e com um simples passe. Consequentemente, o tempo e a energia total requerida para a soldagem são muito menores do que para os processos de soldagem de baixa densidade de energia, como os processos de soldagem a gás.

Como resultado da pouca energia requerida pelos processos de soldagem com feixes de alta energia, os danos na peça devido ao aporte térmico para soldagem são minimizados. Tais danos incluem, por exemplo, uma grande zona afetada por calor, distorções na estrutura soldada etc. Apesar de ser possível obterem-se soldas de alta qualidade com processos de soldagem a laser, este também tem suas limitações, como o preço do equipamento, que pode ser muito alto. Na Figura 2.20, é apresentada uma representação esquemática desse processo.

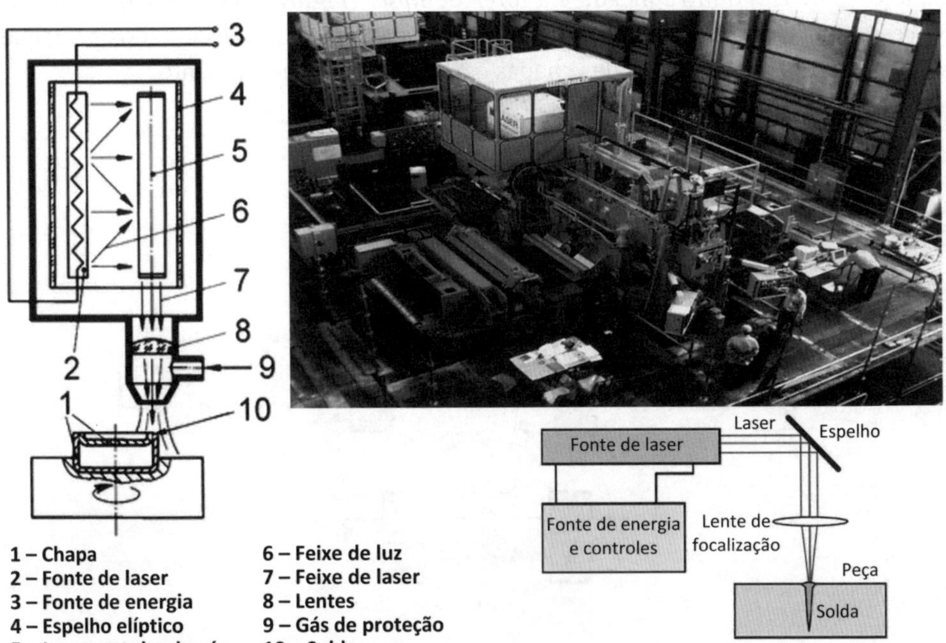

Figura 2.20 – Representação esquemática com os elementos de um sistema típico do processo de soldagem a laser de chapas metálicas. Máquina de solda a laser da Miebach.

Nas aplicações para as linhas de laminação de chapas, normalmente se empregam lasers de gás, que podem ser operados em modo contínuo. Para o laser de CO_2, que é o mais utilizado, a mistura de gases consiste de CO_2, N_2 e He. Tais misturas são continuamente excitadas por eletrodos conectados à fonte de energia, e a emissão do laser ocorre ininterruptamente. O feixe laser gerado (um feixe de luz concentrada coerente e monocromática de alta intensidade) pode ser focalizado e direcionado através de meios óticos. Normalmente, a qualidade do cordão de solda é tal que não há precisão de rebarbação dele. Um dos inconvenientes deste tipo de equipamento é a necessidade de um posicionamento mais preciso da junta a ser soldada, o que tem sido superado, de acordo com alguns fornecedores de máquinas, em alguns desenvolvimentos recentes.

Para garantir a boa qualidade da solda, são realizados testes regulares da propriedade de resistência (teste de embutimento) e, principalmente, um controle rigoroso dos parâmetros de soldagem, como tempo de solda, voltagem aplicada, recalque, tempo de corrente de recalque e rebarbação. Como o processo de solda é de extrema responsabilidade, a máquina de solda deve ter uma atenção especial quanto aos procedimentos de manutenção.

Uma máquina de solda a laser regulada de forma adequada dispensa a operação de eliminação de rebarbas típica dos processos anteriores apresentados.

Na Figura 2.21, é apresentada uma sequência de fotos do processo de soldagem de extremidades de bobinas.

As instalações mais modernas utilizam máquinas de solda a laser com operação totalmente automática, possuindo regulagem de potência e recursos de monitoramento de parâmetros e do processo que ajudam a garantir o bom resultado da soldagem. Esse tipo de máquina também pode ser equipado com dispositivos de preaquecimento das chapas por indução, garantindo sempre uma superfície seca durante a solda. As máquinas de solda utilizadas atualmente na maior parte das usinas são de operação totalmente automática, permitem a regulagem de potência e possuem recursos de monitoramento de parâmetros e do processo. A máquina também pode possuir a função de preaquecimento das tiras por indução, para garantir uma superfície seca durante a solda.

Figura 2.21 – Sequência do processo de soldagem de extremidades de bobina.

2.8 LAVAGEM DA CHAPA DECAPADA

Após a passagem do material pelos tanques de decapagem, é necessário que se realize a remoção da água ácida carregada pelo material ao sair deles. Essa lavagem é necessária devido ao fato de que o material, ao sair dos tanques de solução ácida, carrega, pelo efeito da tensão superficial, uma certa quantidade de água ácida. Se essa água não for removida, poderá servir de agente acelerador de oxidação do produto. Para essa lavagem, é utilizada água que apresenta propriedades físico-químicas adequadas (pH, condutividade, acidez). A água da primeira lavagem pode ser enviada para o sistema de regeneração de ácido.

Após a lavagem, é necessário que se promova uma rápida secagem do material com o emprego de ar aquecido (normalmente entre 90 e 110 °C) e de sopro de borda da tira. Esse processo remove a água presente, oriunda da lavagem, pois, se isso não for feito, poderá ocorrer o defeito oxidação por água.

Na saída da linha de decapagem, mas antes do bobinamento, é comum olear continuamente cada bobina para evitar a sua reoxidação durante a estocagem e já deixá-la lubrificada para as posteriores operações de desenrolamento e o primeiro passe da laminação a frio. Entretanto, no caso de venda como bobina a quente, é comum, por especificação do cliente, não olear (bobina a quente seca). Observa-se que o óleo protetivo empregado no material que tem como destino o laminador de bobinas a frio deve ter compatibilidade com o óleo de laminação que se utiliza nessa unidade.

2.9 INTEGRAÇÃO DE LINHAS DE DECAPAGEM E LAMINAÇÃO A FRIO

Como foi mencionado anteriormente, nas modernas instalações de laminação a frio, procura-se integrar a linha de decapagem com a de laminação a frio (*continuous pickle line/cold mill*), visando a otimizar o espaço físico e os investimentos necessários, além de se procurar obter um aumento de produtividade da unidade. Isso é possível porque a utilização de processos acoplados permite eliminar as etapas de desbobinamento, bobinamento, corte e solda (e seus respectivos equipamentos), oleamento e cintagem intermediárias, além de reduzir ou suprimir estoques intermediários e reduzir a geração de defeitos no produto por manuseio e o tempo de rota.

Esse tipo de acoplamento passou a ser implantado a partir do início da década de 1980, inicialmente na França e no Japão. As Figuras 2.22 e 2.23 apresentam propostas de fornecedores de equipamentos siderúrgicos para o acoplamento de uma linha de decapagem contínua com um laminador contínuo a frio. Nestas propostas, as linhas de laminação e decapagem podem ser defasadas em 90° ou 180°.

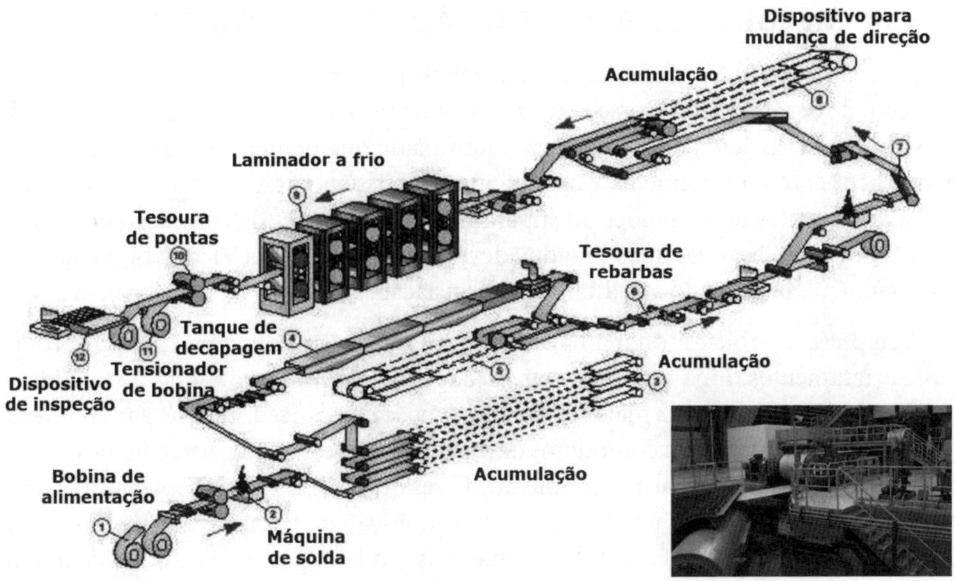

Figura 2.22 – Conjugação de linhas de decapagem e de laminação a frio de chapas de aço.

Fonte: Catálogo Voest Alpine.

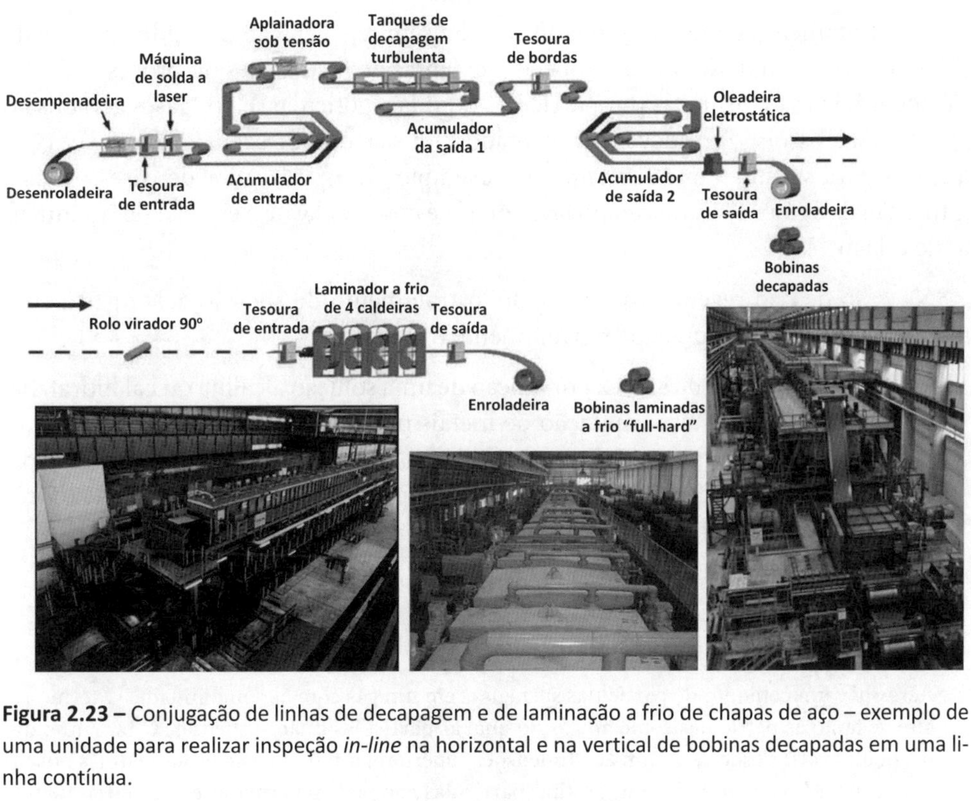

Figura 2.23 – Conjugação de linhas de decapagem e de laminação a frio de chapas de aço – exemplo de uma unidade para realizar inspeção *in-line* na horizontal e na vertical de bobinas decapadas em uma linha contínua.

2.10 MÉTODOS DE REGENERAÇÃO DO ÁCIDO GASTO

Para satisfazer a legislação ambiental relativa a uma instalação que contempla o processo de decapagem, deve-se realizar o tratamento da solução decapante esgotada, ou seja, a solução ácida concentrada, contaminada que perdeu sua capacidade decapante, bem como o tratamento dos efluentes e emissões gerados no processo. A descarga de efluentes deve atender ou superar as especificações da legislação dos órgãos governamentais, e os resíduos gerados devem ser tratados, reciclados ou armazenados, também obedecendo aos ditames da legislação.

A empresa deve buscar estar atualizada com as técnicas e os equipamentos utilizados nesses tratamentos, uma vez que a legislação ambiental está evoluindo no sentido de exigir parâmetros cada vez mais restritivos. A busca de procedimentos para converter os resíduos do processo em coprodutos deve ser constante, não só para reduzir o passivo ambiental decorrente do armazenamento de resíduos, mas para se obter um retorno econômico na geração de produtos ou na diminuição da aquisição de insumos para o processo. A redução dos impactos ambientais também passa pelo aperfeiçoamento do processo, visando a minimizar a geração de efluentes e resíduos, evitando ainda acidentes, respingos, contaminações e acúmulo de resíduos. Em alguns casos, pode ser feita a substituição de insumos, de equipamentos ou de procedimentos operacionais para permitir reduzir, recuperar, reciclar, reutilizar os resíduos, desde que seja técnica e economicamente possível.

Esse tratamento pode ser realizado com ou sem regeneração do ácido empregado no processo. Além disso, as emissões provenientes de instalações do processo de decapagem ácida são formadas por partículas líquidas (gotículas) e por gases gerados no processo (aerossóis[6]), que devem ser captados por sistemas de exaustão (coifas) e conduzidos para sistema de tratamento, por exemplo, do tipo lavador de gases. Após a saturação da água de circulação do lavador, ela é conduzida até a estação de tratamento de efluentes.

No caso de não regeneração do ácido, o tratamento da solução ácida gasta com metais dissolvidos compreende normalmente três fases:

- a neutralização da acidez por adição de uma solução alcalina ou cal hidratada, para promover a precipitação de metais pesados sob a forma de hidróxidos; uma vez atingido o pH de precipitação do metal, o precipitado decanta e forma uma lama, que pode ser filtrada, sendo composta, basicamente, de hidróxidos metálicos, de difícil reutilização;
- a precipitação dos íons metálicos;

[6] *Aerossol* é um conjunto de partículas suspensas em um gás com alta mobilidade. O termo refere-se tanto às partículas como ao gás no qual as partículas estão suspensas. O tamanho das partículas varia desde 0,002 μm até dimensões superiores a 100 μm, isto é, desde umas poucas moléculas até o tamanho em que as ditas partículas não podem permanecer suspensas no gás.

- a eliminação de ânions indesejáveis (Cl^-, CN^-, $SO4^{2-}$) presentes no efluente ou, ainda, a eliminação de outras substâncias (por exemplo, nitratos gerados na decapagem de aços inoxidáveis com emprego de ácido nítrico) que possam ser prejudiciais ao meio ambiente.

As lamas assim produzidas contêm metais e devem ser depositadas em aterros de resíduos industriais perigosos construídos especificamente para esse fim com a devida autorização do órgão ambiental competente, o que, tendo em conta as quantidades produzidas, pode revelar-se muito dispendioso. Nesse caso, em particular, estão sendo desenvolvidas e testadas técnicas de incineração de resíduos para se evitar a deposição de grandes volumes. Também podem ser empregados métodos de encapsulamento de resíduos. Nesses métodos, nenhuma recuperação de ácido ou valorização dos resíduos é possível.

Observa-se que, no caso de não existir processos independentes de tratamento do ácido gasto para sua regeneração e de tratamento de efluentes e emissões, ocorre a geração de um resíduo sólido na forma de um lodo, com composição básica de hidróxido de ferro, resultante das reações de neutralização destes. Normalmente, esses lodos estão misturados com os dos demais ciclos operacionais de todo o processo de tratamento dos efluentes. Por esse motivo, a recuperação de metais do lodo ou a recuperação do ácido tornam-se economicamente inviáveis. Entretanto, se for adotada a prática de separar os fluxos de efluentes da instalação do processo de tratamento superficial, é possível que essa recuperação seja viável.

As técnicas de regeneração total ou parcial do ácido e a consequente redução da geração de resíduos foram desenvolvidas para atender as cada vez mais exigentes condicionantes ambientais, associadas com a necessidade de redução de custos (passivo ambiental + custo de descontaminação + perda de matéria-prima – geração de coprodutos). Essa nova abordagem na gestão dos desperdícios conduz à instauração de "tecnologias de produção mais limpa".

No caso da utilização do *ácido clorídrico*, pode-se instalar uma *unidade de regeneração* do ácido usado (*acid regeneration plant* – ARP) para reaproveitamento da solução saturada de cloreto ferroso, possibilitando a reutilização de uma solução que ficou saturada de componentes prejudiciais ao seu desempenho. Dessa forma, é possível reduzir o risco de poluição ambiental e o custo de operação de uma unidade de decapagem.

Assim, com o processo de regeneração do ácido usado, o consumo de ácido novo pode ser inferior a 0,2 kg por tonelada decapada. Várias técnicas podem ser empregadas de acordo com a natureza e o volume da solução contaminada a tratar. Pode-se citar como exemplos de técnicas a evaporação, a precipitação dos sais metálicos, métodos mistos e as técnicas de membrana (processo eletroquímico).

A princípio, a regeneração da solução ácida usada na decapagem constitui um problema de natureza química e pode ser realizada pela reversão das reações de decapagem. Isso pode ser feito pela aplicação de calor, sendo a operação conduzida industrialmente em equipamentos do tipo forno *spray* ou método Ruthner, ou *spray roasting*

(Nippon Kokan). Outros métodos como a regeneração tipo Otto (C. Otto) ou em leito fluidizado (Lurgi-keramchemie) também podem ser aplicados.

Para aplicações industriais envolvendo elevadas quantidades de solução gasta de ácido clorídrico, o *processo de piro-hidrólise* (*pyrohydrolysis*) é largamente empregado. Ele pode ser analisado como constituído por duas etapas:

- decomposição do ácido usado em forno *spray*, na qual ocorrem as transformações químicas que permitem a regeneração de ácido sob a forma de vapor e a consequente produção de Fe_2O_3 sólido;
- absorção dos vapores de HCl para sua recuperação. Um esquema típico de uma planta com esse tipo de processo é apresentado na Figura 2.24.

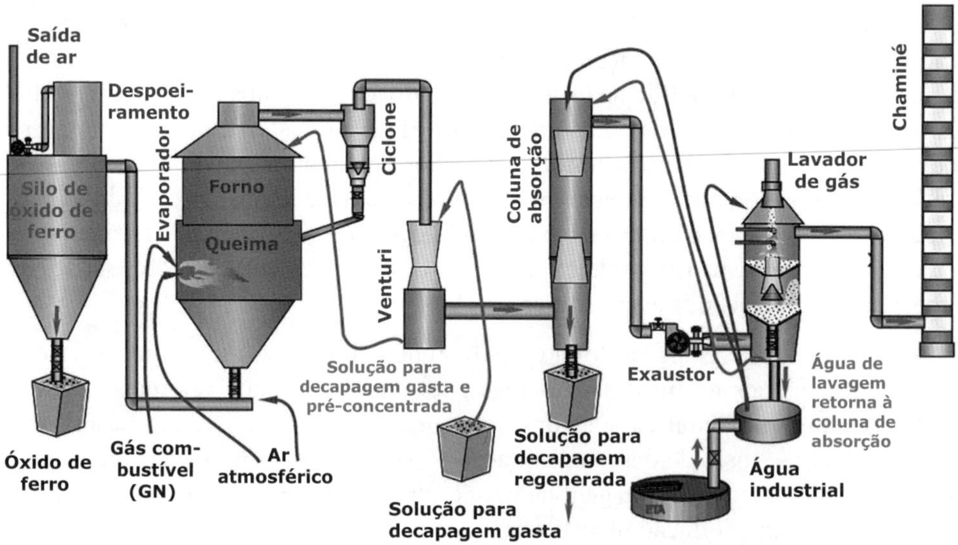

Figura 2.24 – Esquema típico de uma planta com o processo de piro-hidrólise para regeneração de ácido clorídrico. Essa unidade deve conter tanques de ácido usado, regenerado, água ácida, ácido novo (utilizado quando a linha não está produzindo o suficiente para abastecer a decapagem). Exemplo de uma planta de regeneração de ácido clorídrico (Usiminas-Ipatinga).

A operação da planta obedece, em linhas gerais, à seguinte rota (FERREIRA, 2009; ALMEIDA *et al.*, 2010.):

a) uma parcela da solução contendo ácido gasto (com cloreto de ferro, água e o excedente de ácido clorídrico) é retirada continuamente para tanques de armazenagem; a título de exemplo, uma solução de ácido gasto enviada para o processo de regeneração apresenta uma composição típica de 50 g/L de HCl e 120 g/L de Fe. Após a regeneração, a composição passa a ser de 200 g/L de HCl e 0 g/L de Fe (CALMON; CENAC, 1994);

b) ao sair dos tanques de estocagem, o ácido gasto passa por um filtro para a remoção de material em suspensão antes de ser bombeado para o processo de regeneração;

c) o ácido líquido gasto proveniente da etapa de decapagem pode ser *pré-concentrado* por evaporação da água no *venturi* (ou em um sistema constituído por *venturi* e *separador*), por contato direto com os gases quentes provenientes do forno; a pré-concentração do resíduo líquido da decapagem reduz o consumo global de combustível (BOADA; SALAZAR, 1994); os gases quentes são resfriados até temperaturas da ordem de 95 °C a 100 °C; o calor dos gases do reator pode ser recuperado pela evaporação de parte desse volume;

d) a solução ácida gasta pré-concentrada é enviada para o reator (*forno*) por meio de uma "lança" de ácido, que mantém a temperatura constante em 850 °C (no caso de forno de leito fluidizado), ou é adicionado por cima no reator (no caso de forno do tipo *spray*, que opera com temperatura mais baixa, em torno de 450 °C);

e) o *forno tipo spray* (*spray roaster*) é um reator cilíndrico revestido com material cerâmico refratário que funciona virtualmente como um ciclone; esse equipamento é aquecido por queimadores posicionados na posição tangencial na sua parte inferior; já no *forno do tipo leito fluidizado*, o sistema de queimadores é localizado no fundo do reator e é composto por vários bicos. Ar comprimido é injetado pelo soprador de ar de combustão dentro da caixa de ar, de onde este é alimentado por meio dos bicos queimadores no interior do reator. Nestes, o ar é misturado com o gás combustível, e a combustão propriamente acontece no leito fluidizado, fornecendo a energia necessária tanto para a evaporação quanto para as reações no reator. O gás de combustão serve também para fluidizar o óxido no leito fluidizado;

f) no caso do forno tipo *spray*, a solução ácida pré-concentrada (com concentração na faixa de 25% a 30% em volume, por exemplo) é enviada e distribuída na câmara de combustão por aspersão da solução em finas gotículas por meio dos bicos de *spray*, em lanças localizadas no topo do reator;

g) a água e o HCl livre contidos no *spray* evaporam primeiro (zona de evaporação com temperaturas, por exemplo, na faixa de 350 °C a 500 °C;

h) as partículas contendo predominantemente $FeCl_2$ e também $FeCl_3$ descem no forno, que opera com temperaturas crescente da base (zona de combustão) até o topo (zona de evaporação) com uma zona intermediária de reação;

i) o $FeCl_2$ contido na solução forma diminutos cristais à medida que a vaporização ocorre; ao descenderem no equipamento, os cristais encontram uma região de temperatura crescente e reagem com os gases ascendentes (água vaporizada) produzidos pela queima do combustível em excesso de ar de combustão, ocorrendo a formação de gás clorídrico e Fe_2O_3; ou seja, o $FeCl_2$ e o $FeCl_3$ são decompostos em HCl gasoso e óxido de ferro granulado na presença de vapor de água e oxigênio por meio das seguintes reações químicas que ocorrem na zona de reação do forno:

$$2FeCl_2 + 2H_2O + \frac{1}{2}O_2 \rightarrow Fe_2O_3 + 4HCl \qquad \text{(reação de pirólise)}$$

$$2FeCl_3 + 3H_2O \rightarrow Fe_2O_3 + 6HCl$$

Normalmente, tem-se 99% de $FeCl_2$ e 1% de $FeCl_3$. Como exemplo, se o ácido usado é enviado para a ARP com concentração aproximada de 50 g/l (ou 5%) de HCl livre e teor de ferro próximo de 150 g/l (em forma de $FeCl_2$ e $FeCl_3$), esse ácido será aquecido em um forno, que separará o cloro (Cl) do ferro (Fe). Com uma adição de água, o cloro se ligará ao hidrogênio da água, e o ferro, ao oxigênio dela, conforme mostra a reação apresentada. O óxido de ferro gerado é ensacado e vendido como subproduto. O ácido clorídrico recuperado pode ainda ser enriquecido com ácido novo para se ajustar à concentração.

No caso do forno de leito fluidizado, a temperatura no interior do reator é controlada pela quantidade de ácido usado adicionada e é mantida constante pela excelente mistura de gás é partículas por todo o leito fluidizado. No caso do forno tipo spray, a temperatura varia, por exemplo, entre 550 °C e 650 °C.

j) observa-se que os gases formados na base do forno tipo *spray* adquirem um movimento de redemoinho, o qual promove um alto grau de mistura dos componentes da reação; o ácido clorídrico livre e a água são rapidamente evaporados na zona de evaporação;

k) a maior parte do Fe_2O_3 produzido (na forma de partículas sólidas) é drenada pela base do reator e transferido para um tanque de armazenamento ou disposição em local adequado, observando-se que, nesse material, está contaminado com impurezas metálicas o aço decapado (Si, Cu, ...);

l) outra parte é arrastada pelos gases quentes da decomposição (ácido + vapor de água + resíduos de combustão) que saem pela parte superior do equipamento e passam por um sistema de *ciclones* para a remoção de finos arrastados pela corrente gasosa; parte dos finos retorna ao forno, enquanto os gases (com uma quantidade menor de particulados) passam no *venturi* (pré-concentrador), ou venturi/separador, no qual trocam calor com o ácido que está recirculando e aumentam sua concentração de HCl; o gás é resfriado até temperaturas da ordem de 95 °C;

m) após a retirada de particulados, os gases provenientes do venturi, ou venturi/separador, são direcionados para a base da *coluna de absorção*. Água é inserida no topo do absorvedor para produzir o ácido clorídrico. Assim, os gases entram em contato com uma solução aquosa levemente ácida (em torno de 0,5% HCl), que escoa em contracorrente no leito empacotado, com o objetivo da dissolução preferencial do HCl na fase líquida, motivada por diferença de solubilidade deste componente entre as fases gasosa e líquida; tal empacotamento tem por função aumentar o tempo de residência das fases; nesta operação ocorrem fenômenos meramente de *absorção* física para a remoção preferencial de HCl, gerando uma solução com 16% a 20% de HCl livre (160-180 g/litro), ou seja, o *ácido regenerado*, que escoa pela parte inferior e é encaminhado para o tanque de estocagem e depois à decapagem; observa-se que uma pequena fração do ferro total presente no ácido usado proveniente das decapagens (em torno de 3% a 4%) retorna ao processo no ácido regenerado;

n) os gases não absorvidos são removidos pela ação de um *exaustor* (ventilador) ou um *venturi* localizado na saída da coluna de absorção e são enviados a um segundo *separador* (lavador de gás). Água é aspergida no fluxo de gás no interior do lavador para a remoção de traços de HCl remanescentes; o gás é encaminhado ao venturi alcalino, onde passa por um banho de solução de água e soda cáustica para neutralizá-lo antes de ele ser lançado para a atmosfera por um exaustor e uma *chaminé*;

o) a água usada no lavador é encaminhada à coluna de absorção;

p) em algumas instalações, o exaustor está localizado depois do lavador de gás e pode ser utilizado um separador de gotas, instalado na frente do exaustor;

q) é importante salientar que uma pequena pressão negativa (vácuo) é mantida em toda a unidade, inclusive no forno, de modo a favorecer a remoção de HCl gasoso presente no forno, bem como evitar o escape de HCl para a atmosfera durante a passagem pelas tubulações da unidade.

Figura 2.25 – Exemplo de uma planta de regeneração de ácido da decapagem pelo processo piro-hidrólise (Usiminas-Ipatinga).

Os produtos principais dessa rota de tratamento são: Fe_2O_3 sólido, que pode ser comercializado para ser usado como matéria-prima para produtos sinterizados, abrasivos, lajotas e pigmentos, ou ser aproveitado na unidade de sinterização ou de briquetagem de uma usina siderúrgica, ou mesmo em fornos elétricos a arco. A quantidade de Fe_2O_3 gerado depende da concentração de ferro presente no ácido usado alimentado. O HCl é reutilizado no processo de decapagem.

De acordo com o modelo de formação do óxido de ferro proposto por Itoh *et al.* (1976), mostrado esquematicamente na Figura 2.26, pode-se compreender melhor o fenômeno de formação das partículas de Fe_2O_3 no interior do forno por *spray*. No início, o efluente que sai dos bicos sob a forma de pequenas gotas entra em contato direto com o gás de combustão, em temperatura elevada, dando início ao processo de evaporação da água a partir da superfície da gota.

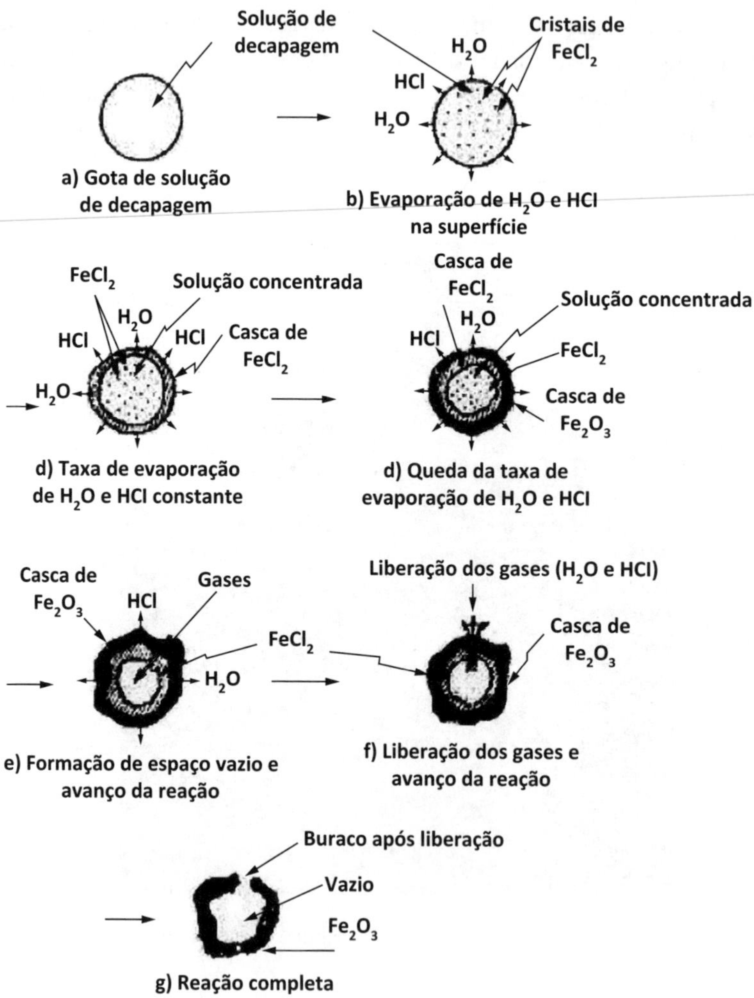

Figura 2.26 – Modelo de formação do óxido de ferro no forno *spray*.

Fonte: Itoh *et al.* (1976).

Em função dessa evaporação, ocorre a concentração do ácido clorídrico e do cloreto ferroso ($FeCl_2$). Como resultado, tem-se o aumento na viscosidade e na resistência superficial do efluente que forma as gotas, tornando-as esféricas. O cloreto ferroso começa a se cristalizar dentro da gota e, finalmente, em função da evaporação da água e do ácido, forma-se um filme (casca) de grãos cristalinos de cloreto ferroso na superfície.

Dada a contínua evaporação da água e do HCl, tem-se um aumento na pressão interna das partículas, que expulsa o vapor d'água e o ácido clorídrico remanescente, rompendo a casca e deixando furos na superfície do material particulado. Por fim, o restante do cloreto ferroso também se decompõe, formando o óxido de ferro, completando o processo de produção de Fe_2O_3 sólido e HCl gasoso (ITOH *et al.*, 1976). Tem-se, portanto, que o processo envolve efeitos cinéticos e de transferência de massa combinados. Com isso, a granulometria do óxido produzido no forno depende de condições de operação do equipamento como tempo de residência (velocidade relativa das fases), relação de alimentação, concentração, temperatura, pressão etc., que naturalmente afetam de forma significativa a cinética de nucleação do óxido de ferro produzido.

A utilização do óxido de ferro gerado no processo depende da sua granulometria e do teor de contaminantes, principalmente em relação à presença de cloretos, que impedem, dependendo do seu percentual, a utilização deste material na sinterização. A intensidade da presença de cloretos no óxido de ferro obtido está relacionada com parâmetros operacionais do processo, principalmente a temperatura do forno e a vazão de alimentação do ácido gasto (FERREIRA, 2009). O controle do teor de MnO e de SiO_2 também é importante, sendo que a presença desses compostos está relacionada ao tipo de aço decapado. A umidade é outro quesito controlado. A granulometria do óxido produzido no forno depende de condições de operação do equipamento como tempo de residência, concentração, temperatura, pressão etc., que naturalmente afetam de forma significativa a cinética de nucleação do óxido de ferro produzido. Se a pureza do óxido de ferro for muito elevada, este pode ser utilizado em eletrônica, na fabricação ferrites.

Se a instalação de regeneração for do tipo *leito fluidizado* (método Lurgi), o óxido de ferro é sinterizado em altas temperaturas. A vantagem desse tipo de reator é que o leito fluidizado permite uma grande área de contato entre o gás e as partículas sólidas de óxido de ferro, o que viabiliza uma alta velocidade de reação e maior eficiência térmica do processo. Outra vantagem consiste no fato de que o produto da reação, o óxido de ferro, é produzido em um formato que pode ser facilmente manuseado e estocado. Ele é basicamente composto de esferas e partículas livres e com dimensão de 0,2 μm a 2 mm, com uma densidade a granel de 3,5 t/m^3, enquanto, no processo com forno tipo *spray*, as partículas têm dimensão de 0,2 μm a 2 mm, com uma densidade a granel de 0,3-0,4 t/m^3. A unidade de regeneração consiste em um reator com leito fluidizado, um pré-evaporador e um absorvedor em coluna. Em termos operacionais, as diferenças básicas entre o processo com leito fluidizado e o processo de pirólise em forno *spray* são:

i) no pré-evaporador (venturi), os gases e as fases líquidas são separados; uma parte do líquido concentrado é introduzido no reator de leito fluidizada, e outra parte é recirculada no tubo de venturi para aumentar a massa e as trocas de calor; a solução ácida gasta tem sua densidade previamente ajustada ao valor desejado (1,45 a 1,50) por adição de água no separador antes de sua injeção no reator;

ii) no leito fluidizado de óxido de ferro granulado no interior do reator, ocorre a conversão do resíduo ácido pré-concentrado em gás clorídrico e pó de óxido de ferro; isso ocorre com a evaporação do ácido residual e da água a 850 °C e a reação do cloreto de ferro (reação de pirólise apresentada anteriormente); a formação e o crescimento dos grãos de óxido são controlados de modo tal a se obter um material com tamanho entre 1 e 2 mm; o óxido de ferro é removido da base do reator por um mecanismo mecânico de descarte; o calor é fornecido ao reator por meio da combustão de gás natural;

iii) ainda no reator, o cloreto de hidrogênio passa para o estado gasoso e flui através do venturi, e segue para um sistema com coluna de absorção semelhante ao processo de pirólise para obtenção do ácido clorídrico na fase líquida (com concentração em torno de 180 g/l) e para tratamento dos gases remanescentes, que são liberados para a atmosfera sem contaminantes.

Também pode ser realizada a regeneração do ácido sulfúrico, porém, o processo apresenta menor eficiência. Nesse caso, os banhos de decapagem funcionam com um processo de regeneração parcial, que consiste em precipitar o ferro sob a forma de sulfato hepta-hidratado ($FeSO_4{\cdot}7H_2O$), por esfriamento e cristalização da solução, devido a sua fraca solubilidade. Se, ao invés de resfriada, a solução for aquecida, ocorre a formação de sulfato mono-hidratado ($FeSO_4{\cdot}H_2O$). O sulfato de ferro, como coproduto da regeneração, pode ser utilizado na agricultura, mas, atualmente, essa aplicação está quase abandonada.

Observa-se que a instalação de uma unidade de regeneração do ácido não dispensa a construção de uma *estação de tratamento de efluentes* para realização do tratamento das águas ácidas geradas no processo de decapagem e regeneração. Nessa estação de tratamento, a água é neutralizada com hidróxido de sódio (NaOH), com um pH em torno de 7, e posteriormente descartada para o meio ambiente ou, mais comumente hoje, é reutilizada na empresa. Recomenda-se a leitura do documento: *Ministério do Meio Ambiente e Centro de Tecnologias Limpas – SENAI – Guia de gestão de resíduos em tratamento de superfície: etapa de decapagem ácida, Projeto Programa Piloto para a Minimização dos Impactos Gerados por Resíduos Perigosos* (Ministério do Meio Ambiente, 2006) para maiores informações sobre os riscos ocupacionais e os métodos de prevenção e controle do ambiente de trabalho e no tratamento de efluentes/resíduos do processo de decapagem.

No caso da decapagem de aços inoxidáveis que empregam mistura de ácidos nítrico e fluorídrico, embora possa ser obtido um bom estado da superfície final, esse método apresenta graves inconvenientes ligados aos produtos de decomposição do ácido nítrico: poluições atmosféricas por produção de NO_x (NO e NO_2) e aquosa, por nitratos e nitretos. Para contornar esses problemas, novas fórmulas foram desenvolvidas e tendem a substituir o ácido nítrico por um composto menos tóxico, o peróxido de hidrogênio (H_2O_2). Esse método permite eliminar a poluição atmosférica e aquosa, inerente ao emprego do ácido nítrico, e consequentemente melhorar as condições de trabalho nas linhas de decapagem, assegurando ao mesmo tempo uma qualidade final do produto comparável à obtida com o método que emprega mistura de ácidos nítrico e fluorídrico (WÉRY, 2001b).

CAPÍTULO 3
Laminação a frio

3.1 INTRODUÇÃO

No Capítulo 1, foram apresentadas as vantagens do processo de laminação a frio em relação ao processo de laminação a quente. Considerando, essas vantagens e as particularidades do processo de laminação a frio dos aços, podem ser enumerados, para fins didáticos, os principais objetivos do processo de laminação a frio de produtos planos:[1]

- obtenção de espessuras reduzidas e com precisão dimensional que não podem ser atingidas com o processo de laminação a quente, com uma melhor regularidade ao longo da largura e comprimento da bobina;
- obtenção da planicidade desejada para a chapa ou folha para não prejudicar a aplicação posterior, principalmente quando estão envolvidas operações de corte, estampagem profunda, dobramento e soldagem; é importante que se mantenha uniforme ao longo do comprimento da bobina;
- obtenção do perfil transversal ideal objetivado, próximo ao retangular; industrialmente, a estratégia consiste na obtenção de um perfil ligeiramente côncavo na laminação a quente e no trabalho deste na laminação a frio para se obter o perfil almejado; normalmente, objetiva-se uma mínima variação de espessura;

1 O processo de laminação a frio também pode ser utilizado para a produção de arames e tubos.

- obtenção de uma qualidade de superfície adequada para as aplicações posteriores, inclusive para receber revestimentos metálicos ou orgânicos, que seja estética em aplicações do tipo superfície exposta, que seja conveniente para aprisionamento de lubrificantes em operações de laminação a frio ou estampagem e que apresente uma aspereza tal que não provoque o colamento entre espiras nos processos de recozimento; além do controle da aspereza ou rugosidade, a qualidade de superfície também envolve o controle da presença de defeitos superficiais nas chapas e folhas laminadas;
- obtenção das propriedades mecânicas adequadas para as aplicações posteriores, com possibilidade de controle mais preciso de propriedades do que no processo de laminação a quente;
- obtenção da textura cristalográfica adequada para as aplicações posteriores;
- obtenção de produtos laminados a frio sem a presença de defeitos que prejudiquem a utilização do material nas etapas posteriores.

A espessura mínima que pode ser atingida em um determinado processo de laminação depende de uma série de fatores. Dentre os aspectos operacionais, podem ser destacadas as condições relacionadas com o deslocamento do esboço sobre mesa de rolos. Por exemplo, quanto mais fino o esboço, menor a sua resistência e maior sua tendência de dobramento ao entrar em contato com algum obstáculo, como guardas laterais, rolos-guia na entrada de bobinadeiras etc. Esse fato é agravado devido à necessidade de aumento da velocidade de laminação no caso de chapas muito finas, para manter a continuidade de vazão ao longo de um trem contínuo de acabamento.

Outro aspecto é o fato de que o atrito reduz o fluxo do material próximo à superfície de contato entre o cilindro e o esboço (efeito semelhante ao provocado pela deformação na forma de barril de uma peça cilíndrica em processo de forjamento). Nesse caso, quanto mais fina a chapa, menos material livre para se "deslocar". Cilindros de menor diâmetro reduzem a colina de atrito, diminuindo a restrição ao fluxo de material ao longo da espessura da chapa. A redução do coeficiente de atrito atua no mesmo sentido. Se o material do cilindro de laminação apresentar uma baixa resistência à deformação elástica (medida pela constante elástica – c), ocorre um "achatamento" do cilindro no arco de contato e nenhuma deformação na chapa. Os efeitos desses fatores podem ser analisados por meio da seguinte Equação empírica:

$$h_{mínima} \propto c\mu R\sigma_{esc} \tag{3.1}$$

Onde:

$h_{mínina}$= espessura mínima que pode ser laminada;

σ_{esc} = tensão de escoamento do material da chapa;

c = constante elástica do cilindro de laminação;

μ = coeficiente de atrito entre o cilindro e a chapa;

R = raio do cilindro de laminação;

$\propto$ = símbolo de proporcionalidade.

Como exemplo, uma Equação apresentada por Stones (1953) é:

$$h_{mínima} = \frac{1,79 \cdot \mu \cdot R \cdot (\sigma_c - \sigma_1)}{E} \tag{3.2}$$

Onde:

σ_c = tensão de necessária para deformar a chapa sob compressão (1,155 · σ_{esc});

σ_1 = tensão longitudinal aplicada à chapa na entrada do arco de contato;

E = módulo de elasticidade do cilindro de laminação.

Outras equações também foram apresentadas com o mesmo objetivo: Tong e Sachs (1959); Ford e Alexander (1960). Entretanto, considera-se atualmente que a espessura mínima que pode ser laminada é, na realidade, limitada pelas condições do processo industrial, pois, em alguns casos, podem ser obtidas espessuras abaixo do mínimo previsto pelas equações por meio do emprego de simulações em equipamentos laboratoriais (LENARD, 2007).

Normalmente, a espessura mínima que se pode alcançar em um laminador contínuo de tiras a quente é da ordem de 1,5 mm (0,8 a 1,0 mm em recém-lançados trens de bobinas a quente). Portanto, as *chapas finas* com espessura inferior a 1,0 mm e também as *folhas* só podem ser obtidas por laminação a frio. Outras considerações sobre o efeito do atrito na obtenção de uma espessura mínima serão feitas no Capítulo 4.

Apesar das suas limitações, a Equação (3.1) permite visualizar as principais características do processo de laminação a frio, a saber:

- a utilização de lubrificação para redução do coeficiente de atrito, permitindo a obtenção de um excelente acabamento superficial, o que é exigido para aplicação nas peças normalmente estampadas em uma etapa posterior, também permitindo atingir reduzidas espessuras para os produtos planos laminados (chapas finas e folhas);
- a utilização de cilindros de trabalho de pequeno diâmetro e que devem ser suportados por outros cilindros para reduzir ao máximo a flexão dos primeiros (laminadores agrupados ou quádruos);
- a utilização de cilindros de trabalho fabricados em materiais de elevado módulo de elasticidade;
- a utilização de tensão à frente e a ré para produzir uma redução adicional na espessura da chapa.

No processo de laminação a frio, para promover a redução de espessura da chapa, emprega-se a pressão dos cilindros e a tensão entre as cadeiras. Não se usa exclusivamente a pressão dos cilindros porque haveria deformação destes no caso de grandes reduções e, em consequência, irregularidades de bitola no sentido transversal. A tensão apenas não poderia fazer a redução total porque a chapa se romperia durante o estiramento exigido para se atingir a bitola desejada.

A chapa, no instante em que entra em contato com o cilindro de trabalho, desloca-se a uma velocidade menor que a da superfície deste, mas, durante a redução, a velocidade vai aumentando e, finalmente, deixa o cilindro com deslocamento aproximadamente igual à periferia do cilindro. Essa diferença de velocidade entre a chapa e a superfície do cilindro, durante sua passagem através do laminador, ocorre enquanto ela está sendo submetida a uma pressão elevada. O movimento relativo entre a chapa e a periferia do cilindro é possibilitado pela lubrificação; no caso de haver deficiência de lubrificante, a superfície da chapa ou folha é rasgada; se houver excesso dele, os cilindros escorregam, e não se pode reduzir corretamente o material.

Os detalhes construtivos relativos às cadeiras de laminação e seus componentes (cilindros, quadros, mancais etc.), assim como os aspectos metalúrgicos do processo de laminação a frio, principalmente os fenômenos de encruamento e amaciamento (recuperação e recristalização), são apresentados em Rizzo (2007). Vale recordar a definição de processo de *laminação a frio*: processo no qual as operações de conformação são efetuadas em uma temperatura tal que, após certa deformação, não existe um equilíbrio entre as velocidades de endurecimento (encruamento) e de amaciamento (recuperação e/ou recristalização). Dessa forma, o efeito do encruamento se acumula, e a deformação ocorre com uma tensão de escoamento crescente, se a velocidade de deformação for suficientemente baixa. Ressalta-se que não é a temperatura ou o tipo de fase presente que determina se o processo de laminação do aço é considerado a frio ou a quente, e sim a ocorrência ou não dos fenômenos que promovem o amaciamento do aço (recuperação e recristalização). Via de regra, os processos de laminação a frio são realizados à temperatura ambiente.

Observa-se que a realização do processo de deformação plástica promove um aquecimento do aço devido ao atrito entre cilindro e chapa e devido ao próprio trabalho de deformação plástica (deslizamento de planos cristalinos), o qual é evitado pelo emprego de lubrificante, que atua também como refrigerante no processo. Se não fossem utilizados os lubrificantes/refrigerantes, a temperatura da chapa poderia atingir valores de 75 °C a 240 °C (HENSEL; POLUCHIN; POLUCHIN, 1990). Isso é necessário para evitar que o aquecimento da chapa comprometa o acabamento superficial e a microestrutura do aço, a qual, se alterada, poderia promover modificações indesejadas das propriedades do produto laminado. Outras propriedades podem ser alteradas devido ao aumento da difusão atômica, associada com o possível aquecimento da chapa metálica. Além disso, a utilização de lubrificação na interface esboço/cilindro permite reduzir a carga de laminação, a flexão ou momento imposto aos cilindros, o desgaste dos cilindros e a melhoria do acabamento superficial do produto laminado a frio.

Na deformação a frio, o material endurece por encruamento durante a deformação. Basicamente, o encruamento ocorre em um material cristalino, porque esses materiais se deformam plasticamente pelo movimento das discordâncias, e estas interagem diretamente entre si e com campos de tensões internos de várias imperfeições (vazios) e obstáculos (contornos de grão, partículas de segunda-fase etc.). Essas interações resultam na redução da mobilidade média das discordâncias, o que é acompanhado pela necessidade de maior tensão para a realização do movimento das discordâncias para uma dada deformação plástica. Os conceitos básicos para a compreensão desse fenômeno são apresentados em Rizzo (2007).

Na laminação a frio, o material é submetido a tensões compressivas altas, resultantes da ação de prensamento dos cilindros, a tensões cisalhantes superficiais e a tensões de tração, no caso de laminação com tração avante e a ré, que, junto com as forças de fricção, são responsáveis pelo ato de deslocar o metal através do laminador. Devido às elevadas tensões de compressão e às restrições geométricas e de arrastamento, raramente se conseguem as dimensões finais desejadas em única etapa de laminação.

Assim, a obtenção de uma determinada espessura final para o produto laminado a frio implica, normalmente, a realização do processo de laminação em vários passes, a fim de se dividir a deformação total necessária em vários passes com deformações menores. Isso é necessário para não superar a capacidade de aplicação da força em cada cadeira (carga de laminação), não provocar a ruptura do material sendo laminado e não promover variações de forma e perfil indesejáveis na chapa. Como o processo é realizado a frio, os mecanismos de recuperação e recristalização dinâmicos (concomitante com a aplicação da deformação plástica) e estáticos (logo após a aplicação da deformação) não estão presentes (situação típica na laminação de aços). Assim, não é necessária a consideração do tempo entre passes na determinação da escala de passes no processo de laminação a frio. Esse fenômeno é significativo na laminação a quente porque existe a possibilidade de recuperação de ductilidade para o aço, associado com os mecanismos de amaciamento.

Portanto, na laminação a frio, o percentual de deformação em cada passe de laminação é determinado por uma série de fatores, dentre os quais se destacam a ductilidade do material em processo de laminação e a espessura final desejada em relação à espessura inicial da matéria-prima. A redução dessa ductilidade implica a necessidade de se intercalarem operações de recozimento para se promoverem os fenômenos de amaciamento do aço. Ajustes nas propriedades mecânicas e no perfil e planicidade do produto laminação podem ser obtidos nas operações de laminação de acabamento (laminação de encruamento ou *skin pass*), que serão detalhadas no Capítulo 5 deste livro.

Para fins de estudo, é interessante apresentar as principais diferenças entre o processo de laminação a frio e de laminação a quente de aços, o que é feito na Tabela 3.1.

Tabela 3.1 – Comparação entre os processos de laminação a quente e laminação a frio

Característica	Laminação a quente	Laminação a frio
Espessura e precisão dimensional e de forma	• Obtenção de espessuras maiores (até 0,8 mm em algumas usinas) com menor custo.	• Obtenção de espessuras mais reduzidas, com maior precisão dimensional, planicidade e perfil transversal com melhor regularidade ao longo da largura e comprimento da bobina.
Coeficiente de atrito	• Deve ser alto para permitir o agarramento do esboço pelos cilindros.	• Deve ser baixo para permitir a obtenção de um bom acabamento superficial.
Grau de encruamento do produto	• Se a operação for finalizada acima da temperatura de recristalização e se a velocidade de processamento for adequada, o material não apresenta encruamento após a aplicação da redução, ou seja, o produto gerado apresenta um grau de encruamento residual muito baixo ou inexistente.	• O material apresentará encruamento, cuja intensidade dependerá do grau de deformação aplicado e da susceptibilidade do material ao encruamento. Em muitos casos, é necessária a realização de tratamentos térmicos para eliminação do encruamento residual.
Aplicação de tensões à frente e à ré	• Neste caso, a deformação ocorre devido à compressão do esboço entre os cilindros, não sendo fundamental a aplicação de tensões.	• É necessária, pois, neste processo, a deformação ocorre mais devido ao estiramento (tracionamento) da chapa de aço do que por compressão desta entre os cilindros.
Superfície	• A inevitável formação de uma carepa dura e quebradiça provoca um desgaste dos ferramentais (cilindros, guardas etc.), aumentando o consumo destes e prejudicando o acabamento superficial. A rugosidade superficial é maior, prejudicando o acabamento.	• A utilização de lubrificação permite reduzir o desgaste dos ferramentais e promove a obtenção de uma melhor qualidade de superfície. A rugosidade superficial é menor, beneficiando o acabamento. É possível a introdução de um determinado padrão de rugosidade superficial adequado a determinadas aplicações (pintura, revestimentos químicos etc.).

(*continua*)

Tabela 3.1 – Comparação entre os processos de laminação a quente e laminação a frio (*continuação*)

Característica	Laminação a quente	Laminação a frio
Utilização de lubrificação e refrigeração	• Não é recomendável a adição de lubrificantes no trem de desbaste, para não se reduzir o coeficiente de atrito, dificultando o agarramento. No trem acabador, a lubrificação pode ser empregada para reduzir a carga de laminação e melhorar o acabamento superficial. Para evitar patinação, o lubrificante deve ser adicionado logo após o agarramento do esboço pelos cilindros, e interrompido um pouco antes da saída do esboço do passe. A refrigeração dos cilindros com água é fundamental para evitar o superaquecimento deles e a perda dos tratamentos térmicos. Além disso, ajuda na remoção de partículas das interfaces esboço/cilindro.	• É de fundamental importância a correta aplicação de lubrificantes para melhorar o acabamento superficial, remover partículas que poderiam arranhar a superfície da chapa, reduzir a tensão necessária para deslocar o material através dos cilindros, evitar o aquecimento da chapa ou folha (impedindo a sua recristalização) e evitar a oxidação da superfície.
Processo	• O tempo de utilização dos ferramentais (cilindros, guardas etc.) é menor devido ao maior atrito e desgaste por causa dos ciclos térmicos impostos. • A carga de deformação é menor para uma mesma taxa de deformação, devido à maior formabilidade do aço, permitindo a redução do número de passes de laminação. • Alto custo para implantação e operação de instalações de aquecimento da matéria-prima.	• O tempo de utilização dos ferramentais é maior devido ao seu menor desgaste.
Propriedades do produto	• A estrutura e as propriedades dos produtos são melhoradas em relação à matéria-prima lingotada, mas o controle de textura cristalográfica é mais difícil.	• Maior controle das propriedades físicas e mecânicas do produto laminado. O controle do endurecimento ou resistência mecânica do produto é mais preciso.

A sequência de operações para fabricação de chapas finas a frio e de folhas é, em linhas gerais, a seguinte (Figura 3.1):

1) decapagem;
2) laminação a frio do material previamente laminado a quente (laminação de desbaste);

3) recozimento;
4) laminação de acabamento;
5) corte, inspeção e embalagem.

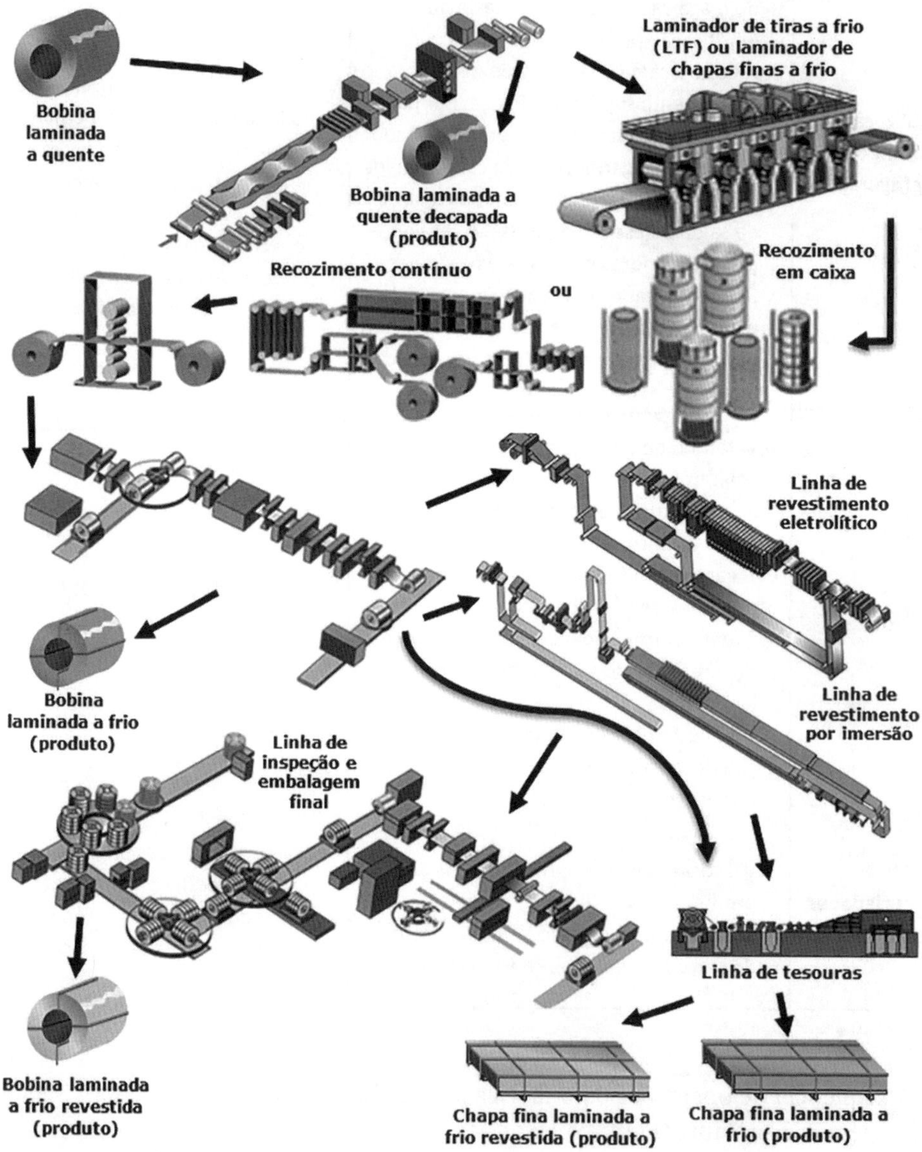

Figura 3.1 – Fluxograma de produção de uma unidade de laminação a frio de aços-carbono e linhas de acabamento e tratamentos térmicos (as linhas de decapagem e laminação a frio podem ser acopladas).

Normalmente, não é realizado nenhum aquecimento da matéria-prima antes da laminação a frio, com exceção do aquecimento sofrido pela chapa na etapa de decapagem. Entretanto, alguns aços podem exigir a realização da etapa de recozimento antes da decapagem e da laminação a frio. Como exemplos de tipos de aços inclusos nessa categoria podem ser citados os aços-ferramenta, aços-mola e alguns tipos de aços ligados (aços inoxidáveis e aços ao silício são casos típicos).

A redução total atingida pela laminação a frio geralmente varia de 50% a 90%. Quando se estabelece o grau de redução em cada cadeira ou passe de laminação, deseja-se uma distribuição uniforme e aderente ao modelo de laminação utilizado na automação do processo. Normalmente, a porcentagem de redução menor é feita nas últimas cadeiras para permitir um melhor controle do aplainamento e acabamento superficial.

De maneira geral, no processo de laminação de laminação de produtos planos, a matéria-prima são bobinas de chapas[2] de aço, ou seja, uma capa enrolada. Essa matéria-prima é recebida na forma de uma bobina que pode ser formada por mais de uma bobina no processo anterior de decapagem, por exemplo, por bobinas A e B unidas por solda. Porém, o produto resultante do processo de laminação, que é a conformação mecânica para redução da espessura da seção transversal, retirado na saída e enrolado pelo mandril da enroladeira ou bobinadeira, é chamado de rolo em algumas empresas. Outrossim, o material que está sendo desenrolado de uma bobina para que seja encaixado nas linhas de processo posteriormente processado no laminador é chamado de chapa.

3.2 ETAPA DE LAMINAÇÃO A FRIO

Em alguns informativos ou publicações sobre o processo de laminação a frio dos aços, é comum a utilização dos termos *laminação de desbaste* (*reduction mill*), para a etapa de laminação a frio, visando principalmente à redução da espessura do material laminado a quente; e *laminação de acabamento* (*temper mill* ou *skin-passing mill*) para a etapa de laminação de encruamento. Também são empregados os termos *sheet mill ou tin mill* para a etapa de laminação de desbaste, que processa as bobinas laminadas a quente em função do produto gerado: chapas finas (*sheet*) ou folhas que serão revestidas com estanho (*tin*).

A necessidade de realizar a redução mais intensa da espessura das folhas finas para produção de folhas a serem revestidas com estanho suscitou o aparecimento do processo de laminação de desbaste secundária (*secondary cold rolling mill*), em torno do ano de 1960. Esse processo é conhecido no Brasil como *laminação de dupla redução,* pelo fato de envolver a etapa de laminação de desbaste a frio inicial (com redução de

[2] Na linguagem interna das usinas, utiliza-se o termo *tira* em vez de *chapa*, mas isso não corresponde ao que é especificado pela norma técnica ABNT e cujas definições foram apresentadas no Capítulo 1 deste livro.

até 90%) e uma etapa de laminação a frio em outro equipamento (denominado de *foil mill*), com uma redução adicional de 20% a 30%, precedida por uma etapa de recozimento. Assim, a etapa inicial de laminação de desbaste a frio também é denominada de laminação de desbaste primária (*primary cold-reduction*). Em algumas publicações de destaque relativas ao assunto laminação a frio dos aços, por exemplo, no livro *Cold rolling of steel*, de autoria de William L. Roberts (1978), é comum a referência ao laminador de folhas (*foil mill*).

A laminação a frio de aços ao carbono e baixa liga normalmente é realizada a partir de bobinas a quente decapadas e oleadas, que são desenroladas, laminadas e enroladas novamente. Em geral, utilizam-se como matéria-prima chapas de 1,5 a 5,0 mm de espessura enroladas na forma de bobinas, gerando chapas e folhas com espessura de 0,02 a 4,0 mm, que podem ser cortadas longitudinalmente para produzir tiras e fitas. Em alguns casos excepcionais, opera-se com material já cortado em forma de chapas. A necessidade de aplicação de um tratamento térmico de recozimento para aços inoxidáveis e ao silício foi comentada no Capítulo 1 deste livro.

Para a efetivação da etapa de laminação de desbaste a frio de aços-carbono e aços ligados, são usados vários tipos de laminadores para a redução a frio, dentre os quais podem ser destacados, por serem os mais utilizados atualmente:

- laminadores reversíveis;
- laminadores contínuos ou tandem;
- laminadores agrupados.

Além desses equipamentos, outros foram propostos e implantados ao longo da história do desenvolvimento do processo de laminação a frio dos aços, por exemplo, o laminador Steckel a frio e o laminador trio Lauth a frio, que são descritos no Apêndice, o qual faz uma breve descrição do desenvolvimento histórico do processo de laminação dos aços.

A – LAMINADORES REVERSÍVEIS

Os *laminadores reversíveis a frio* são equipados com cadeiras quádruo (*4-high-mill* ou *4-high-stand* – Figura 3.2) ou sêxtupla (*6-high*), para chapas, e cadeiras *duo*, para laminação de tiras (*2-high-mill*). Esses laminadores também são conhecidos pelas iniciais RCM (*reversible cold mill*).

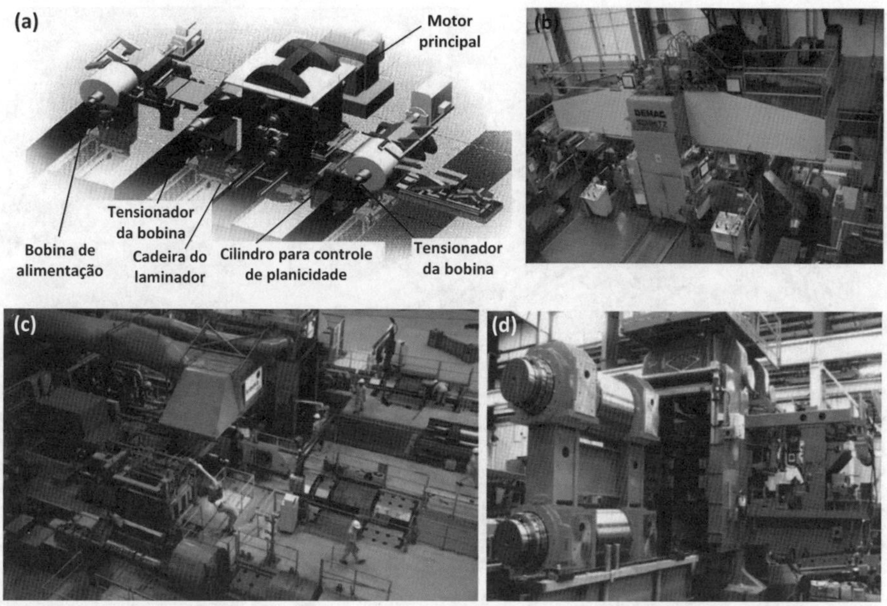

Figura 3.2 – Exemplo de configuração de uma instalação com uma cadeira reversível do tipo quádruo (*4-high*).

Fontes: a) Voest Alpine; b) Brasmetal; c) e d) Tenova.

Nesse tipo de equipamento, a bobina é colocada em um desenrolador, laminada e enrolada novamente. A cadeira sêxtupla é utilizada para laminação de aços ao silício e aços inoxidáveis. Também é aplicada na laminação de folhas de alumínio (Figura 3.3). Feito o passe em toda a extensão da bobina, inverte-se a rotação do cilindro e lamina-se em sentido contrário. Os cilindros de trabalho e as bobinadeiras são acionados por motores independentes, equipados com controle de voltagem variável, o que permite a sincronização das várias unidades. De acordo com informações de fabricantes de linhas de laminação a frio, uma única cadeira do tipo reversível é adequada para produção de até 500.000 t/ano de chapas de aço, ou mesmo 600.000 t/ano em configurações mais recentes, com elevado índice de automação. Também se pode utilizar uma concepção mais antiga, na qual se trabalha em um só sentido, caso em que se lamina uma série de bobinas, e depois as retorna para o lado de alimentação do laminador.

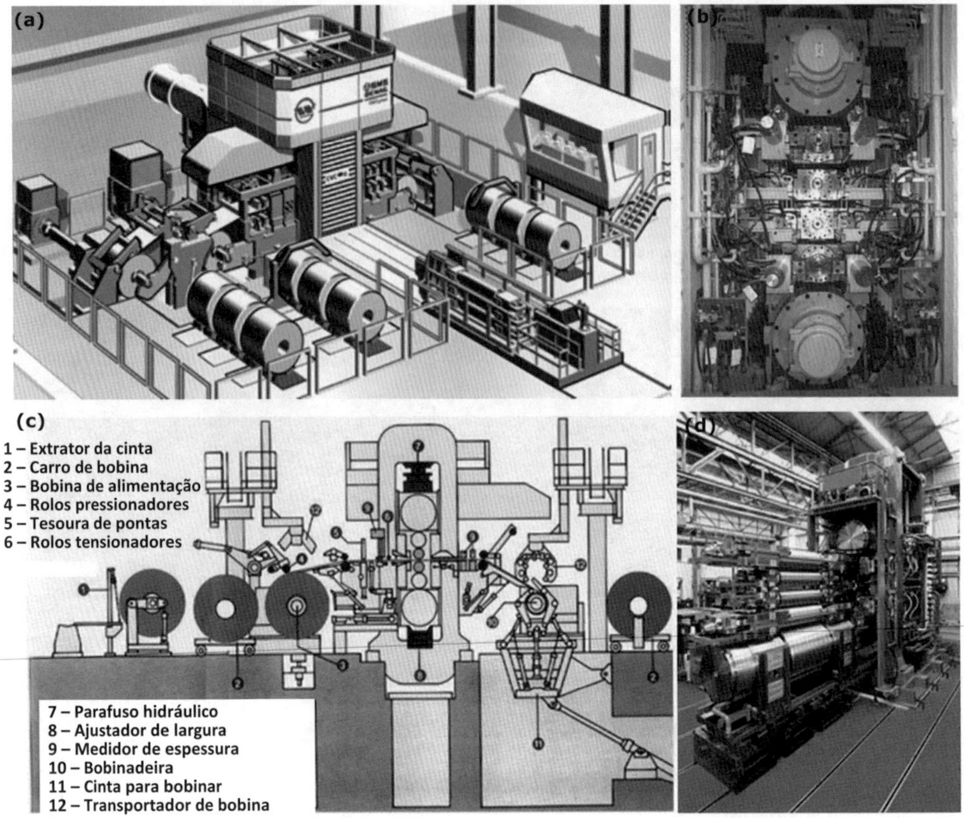

Figura 3.3 – Exemplo de configuração de uma instalação com uma cadeira reversível do tipo sêxtupla (*6-high*).

Fontes: a) SMS-Siemag; d) ANDRITZ Sundwig GmbH.

Outra possibilidade é a utilização de duas cadeiras reversíveis, o que permite um aumento de capacidade de produção de 300.000 t/ano até 1.000.000 t/ano ou mais, no caso de se produzirem bobinas de maior espessura de chapa (Figura 3.4). Esse tipo de instalação é por vezes denominado de *compact cold mill.*

Com um laminador reversível de uma só cadeira (*single-stand reversing cold mills*), o número de passes pode ser escolhido à vontade, desde que as cargas do laminador estejam nos limites do motor. Em geral, escolhe-se um número ímpar de passes para que a saída do material se faça do lado oposto ao de alimentação, facilitando o manuseio. Os laminadores reversíveis são, obviamente, mais flexíveis que os laminadores contínuos no que se refere ao tempo necessário para mudar uma ordem de produção. O espaço necessário e o custo da instalação, geralmente, são menores que para um laminador contínuo de mesma largura. Por outro lado, com um laminador reversível, todos os passes são feitos com o mesmo par de cilindros, com resultante deficiência quanto ao aspecto da superfície. A capacidade de carga de uma cadeira utilizada em um laminador reversível pode atingir valores de até 25.000 kN.

Figura 3.4 – Exemplo de uma instalação com a utilização de duas cadeiras reversíveis.

Fontes: a) e c) SMS-Siemag; b) Siemens-Vai; d) Danieli do Brasil.

Observa-se que, em todo laminador reversível, as pontas das bobinas entre a bobinadeira e os cilindros de trabalho não chegam a ser laminadas. Essas pontas mais espessas são consideradas material de segunda qualidade.

Outro aspecto importante a ser observado é em relação ao tempo gasto no manuseio da bobina, ou tempo de *setup*, em laminadores reversíveis ou mesmo contínuos. O tempo morto despendido na colocação e no posicionamento da bobina, isto é, o tempo empregado em seu manuseio, sua alimentação ou retirada do laminador, atingia há algumas décadas mais de 50% do tempo total da disponibilidade operacional. Por isso, velocidades elevadas de laminação só são econômicas para bobinas compridas, não havendo vantagem em ter-se uma velocidade de laminação elevada se o tempo de manuseio não é reduzido a um valor mínimo. A variação de bitola no produto laminado decorrente da aceleração e desaceleração do laminador pode e deve ser limitada a uma pequena extensão da chapa ou folha. Para tal, devem ser empregados elevados coeficientes de aceleração, o que implica motores superdimensionados para suportar os picos de carga resultantes.

É interessante ressaltar mais uma vez o mecanismo de deformação do material durante a laminação a frio dos aços.

A título de conhecimento sobre o desenvolvimento do processo de laminação a frio dos aços ao longo dos anos, observa-se que a cadeira de laminação do tipo Steckel foi desenvolvida pelo então estudante de engenharia Abram Peters Steckel, em

1921, na cidade de Bethlehem, Pensilvânia (Estados Unidos), que requereu patentes relativas ao equipamento em 1923 e 1924. Este foi utilizado inicialmente para laminação a frio de chapas e folhas de aço, e Abram Peters Steckel fundou uma empresa especializada no fornecimento desses materiais (Cold Metal Process Co.) e, posteriormente, na fabricação de laminadores. Uma das razões do seu sucesso foi a elevada produtividade de sua invenção, pois permitia a laminação com velocidade de 4,5 a 6 m/s, muito acima do valor vigente à época (0,7 m/s). Esse equipamento é utilizado atualmente na laminação a quente de bobinas e chapas de aço. Detalhes desse tipo de aplicação podem ser encontrados em Rizzo (2007).

O laminador Steckel é similar ao laminador reversível, com exceção do fato de que as bobinadeiras na entrada e saída são utilizadas para alimentar a chapa desenrolada através dos cilindros. O *laminador Steckel a frio* (*steckel four-high reversing cold mill*) constitui-se de uma cadeira quádrupla reversível, com cilindros de trabalho de pequeno diâmetro (50 a 127 mm) e com os de apoio, com diâmetros de seis a oito vezes o diâmetro dos cilindros de trabalho. Utilizam-se duas bobinadeiras acionadas separadamente, localizadas à frente e atrás da cadeira. Nesse equipamento, os cilindros de trabalho não eram acionados. Para início do processo, era necessário realizar o afastamento entre os cilindros de trabalho para efetuar a alimentação inicial da chapa até que esta atingisse as garras da bobinadeira.

O laminador Steckel a frio, conforme originalmente sugerido por Abram Peters Steckel, possuía cilindros de trabalho relativamente pequenos e não era acionado, sendo a tira puxada através do laminador pelas bobinadeiras. Assim, os cilindros atuavam mais como matrizes girantes, sendo que a redução de espessura era mais devida ao tracionamento da chapa entre os cilindros e a bobinadeira. O inconveniente dessa disposição era que as reduções estavam limitadas a 10% até 15%, e os cilindros de trabalho tendiam a fletir na direção da laminação. Não sendo acionados, era necessário afastá-los para enfiar a tira no laminador e prender a sua ponta na bobinadeira, perdendo-se assim um certo comprimento do material fora de bitola. Depois, os cilindros eram apertados para a redução do primeiro passe e a chapa era puxada através do laminador inteiramente pela tensão da bobinadeira.

Detalhes a respeito da construção e função dos principais componentes de uma cadeira de laminação são apresentados em Rizzo (2007). No presente texto, serão feitas apenas algumas considerações sobre os sistemas de balanceamento dos cilindros, e sobre os sistemas de posicionamento dos cilindros para ajuste da luz ou *gap* (abertura), na Seção 3.3.

Exemplos de *layouts* de instalações para laminação a frio de chapas de aço que empregam cadeiras reversíveis são apresentados na Figura 3.5: a) instalação projetada para uma capacidade anual de produção de 250.000 t (utilizando apenas uma cadeira reversível) e b) instalação projetada para 750.000 t por ano com duas cadeiras no laminador reversível.

Figura 3.5 – Exemplos de *layouts* de instalações para laminação a frio de chapas de aço que empregam a) uma ou b) duas cadeiras reversíveis.

Fonte: Danieli do Brasil.

B – LAMINADORES CONTÍNUOS

Os *laminadores contínuos* consistem de duas a seis cadeiras, normalmente do tipo quádruo, equipadas com uma desbobinadeira do lado de entrada e uma bobinadeira tensionadora do lado de saída (Figura 3.6). As cadeiras são posicionadas uma após a outra no mesmo eixo de laminação, com os cilindros girando no mesmo sentido, mas com um menor afastamento entre as cadeiras do que nos trens em série. Esses laminadores também são chamados de laminadores em *tandem*[3] (em linha ou um após o outro). Esse tipo de equipamento recebe diversas denominações em inglês: *tandem*

[3] Uma patente foi requerida em 1766, na Inglaterra, por Richard Ford, para o primeiro laminador tandem. Esse equipamento era utilizado para laminação a quente de arames (ROBERTS, 1978). Em 1790, foi erguido um laminador tandem com cadeiras quádruo próximo à cidade de Sheffield, na Inglaterra, por James Cockshutt e Richard Crawshay. Uma patente de 1798 refere-se a uma instalação de um laminador tandem para produção de chapas finas e grossas. Um laminador reversível de chapas grossas foi posto em operação em 1854 na Inglaterra. Apesar de as patentes para laminadores a quente contínuos terem sido agraciadas em 1857 para Sir Henry Bessemer e para o Dr. R. V. Leach em 1859, o primeiro laminador construído considerando-se os princípios da laminação contínua de aços foi objeto de patente de Charles While de Pontypridd, do País de Gales. Entretanto, um laminador contínuo que apresentava aparentemente maior sucesso foi patenteado e construído em 1862 por G. Bendson na cidade de Manchester, Inglaterra, para a produção de barras redondas de pequeno diâmetro (*wires*).

mill, *continuous tandem cold rolling mill* ou *multi-stand mill* ou ainda *TCM* (*tandem continuous mill*). Apesar da utilização desses termos como sinônimos, existe uma diferença entre os equipamentos.

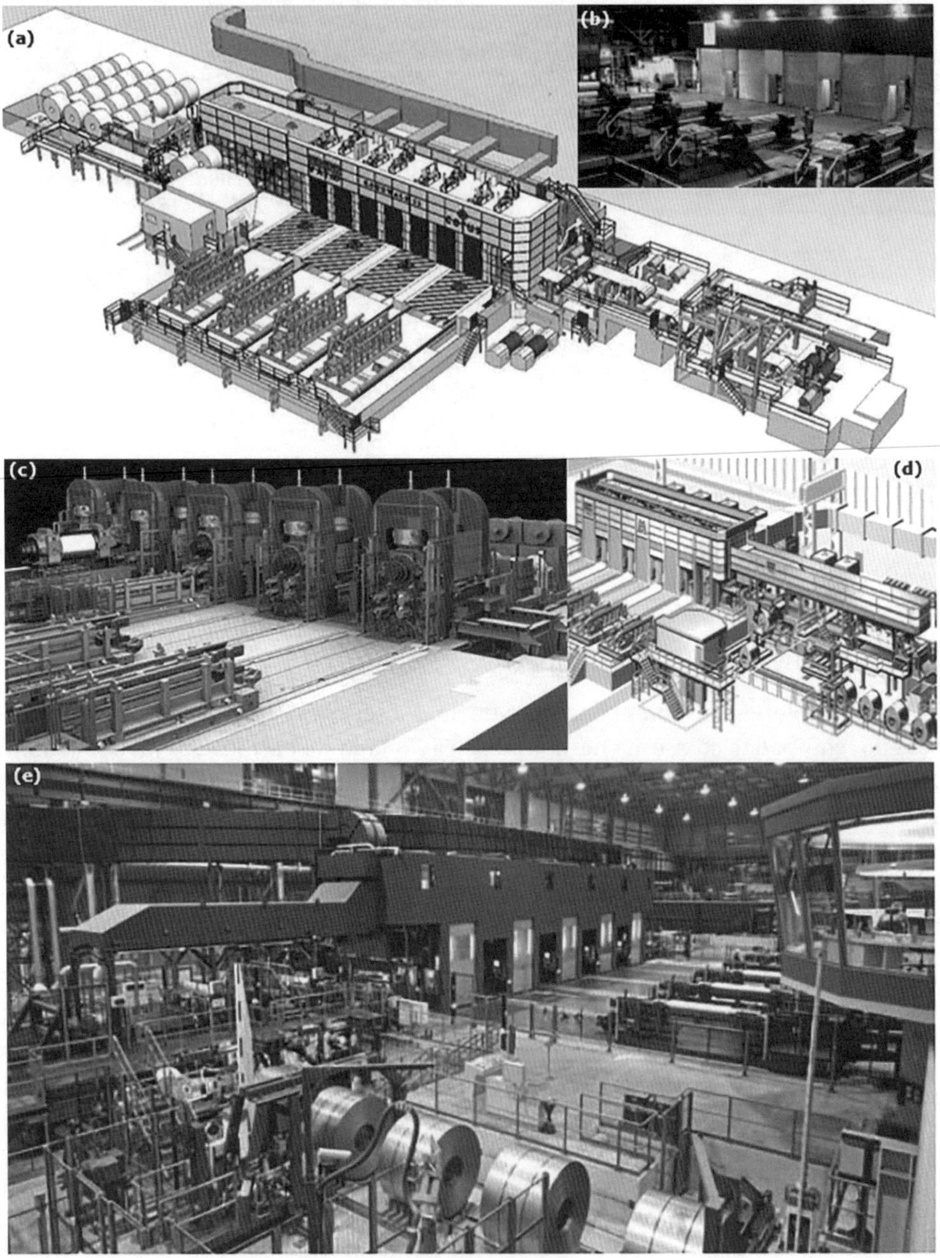

Figura 3.6 – Exemplo de configuração e imagens de instalações de laminadores a frio contínuos de chapas de aço.

Fontes: a), c) e e) Siemens-Vai; b) Danieli do Brasil; d) SMS-Siemag.

O laminador *tandem* normalmente processa bobina por bobina, ou seja, não existe a emenda entre bobinas, o que ocorre no *continuous tandem mill*, também denominado *fully continuous cold mill*. O material é trabalhado ao mesmo tempo em várias cadeiras, cuja velocidade periférica aumenta proporcionalmente para compensar a redução de seção. Nos laminadores contínuos, a perda de temperatura é baixa, e o sistema de "guiagem" é relativamente fácil, mas exige um bom controle de velocidade para evitar excessivo tracionamento ou formação de laço entre cadeiras, o que é possível com equipamentos de automação e controle do processo. Normalmente, esses trens de laminação são concebidos para terem tração avante e a ré.

Em 1926, foi posto em operação o primeiro tandem contínuo a frio na fábrica de Yorkville (Ohio, Estados Unidos) da Wheeling Steel Corporation. Esse laminador de quatro cadeiras quádruo, de largura de mesa de 914 mm (36"), era equipado com mancais de rolamentos para os cilindros, e a sua velocidade máxima era de 107 m/minuto. Essa linha de laminação produzia folhas de aço de seção de 711 × 0,25 mm a partir de bobinas laminadas a quente, de espessura de 1,52 mm, com duas passagens com recozimento intermediário. Foi necessário esperar o emprego do *sabão preto* como lubrificante de laminação para suprimir a segunda passagem de recozimento intermediário e demonstrar, de maneira conclusiva, a justificativa econômica da laminação a frio de chapas largas.

Em 1930, a utilização na Wheeling Steel do óleo de palma no seu segundo tandem (5 cadeiras de amplitude 1.219 mm (48") e de velocidade máxima 457 m/min) melhorou de maneira decisiva o método, pois permitiu as seguintes melhorias: a) supressão das vibrações; b) redução considerável do consumo de energia elétrica; e c) diminuição da temperatura até então excessiva do laminador (geradora de carepa de cilindro). Na mesma época, a pedido reiterado dos fabricantes de automóveis, na usina da Inland Steel Company (Illinois, Estados Unidos), foi instalado um tandem de três cadeiras, com mesa de 1.372 mm (54"), que permitia a produção de chapas para embutimento profundo por meio das seguintes modificações no processo: a) tratamento com jato de areia da superfície dos cilindros do laminador de encruamento (*skin-pass*), para se obter uma chapa áspera (permitindo lubrificação na estampagem de peças do tipo longarina); b) para evitar a colagem de espiras das bobinas durante o recozimento em temperaturas elevadas, um acabamento com jateamento de areia dos cilindros era utilizado na terceira gaiola do tandem. Com o sucesso desse método, o laminador foi alargado rapidamente para 1.880 mm (74").

Nesses primeiros laminadores, a instrumentação era mínima, sem contar com medidores de tração entre cadeiras ou carga aplicada, e também não dispunham de regulagem de espessura. Os laminadores contínuos a frio evoluíram progressivamente para atingir o elevado grau de instrumentação, automação e controle que temos atualmente.

A laminação contínua tem alta capacidade de produção, o que resulta em um custo de produção relativamente baixo. Entretanto, o investimento em um laminador de várias cadeiras e seu equipamento elétrico é relativamente alto; a sua produção, então, deve ser grande para poder reduzir os custos por tonelada. Assim, os laminadores contínuos são equipamentos adequados para produção acima de 500.000 t/ano, sendo normalmente aplicados em linhas especializadas na produção de aços-carbono e microligados com faixa de produção tipicamente da ordem de 600.000 a 800.000 t/ano. Com quatro a cinco cadeiras, esses equipamentos chegam a produzir 1.500.000 t/ano, ou até 2.500.000 t/ano ou mais em situações particulares (combinação de um ou mais dos seguintes fatores: maior faixa de espessura, maior largura, menor variação de tipos de aço e elevada automação do processo).

Observa-se, assim, que uma produção elevada só é obtida se as ordens de produção de um mesmo produto forem consideráveis, para reduzir o tempo perdido com as ajustagens do laminador, e houver bobinas compridas o bastante que justifiquem altas velocidades de laminação e, consequentemente, reduzam a proporção entre tempo de manuseio e tempo de operação, bem como diminuam a porcentagem de perda com a porção da bobina que não atende à especificação de bitola durante os períodos de aceleração e desaceleração do laminador. Observa-se ainda que, para que o laminador tenha flexibilidade de produção, isto é, atenda a várias espessuras de produtos com reduções variáveis, cada cadeira deve ter um acionamento separado.

A quantidade de cadeiras necessárias é influenciada pela espessura final média objetivada para o portfólio de produtos almejado pela empresa. Assim, para laminação de chapas destinadas ao mercado automobilístico, com uma espessura média maior do que as chapas e folhas destinadas ao mercado de embalagens (folhas de flandres), são utilizados menos cadeiras, em torno de três a quatro no primeiro caso e de cinco a seis no segundo caso. A largura de mesa também varia nesses dois segmentos, normalmente até 2.500 mm para a indústria automobilística e até 1.400 mm para fabricação de embalagens. A fabricação de chapas destinadas à linha branca (eletrodomésticos) normalmente se situa em uma faixa intermediária dos valores citados.

Observa-se que as cadeiras dos trens de laminação do tipo contínuo são enclausuradas com portas do tipo de enrolar (Figura 3.7), para evitar a entrada de material particulado ou outros materiais agressivos à interface cilindro/chapa em processo de laminação, reduzindo o risco de geração de defeitos superficiais nas chapas e folhas laminadas a frio. Além disso, como se utilizam óleos e outros tipos de materiais lubrificantes na citada interface, o enclausuramento facilita a captação dos fumos gerados.

Ressalta-se que a configuração *fully continuous cold mill* foi proposta pela primeira vez por Michael Sendzimir (patenteada em 1968), implantada na unidade Shunan Works da empresa japonesa Nisshin Steel, e entrou em operação em 1969. Era um trem de seis cadeiras, sendo duas cadeiras duo (a primeira e a última) e quatro cadeiras monobloco do tipo *Sendzimir 20-High cluster mill*, equipamento que será descrito posteriormente neste livro. A linha empregava acumuladores na entrada da linha antes da máquina de solda e era destinada à laminação de aços inoxidáveis partindo de bobinas de largura máxima de 1.270 mm (50"), com espessura de chapa na faixa de 1,60 a 6,50 mm, gerando bobinas com espessura de 0,30 a 4,00 mm, com velocidade máxima de laminação de 10 m/s (ROBERTS, 1978), representando um expressivo aumento de produtividade para a época.

Figura 3.7 – Exemplo de configuração e imagens de instalações de laminadores a frio contínuos de chapas de aço.

Fonte: Danieli do Brasil.

No ano de 1971, também no Japão, entrou em operação uma segunda linha de laminação do tipo *fully continuous*, desta vez na empresa Nippon Kokan, na unidade de Fukuyama Works. Nessa linha, eram utilizadas cinco cadeiras quádruo. O nível de automatização e controle dessa linha foi significativo para os padrões vigentes à época, com o emprego de computadores de processo, monitoramento por câmeras e monitores de TV e, pela primeira vez, um método dinâmico de mudança de espessura (*dynamic gage changing* ou *flying gaging*) reduzindo a perda de material fora de tolerância de espessura quando da mudança de espessura do produto a ser laminado, sem necessidade de parada da linha de produção. Essa linha era destinada à laminação de aços-carbono partindo de bobinas de largura máxima de 1.298,4 mm (51") com espessura de chapa na faixa de 1,52 a 4,57 mm e gerando bobinas com espessura de 0,15 a 1,63 mm, com velocidade máxima de laminação de 30 m/s (ROBERTS, 1978).

A redução total atingida por laminação a frio geralmente varia de 50% a 90%. Quando se estabelece o grau de redução em cada passe ou em cada cadeira de laminação, deseja-se uma distribuição tão uniforme quanto possível nos diversos passes sem haver uma queda acentuada em relação à redução máxima em cada um deles. Normalmente, a porcentagem de redução menor é feita no último passe para permitir um melhor controle do aplainamento, bitola e acabamento superficial.

Na Figura 3.8, é apresentado um exemplo real de um trem contínuo de laminação a frio de bobinas de aço baixo carbono e suas principais especificações.

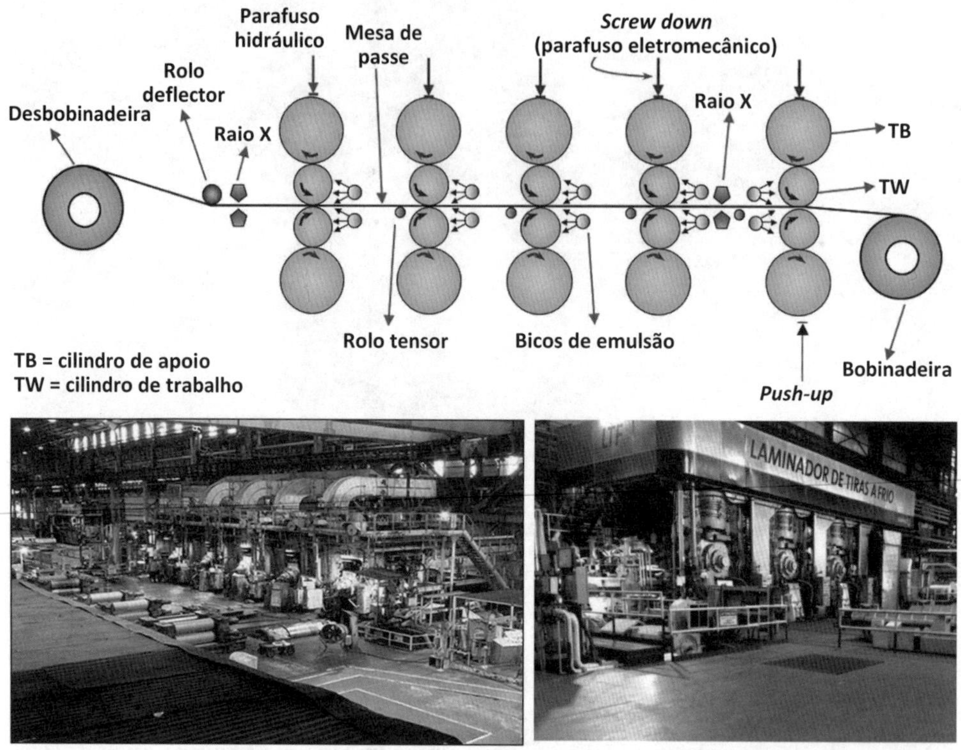

Especificações	Desbobinadeira	# 1	# 2	# 3	# 4	# 5	Bobinadeira
Nº de motores/potência total (kW) – 26.000 kW	4/500	2/3.500	4/5.000	4/5.000	4/5.000	4/5.000	4/2.000
Veloc. dos motores/veloc. básica/máx. (rpm)	250/900	150/435	220/595	220/595	220/595	220/595	220/900
Razão de red. das caixas de engrenagens	–	1:1,1404	1:1,2418	1:1,000	1,12953:1	1,3922:1	1,1751:5
Diâmetro dos cilindros de trabalho (mm)	–	520 a 584	520 a 584	520 a 584	520 a 584	520 a 584	–
Diâmetro dos cilindros de encosto (mm)	–	1.630	1.630	1.630	1.630	1.630	–
Velocidade básica veloc. máxima (mpm)	–	241/700	332/877	405/1.091	510/1.375	564/1.520	–
Ajustagem dos SSRH's: min./máx. (mpm)	–	120/700	200/879	300/1.091	400/1.375	400/1.520	–
Corrente nominal dos motores (A) (máxima)	2.280	5.200	7.360	7.360	8.000	8.000	3.080
Sistema de controle	ACR/CEMF	ASR	ASR	ASR	ASR	ASR	ACR/CEMF
Voltagem nominal dos motores (V)	220	750	750	750	750	750	2 x 375

Figura 3.8 – Exemplo real de um trem contínuo de laminação a frio de bobinas de aço baixo carbono e suas principais especificações.

O laminador contínuo é normalmente o tipo de equipamento selecionado quando se deseja acoplar as operações de decapagem com a laminação a frio visando a instalações de linhas de elevada produção com redução de tempos mortos, como já discutido no Capítulo 2. Nas Figuras 3.9 e 3.10, são apresentados exemplos de *layouts* que contemplam esse tipo de interligação, instalados a partir da década de 1980, que, em geral, resultam em um menor custo de produção, não só pela redução de tempo, mas também pela redução de descartes, e operações de corte e soldagem de bobinas e de suas atividades correlatas, além da redução de sucateamentos e dos estoques intermediários.

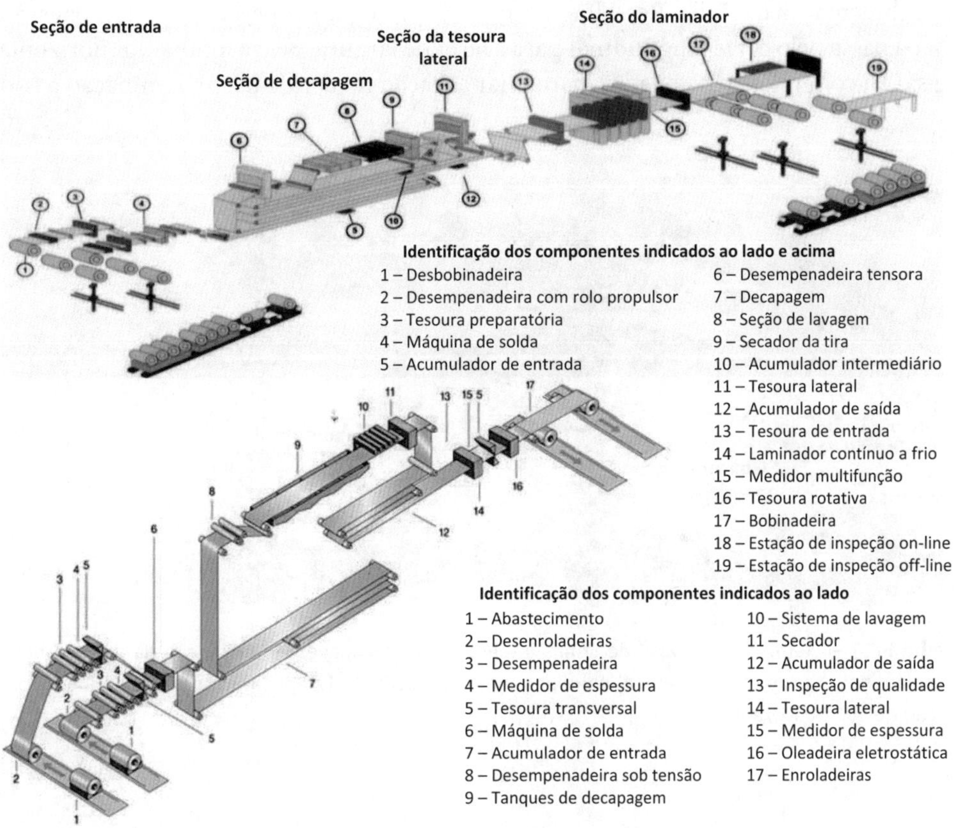

Figura 3.9 – Representação esquemática da decapagem contínua integrada com um trem contínuo de laminação a frio de tiras (bobinas), constituída de três partes: alimentação, decapagem e lavagem.

Nota-se que o *layout* pode ser dividido em quatro partes:

- seção de entrada que começa no *walking beam* de entrada e finda na saída do primeiro acumulador (acumulador de entrada);
- seção química que compreende desde a desempenadeira até a entrada do acumulador intermediário;

- seção de tesoura lateral (*side trimmer*) que inicia no acumulador intermediário e finaliza na saída do acumulador 3.
- seção do laminador (TCM) que tem seu princípio no *dancer roll* e termina no final do *walking beam* de saída.

Observa-se que as linhas podem operar de forma integrada ou não dependendo da espessura final do material a ser processado, de problemas operacionais que exijam a parada de uma das linhas ou de diferença de capacidade de produção entre as linhas. A unidade de decapagem deve possuir duas desbobinadeiras para assegurar uma contínua alimentação da linha. Ressalta-se ainda que, após passar pela área de decapagem, a chapa passa pelo corte longitudinal para acerto de largura, pelo acumulador horizontal de saída, com rolete tensionador, para criar a tração requerida para a laminação a frio.

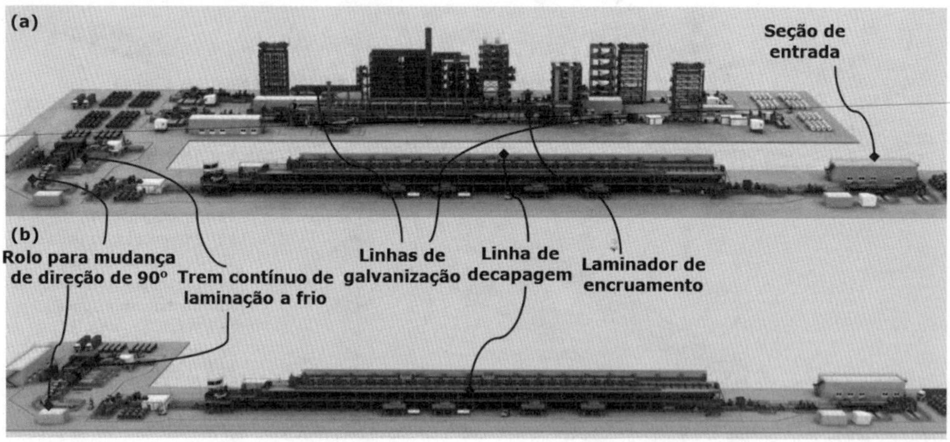

Figura 3.10 – Exemplos de *layout* de linhas integradas de decapagem e laminação de aços-carbono. Com laminadores do tipo tandem: a) linha para uma produção de 1,6 Mt/ano; e b) linha para uma produção de até 2,0 Mt/ano.

Fonte: Danieli do Brasil.

Na comparação entre os processos de laminação a quente e a frio, foi mencionado que, neste último processo, a deformação ocorre mais devido ao estiramento (tracionamento) da chapa de aço do que por compressão dela entre os cilindros. Em um trem de várias cadeiras, a chapa é enfiada entre os cilindros a velocidades relativamente baixas e, em seguida, é introduzida na bobinadeira. A tensão é aplicada entre as cadeiras (e entre a última e a bobinadeira) e mantida durante o tempo em que o laminador é acelerado até a velocidade de trabalho. A desaceleração no final da bobina é feita também procurando-se manter constante a tensão entre as cadeiras.

Com o aumento da velocidade de saída, os mais recentes laminadores para folhas trabalham acima de 2.100 m/min, o que implica a necessidade de se operar com bobinas cada vez maiores, senão o laminador estaria constantemente acelerando e desacelerando. Esse problema foi resolvido soldando-se várias bobinas em uma só durante a decapagem contínua. Esse tipo de linha permite obter bobinas de 35 t ou mais.

Na Figura 3.11, é apresentado um exemplo real de um trem contínuo de laminação a frio de bobinas de aço baixo carbono integrado com uma linha de decapagem (PL-TCM) e suas principais especificações.

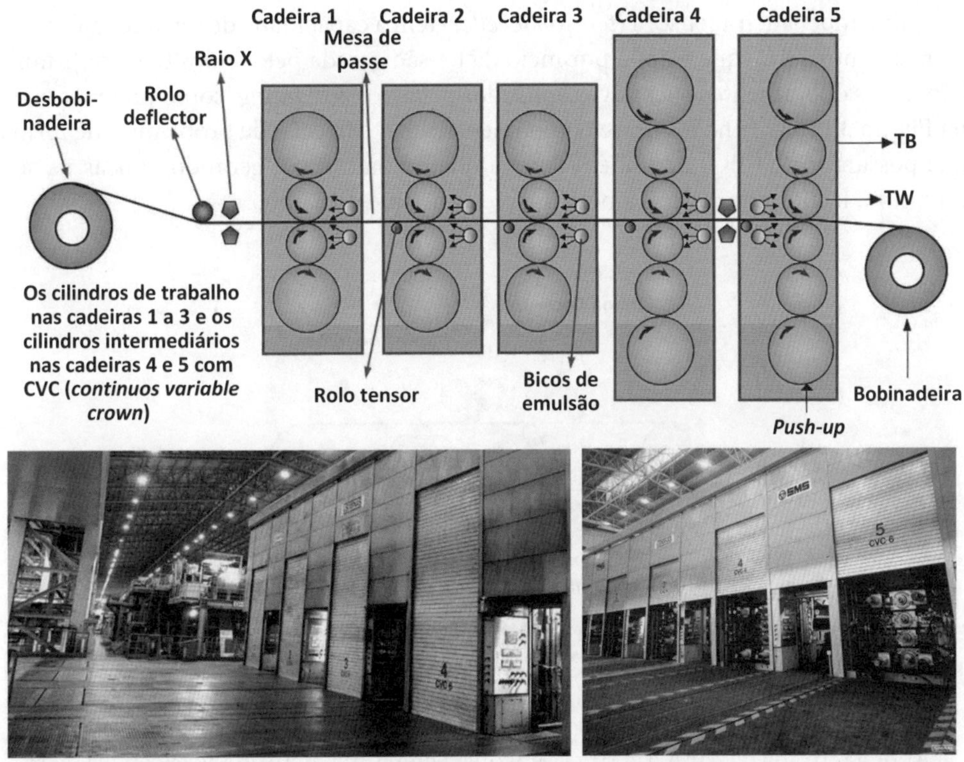

Velocidades máximas de processo no PLTCM

Seção de entrada	Seção química	Seção da *side trimmer*	Seção do TCM
300 mpm	140 mpm	200 mpm	840 mpm na desbobinadeira

Especificações	Desbobinadeira	# 1	# 2	# 3	# 4	# 5	Bobinadeira
Nº de motores/potência total (kW) – 22.500 kW							
Diâmetro dos cilindros de trabalho (mm)	–	510 a 560	510 a 560	510 a 560	420 a 460	420 a 460	–
Diâmetro dos cilindros intermediários (mm)	–	–	–	–	510 a 560	510 a 560	–
Diâmetro dos cilindros de encosto (mm)	–	1.300 a 1.400	1.300 a 1.400	1.300 a 1.400	1.300 a 1.400	1.300 a 1.400	–

Figura 3.11 – Exemplo real de um trem contínuo de laminação a frio de bobinas de aço baixo carbono integrado com uma linha de decapagem e suas principais especificações.

Considerando-se o *layout* apresentado na Figura 3.9, o processo em um laminador integrado se inicia com a inserção de uma bobina em uma das duas desbobinadeiras. Em seguida, esse material é submetido a cortes no topo para se tirar a ponta fina proveniente da linha de tiras a quente. Em seguida, é soldado com a base de uma outra tira que já se encontrava na linha. Quando termina a soldagem, as tiras seguem unidas para o acumulador de entrada. Este tem a função de garantir que a tira não irá para dentro dos tanques de ácido da seção química durante qualquer parada na seção de entrada, como a parada para soldagem.

A desempenadeira tensora (*tension leveller*) tem a capacidade de fornecer até 3% de alongamento à tira, que é dado por meio da tensão gerada pelos rolos tensores e também pelos dobramentos sucessivos aplicados pelos rolos *bending*, como pode ser visto na Figura 3.12. As funções desse equipamento são a correção de problemas, de forma que possam vir na BQ, e também fazer a quebra da carepa, gerando trincas na sua estrutura, facilitando, assim, a penetração e o ataque do ácido.

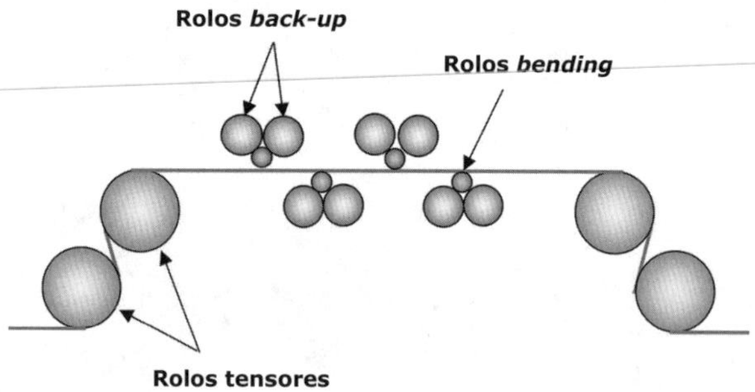

Figura 3.12 – Representação esquemática do funcionamento de uma desempenadeira tensora (*tension leveller*).

Após a retirada da carepa, a tira se encontra com uma quantidade excessiva de HCl na superfície, e, por isso, deve ser lavada e seca, para se evitar a oxidação. Essa lavagem é feita com vapor condensado ou água desmineralizada, em torno de 60 °C, em quatro tanques subsequentes, de maneira que a água do último tanque já esteja praticamente sem a contaminação do ácido, para, em seguida, ser seca em um secador com ar aquecido a uma temperatura maior que 90 °C.

O acumulador intermediário tem a principal função de impedir uma parada na seção química quando ocorrer uma interrupção na tesoura lateral (*side trimmer*), responsável pelo aparamento lateral que é feito para garantir a largura constante na tira. Esse processo é executado pela penetração de uma lâmina circular inferior em uma superior que, arrastada pela velocidade da tira, faz com que uma pequena porção da borda seja retirada, como mostra a Figura 3.13.

Após o aparamento de borda, tem-se o acumulador de saída com a função de garantir a continuidade do processo no laminador contínuo (TCM) quando ocorrer qualquer parada na tesoura lateral, bem como também manter a seção química em operação quando houver uma parada no TCM, por exemplo, uma troca de cilindros. Essa segunda função é executada também com auxílio do acumulador intermediário.

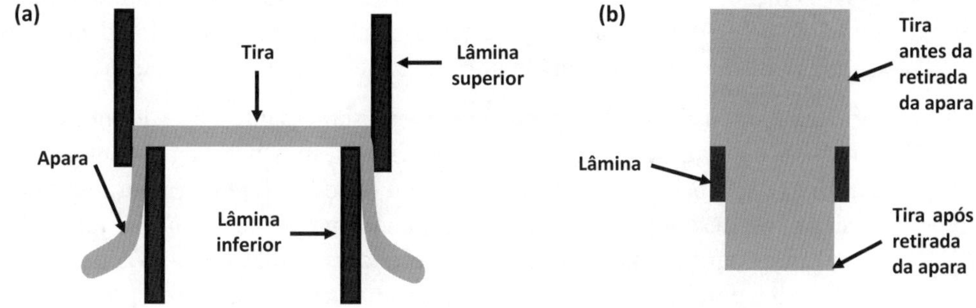

Figura 3.13 – Representação esquemática do funcionamento de uma tesoura lateral (*side trimmer*): a) corte frontal; e b) vista superior.

A próxima etapa do processo no laminador integrado é a redução da espessura da tira no laminador contínuo. À medida que a tira passa de uma cadeira para outra, esta sofre uma redução sucessiva, até se atingir a espessura desejada após a cadeira 5. No exemplo mostrado, esse laminador é do tipo tandem com cinco cadeiras, semelhante ao laminador contínuo apresentado anteriormente, porém, com algumas inovações, como cadeiras 4 e 5 com seis cilindros.

Na laminação bobina a bobina, a produção de uma dessas normalmente está sujeita a cinco fases distintas:

- encaixe ou *threading*: fase na qual a ponta da chapa é mordida e transferida pelos cilindros de trabalho, girando em baixa velocidade, da primeira cadeira até à bobinadeira. Em função do forte desequilíbrio entre as tensões avante e a ré, esta fase é crítica para a planicidade e a espessura até que ocorra a mordida na próxima cadeira. O encaixe só termina totalmente com a chapa tensionada na bobinadeira e o laminador pronto para aceleração;
- aceleração: fase na qual todas as cadeiras, junto com a bobinadeira e a desbobinadeira, são aceleradas, acopladas pela chapa, a uma taxa aproximada de 1,0 m/s^2, até que todo o conjunto atinja a velocidade de laminação. Um tempo típico de processamento nesta fase é de aproximadamente 15 segundos;
- laminação ou *run*: consiste na mais longa fase de produção de uma bobina, caso esta tenha as dimensões máximas de peso e diâmetro. O tempo de processamento pode variar de 4 a 8 minutos, e a velocidade máxima, nos materiais mais finos, atinge faixas de 1.000 a 1.200 m/min, com um comprimento de chapa superior a 5.000 metros. A título de exemplo pode ser mencionado que o consumo específico de energia para processamento do material 2,75 x 0,77 mm, aço baixo carbono, é de 41 kWh/t, porém, para reduções maiores

(80%), com espessuras de entrada menores, pode atingir até 70 kWh/t. O consumo adicional de energia com equipamentos auxiliares – sistemas de refrigeração, lubrificação e ventilação – é estimado em aproximadamente 50% desse valor;

- desaceleração: fase em que todo o conjunto é conduzido novamente ao regime de baixa velocidade. Mantém constante a relação entre as velocidades dos acionamentos principais, para evitar oscilações mecânicas aplicadas à chapa;
- desencaixe ou *tail out*: fase operacionalmente semelhante à fase de encaixe em função de sua importância para a planicidade e espessura. Alguns autores sugerem que seja priorizada a planicidade em relação à espessura durante a fase de encaixe e desencaixe, para evitar ondulados na ponta da chapa, que poderiam causar danos aos cilindros. Em laminadores modernos, com acionamentos de alta precisão e controles de curvamento dos cilindros (*bending*), é possível ser encontrada uma solução de compromisso entre consumo de cilindros e interrupção de produção *versus* descarte de pontas das tiras por material fora de espessura.

Um trem contínuo a frio possui um sistema mecanizado para manusear as bobinas, alimentando a chapa na velocidade necessária, a fim de conseguir o máximo de produção. A bobina é retirada do transportador de entrada, sendo, em seguida, aberta e girada sobre roletes motorizados, até que sua ponta esteja corretamente orientada. Logo em seguida, ela é ajustada na desenroladeira (*coil box*) por meio de um pistão elevatório, até que os mandris estejam na posição certa. A ponta da chapa passa pelos vários roletes de guia e, finalmente, entra na cadeira nº 1. A chapa é "enfiada" através do laminador contínuo a uma velocidade típica de 60 m/min e, depois que a ponta estiver enrolada na bobinadeira, o laminador atinge a velocidade normal de trabalho em 6 a 8 segundos.

A exatidão da bitola é assegurada por uma combinação da pressão dos cilindros com a tensão entre as cadeiras (e entre a última cadeira e a bobinadeira). Outra opção é a utilização de desbobinadeiras sem mandril, sendo que a rotação da bobina é impelida por um ou mais dos roletes sobre os quais a bobina está apoiada. Dispositivos magnéticos podem ser utilizados com vistas a auxiliar a desempenar e direcionar a ponta da bobina para ser presa por um par de roletes guias.

Quando o final da bobina está para deixar a desenroladeira, o laminador tem a sua velocidade diminuída até a de "enfiação"; a ponta da bobina seguinte é introduzida entre os cilindros assim que a extremidade da bobina anterior passa pelos cilindros de trabalho. Alguns metros de material fora de bitola são produzidos durante a fase de acelerar (e reduzir) a velocidade do laminador.

Analisando-se de uma forma genérica para todos os tipos de laminadores a frio, pode-se considerar que os atrasos na operação do laminador podem ser imputados, em primeiro lugar, às trocas de cilindros, que podem exigir um tempo de 5 a 20 minutos, dependendo da configuração do equipamento e da utilização ou não de carros para a realização de troca automática. Essa operação pode ser realizada, na laminação a frio, a cada 2 ou 4 horas, em condições regulares de operação. Além da tonelagem que deixa de ser laminada quando se faz essa troca, existe um certo período de produção realizado com uma baixa velocidade, enquanto o laminador é aquecido à temperatura de regime.

Uma segunda fonte de atrasos é a modificação frequente das larguras a laminar: as guias de entrada são revestidas, em muitos casos, de madeira dura e são pressionadas contra a chapa ao fechar-se a caixa de guia, por meio de um pistão pneumático. A cada mudança de largura, as guias laterais devem ser ajustadas, e os batentes de tábuas de madeira, novamente presos. Uma operação dessas representa 3 a 5 minutos de perda de tempo. Nos laminadores mais modernos, existem sistemas para realizar o ajuste computadorizado das guias laterais quando é feita a troca da largura da chapa a ser laminada.

Uma terceira causa é o rompimento da chapa ou folha, especialmente no caso de laminarem-se bitolas finas, agravado às vezes pelo fato de os cilindros serem danificados e necessitarem ser trocados. Com laminadores operando a 2.000 m/min, normalmente de 50 a 150 metros da chapa ou folha correm pelo laminador antes que ele possa parar. Frequentemente, esta chapa é enrolada nas guias ou nos cilindros de apoio, até mesmo danificando peças do laminador.

O esforço de enfiar a chapa pelas várias cadeiras é efetuado manualmente em muitos equipamentos, devido à dificuldade para se fazer passar a ponta dela através das guias e cilindros. Essa é uma operação que, cada vez mais, procura-se realizar de forma automatizada.

Observa-se que o planejamento de produção do processo de laminação determina a sequência de laminação, começando geralmente das bobinas mais largas para as mais estreitas, constituindo a denominada *chance de laminação*. Considerando-se esse fato, pode-se mencionar que a guia de entrada da cadeira nº 1 é, normalmente, ajustada para uma posição correspondente a aproximadamente a mesma largura da chapa a ser laminada, e as das outras cadeiras são cerca de 10 mm mais largas. A seguir, verifica-se a redução total a ser efetuada na chapa. Por exemplo, se uma tira de 1,52 mm de espessura será laminada a 0,31 mm em um laminador de cinco cadeiras, a redução é de 5:1, o que equivale a dizer que, na operação normal, a cadeira nº 5 deverá ter uma velocidade cinco vezes maior que a cadeira nº 1. Se a velocidade da cadeira nº 5 for regulada para 100 m/min, a cadeira nº 1 deverá trabalhar a 20 m/min. As velocidades das cadeiras intermediárias são determinadas em função das reduções efetuadas em cada passe. Como usualmente a redução entre as cadeiras nº 4 e nº 5 é de 33%, a cadeira nº 4 trabalharia a 66 m/min; a redução normal na cadeira nº 3 sendo de 40%, a velocidade seria de 40 m/min. Finalmente, na cadeira nº 2, a redução sendo de 33%, a velocidade seria 26,7 m/min.

Depois de enfiar a chapa através das várias cadeiras, o laminador é acelerado até a velocidade de serviço. Se, por qualquer razão, a bitola sair mais espessa do que o desejado, para corrigi-la, aumenta-se a velocidade da cadeira nº 5 e, ao mesmo tempo, reduz-se a velocidade da cadeira nº 1. Obtém-se, assim, uma bitola mais fina. Procede-se de modo inverso se a bitola sair mais fina do que o desejado.

Devido às variações de espessura da chapa no sentido transversal, a tensão a ser aplicada deve ser alterada para acomodar-se à forma da chapa ou folha. Por exemplo, uma chapa mais espessa no centro sofre maior solicitação nas bordas do que no meio e, por isso, a tensão aplicável é necessariamente menor. Um teste empírico usado para testar a tensão da chapa é golpeá-la com um pedaço de madeira, para se obterem indicações que permitam efetuar os ajustes necessários.

Observa-se ainda que as bobinas, antes de serem processadas no laminador tandem, podem passar por um processo de aparamento lateral (*side trimmer*) por meio de tesouras rotativas (*rotary shear*) na saída da linha de decapagem. Esse corte lateral também pode ser realizado na saída do trem tandem, antes da realização do bobinamento.

Para realizar o enrolamento da chapa ou folha laminada a frio, são utilizadas bobinadeiras situadas após as tesouras de corte transversal. A *bobinadeira* de um laminador a frio, também denominada de enroladeira tensionadora, deve receber a ponta da bobina ao sair da última cadeira, prendê-la e colocá-la sob tensão, sem choques bruscos ou exagerados; deve enrolar a chapa com uma tensão constante e automaticamente diminuir a velocidade, sem alterar a tração, à medida que a bobina aumenta de diâmetro. Atualmente, podem ser utilizados dois tipos de bobinadeiras:

- bobinadeiras *tension reel*;
- bobinadeiras carrossel.

As bobinadeiras do tipo *tension reel* são instaladas abaixo das linhas de rolos. Nas linhas de menor produção, utiliza-se uma única bobinadeira, enquanto nos laminadores contínuos ou reversíveis de maior capacidade de produção são empregadas normalmente duas bobinadeiras (*two-reel coiler*). As bobinadeiras *carrossel* (*carrousel coiler* ou *rotary coiler*) são posicionadas acima da mesa de rolos e são equipadas com dois mandris para enrolamento das chapas laminadas. A seguir, é fornecida uma descrição básica do funcionamento de bobinadeiras *tension reel* como a do tipo apresentada na Figura 3.14.

No momento em que a chapa se aproxima das bobinadeiras, ela é centrada e guiada por meio de guardas laterais (*side guide*) e mesas transportadoras alinhadas em frente à bobinadeira. Um conjunto de rolos puxadores ou arrastadores (*pinch rolls*), rolos posicionados na parte superior e inferior em frente de cada bobinadeira, conduz o topo da chapa para baixo até o mandril dela, no qual a chapa é bobinada firmemente com o auxílio dos rolos abraçadores (*wrapper rolls*), gerando a tensão requerida para a operação de bobinamento. Também pode ser utilizado um rolo pressionador (*hold down roll*) colocado à frente dos rolos puxadores para auxiliar na calandragem da chapa e no direcionamento até o mandril. Este, geralmente, é do tipo expansível para permitir a aplicação de uma alta tensão na chapa durante a etapa de bobinamento. Outros mecanismos para se prender a ponta da chapa laminada no mandril podem ser empregados.

Figura 3.14 – Exemplos de bobinadeiras do tipo *tension reel*.

Fontes: a) Siemens-VAI; b) Danieli do Brasil/SMS-Siemag.

Os rolos arrastadores são sustentados por dispositivos devidamente controlados para permitir o ajuste da pressão de contato. As guardas são normalmente acionadas por cilindros hidráulicos sincronizados mecanicamente e equipados com proteções laterais (pastilhas de desgaste) paralelas e proteções de entrada, além de dispositivos para controle de posição e pressão em função de largura, espessura e resistência da chapa. Antes de a chapa entrar na área da bobinadeira, as guardas são ajustadas de acordo com a largura da chapa mais uma margem de deslocamento. Esses procedimentos e equipamentos são fundamentais para evitar a geração de bobinas com telescopicidade, evitar que sejam formadas chapas com estiramentos e com modificações na sua forma, dimensões ou estrutura, assegurar que a cabeça e a cauda estejam firmemente enroladas e evitar a formação de marcas nas pontas das espiras iniciais.

Quando um novo bobinamento é iniciado, pode haver uma sobrecarga no equipamento mecânico e marcações na superfície da chapa. As bobinadeiras mais modernas estão equipadas com rolos abraçadores operados hidraulicamente, permitindo a aplicação de um sistema de controle de salto, para assegurar uma boa qualidade de superfície da bobina, a qual ficará isenta de espiralamento (telescopicidade), assim como evitar sobrecargas nos rolos abraçadores e seus sistemas de ajuste que poderiam marcar a superfície da chapa.

O sincronismo da velocidade da chapa que sai da última cadeira do laminador, dos rolos puxadores e do mandril de bobinamento é de suma importância para evitar o dobramento da chapa, que geraria uma sucata na linha de produção. O controle desse sincronismo exige o emprego de um sistema automatizado. É recomendado que o mandril da bobinadeira possua um suporte, normalmente um mancal, para evitar excentricidade durante o bobinamento.

O número de bobinadeiras instaladas na linha de laminação depende obviamente da capacidade de produção especificada para a linha e do estágio de desenvolvimento tecnológico da empresa fornecedora dos equipamentos da linha de laminação.

Com o emprego de bobinadeiras hidráulicas de resposta rápida, mesmo as linhas de elevada produção podem operar com duas bobinadeiras atualmente. A primeira bobinadeira é retrátil, podendo ser retirada da linha para inspeção e reparos sem paralisar a produção. Em condições normais, trabalha-se com ambas as bobinadeiras, revezando-as operacionalmente, ou seja, bobina-se uma chapa na 1ª, a seguinte na 2ª, a seguinte na 1ª, e assim sucessivamente.

Para facilitar a retirada da bobina, o mandril deve contrair-se sobre si mesmo, e a sua superfície deve ser inteiramente lisa e uniforme, para evitar defeitos no material. O enrolamento inicial é ajudado por uma correia montada sobre um carrinho móvel que se aplica contra a periferia do mandril e, assim, força a chapa a enrolar-se em torno dele. O mandril da bobinadeira está sujeito a esforços consideráveis quando sucessivas camadas da chapa são enroladas sob tensão. O tipo que desinfla para a retirada das bobinas é o preferido, devendo ser suficientemente rígido para resistir aos esforços radiais sem distorção e não ter fendas ou entalhes que possam marcar a chapa ou folha.

Na Figura 3.15, apresenta-se um exemplo de uma bobinadeira do tipo carrossel. Algumas das vantagens propaladas pelos fabricantes de equipamentos siderúrgicos para esse tipo de bobinadeira em relação à instalação de duas bobinadeiras *tension reel* são apresentadas a seguir:

- são adequadas para bobinamento de bitolas mais finas;
- o espaço necessário para instalação das bobinadeiras é reduzido em 40%;
- é possível a utilização de uma alta velocidade no corte de pontas da chapa laminada;
- maior uniformidade nos parâmetros de bobinamento;
- as obras civis para instalação da bobinadeira são simplificadas.

Figura 3.15 – Exemplos de bobinadeiras do tipo *tension reel*.

Fontes: a) SMS-Siemag; b) Danieli do Brasil.

Em contrapartida, a utilização de duas bobinadeiras *tension reel* apresenta como principais vantagens:

- são mais adequadas para bobinamento de maiores espessuras;
- maior disponibilidade da planta, pois o equipamento é duplicado;
- maior controle da tensão da chapa durante o bobinamento com a utilização de um mancal de apoio para o mandril;
- maior precisão na inspeção da chapa devido ao menor número de rolos em contato com a chapa no processo de inspeção on-line.

Como atividade essencial para o controle da qualidade do processo de laminação, pode-se instalar próximo às bobinadeiras uma unidade de inspeção das bobinas que pode complementar o sistema de inspeção on-line por meio de métodos que empregam a combinação de câmeras, computadores e programa de análise de imagens, ou mesmo do tradicional método de inspeção on-line manual, ou seja, com o emprego de inspetores de qualidade visualizando diretamente a superfície da chapa ou folha laminada a frio. *Grosso modo*, esses métodos permitem a inspeção das duas superfícies do material laminado a frio, identificando, classificando e registrando a posição do defeito. Esses métodos serão descritos em um Capítulo posterior deste livro. Em muitos casos, é desejável ou necessário manter o método tradicional de inspeção visual por meio de pessoas devidamente habilitadas para essa tarefa (inspetores de qualidade).

Na Figura 3.16, é apresentada uma configuração típica de um sistema de inspeção situado na saída de um laminador a frio. Vários tipos de configurações podem ser utilizados para as unidades de inspeção off-line, com sistemas de transporte adequados para deslocar a bobina selecionada até a instalação situada em uma posição paralela ou perpendicular à linha de laminação a frio, dispositivos para desenrolar a bobina, limpar a sua superfície (*peeler*), roletes arrastadores, guias e a mesa de inspeção propriamente dita.

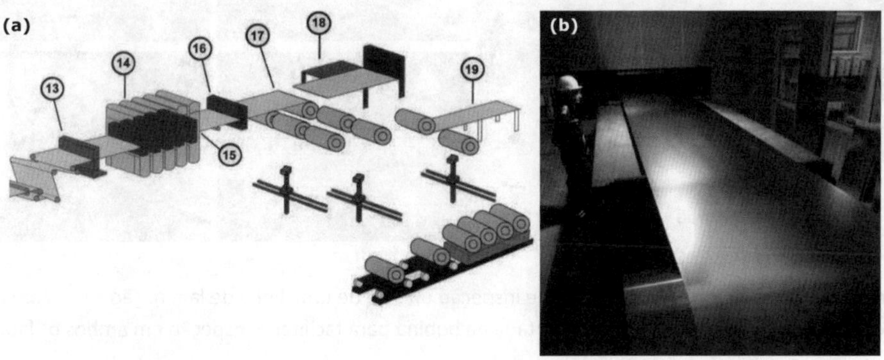

Figura 3.16 – Exemplo de uma configuração típica de sistemas de inspeção on-line e off-line situados na saída de um laminador a frio.

Fonte: b) Danieli do Brasil.

Nas linhas de laminação a frio mais modernas, estão sendo implantados equipamentos que permitem fazer a inspeção off-line girando a bobina, de modo a facilitar a inspeção em ambos os lados, o que pode ser observado nas imagens apresentadas na Figura 3.17. Nesse caso, a instalação deve contar também com uma tesoura de corte, além do dispositivo para girar a chapa cortada.

Observa-se que a unidade de laminação a frio pode possuir uma linha específica de inspeção final de bobinas laminadas que utiliza equipamentos para desenrolar a bobina previamente laminada a frio, tratada termicamente, acabada em laminadores de encruamento, fazê-la passar por uma cabine de inspeção e enrolar novamente a bobina.

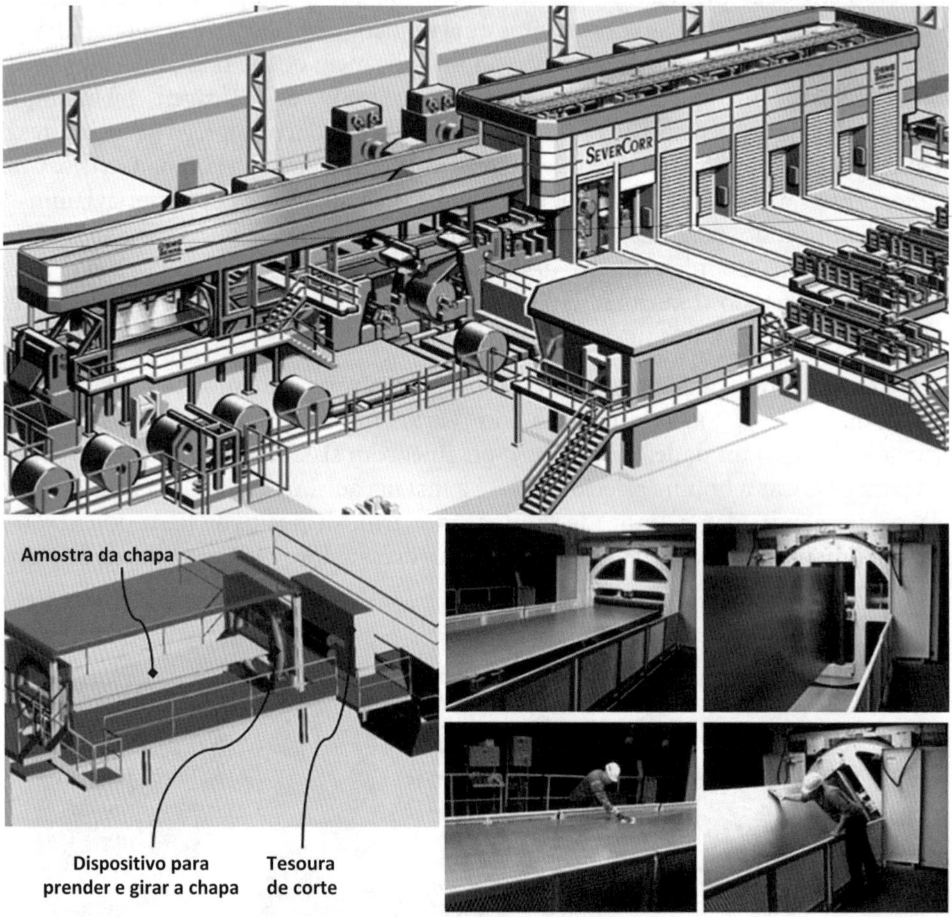

Figura 3.17 – Exemplo do *layout* da área de inspeção off-line de uma linha de laminação a frio com equipamentos que permitem girar a chapa cortada da bobina para facilitar a inspeção em ambos os lados.

Fonte: SMS-Siemag.

C – LAMINADORES AGRUPADOS

O arranjo do tipo cilindros agrupados foi proposto na Alemanha, em 1837, mas sem aplicação industrial significativa, até que, em 1910, na Inglaterra, a Robertson's of Bedford foi licenciada para construir um equipamento projetado pelo engenheiro suíço Edouard II Mathey, com dois cilindros de trabalho e quatro cilindros de apoio. Em 1925, Wilhelm Rohn (ROHN, 1932) propôs na Alemanha um arranjo com dois cilindros de trabalho e dez cilindros de apoio (cinco na parte superior e cinco na parte inferior - Figura 3.18c) para permitir a utilização de cilindros de trabalho de menor diâmetro e, assim, obter uma maior redução de espessura (patente solicitada nos Estados Unidos em 1935 e concedida em 1937; a patente na Alemanha foi solicitada em 1934). Entretanto, os cilindros mais externos eram maciços e sustentados por mancais nas extremidades dos cilindros, o que não resultava em sucesso para a configuração proposta.

A característica essencial de um *laminador agrupado* (*cluster mill*) é o pequeno diâmetro dos cilindros de trabalho, pelo fato de que a força de laminação aumenta com o diâmetro dos cilindros em uma taxa maior que $D^{1/2}$. Nota-se na Figura 3.18a que a utilização de uma cadeira de seis cilindros, como a proposta na Alemanha em 1837 e construída em 1910 na Inglaterra com projeto de Mathey, é a limitação no diâmetro dos cilindros de trabalho em relação ao diâmetro dos cilindros de encosto. O próprio Mathey construiu em La Neuveville (Suíça), em 1920, dois laminadores agrupados de 6 cilindros. Como pode ser notado na Figura 3.18b, esse limite é alcançado quando a tangente horizontal do cilindro de trabalho coincide com a tangente horizontal passando pelo cilindro de encosto. Esse fato resulta em uma limitação no diâmetro do cilindro de trabalho a ser utilizado e, logo, na espessura mínima que pode ser obtida para a chapa ou folha.

Tadeusz Sendzimir (1894-1989) foi um engenheiro e inventor polonês que emigrou para a China em 1917 e, em 1929, para os Estados Unidos. Registrou cerca de 120 patentes na área de metalurgia e mineração, fundou uma empresa siderúrgica e, posteriormente, uma fornecedora de equipamentos siderúrgicos com atuação global. Não se deve confundir o termo *Sendzimir process* com o termo *Sendzimir mill. Sendzimir process* se refere a um método de galvanização contínua de aços construído por Tadeusz Sendzimir na Polônia, em 1933, e patenteado por ele em 1937, nos Estados Unidos. Já *Sendzimir mill* se refere a um equipamento de laminação a frio de aços de maior resistência e com patente solicitada por Tadeusz Sendzimir em 1937, além de outras patentes solicitadas a partir de 1935, versando a respeito da laminação a frio. Tadeusz Sendzimir também foi o inventor do laminador planetário para laminação a quente de chapas de aço (patente solicitada em 1947, citando como referência outra patente, solicitada em 1933 por H. A. Kessler). O laminador e, em parceria com seu filho Michael, o laminador *18-HS mill* têm uma patente solicitada em 1979, nos Estados Unidos, por Robert C. Verbickas e John W. Turley.

No laminador agrupado do tipo Sendzimir (*Sendzimir cluster mill*), de seis a vinte cilindros são utilizados, sendo dois cilindros de trabalho e o restante cilindros de apoio ou encosto arranjados em "camadas" com diâmetro progressivo dos cilindros em cada uma, mas iguais em uma mesma camada (Figuras 3.18c e 3.18d). Além disso, é empregada uma cadeira extremamente rígida, simples e compacta desde a patente original de Sendzimir e em vários projetos utilizados atualmente, ou bipartida com sistemas hidráulicos de junção (*hydraulic clamping*) das partes.

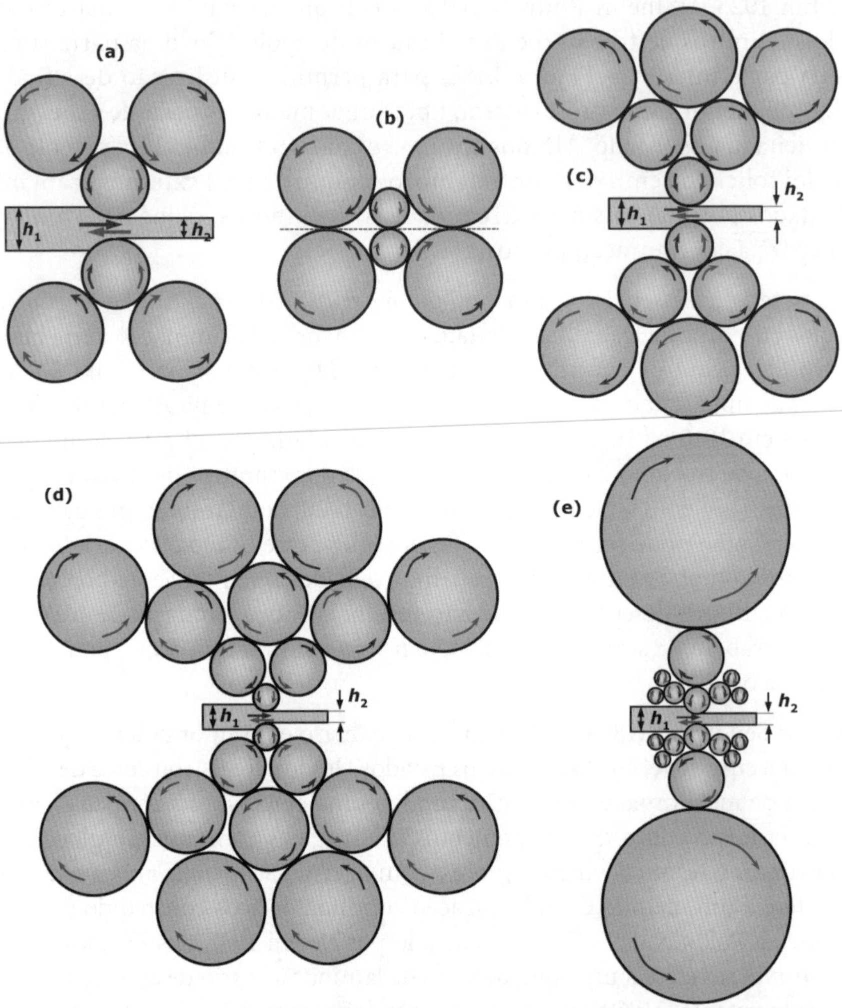

Figura 3.18 – Exemplos de laminadores do tipo agrupados (*cluster mills*): a) arranjo proposto na Alemanha em 1837 e construído em 1910 na Inglaterra com projeto de Mathey e sua limitação; b) no caso de redução de espessura; c) arranjo 1-2-3 ou *12-High cluster mill configuration*; d) arranjo 1-2-3-4 ou *20-High cluster mill configuration*; e) cadeira *Z-mill* ou *18-HS mill*. Outras configuraçãoes não representadas na figura são o laminador MKW e o laminador em Y, descritos posteriormente.

Os cilindros de trabalho são apoiados em toda a sua largura por cilindros intermediários (dois cilindros na parte inferior e dois cilindros na parte superior). Em sequência, têm-se os cilindros intermediários apoiados por mais três cilindros superiores e três inferiores, chegando finalmente aos rolamentos de encosto, compostos por um eixo e uma sequência de rolamentos, que formam a última camada de sustentação para o conjunto, como mostrado na Figura 3.19a. Esse arranjo reduz substancialmente a flexão dos cilindros de trabalho.

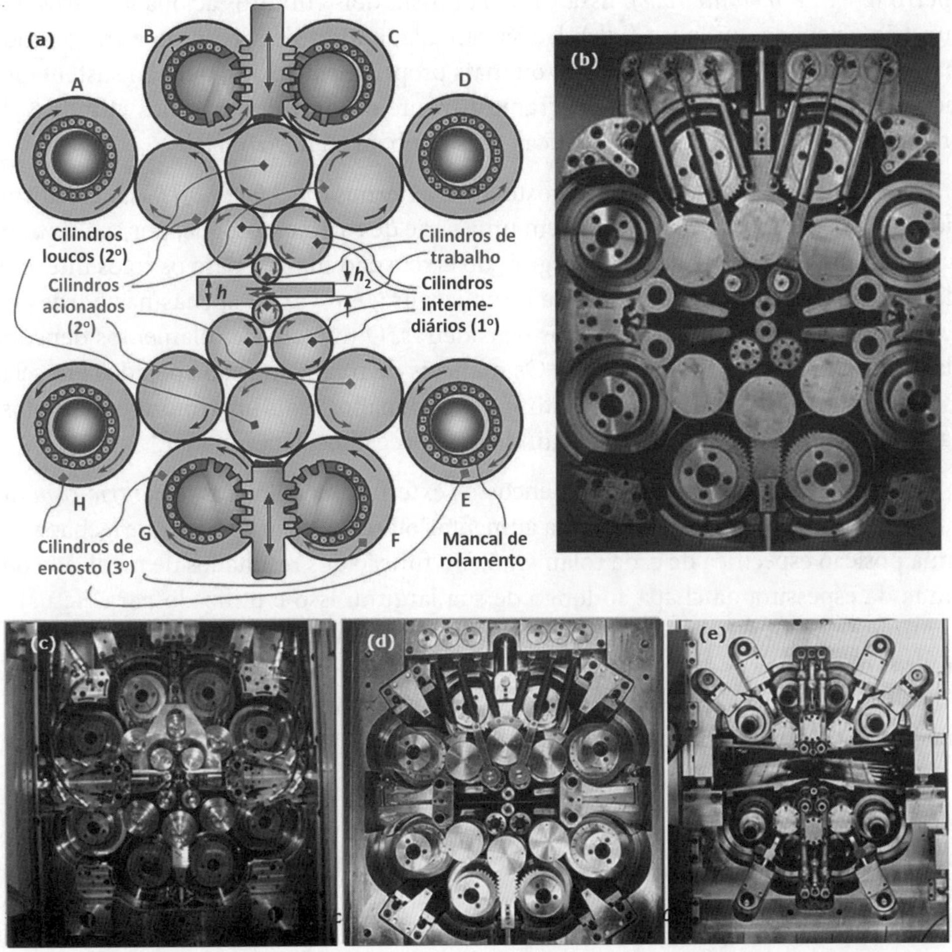

Figura 3.19 – Representação esquemática de uma cadeira do tipo Sendzimir *20-High cluster mill* vista de frente, com exemplo da montagem dos componentes mecânicos.

Fonte: b) Waterbury Farrel Inc.; c) FAG Rolamentos; e) Danieli Fröhling.

Cabe destacar que a característica fundamental dos laminadores agrupados proposta por Tadeusz Sendzimir e que pode ser considerada como uma das razões para o sucesso do equipamento proposto e construído em 1932 em relação ao equipamento apresentado inicialmente por Rohn é justamente a utilização da última camada de eixos, sustentados por diversos mancais de rolamento (rolamentos de encosto) ao longo do comprimento dos cilindros, em vez da utilização de mancais de rolamento apenas nas extremidades.

A força de separação dos cilindros durante a laminação é transmitida dos cilindros de trabalho (*work roll*) para a primeira camada de cilindros intermediários (*1st intermediate rolls*) e dessa para a segunda camada de cilindros intermediários com maior diâmetro (*2nd intermediate rolls*). Essa camada possui dois cilindros acionados (*driven*) e um não acionado, ou louco (*idle*). Dessa camada, a força de separação é transmitida para os quatro cilindros de encosto (ou mais propriamente eixos, que são sustentados por mancais de rolamento). Esse arranjo permite evitar a deflexão dos cilindros de trabalho não apenas na direção vertical, mas também na horizontal.

Na realidade, os cilindros de encosto mais externos (*backing shafts*) são constituídos de um eixo excêntrico apoiado em uma série de rolamentos, que, por sua vez, são apoiados em selas individuais na largura do eixo e dão suporte para os rolos intermediários da segunda camada em toda a sua largura, em vez de apenas nas bordas ou extremidades, como em outros tipos de cadeiras. O número de rolamentos depende da largura da cadeira (Figura 3.20). Os mancais de rolamento são apoiados em selas (*saddle rings*). Os cilindros de encosto são posicionados mais próximos ou mais afastados em função do diâmetro dos cilindros empregados no laminador.

Os rolamentos dos conjuntos de encostos externos são elípticos (*eccentric-cam arrangement*) e podem ser girados para aumentar ou reduzir a pressão sobre a chapa em uma posição específica de cada rolamento, em função dos resultados de medição contínua da espessura da chapa ao longo de sua largura. Isso é utilizado para efetuar o controle de perfil e a planicidade da chapa durante a sua laminação. A posição dos cilindros de encosto pode ser alterada pela movimentação da cremalheira acionada por cilindros hidráulicos no topo da cadeira. Esse deslocamento pode ser realizado de forma independente para os diversos mancais localizados ao longo da largura da cadeira.

Esse método é normalmente denominado de sistema *As-U-Roll Crown*, como o apresentado na Figura 3.20. Em outras palavras, os eixos desses conjuntos externos são montados de forma concêntrica em mancais de rolamentos, mas esses mancais são localizados de forma excêntrica nas selas ou sapatas (*saddle rings*), que são uniformemente espaçadas entre os mancais. Assim, o movimento de abrir e fechar dos cilindros de trabalho se dá por intermédio de eixos excêntricos, onde são montados os rolamentos de encosto. Essa concepção proporciona a esse tipo de laminador um efeito de alavanca, aumentando a força disponível para a laminação. A relação de ampliação da força depende da posição angular onde se encontram os eixos excêntricos e dos diâmetros dos cilindros. Um modelo matemático, baseado em equações trigonométricas, é usado para calcular essa relação. Observa-se ainda que a medida de abertura entre os cilindros, que é de fácil medição em outros tipos de laminadores, nos do tipo Sendzimir torna-se mais complexa e menos precisa.

Podem ser empregados sistemas que utilizam dispositivos para acionar a cremalheira entre os cilindros de encosto B-C (Figura 3.20) ou sistemas que ajustam a posição entre os cilindros de encosto A-B e entre os cilindros de encosto C-D, conforme indicado na Figura 3.20c (sistema denominado de *double As-U system*). Também existem sistemas que permitem o ajuste com pistões hidráulicos da posição dos cilindros que agem entre os cilindros de encosto B-C, atuando ao longo da largura deles e, ao mesmo tempo, atuando nos cilindros A-B e C-D (Figuras 3.20e e 3.21). Configuração semelhante é montada para ajuste E-F e G-H (Figura 3.20).

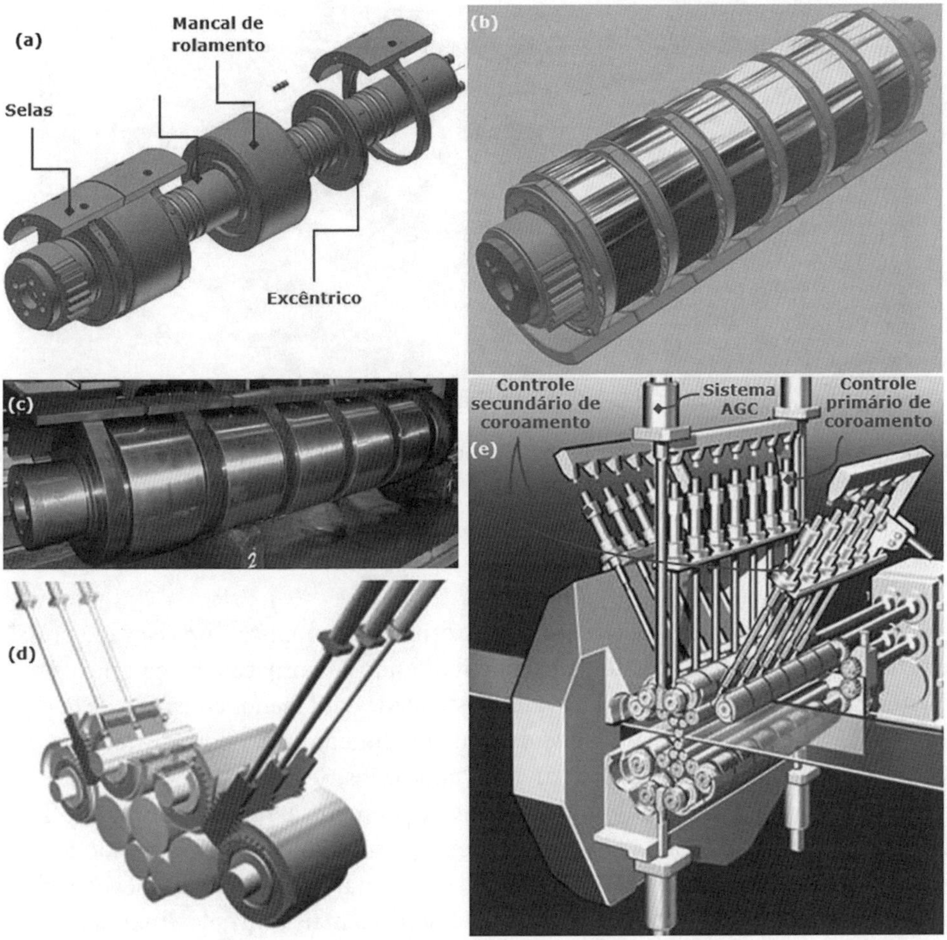

Figura 3.20 – Representação esquemática e imagens do sistema de regulagem.

Fontes: a) b) Sendzimir Inc.; c) FAG Rolamentos; d) Mitsubishi-Hitachi Metals Machinery Inc.; e) SMS-Siemag.

O deslocamento dos eixos para ajuste pode ser realizado por dispositivos hidráulicos controlados a partir do púlpito pelo operador e que podem atuar durante o carregamento (laminação), de forma que pode ser alterado o perfil e a planicidade da chapa durante a sua laminação. Outras configurações também podem ser empregadas, combinando-se com sistemas do tipo AGC (*automatic gage control* ou controle automático de espessura). O controle da posição da linha de laminação (*pass line*) é realizado normalmente por cilindros hidráulicos localizados na base da cadeira, que deslocam os cilindros de encosto F e G. Esse acionamento também é empregado para a realização da troca dos cilindros de trabalho.

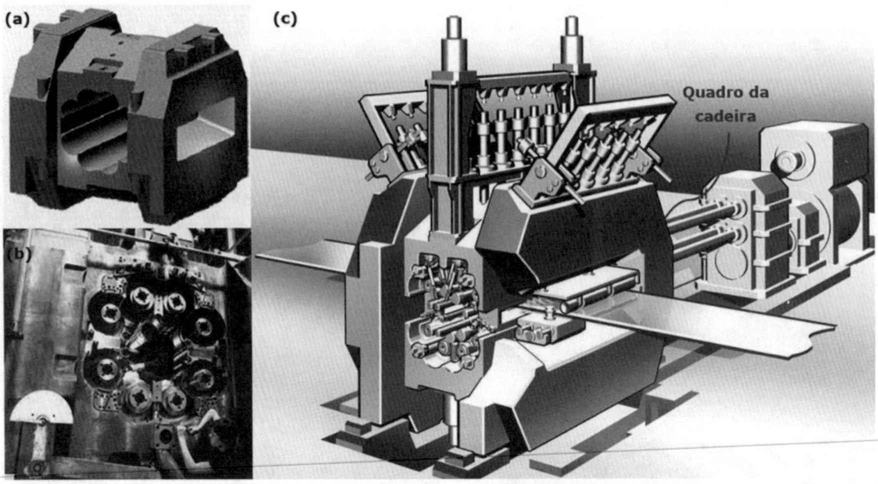

Figura 3.21 – Exemplo de quadros de cadeiras monoblocobo para montagem dos cilindros de um laminador do tipo Sendzimir *20-High cluster mill*.

Fontes: a) e b) Sendzimir Inc.; c) SMS-Siemag.

Ressalta-se que a cadeira *high cluster mill* torna possível aplicar uma elevada pressão sem fletir excessivamente os cilindros, possibilitando a laminação de materiais de alta resistência a deformação ou com elevada elasticidade com menor consumo de energia, a obtenção de espessuras mais reduzidas e o atendimento aos rigorosos requisitos de perfil e planicidade necessário para diversas aplicações. Se forem utilizados doze cilindros, eles podem ser distribuídos de modo a formarem um arranjo do tipo 1-2-3 (Figura 3.18c). Quando uma camada adicional com quatro cilindros é agregada, o arranjo passa a ser denominado de 1-2-3-4, e a cadeira contará com vinte cilindros (Figura 3.18d). O *laminador Sendzimir 20-high cluster mill* é o mais utilizado atualmente.

Como já foi mencionado anteriormente, um dos aspectos que tornam a cadeira do tipo *20-high mill* rígida é a utilização de um quadro monobloco extremamente simples e compacto (Figura 3.22) ou bipartido (*split house* ou *splitblock*) com sistemas hidráulicos de junção das partes (Figura 3.23). A cadeira do tipo monobloco pode ser fundida inteiriça ou soldada e foi concebida inicialmente para permitir uma expansão uniforme da cadeira ao longo da largura da chapa. Uma vantagem da cadeira bipartida é a possibilidade da realização da medição direta da carga de laminação. Além disso, as cadeiras bipartidas introduzidas em torno do ano de 1990, apresentam as seguintes vantagens (IKEDA, 2010, SMS-Siemag, 2009): maior capacidade para controle de perfil, mais fácil automação do processo, maior velocidade de laminação, maior eficiência no sistema de resfriamento, mais fácil acesso aos cilindros e utilização de cilindros de trabalho com diâmetros variados, ou seja, resumindo, maior flexibilidade do equipamento.

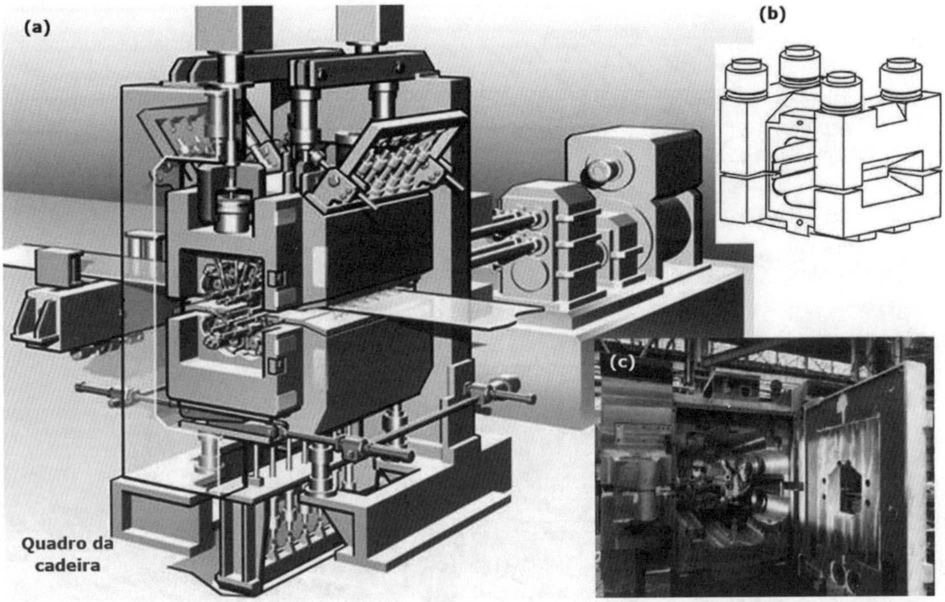

Figura 3.22 – Exemplo de quadros de cadeira bipartida (*split house* ou *splitblock*) para montagem dos cilindros de um laminador do tipo Sendzimir *20-High cluster mill*.

Fonte: a) SMS-Siem

Outra característica que distingue os laminadores do tipo *20-high Mill* é a elevada relação entre o diâmetro do cilindro de trabalho e o seu comprimento. Por causa do arranjo dos cilindros, que proporciona excelente sustentação dos cilindros de trabalho e ótima distribuição de força, essa relação pode ser de até 1:25. Devido ao pequeno diâmetro dos cilindros de trabalho e ao fato de que não são acionados diretamente, estes podem ser trocados com rapidez.

Com o intuito de evitar a variação de espessura nas bordas da chapa e, assim, o aparecimento do defeito de ondulação de bordas e trincas de bordas nas chapas laminadas, os cilindros primeiros intermediários são providos de um recurso chamado de ajuste de conicidade na sua extremidade (*tapered edges*), combinado com um deslocamento axial (*lateral shifting*) desses cilindros, conforme ilustrado na Figura 3.23.

Os cilindros primeiros intermediários possuem uma de suas pontas cônicas de forma alternada, ou seja, os superiores são cônicos do lado de operação, e os inferiores, cônicos do lado de acionamento do laminador, ou vice-versa. Por meio de movimentos axiais promovidos por atuadores hidráulicos ou mecânicos, é possível alterar o posicionamento da região cônica relativa ao material laminado, o que causa uma alteração na região que apoia o cilindro de trabalho, permitindo uma leve flexão dele, fazendo com que a força de laminação nas bordas do material seja reduzida devido ao um pequeno grau de alívio de carga nas extremidades da chapa.

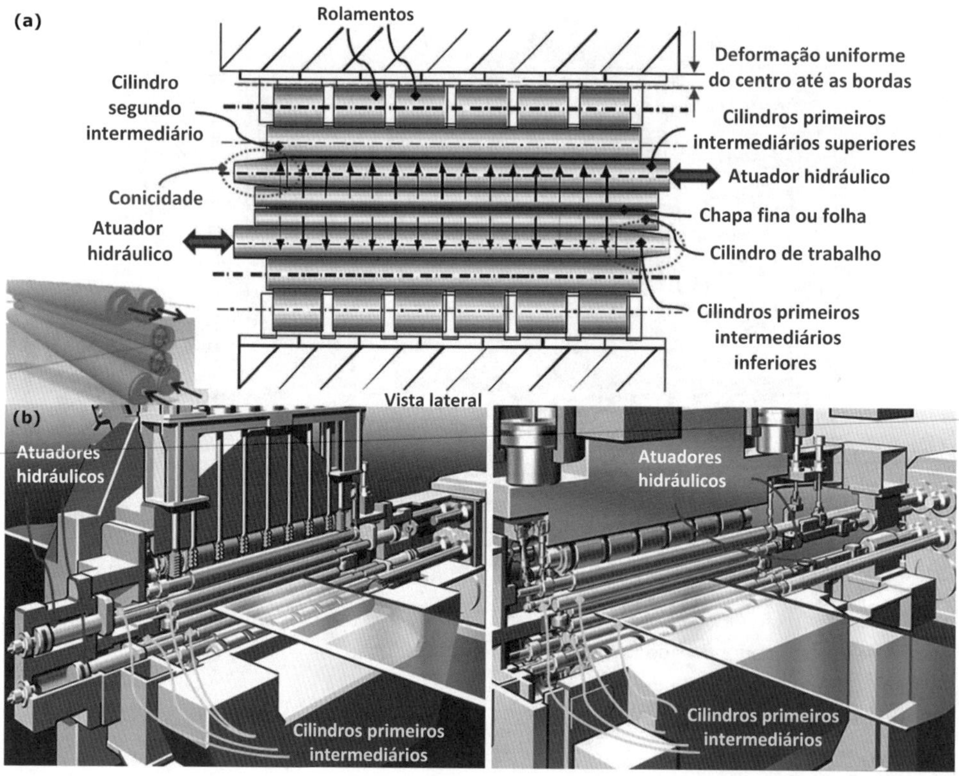

Figura 3.23 – a) Representação esquemática da combinação de atuadores hidráulicos para deslocamento lateral dos cilindros primeiros intermediários com conicidade na extremidade para controle de espessura nas bordas das chapas e folhas laminadas em cadeiras de cilindros agrupados do tipo *20-high mill*; e b) representação dos equipamentos para realização do deslocamento axial dos cilindros primeiros intermediários em uma cadeira monobloco.

Ressalta-se que esta configuração foi proposta inicialmente por Tadeusz Sendzimir. Atualmente, esse deslocamento axial dos cilindros pode ser realizado mesmo sob carga, ou seja, durante o processo de laminação de uma chapa. Esse sistema permite compensar a maior tendência de redução de espessura nas bordas das chapas (*edge drop compensation*) e pode ser combinado com os sistemas de controle de coroamento para obtenção do desejado perfil e planicidade das chapas e folhas laminadas.

Esse ajuste é feito durante a laminação e pode ser manual, semiautomático ou totalmente automatizado, dependendo de cada equipamento. No sistema manual, o operador verifica a sobrelaminação nas bordas pelo nível de ondulação observada, que pode ser avaliado durante a laminação utilizando-se um bastão de madeira tocando cada uma das bordas (Figura 3.24a). No sistema semiautomático, um sensor instalado no rolo logo após a laminação mede o perfil transversal do material laminado (ver Figura 3.24b) e, por meio de uma tela, mostra ao operador, que faz as devidas correções. Já no sistema automático, assim como no sistema semiautomático a observação é feita por sensores, porém, a atuação também é feita por um sistema automatizado que interpreta as informações recebidas e faz o ajuste do posicionamento axial dos cilindros primeiros intermediários automaticamente.

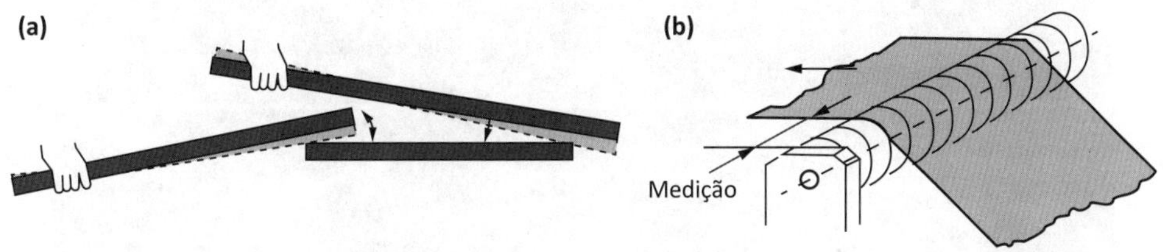

Figura 3.24 – Formas de verificação da existência e intensidade de ondulação de bordas em um processo de laminação a frio de chapas: a) medição manual com um bastão e b) medição do perfil do material laminado com o emprego de um rolo tensor (*shapemeter roll*).

Na Figura 3.25, são apresentadas representações esquemáticas e imagens de cadeiras de laminação do tipo Sendzimir com 20 cilindros (*Sendzimir's 20-high cluster mill* ou apenas *20-high mill*). O primeiro laminador desse tipo foi construído pela empresa Huta Pokòj, na cidade de Nowy Bytom (Polônia), em 1932, para laminação de aços com baixo teor de carbono. A patente desse equipamento foi solicitada nos Estados Unidos, em 1935, e concedida em 1939 (SENDZIMIR, 1939).

Em 1944, a empresa Armco,[4] em Middletown, Ohio (Estados Unidos), em parceria com Tadeusz Sendzimir, instalou um laminador do tipo *20-high mill* para laminação de chapas de aço ao silício de grão orientado, para produção de folhas de 0,05 mm de espessura, que seriam utilizadas na fabricação de pequenos transformadores, tornando possível a construção de radares aéreos durante a Segunda Guerra Mundial.

A primeira empresa a utilizar o laminador Sendzimir para produção de chapas de aço inoxidável foi a Washington Steel, em 1947, nos Estados Unidos.

Em 1953, foi instalado o primeiro equipamento deste tipo na Grã-Bretanha, e em 1958, no Japão (na empresa Nippon Teppan). No Brasil, o laminador Sendzimir foi instalado na empresa Acesita, em Timóteo (MG) e passou a funcionar em 1977. Em 1969, já havia cerca de 280 laminadores do tipo *20-high mill* operando no mundo. Estima-se que, atualmente, cerca de 500 a 600 laminadores do tipo *cluster mill* estão em operação no mundo.

4 American Rolling Mill Company (Armco), conhecida atualmente como AK. A empresa foi adquirida pela Cleveland-Cliffs em 2020.

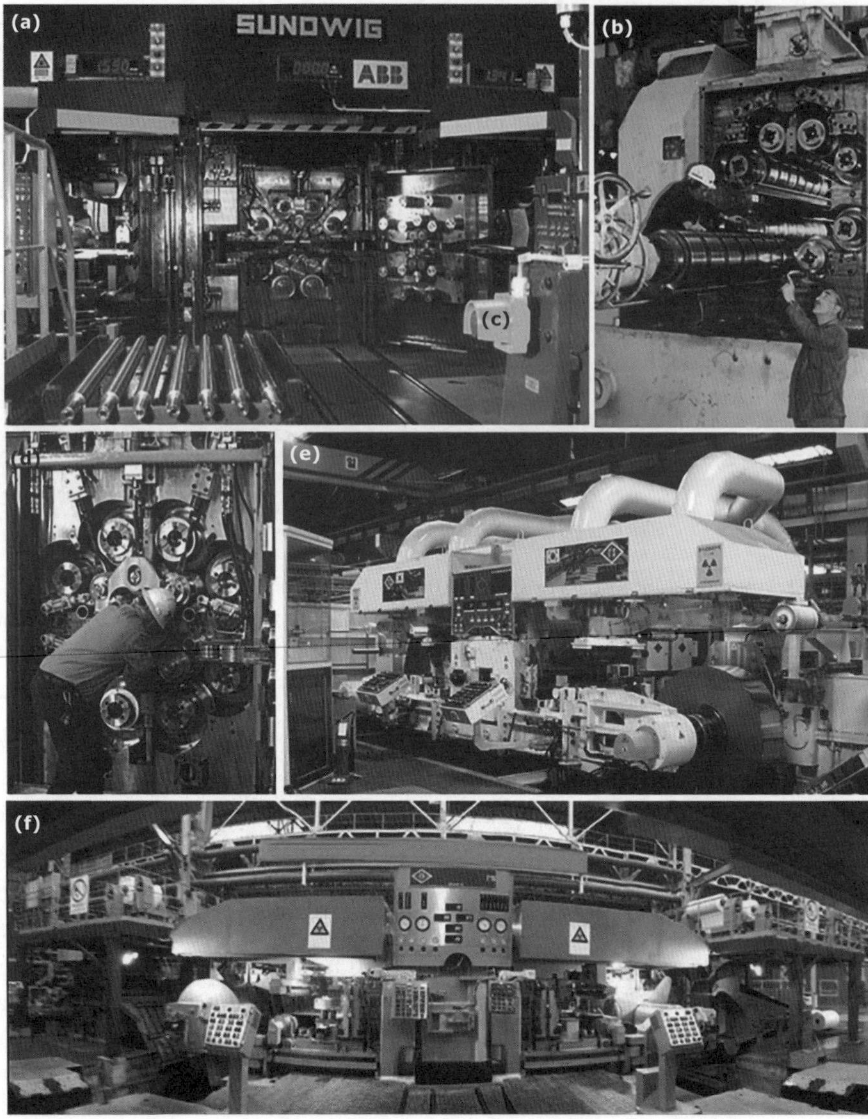

Figura 3.25 – Exemplo de instalações com laminadores agrupados do tipo *20-high mill*: a) cadeira aberta para troca dos cilindros de trabalho; b) montagem dos cilindros de encosto; c) exemplo de uma cabine de controle do laminador; d) troca dos cilindros de trabalho; e) e f) vista com destaque para as bobinadeiras na entrada e saída do laminador.

Fontes: a) ABB; b) T. Sendzimir; c) SMS-Siemag; d) Danieli do Brasil; e) e f) Tenova I2S.

De acordo com informações dos fabricantes de laminadores do tipo *Sendzimir 20-high*, podem ser processadas chapas e folhas com largura na faixa de 105 mm a 4.191 mm (catálogos Tenova, Waterbury Farrel, SMS-Siemag, Sendzimir Inc., Danieli Fröhling, Mitsubishi-Hitachi, Kobelco).

O diâmetro dos cilindros de encosto nas cadeiras *Sendzimir's 20-high cluster mill* para laminação de chapas largas pode ser o mesmo que o diâmetro dos cilindros de encosto para cadeiras destinadas à laminação de chapas estreitas, fato que não ocorre nas cadeiras do tipo quádruo, quando esse diâmetro tem de ser aumentado para reduzir a tendência de maior flexão dos cilindros. Ao em vez disso, cadeiras *Sendzimir's 20-high cluster mill* de maior largura devem ter um número maior de rolamentos que a transferência dos cilindros intermediários para os cilindros de encosto mais externos.

Os pequenos cilindros de trabalho e a construção bastante rígida do conjunto da cadeira e a utilização do arranjo com cilindros agrupados possibilitam um suporte total dos cilindros de trabalho nos planos horizontal e vertical e ao longo de todo o seu comprimento. Esse conjunto de fatores permite ao laminador Sendzimir aplicar elevadas pressões e, assim, realizar altas reduções com extrema precisão de bitola tanto transversal como longitudinal. São essas características que o tornam especialmente interessante para a laminação de aços mais resistentes, por exemplo, aços inoxidáveis e aços ao silício, e na produção de folhas de aço de espessura reduzida. Esse equipamento também pode ser empregado para laminação de aços de baixo, médio e alto teor de carbono, além de ligas de cobre, alumínio, titânio, estelite (liga de Cr e Co) e outras ligas de difícil deformação, ou quando se deseja atingir espessuras muito reduzidas.[5] No entanto, a capacidade de produção é bem menor quando comparada à produção dos laminadores contínuos.

Para metais não ferrosos e para aços, são empregados cilindros de trabalho com diâmetro de 6 a 100 mm, o que permite, em muitos casos, a realização da troca manual destes cilindros, embora a troca dos cilindros com carros de apoio ou mesmo com robôs possa ser utilizada atualmente. Observa-se que, atualmente, é prática corrente a utilização de uma única cadeira do tipo *20-high cluster mill* de forma reversível. Uma velocidade de laminação de até 20 m/s pode ser aplicada nos equipamentos mais modernos.[6] O funcionamento de forma reversível foi proposto no início da década de 1960. Entretanto, foi proposto e patenteado em 1968, pela empresa Sendzimir Inc., um sistema com quatro cadeiras em tandem, operando com alta tensão entre cadeira e possibilitando uma produção mais elevada. Todavia, podem-se associar os seguintes fatores:

- menor produção e consumo de aços inoxidáveis e aços elétricos, aplicação prioritária das cadeiras do tipo *20-high cluster mill*, em relação aos aços-carbono;
- o maior investimento necessário nesse tipo de cadeira;
- os ganhos de produtividade obtidos nos últimos anos devido ao aperfeiçoamento dos equipamentos e instrumentos eletromecânicos e a automação das linhas de produção.

---

5 A empresa Waterbury Farrel, dos Estados Unidos, importante fabricante de cadeiras do tipo Sendzimir, diz que a menor espessura atingida com seus equipamentos é de 0,00076 mm (0,76 μm). Porém, equipamentos para atingir uma espessura mínima de 0,003 mm são disponíveis de forma rotineira (catalogados) pelas empresas.

6 Devido ao reduzido diâmetro dos cilindros de trabalho, existe uma limitação da velocidade circunferencial que pode ser atingida para uma dada rotação dos cilindros.

Atualmente, prefere-se a utilização de cadeiras individuais do tipo *20-high cluster mill*, embora seja comum a instalação de mais de uma cadeira em linhas de laminação independentes em uma mesma empresa (como é caso no Brasil da empresa Aperam (ex-Acesita), que, até o ano de 2021, possuía quatro cadeiras do tipo *20-high cluster mill* em funcionamento.

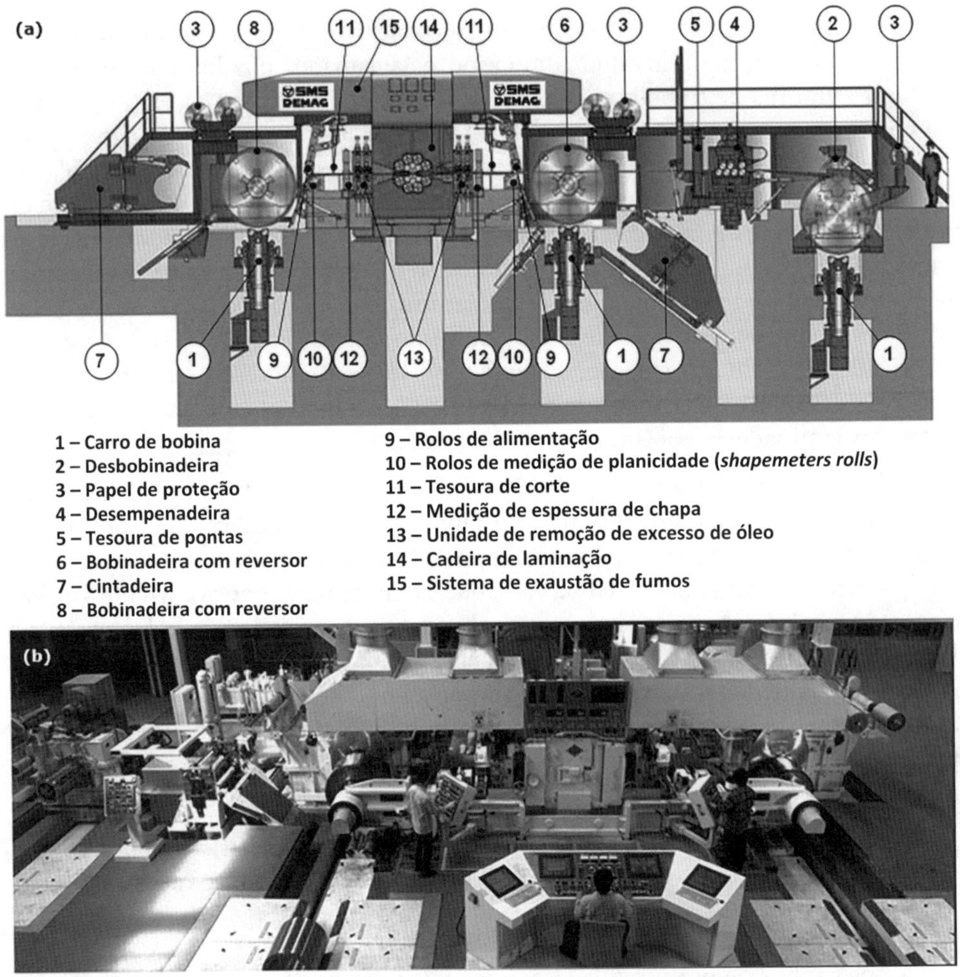

Figura 3.26 – Configuração de laminador agrupado do tipo *20-high Mill,* com destaque para as bobinadeiras.

Fontes: a) SMS-Siemag Inc.; b)Tenova I2S.

Além da cadeira de laminação, um laminador Sendzimir possui ainda mais quatro conjuntos principais: uma desbobinadeira, uma desempenadeira e duas bobinadeiras, uma de cada lado da cadeira de laminação. O primeiro passe de laminação é feito por meio da desbobinadeira para a bobinadeira esquerda, conforme mostrado na Figura 3.26. Os passes seguintes são realizados via bobinadeiras; de acordo com o número de passes, a bobina pode ser retirada tanto na bobinadeira direita quanto na esquerda. Os dez passes da aplicação são um número típico para o processo de laminação de aços inoxidáveis, correspondente a uma redução de espessura da ordem de 80%. As bobinadeiras têm a função de enrolar a bobina sobre um mandril, na tração adequada ao processo. Elas são dotadas de acionamento por meio de motor acoplado a um redutor de engrenagens e mandris rígidos ou expansivos.

O torque do motor (ou motores) é transmitido a dois pares de cilindros segundo intermediários na parte superior e inferior, por meio de árvores com juntas universais, e estes, por sua vez, transmitem, pelo atrito, o movimento aos cilindros de trabalho. Observa-se que uma vantagem da cadeira *20-high mill* em relação à cadeira *12-high mill* é o fato de que no primeiro caso, os cilindros acionados pertencem à segunda camada de cilindros intermediários, o que permite a utilização de cilindros de maior diâmetro e, consequentemente, com maior torque do que para cilindros acionados na primeira fileira de cilindros intermediários, como é o caso cadeiras *12-high mill*. Na Figura 3.27, é apresentado um exemplo do sistema de acionamento que pode ser empregado.

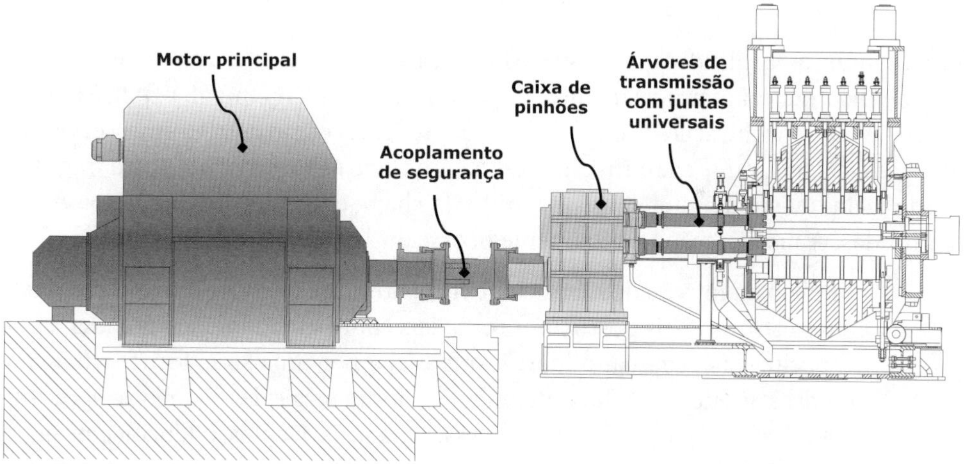

Figura 3.27 – Exemplo do sistema de acionamento que pode ser empregado em um laminador agrupado do tipo *20-high mill*.

Quando o *cilindro de trabalho* de uma cadeira *Sendzimir high cluster mill* for de pequeno diâmetro (12 mm por exemplo), este pode ser confeccionado em carboneto de tungstênio, material com elevada rigidez (aproximadamente duas vezes a do aço normalmente empregado para cilindros de laminação) e com resistência ao desgaste muito maior, permitindo, assim, um grau de polimento mais elevado.

Por se tratar de um equipamento com poucos fabricantes habilitados ao redor do mundo e por apresentar um intricado mecanismo para posicionamento e ajuste dos diversos cilindros que o compõem, as cadeiras de um laminador agrupado do tipo *20-high Mill* são, de certa forma, padronizadas em termos de capacidade de produção. Por exemplo, apresenta-se na Figura 3.28 uma codificação para identificação dos cilindros utilizados em uma cadeira *20-high mill.*

Também na Figura 3.28, é mostrada a nomenclatura utilizada em um laminador do tipo *Sendzimir 20-high mill.*

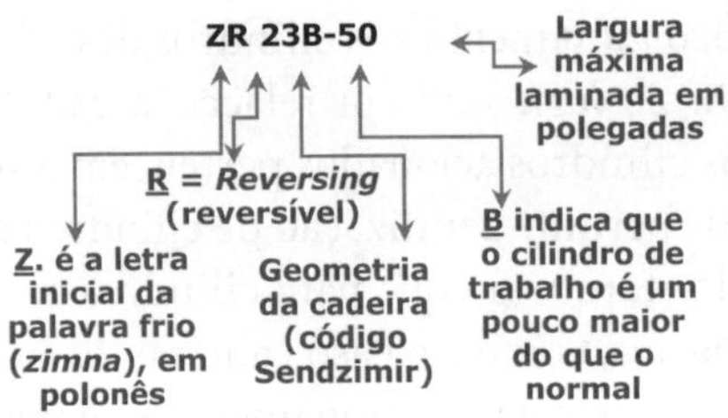

Uma cadeira ZR 23 apresenta os rolamentos do cilindro de encosto e os cilindros de trabalho com diâmetro de 225 mm e 40 mm, respectivamente. Já uma cadeira ZR 32 apresenta os rolamentos do cilindro de encosto e os cilindros de trabalho com diâmetro de 48 mm e 6,5 mm, respectivamente. O significado dessa diferença é que a cadeira ZR 23 pode laminar materiais ferrosos e não ferrosos até uma espessura mínima de 50 microns (0,05 mm), enquanto uma cadeira ZR 32 pode laminar folhas de materiais não ferrosos até espessura de 2,5 microns (0,0025 mm), ou seja, 20 vezes mais fina (Fonte: T. Sendzimir Inc.

Figura 3.28 – Nomenclatura normalmente utilizada em um laminador do tipo *Sendzimir 20-high mill.*

O conjunto de cilindros, inclusive os mancais ajustáveis, é envolvido em um banho de óleo ou, mais propriamente, uma emulsão de óleo em água (por exemplo, com 7,5% de concentração de óleo), que, além de servir como lubrificante, serve para dissipar o calor durante a laminação. Ademais, o fluxo de lubrificante retira fragmentos de metal que podem ter se desprendido da chapa e/ou cilindros, principalmente nas bordas. A lubrificação normalmente ocorre da seguinte forma:

a) por meio da injeção de lubrificante no centro de cada um dos cilindros (eixo) de encosto, os quais possuem furos axiais confeccionados para atender a esse propósito. Em seguida, o lubrificante escoa por uma série furos radiais nos cilindros de encosto e flui radialmente pelos mancais de rolamento, permitindo a lubrificação e a refrigeração desses mancais. Depois, o lubrificante escoa pelos cilindros intermediários até a chapa, sendo recolhido por gravidade por tubos localizados na frente e atrás da cadeira. Esse método foi sugerido inicialmente por T. Sendzimir e J. Eckert (SENDZIMIR; ECKERT, 1951) em 1943 e patenteado em 1951. O óleo é bombeado e injetado na cadeira, percorre o circuito apresentado, após o que é recolhido, e passa por filtros antes de ser recirculado no laminador, sendo que entre o filtro e o laminador existem dois tanques, um para a emulsão suja e outro para a emulsão filtrada.

b) por meio de bicos de injeção posicionados perpendicularmente aos cilindros para aplicar o lubrificante na interface cilindro de trabalho/chapa ou mesmo na "camada" de cilindros primeiros intermediários. Os bicos de injeção do óleo lubrificante podem ser montados em uma viga com ajuste angular (pivotante) para permitir a aplicação do lubrificante com uma distribuição uniforme e podem ser ajustados para compensar variações no diâmetro dos cilindros em operação (Figura 3.29).

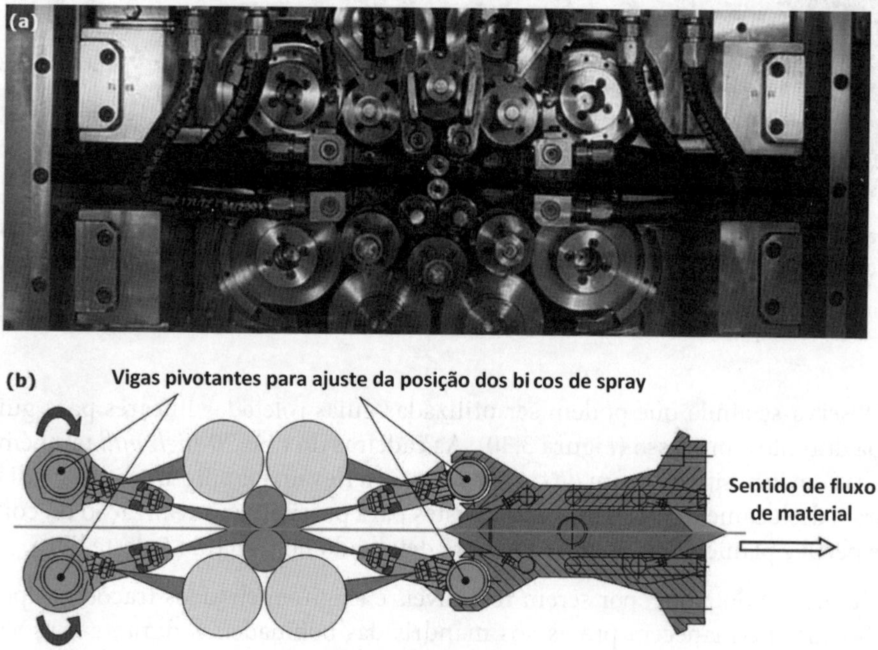

Figura 3.29 – Destaque para o sistema de alimentação e os bocais de aplicação de lubrificante na interface cilindro de trabalho/chapa em uma cadeira bipartida.

Fonte: a) e b) SMS-Siemag.

Observa-se que, na entrada e na saída de uma cadeira agrupada *20-high*, são instalados dispositivos para remoção do excesso de óleo (*oil wiper units*) que empregam cilindros revestidos com lã ou outro material combinado com borrachas para remover o excedente de lubrificante e "enxugar" a superfície da chapa ou folha. Detalhes da lubrificação durante o processo de laminação a frio serão discutidos na Seção 3.4 deste livro.

A temperatura do óleo bombeado normalmente varia de 40 a 70 °C, dependendo do material a ser laminado. Uma vazão de emulsão de 4.800 l/minuto é um valor típico desse processo, mas podem ser utilizadas vazões de até 20.00 l/minuto.

Para remover o excesso de óleo na superfície da chapa laminada, são utilizados dispositivos como os apresentados na Figura 3.30.

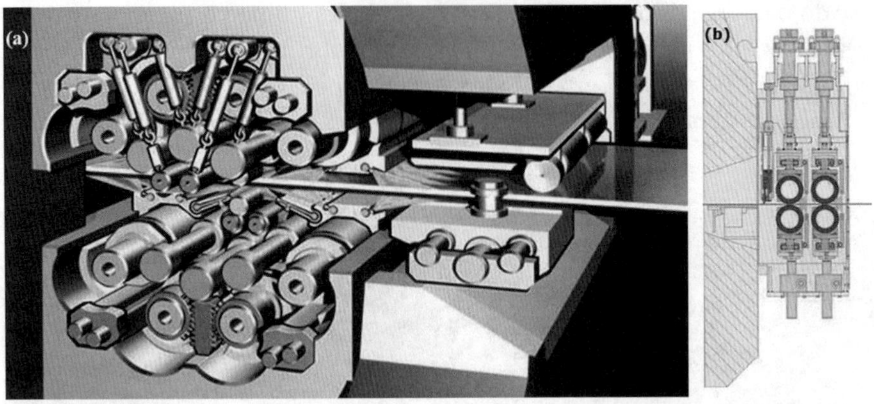

Figura 3.30 – Destaque para o dispositivo para remoção do excesso de lubrificante na chapa ou folha em uma cadeira bipartida.

Fonte: a) e b) SMS-Siemag.

Observa-se ainda que podem ser utilizadas guias roletadas lineares para guiar a chapa durante o processo (Figura 3.30). As cadeiras do tipo *20-high mill* também são dotadas de dispositivos, a fim de tornar possível a flexão dos cilindros intermediários e para o deslocamento axial de alguns destes para possibilitar a realização do controle de perfil e planicidade, assunto que será detalhado no Capítulo 5 deste livro.

É digno de nota que, por serem reversíveis e exigirem elevadas trações, as pontas das bobinas permanecem presas aos mandris das bobinadeiras durante o processo. Essas pontas não são, portanto, laminadas e conservam a espessura e o acabamento superficial originais da matéria-prima. No processo de recozimento final, são descartadas e sucatadas como ponta grossa ou *heavy gauge*, constituindo a principal perda de rendimento físico do processo. A extensão das pontas descartadas como *heavy gauge* depende do equipamento. Como valor geral, utilizam-se cinco metros em cada extremidade como condição técnica mínima. A condição padrão de enrolamento de ponta grossa no mandril é de 1,5 volta, embora valores de até ¾ de volta sejam utilizados.

O laminador denominado *Z-high mill,* que também recebe as denominações de *4/Z-high mill* e *18-HS mill,* conforme o fabricante do equipamento, com pequenas diferenças nos projetos, foi proposto inicialmente pelo filho de Tadeusz Sendzimir, Michael Sendzimir, no início da década de 1960. É importante observar que existe uma certa confusão na literatura ao se associar o termo *Z-mill* com laminadores do tipo *20-high cluster mill,* e vice-versa, pelo fato de os dois equipamentos terem sido concebidos pela mesma empresa, Sendzimir Inc., e por se denominarem esses equipamentos como laminadores Sendzimir. Entretanto, como será detalhado a seguir, trata-se de equipamentos diferentes. Nos laminadores *Z-high mill,* é aplicado o mesmo conceito dos laminadores *20-high cluster mill,* ou seja, cilindros de trabalho de pequeno diâmetro transmitindo uma elevada pressão em uma reduzida área da chapa e sem a utilização de mancais de suporte para esses cilindros. Um exemplo da configuração desse tipo de laminador é apresentado nas Figuras 3.18e e 3.31.

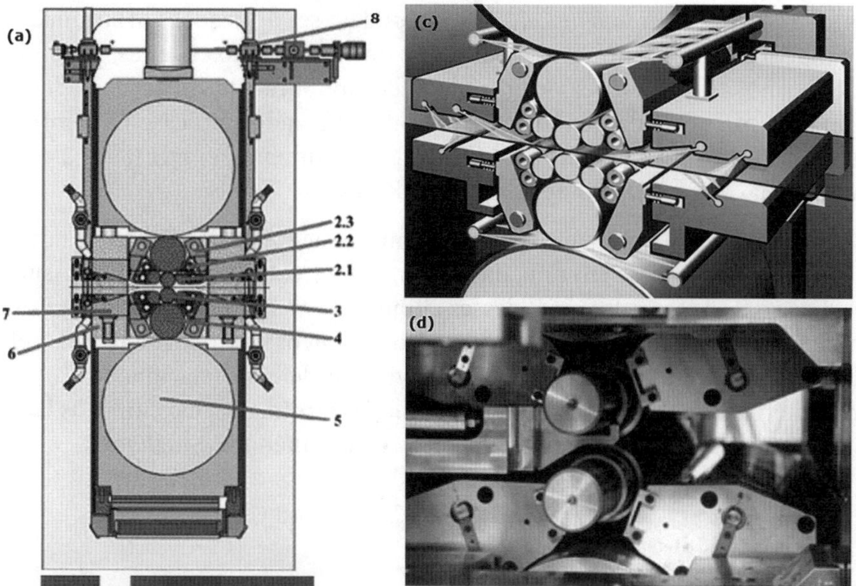

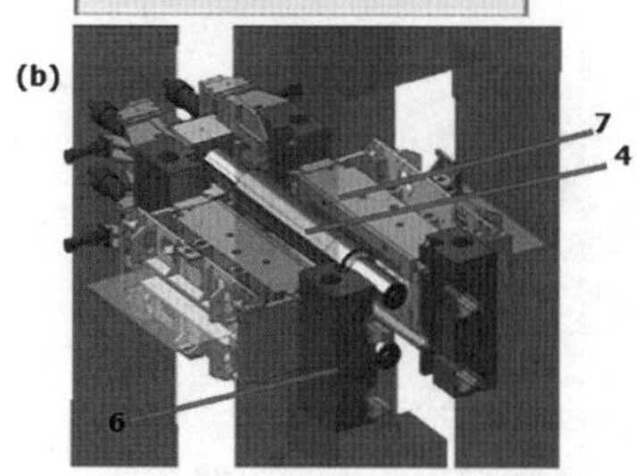

1 – Laminador 6-Hi com cilindros de suporte lateral
2.1 – Cilindro de apoio lateral
2.2 – Duas linhas de rolamentos para suporte lateral
2.3 – Braço pivotante
3 – Cilindro de trabalho sem mancais de apoio
4 – Cilindro intermediário com mancais e deslocamento axial
5 – Cilindro de encosto não acionado e com mancais
6 – Blocos para posicionamento transversal dos mancais dos cilindros intermediários
7 – Travessão (*side support beam*) para transferir a carga transversal para o quadro da cadeira de laminação
8 – Motor de posicionamento do travessão

Figura 3.31 – a) Representação esquemática da disposição dos cilindros no laminador *Z-high mill,* que também recebe as denominações de *4/Z-high mill* e *18-HS mill,* conforme o fabricante do equipamento; b) e c) imagens de uma instalação industrial desse tipo de laminador.

Fontes: a) e b) T. Sendzimir Inc.; c) e d)SMS-Siemag.

No ano de 2006, já existiam cerca de 62 laminadores do tipo *Z-high mill* em operação. Esse tipo de equipamento pode ser utilizado na laminação a quente e na laminação a frio. Na laminação a quente, o laminador *Z-high mill* tem sido empregado nos últimos anos na seção de saída de uma máquina de lingotamento contínuo de placas finas. Na laminação a frio, os laminadores *Z-mill* têm sido empregados para realizar grandes reduções nas cadeiras iniciais de linhas de laminação de aços inoxidáveis antes das linhas de recozimento e decapagem - *annealing and pickling (A&P) lines* –, permitindo, assim, um aumento da capacidade das linhas de produção. Laminadores do tipo quádruo podem ser modificados para laminadores do tipo *Z-mill,* incorporando cilindros de trabalho de pequeno diâmetro, permitindo que o laminador passe a executar maiores reduções por passe e atingir espessuras mais reduzidas, além de poder processar materiais de maior resistência.

As cadeiras do tipo *Z-high mill* ou *4 18-HS mill* podem ser utilizadas em laminadores do tipo tandem com configurações envolvendo de duas a cinco cadeiras, podendo ser utilizado em novas instalações ou introduzido para aumento de capacidade de produção, ou para melhoria da qualidade dos produtos gerados, no caso de reforma de uma instalação de laminação a frio contínua, principalmente no que tange a aços de maior resistência, como é típico dos aços inoxidáveis.

Uma característica importante desse tipo de laminador é a utilização de cilindros intermediários com conicidade em uma das extremidades combinada com a possibilidade de realizar o deslocamento axial desses cilindros (*roll shifting*), além de aplicação de esforços de flexão nos mancais dos cilindros de encosto e intermediários (*roll bending*). Essa característica permite reduzir ou evitar os defeitos relacionados com a formação de ombros (*edge drop*) nas bordas das chapas laminadas. Os cilindros laterais são apoiados em suportes semelhantes às selas do laminador *20-high mill.*

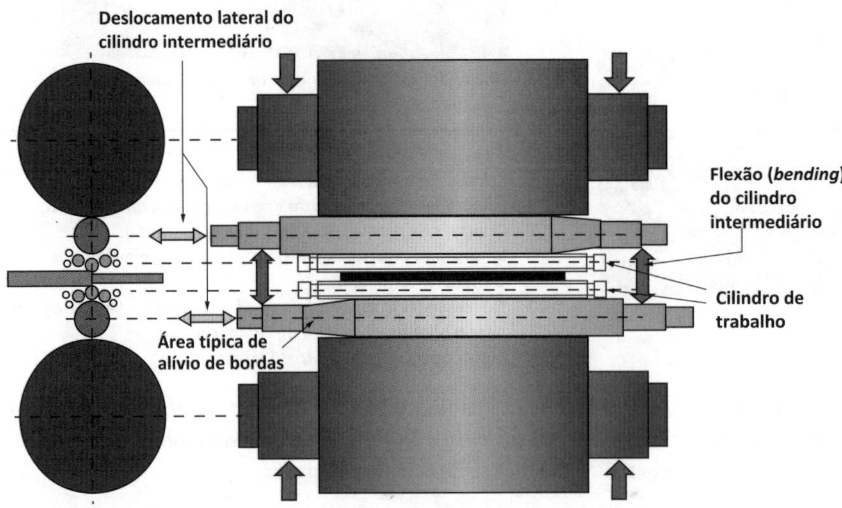

Figura 3.32 – Representação esquemática da disposição dos cilindros no laminador *Z-high mill* e dos mecanismos de movimentação axial e de *bending* dos cilindros intermediários, e da forma das extremidades desses cilindros.

Fonte: T. Sendzimir Inc.

Outro tipo de laminador agrupado ainda em utilização e que guarda algumas semelhanças com o laminador *Z-mill* é o *laminador MKW* (*Mehrwalzen Kalt Walzwerk*), também conhecido como *Schloemann 6-high cluster MKW reversing mill* em razão do seu fabricante, situado na cidade de Düsseldorf, na Alemanha, nos anos 1960. Nesse sistema, apresentado na Figura 3.33, os cilindros de apoio são acionados, e os cilindros de trabalho, de pequeno diâmetro, estão deslocados em relação à linha de centro dos de apoio, sendo suportados lateralmente por dois outros instalados do lado de saída do laminador para evitar uma excessiva deflexão lateral dos cilindros de trabalho. Existe também a versão com oito cilindros.

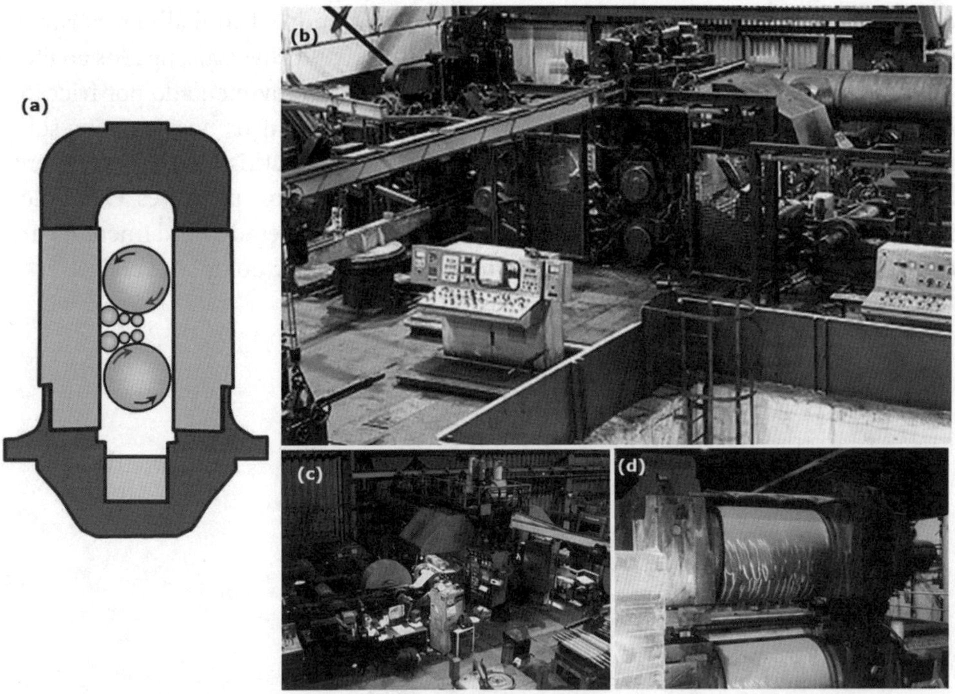

Figura 3.33 – a) Representação esquemática da disposição dos cilindros no laminador MKW (*Mehrwalzen Kalt Walzwerk*), também conhecido como *Schloemann 6-high cluster MKW reversing mill*; b, c, d) imagens de uma instalação industrial desse tipo de laminador.

A construção do equipamento é semelhante à de uma cadeira quádruo, porém, a relação de diâmetros dos cilindros de encosto para os cilindros de trabalho é de 6 para 1, ou mais. Os cilindros de trabalhos não são apoiados em mancais, e, sim, por pinças de apoio (macacos prendedores), sendo balanceados por um sistema hidráulico, mesmo quando não está sendo realizado um passe de laminação. O laminador pode ser operado de forma reversível, tendo os cilindros de apoio como motrizes, o que permite a realização de uma troca rápida dos cilindros de trabalho. Esse equipamento pode utilizar motores extremamente potentes (de até 11.000 HP) e laminar chapas com elevada largura (larguras de até 2.150 mm são citadas na literatura), com espessura final de até 0,1 mm.

Outro tipo de laminador agrupado desenvolvido para a laminação a frio de chapas e folhas de aço é o *laminador em Y*, desenvolvido com o intuito de utilizar cilindros de trabalho com um diâmetro mínimo possível na prática com cilindros de encosto com elevada rigidez nas direções horizontal e vertical. A configuração desse equipamento, apresentado nos idos de 1940, consiste na instalação na parte superior à linha de laminação de um cilindro de trabalho, apoiado por dois cilindros de encosto, que, por sua vez, apoiam-se em dois outros de grande diâmetro (Figura 3.34). Na parte inferior, a disposição é semelhante a um laminador quádruo convencional. É interessante notar que os dois cilindros de trabalho têm diâmetros desiguais, sendo o inferior de diâmetro igual ao dos dois de apoio do cilindro de trabalho superior. Esses cilindros são acionados diretamente por meio de eixos universais, ligados ao motor principal, sendo o pequeno cilindro de trabalho superior movimentado por fricção. O arranjo é mantido na posição desejada pelo emprego de calços posicionados sob os mancais dos cilindros de encosto superior. Esses calços são utilizados para compensar a usinagem e para manter o correto alinhamento dos cilindros superiores. O ângulo de 90° entre as linhas de centro dos eixos dos cilindros é considerado fundamental para o correto funcionamento desse equipamento. O laminador Y é do tipo reversível.

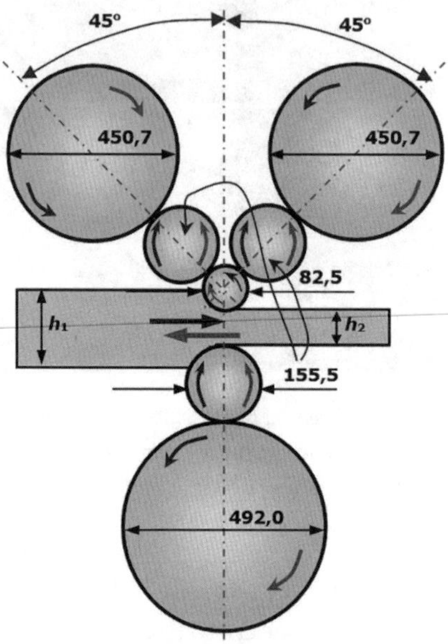

Figura 3.34 – Representação esquemática da disposição dos cilindros no laminador em Y com dimensões típicas dos cilindros utilizados.

3.3 SISTEMAS DE BALANCEAMENTO DOS CILINDROS E SISTEMAS DE AJUSTE DA LUZ OU *GAP*

Para assegurar que os cilindros de encosto e de trabalho superiores sejam mantidos na posição correta em relação aos cilindros inferiores, são utilizados *sistemas de balanceamento dos cilindros* nas cadeiras de laminação. Esses sistemas aplicam forças para manter os cilindros superiores em contato e para que os mancais dos cilindros de encosto estejam rigidamente prensados contra os parafusos de ajuste de controle de abertura, calços ou outros dispositivos de posicionamento dos cilindros, evitando folgas no sistema mecânico de ajuste de posição destes.

Esses sistemas também podem desempenhar uma função adicional como atuadores nos sistemas de controle de espessura, perfil e planicidade, auxiliando na compensação de excentricidades devido ao achatamento do raio dos cilindros de trabalho, desgaste dos mancais ou incorreta fabricação ou montagem deles, flexão dos cilindros e outros fatores que serão detalhados posteriormente neste texto. Ressalta-se ainda que a eliminação de folgas é necessária para evitar golpes no momento da entrada do esboço no *gap* no passe. O esforço aplicado para efetuar o balanceamento deve ser igual à soma do peso a ser suportado, acrescido de uma carga para evitar a folga entre componentes do conjunto mecânico.

Diversos métodos foram desenvolvidos para efetuar o *balanceamento dos cilindros*, alguns dos quais serão comentados a seguir. Em cadeiras duo menores com menos exigência de precisão dimensional, ou mesmo em cadeiras desbastadoras mais antigas, podem ser utilizados sistemas de tirante, contrapesos e alavancas para balanceamento dos cilindros superior ou inferior. Os contrapesos podem ser instalados sob o laminador, mais comum, ou na parte superior da cadeira.

Outro método relativamente simples consiste na utilização de dois tirantes ou parafusos com roscas e porcas nas extremidades, para suspender e sustentar o mancal do cilindro de encosto superior, e duas molas amortecedoras ou molas cilíndricas instaladas em volta dos parafusos e posicionadas diretamente sobre o topo do quadro da cadeira ou, mais raro, com o auxílio de uma barra transversal conectando ambas as molas. Cada quadro utiliza um conjunto de dois parafusos e duas molas para permitir a instalação do parafuso ajustador e para melhor distribuição do esforço. Esse tipo de sistema de balanceamento é projetado para oferecer uma força constante durante o processo de laminação, sendo, portanto, especificado para uma faixa particular de carga de laminação, diâmetro de cilindros e abertura de cilindros.

Um método mais recente emprega barras e cilindros hidráulicos conectados por uma barra transversal sustentando os parafusos que são conectados ao mancal do cilindro de encosto superior. Podem ser utilizados um ou dois cilindros para cada quadro da cadeira. Nesse caso, é necessário prover toda uma instalação para "alimentar" os pistões hidráulicos e uma série de cuidados em relação à manutenção do sistema e prevenção de vazamentos da instalação, mas oferece-se a possibilidade de carga de balanceamento variável e combinação com os sistemas de contraflexão dos cilindros.

No caso de cadeiras do tipo quádruo, podem ser utilizados pistões hidráulicos montados nos mancais dos cilindros inferiores para sustentar os cilindros superiores, ou seja, dois pistões em um mancal do cilindro de trabalho inferior sustentando o mancal do cilindro de trabalho superior; e dois pistões instalados no mancal do cilindro de encosto inferior sustentando o mancal do cilindro de encosto superior. Também podem ser instalados pistões hidráulicos fixados em blocos de apoio, que, por sua vez, também são fixados no quadro da cadeira. Nesse caso, os pistões hidráulicos podem atuar nos mancais dos cilindros de trabalho superior e inferior. Calços do tipo *E-block* fixados nas faces da parte interna do quadro da cadeira são utilizados como o apresentado na Figura 3.35. Esse sistema permite o balanceamento dos cilindros e a aplicação individual de cargas de *bending* negativo e positivo nos cilindros. Outro tipo de calço é o do tipo *project block*, como o mostrado na Figura 3.36.

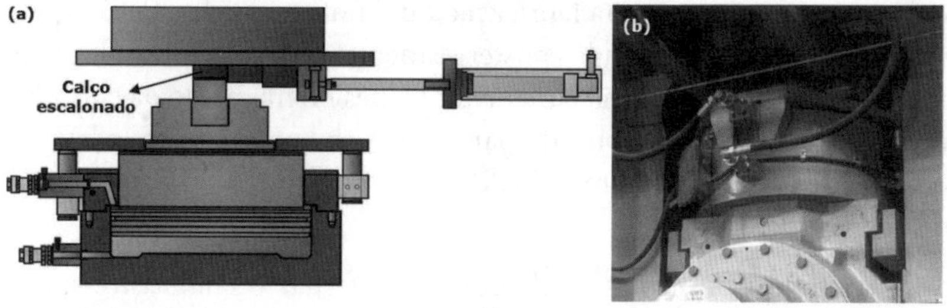

Figura 3.35 – Exemplo de um sistema hidráulico para ajuste de abertura entre os cilindros (movimentação do cilindro superior).

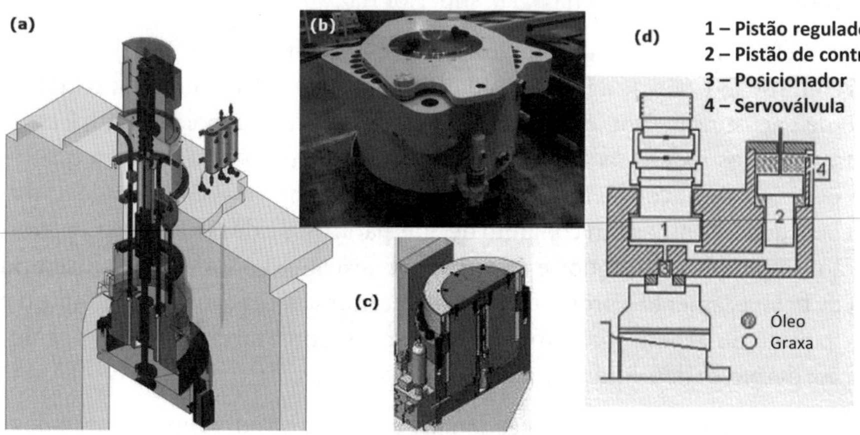

Figura 3.36 – Exemplo do posicionamento de uma cápsula hidráulica ou AGC *cylinder* sobre o cilindro de encosto superior para controle de espessura no passe (antes da montagem e princípios do projeto).

Fonte: Siemens-VAI.

Para realizar o ajuste da luz ou *gap* (abertura) entre os cilindros de trabalho e controle da carga exercida sobre o esboço durante o processo de laminação, são empregados *sistemas de posicionamento dos cilindros.* Em função da tradicional utilização de grandes parafusos passando pela parte superior do quadro da cadeira que são conectados e sustentam os mancais superiores dos cilindros de encosto ou dos cilindros de trabalho, normalmente é comum a utilização do termo *parafusos de regulagem* ou de aperto (*mill screws*), ou ainda *parafuso de pressão,* para designar os sistemas de posicionamento dos cilindros, embora diversos tipos de dispositivos mecânicos possam ser empregados para esse fim, sem necessariamente a utilização de parafusos. Os dispositivos mecânicos mais utilizados serão apresentados a seguir.

Inicialmente, foram desenvolvidos dispositivos mecânicos instalados no topo das cadeiras e que eram ajustados manualmente. Esses sistemas ainda são empregados em laminadores de menor porte. Nesse caso, podem ser empregados os seguintes mecanismos:

- calços inclinados que são deslocados na direção horizontal em relação a uma face plana da viga transversal superior do quadro da cadeira.
- parafusos fixados no topo do mancal, passando através de porcas fixadas na viga transversal superior do quadro da cadeira; a rotação do parafuso pode ser comandada por volantes com acionamento direto ou por meio de alavancas.
- a porca instalada na viga transversal superior do quadro da cadeira é acionada por uma engrenagem helicoidal fixada em um eixo horizontal posicionado na lateral do quadro.
- utilização de dois parafusos fixados no mancal, objetivando aumentar a precisão de posicionamento dos cilindros.

Observa-se que, em laminadores de maior porte, os parafusos são fabricados pelo processo de forjamento e são acionados por motores elétricos, empregando-se conjuntos de engrenagens dimensionados de acordo com o arranjo escolhido e o torque necessário, passando a ser utilizada a terminologia *parafuso eletromecânico.* As porcas são normalmente confeccionadas em bronze. Nesse caso, pode-se considerar a utilização de um motor para cada lado da cadeira (lado de operação e lado de acionamento) ou de apenas um motor para os dois lados, mas deve-se prever o ajuste individual dos parafusos para possibilitar o balanceamento e alinhamento dos cilindros e para auxiliar no controle de perfil e planicidade do produto laminado. Os dois motores podem ser ligados com acoplamentos do tipo magnético para permitir o deslocamento simultâneo e, quando desligado, permitir o ajuste individual.

Esses sistemas podem ser conectados ou fazer parte de um sistema de controle automático de controle de espessura do esboço (*automatic gauge control system* – AGC) e seu funcionamento será descrito posteriormente.

O sistema de posicionamento dos cilindros deve contar ainda com uma proteção contra sobrecarga na força de laminação, de modo a evitar a fratura na região do pescoço dos cilindros de laminação. Para tal, são utilizadas peças na forma de luvas (*safety sleeves*), placas e calços que se rompem quando é atingida uma carga excessiva. Em geral, as luvas são confeccionadas em ferro fundido ou em aço fundido e devem ser enclausuradas em uma caixa ou um pote, para evitar a projeção de fragmento no caso de ruptura desse componente de segurança.

Ressalta-se que, no caso da laminação a frio de chapas, é desejável, por razões de controle de espessura, perfil e planicidade, que o ajuste do parafuso sob condições de carga, ou seja, durante a passagem de um esboço, e não apenas após a passagem do material. Isso exige uma utilização de motores dos parafusos que permita exercer força pelo menos igual à carga máxima que pode ser aplicada pelo laminador. Essa exigência não é fácil de ser atendida com o emprego de motores de elevada potência conectados aos parafusos de aperto necessários ao processo de laminação a frio, o que implica uma velocidade relativamente baixa de ajuste do *gap*.

Observa-se que foram utilizados sistemas consistindo da utilização de dois motores para cada parafuso, um para realizar o ajuste rápido e outro para realizar o ajuste fino, com menor velocidade de deslocamento do parafuso (medida linearmente na direção vertical em mm/minuto). Entretanto, nas últimas décadas, tem-se optado pela utilização de sistemas hidráulicos combinados com sistemas mecânicos ou sistemas compostos apenas de dispositivos hidráulicos, para possibilitar uma maior velocidade de ajuste.

O sistema hidráulico, além de ser mais rápido, é considerado mais preciso e adequado aos ajustes de espessura comandados pelo controle automático de espessura, permitindo compensar as minúsculas excentricidades dos cilindros. A maior precisão está associada ao fato de não haver folgas que são inerentes a um sistema mecânico. Além disso, existe uma proteção contra sobrecarga por meio da utilização de válvula de alívio, o que é mais simples do que os sistemas de proteção do tipo pote de segurança, utilizado com parafusos eletromecânicos.

Os parafusos hidráulicos também são conhecidos por *cápsulas hidráulicas* (Figura 3.37) e podem ser posicionados entre a face inferior da viga transversal superior da cadeira do laminador, fixos nela, apenas por um rabo de andorinha na haste do pistão, e os calços dos mancais do cilindro de encosto superior, no caso de cadeiras 4-Hi, 5-Hi ou 6Hi.

O sistema hidráulico de ajuste de abertura serve para a regulagem precisa da abertura do cilindro em relação à posição de controle estabelecida no *setup* do laminador, servindo também como sistema atuador para o controle de medição automática e protegendo contra sobrecarga. Para regular a luz entre os cilindros, compensando o desgaste destes, também podem ser utilizados calços escalonados.

Observa-se que, no caso da utilização de dispositivos hidráulicos para controle de posicionamento dos cilindros de trabalho para ajuste de *gap*, o sistema de controle de espessura passa a ser denominado de *HGC* (*hydraulic gauge control* ou *hydraulic gap cylinder control*), fazendo parte de um sistema automático de controle de espessura que é denominado, por vezes, de *HAGC* (*hydraulic automatic gauge control*). As cadeiras de laminação equipadas com dispositivos hidráulicos para balanceamento dos cilindros, ajuste de *gap* e controle de carga de laminação são, por vezes, denominadas de *laminadores* ou *cadeiras hidráulicas* (*hydraulic mill stand*).

Nota-se que a cápsula hidráulica também pode ser posicionada sob o mancal do cilindro de encosto inferior. A princípio, a utilização da cápsula hidráulica na parte inferior teria as seguintes vantagens:

- a troca dos cilindros de trabalho poderia ser realizada mais rapidamente por meio da descida dos mancais para trilhos fixos;
- os cilindros de encosto podem ser trocados de maneira similar;
- uma linha de passe constante pode ser obtida pela utilização de cunhas com acionamento hidráulico posicionadas acima do mancal do cilindro de encosto superior;

- os dispositivos dos tipos linhas de alimentação do sistema hidráulico, transdutores etc. são instalados abaixo da linha de passe e, portanto, são menos susceptíveis a sofrerem danos mecânicos;
- não é necessário nenhum dispositivo para suportar os cilindros hidráulicos durante a troca dos cilindros de encosto.

Entretanto, essas vantagens podem se deteriorar em função de condições ambientais na área da laminação ou da dificuldade de acesso à região inferior do quadro da cadeira em função do projeto das instalações ou da própria cadeira. Observa-se que, nos últimos projetos de cadeiras quádruo para laminação a frio, tem-se preferido a colocação de cápsulas hidráulicas sobre o cilindro de encosto superior, conforme o esquema apresentado na Figura 3.37.

Na etapa de laminação a frio, após uma troca de cilindros ou parada prolongada do laminador, uma das primeiras atividades antes da realização dos passes é o nivelamento dos cilindros e a regulagem dos parafusos ajustadores. Para tal, normalmente, o seguinte procedimento é executado: os cilindros são aproximados um do outro, e a solução de lubrificação é aplicada no lado de entrada dos cilindros de trabalho. A seguir, estes são afastados até a solução aparecer entre eles, no lado de saída. Os parafusos ajustadores são, depois, apertados até que os cilindros comecem a limpar, isto é, estejam em contato sem que passe solução para o lado de saída. Para se ter um laminador nivelado, quantidades iguais de solução devem aparecer nos dois extremos da face dos cilindros. Se houver disparidade, o extremo do cilindro de trabalho que deixa passar maior quantidade de solução está mais alto, e deve-se aplicar mais pressão nesse lado para nivelar exatamente a cadeira.

Em um trem contínuo, a quantidade de solução lubrificante que aparece nas bordas da primeira cadeira pode ser maior do que a que aparece na última cadeira. Por exemplo, na ajustagem preliminar, permitem-se cerca de 200 mm de solução aparecendo na primeira cadeira e na última cadeira; já nesta, os cilindros devem estar inteiramente secos.

Ressalta-se que, se a flexão dos cilindros for muito grande, as altas tensões produzidas podem causar efeitos de fadiga e provocar ruptura dos cilindros. Ao mesmo tempo, a variação de espessura ao longo da largura do material em processo de laminação provoca variações no seu alongamento, o que compromete o aplainamento de produtos laminados planos. Para aproveitar a vantagem da necessidade de menor potência com cilindros de pequeno diâmetro, foi projetado o laminador quádruo, e a ideia foi estendida para a utilização de uma maior quantidade de cilindros, obtendo-se os denominados laminadores agrupados (objeto de discussão do próximo item).

Foi apresentado na Seção 3.1 deste livro que, para se atingirem espessuras mais finas, é necessário utilizar cilindros de pequeno diâmetro e de elevada rigidez, uma lubrificação eficiente na interface cilindro/esboço. Para materiais de maior resistência a espessura mínima, é ainda mais difícil se chegar a espessuras reduzidas. A utilização de cadeiras quádruo com cilindros de trabalho de diâmetro muito pequeno e cilindros de encosto de grande diâmetro (mais que duas vezes o diâmetro do cilindro de trabalho) pode provocar a deflexão horizontal dos cilindros de trabalho.

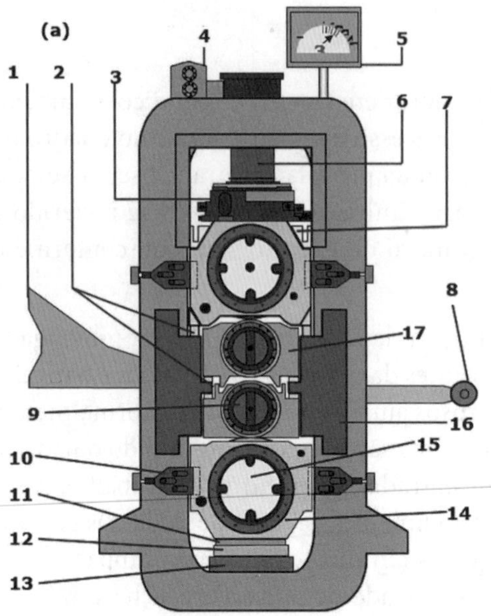

1 – Guarda lateral
2 – Pistões hidráulicos do sistema de balanceamento do cilindro de encosto superior e *work roll bending*
3 – Cápsula hidráulica
4 – Motor do parafuso elétrico
5 – Dial de visualização
6 – Parafuso elétrico
7 – *Carrie bean*
8 – *Looper* (rolo tensor)
9 – *Work roll* (cilindro de trabalho)
10 – Tranquete
11 – *Soft line* (calço móvel)
12 – *Hard line* (calço fixo)
13 – Célula de carga
14 – Mancal Morgoil
15 – *Backup roll* (calço fixo)
16 – *Project block*
17 – Mancal do cilindro de trabalho

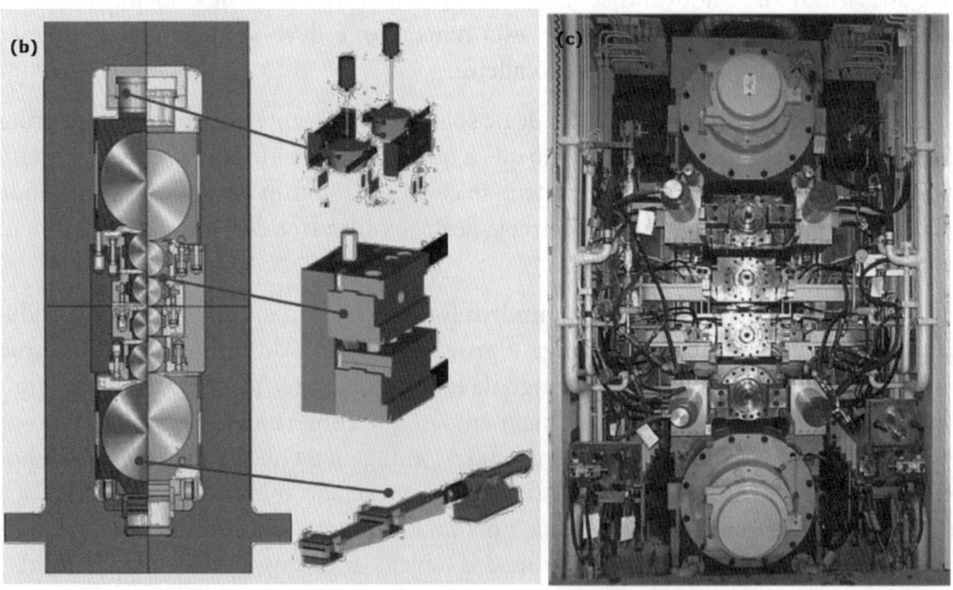

Figura 3.37 – Exemplo de um sistema hidráulico para ajuste de abertura entre os cilindros (movimentação do cilindro superior).

Fontes: b) e c) Siemens-Demag.

Para reduzir o alongamento ou cedagem das cadeiras, uma das soluções é construí-las com grandes seções, de modo que a solicitação específica (carga ou força por cm^2) seja a menor possível, ou então empregam-se as *cadeiras protendidas* (*prestressed four-high mill*). Detalhes sobre a relação entre a variação da cedagem da cadeira de laminação e de alguns parâmetros de processo são apresentados em Rizzo (2007). Nesse caso, uma pré-tensão é aplicada por um sistema hidráulico (porca hidráulica) na direção vertical, no sentido oposto ao de abertura das cadeiras que será provocado pela força de laminação. O dispositivo hidráulico alonga o eixo, permitindo o giro de uma porca mecânica que vai ocupar o espaço gerado pelo alongamento do eixo. Quando a força hidráulica sobre o eixo é relaxada, este tende a contrair-se. Durante essa contração do eixo, a porca mecânica é apertada com intensidade. Dessa forma, o sistema de porca hidráulica permite um elevado aperto da porca mecânica sem ter de bater-se na porca. O eixo puxa as porcas e aproxima-as do mancal. Assim, o mancal é apertado contra a base, fazendo o fechamento da cadeira.

As principais vantagens das cadeiras protendidas são:

- a altura total da cadeira é menor, reduzindo a dilatação, que é proporcional ao comprimento sob tração;
- a pressão que atua sobre todos os elementos da cadeira durante a marcha em vazio (sem estar laminando o material) reduz a folga entre eles, melhorando, portanto, a precisão dimensional da laminação;
- a gaiola protendida tem a vantagem adicional de ser de manipulação e montagem mais fácil, pelo fato de seu peso e dimensões serem menores.

Um dos primeiros tipos de cadeiras protendidas desenvolvidas foi a cadeira denominada de *Fröhling mill*,[7] na qual os mancais dos cilindros superiores e inferiores de encosto são conectados por duas hastes metálicas cilíndricas para cada extremidade da cadeira (lado de trabalho e lado de operação), e é aplicada uma pretensão superior à cedagem calculada para a cadeira (*mill modulus*). Assim, a deformação da cadeira é restrita aos cilindros (flexão e achatamento do raio), às hastes de fixação e aos mancais dos cilindros de encosto (*chocks*). Isso permite utilizar cadeiras com menor área de seção transversal e mais compactas, com maior facilidade para montagem e manutenção delas. Sistemas hidráulicos são utilizados para realizar a pretensão até um valor predefinido e mantida neste valor por dispositivos do tipo parafuso e porca. Luvas com rolamentos excêntricos são instaladas nos mancais de encosto superior e inferior para ajuste do *gap* ou luz entre os cilindros e para ajuste do *pass line* (linha de passe) durante o processo. Esse tipo de equipamento pode ser utilizado em laminadores reversíveis ou contínuos, empregados para laminação de metais ferrosos e não ferrosos.

---

7 Desenvolvido e patenteado em 1955, pela empresa Danieli Fröhling.

Outras soluções para reduzir a cedagem das cadeiras quádruo foram propostas ao longo dos anos, como a cadeira quádruo protendida desenvolvida, por exemplo, por Loewy e Robertson em torno do ano de 1966, que combina a utilização de células de carga, parafusos pré-tensionados e cápsulas hidráulicas.

Diferentemente das cadeiras quádruo convencionais, nas quais o ajuste do *gap* ou luz entre cilindros é feito por meio de parafusos ajustadores, atuando entre o topo da cadeira e o mancal do cilindro de encosto, na cadeira Loewy-Robertson o mancal de encosto do cilindro superior está conectado a uma célula de carga instalada entre este e a parte superior do quádruo da cadeira, e o *gap* é ajustado inicialmente por meio de dois parafusos entre os mancais dos cilindros de encosto superior e inferior, apoiados neste último em células de carga. Assim, em vez de serem suportados pelo quádruo da cadeira, os mancais inferiores dos cilindros de encosto são sustentados por cápsulas hidráulicas (aríete ou carneiro hidráulico). Os parafusos são pré-tensionados em compressão, e os quadros da cadeira são pré-tensionados em tração pelas cápsulas hidráulicas. A pressão na cápsula hidráulica é automaticamente ajustada em função dos dados coletados pelas células de carga sob os parafusos entre os mancais, de forma a manter a compressão dos parafusos constante sob as condições variáveis no processo de laminação, ou seja, desde que os parafusos de ligação se mantenham com um comprimento constante, o *gap* também permanecerá constante.

A configuração descrita no parágrafo anterior é empregada para compensar a cedagem devido ao alongamento do quadro da cadeira e devido à compressão dos parafusos e mancais. A deflexão dos cilindros é compensada indiretamente pelos dados coletados pelas células de carga posicionadas acima dos mancais dos cilindros de encosto superiores. Essas células medem o carregamento total, ou seja, a soma da força de laminação e da força aplicada para realizar o pré-tensionamento dos parafusos entre mancais. Desde que essa segunda força seja mantida constante, qualquer variação na força medida por essas células de carga é devido à variação na força de laminação, dado que é utilizado para compensar o fato de deflexão dos cilindros.

Na prática, os dados coletados pelos dois conjuntos de células de carga são integrados e aplicados no ajuste das cápsulas hidráulicas. Esse tipo de sistema de ajuste apresenta a vantagem de uma correção mais rápida do que aquela baseada na medição de espessura da chapa ou folha alguns metros após a saída do material do passe, desde que sejam utilizados dispositivos hidráulicos de resposta rápida.

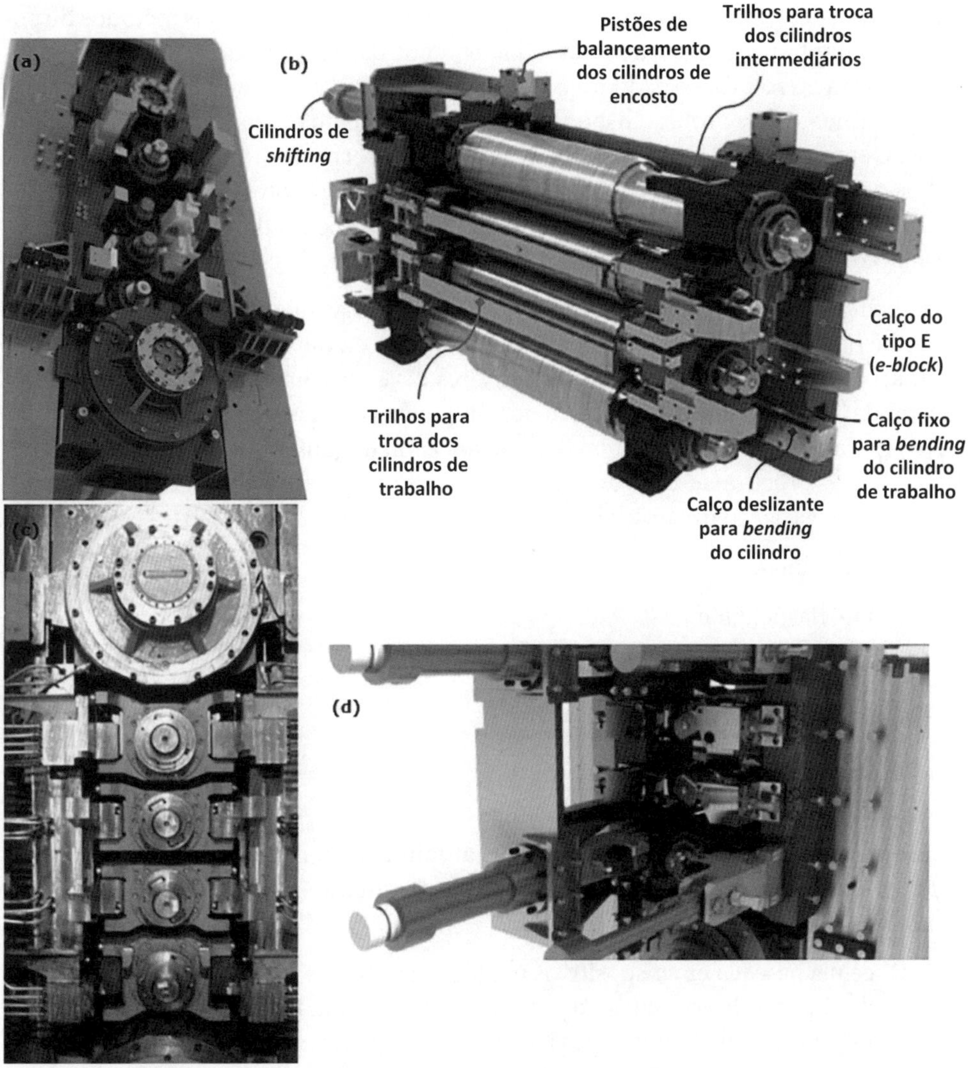

Figura 3.38 – Exemplo de um calço do tipo E para instalação de pistões hidráulicos para balanceamento de cilindros e aplicação de força de *bending* em uma cadeira 6-Hi para laminação a frio.

Fonte: Siemens-Vai.

3.4 MEDIÇÃO DA CARGA DE LAMINAÇÃO

A resistência à deformação do material em processo de laminação gera forças na direção vertical que tendem a promover a separação dos cilindros. Para a *medição do esforço empregado na laminação* de um determinado esboço, podem ser utilizados diversos métodos e dispositivos, fazendo a medição direta ou indireta, ou mesmo inferindo o esforço necessário para deformação do material, ou apenas a sua variação em relação a determinadas condições. A precisão e confiabilidade dos métodos disponíveis são muito variáveis, e a sua escolha depende das exigências em relação ao controle necessário ao processo, do investimento disponível para a aquisição e instalação do equipamento e da própria disponibilidade de espaço no quadro da cadeira de laminação. Como exemplo de um método de medição de forma indireta, pode ser mencionada a aquisição de dados relativos à amperagem dos motores de acionamento dos cilindros de laminação como uma forma de monitoramento da variação de carga de laminação, método comumente aplicado para laminação de produtos longos.

A medição direta apresenta algumas dificuldades relacionadas com a insalubridade do ambiente (presença de diversos contaminantes e elevada temperatura no caso de laminação a quente). A instalação dos sensores deve ser feita em posições específicas, que, muitas vezes, são de difícil acesso ou competem com a instalação de outros dispositivos (parafusos de aperto, sistemas de balanceamento dos cilindros etc.). Para a medição direta, procura-se utilizar sensores baseados em métodos que relacionam o fenômeno de variação dinâmica da força mecânica com variáveis elétricas como:

- indutância;
- fotoelasticidade
- piezoeletricidade;
- magnetoelasticidade;
- extensiometria.

Em geral, nos laminadores empregados atualmente, o instrumento do tipo *célula de carga* é utilizado para medição do esforço de laminação. Esse sensor utiliza basicamente três tipos de tecnologias:

a) célula baseada em dispositivos magneto-elásticos – é constituída por centenas de lâminas de aço-silício, de espessura de 0,5 mm, formando um bloco sólido pelo uso de uma resina epóxi. Cada lâmina possui vários elementos com quatro furos simétricos, por onde passam os condutores dos enrolamentos primário e secundário. Quando não há força externa aplicada à célula, o fluxo magnético do enrolamento primário não atinge o enrolamento secundário. No entanto, se uma força externa é aplicada, a permeabilidade magnética das lâminas diminui na direção da força, as linhas do fluxo magnético são deformadas e interligam-se com o enrolamento secundário, induzindo neste um sinal proporcional a essa força (princípio do efeito Villari). Com esse tipo de célula, é possível conhecer a força externa aplicada pela medição da voltagem do secundário. A princípio, o sensor é insensível para a falha de isolação e fornece um sinal de baixa impedância, relativamente fácil de ser protegido de perturbações elétricas;

b) célula baseada em *strain-gages* – o *strain-gage* é constituído de um fio muito fino (20 mm) na forma de uma serpentina, formando um resistor de aproximadamente 120 ohms. Os *strain-gages* fazem parte de um circuito tipo ponte de Wheatstone e, quando submetidos a uma força de compressão ou tração, têm sua resistência elétrica alterada, desequilibrando o circuito e fornecendo um sinal proporcional à força aplicada. Esse sinal é amplificado e ligado a indicadores ou a sistemas de controles. De acordo com a aplicação, um ou mais pares de *strain-gages* são colados na superfície de blocos de aço forjado. Esses blocos podem ter as seguintes formas: cilíndrica, anel, bloco T, retangular e disco. Observa-se que esse tipo de sensor é muito sensível a uma falha de isolação. A precisão típica das células de carga que empregam *strain-gages* é de 0,1%;

c) Transdutor de pressão – se o parafuso de aperto da cadeira for constituído por cilindros hidráulicos, pode-se instalar um transdutor de pressão no bloco hidráulico em vez de células de carga, de modo que a pressão medida possa ser utilizada para cálculo da força de laminação. Nesse caso, considerando-se o valor da pressão medida e a área do cilindro hidráulico, calcula-se a força exercida pelos cilindros na cadeira. Neste método, são utilizados transdutores de alta performance, empregando, normalmente, dispositivos do tipo *strain-gage*, em que o tempo de resposta é menor que 1 milissegundo, para que se permita, por meio de suas leituras e com um sistema de controle adequado, compensar a excentricidade dos cilindros de encosto. Além disso, apresentam um custo bem menor e uma boa precisão. Observa-se que, nesse caso, as medições podem ser afetadas pela fricção nos pistões hidráulicos e podem ocorrer distúrbios dinâmicos devido à inércia das massas de óleo nos tubos e acumuladores ou mesmo a propagação de ondas nos dutos.

Deteremo-nos à análise da influência da posição desse sensor em relação à construção da cadeira de laminação, particularmente em relação à localização do parafuso ajustador e dos dispositivos para balanceamento dos cilindros do tipo cápsula hidráulica. A princípio, o tipo e o local de instalação da célula de carga dependem da disponibilidade de espaço, da confiabilidade de medição almejada, da distribuição da carga aplicada, do método de aperto (parafuso ou cápsula hidráulica), do tempo de resposta necessário e do custo objetivado. Conforme apresentado na Figura 3.35, as células de carga podem ser instaladas em três posições distintas, com suas respectivas vantagens e desvantagens:

- sob o parafuso de aperto – apresenta as vantagens de uma boa proteção do sensor em relação ao ambiente e uma boa distribuição de forças sobre o sensor. Porém, deve-se tomar muito cuidado com a célula durante as operações de troca de cilindros;
- sob o mancal do cilindro de encosto inferior – apresenta as vantagens de uma boa proteção do sensor durante uma troca de cilindros e está posicionada na direção do principal fluxo de forças geradas na cadeira (Figura 3.36). Entretanto, é mais sensível às condições ambientais e da superfície de contato da célula de carga;

- entre o topo da porca do parafuso de aperto e a carcaça ou o quadro do laminador – apresenta a vantagem de uma boa proteção do sensor em relação ao ambiente, mas uma maior dificuldade para se obter uma boa distribuição de forças sobre o sensor. A célula de carga é instalada na direção do fluxo de forças parasitas geradas na cadeira.

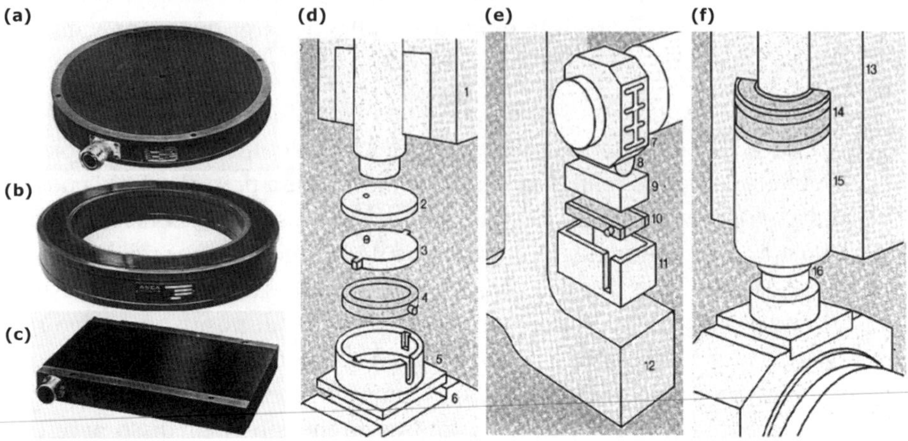

Figura 3.39 – Exemplos de tipos de células de carga empregadas em cadeiras de laminação e de posicionamento da célula na cadeira: a) tipo disco; b) tipo anel; c) tipo retangular; d) posicionada sob o parafuso de aperto; e) posicionada sob o mancal do cilindro de encosto inferior; f) posicionada sobre a porca do parafuso de aperto.

A Figura 3.40 apresenta um exemplo esquemático do fluxo de forças em um quadro de uma cadeira de laminação e a sua interação com o posicionamento das células de carga. Observa-se que há basicamente três regiões de fluxo de força:

- *Loop* A – fluxo principal independente da origem das forças;
- *Loop* B – fluxo de forças parasitas relacionado com forças oriundas da movimentação do parafuso de aperto;
- *Loop* C – fluxo de forças parasitas geradas por alterações na luz entre cilindros de trabalho.

Normalmente, os fabricantes de células de carga sugerem o dimensionamento de sua capacidade nominal, considerando um valor de tensão de 10 kg/mm^2 para o cálculo da seção transversal da célula. As células de carga apresentadas na Figura 3.39 podem ser especificadas para cargas de 10 até 5.000 t.

É importante que os sensores e transdutores sejam selecionados, instalados, protegidos e sofram manutenção e aferição de forma adequada, para que possam fornecer resultados precisos, repetitivos, confiáveis e não necessitem ser removidos do equipamento e deixem de fornecer dados fundamentais para controle do processo.

Observa-se que os dados de esforço de laminação representam um elemento fundamental para o controle de laminadores de produtos planos, não só para determinação do grau de redução que pode ser aplicado ao esboço com a utilização ótima da capacidade de carga máxima disponível na cadeira, respeitando-se as limitações relativas à variação de perfil e planicidade do produto laminado, mas também, com certas restrições, para o controle de forma da chapa ou folha laminada. Os dados de carga também podem ser empregados para evitar desgaste excessivo ou mesmo lascamento ou ruptura dos cilindros de laminação, além do prolongamento da vida útil dos mancais.

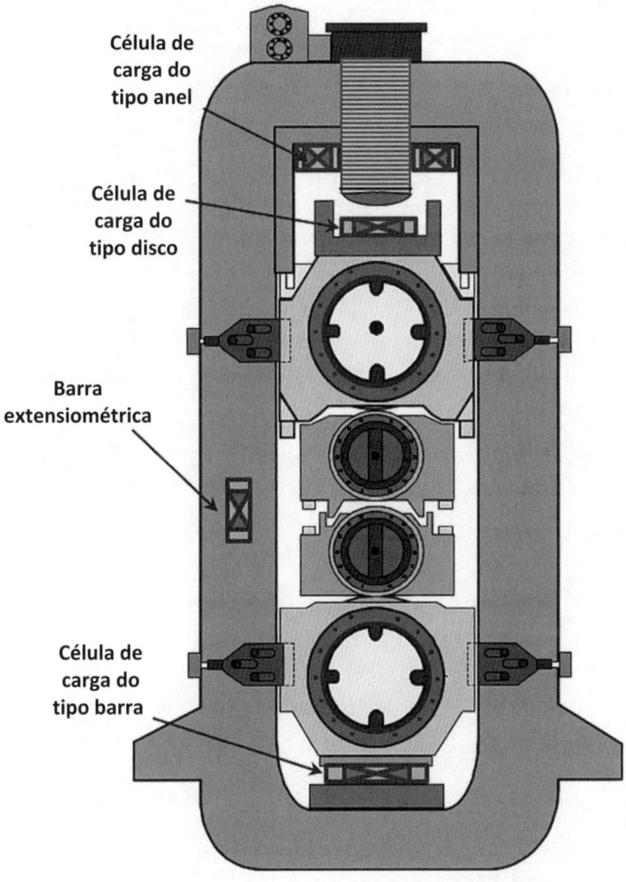

Figura 3.40 – Posicionamento das células de carga em relação ao fluxo de forças no quadro de uma cadeira de laminação.

Os equipamentos de medição de espessura, planicidade e de outras variáveis dimensionais e de forma das chapas e folhas laminadas a frio serão apresentados no Capítulo 5 deste livro. Também serão apresentados e discutidos nesse Capítulo os equipamentos e procedimentos de monitoramento e controle para obtenção da espessura e planicidade almejada para os produtos laminados.

CAPÍTULO 4

Lubrificação na laminação a frio

4.1 POR QUE A LUBRIFICAÇÃO É NECESSÁRIA

Na laminação a frio, opera-se com elevadas reduções. Por exemplo, uma chapa de 0,21 mm é geralmente laminada a partir de uma bobina a quente de 2 mm, o que fornece um grau de redução de 89,5%. Tais reduções exigem muita energia (trabalho) em curto intervalo de tempo, resultando em elevada geração de calor. Dessa forma, torna-se necessário que os laminadores sejam dotados de dispositivos para a *lubrificação* da chapa. Essa lubrificação permite um maior deslizamento entre o cilindro e a chapa, facilitando, portanto, o alongamento. Produz também uma película de óleo que protege a superfície da tira e reduz o desgaste dos cilindros e a geração de marcas de cilindros nas chapas/folhas. Além disso, a utilização do óleo gera uma proteção superficial contra corrosão para materiais que não serão oleados após a operação de encruamento. O lubrificante tem de ser adequado e de muito boa qualidade, constituindo-se em um dos mais importantes e custosos insumos da laminação a frio. Os óleos mais usados são o óleo de palma (azeite de dendê) e o óleo mineral específico.

O *atrito* é a resistência desenvolvida por um corpo em contato com outro, ou outros, quando estes realizam ou tendem a realizar um movimento relativo entre si. Do ponto de vista energético, o atrito é a conversão de energia cinética em outra forma de energia, por exemplo térmica, acústica ou elétrica. Essa energia depende da natureza dos corpos envolvidos e do tribofilme formado entre eles. Os dois principais mecanismos de atrito são a adesão e a deformação plástica (RIZZO, 2007). A princípio, a energia de atrito é dissipada na deformação das camadas superficiais por mecanismos elástico, plástico e viscoelástico, e pela formação de trincas nessas camadas. Pode ainda haver a participação de outros corpos em contato com ambas as superfícies, como é o caso dos lubrificantes.

Durante a laminação a frio, a chapa pode ser aquecida, e sua temperatura pode ser elevada até valores de 50 °C a 240 °C. Esse aquecimento pode ser gerado pelo atrito entre o cilindro e o esboço ou pela própria energia interna gerada no processo de deformação plástica do aço. Se, nesse incremento de temperatura na chapa e nos cilindros de laminação em contato com este, o aquecimento não for evitado, podem ocorrer alterações de propriedades mecânicas e deterioração do acabamento de superfície do produto laminado, além de redução sensível da vida útil dos cilindros de laminação. Para tal, é necessário o emprego de materiais que atuem como *refrigerantes* (água, por exemplo), tanto dos cilindros de trabalho como da chapa que está sendo laminada.

Para proporcionar um bom acabamento superficial, reduzir a carga de laminação, o desgaste dos cilindros e o momento ou flexão imposta aos cilindros, proteger a superfície dos cilindros, aumentar a resistência à corrosão do produto laminado e a formação de riscos no produto laminado a frio, são utilizados *lubrificantes* (óleos, por exemplo) na laminação a frio, ou materiais que exercem as funções de refrigerantes e lubrificantes simultaneamente (emulsões, por exemplo). A utilização dos lubrificantes também permite controlar em certo grau o coeficiente de atrito reinante no processo, facilitando, assim, o controle do processo, pois as condições pressupostas para planejamento e controle serão mais facilmente atingidas. Isso também é válido em relação aos parâmetros objetivados para a superfície do produto laminado.

Os lubrificantes são necessários para reduzir as forças de atrito entre os cilindros e a chapa ou folha no arco de contato, as quais, à medida que a relação entre a espessura da peça e o diâmetro do cilindro de trabalho diminui, tornam-se excessivas e impediriam a deformação plástica do material. Outrossim, devem resfriar os cilindros e a chapa, tendo, portanto, de apresentar elevado índice de transmissão de calor e não manchar a superfície da chapa.

Apesar dos inconvenientes de um elevado coeficiente de atrito citados, observa-se que, em certos casos, pode-se desejar um aumento da fricção entre os cilindros e o material em processo de laminação para se obter um determinado tipo de acabamento superficial, por exemplo, uma superfície lustrosa. Altos coeficientes de atrito na laminação a frio podem ser tolerados em determinados processo, por exemplo, no laminador de encruamento, quando são aplicadas reduções muito pequenas.

A utilização de lubrificantes não é consenso no processo de laminação de encruamento. Algumas empresas não empregam lubrificantes, prevalecendo, assim, a condição de atrito seco (*dry rolling*), com o argumento de que, se fosse utilizada a lubrificação nessa etapa, ela dificultaria o controle da intensidade de alongamento aplicado, além de exigir a retirada do lubrificante se a chapa ou folha fosse destinada à fabricação de folhas de flandres, pois este prejudicaria a obtenção, normalmente desejada, de uma superfície brilhante e lustrosa. Porém, outras empresas utilizam a lubrificação nesse processo com o objetivo de reduzir a força de laminação e manter a temperatura do sistema cilindros/tira em valores adequados.

Os principais fenômenos relativos ao atrito e lubrificação no processo de laminação dos aços foram apresentados no Capítulo 8 de Rizzo (2007), que faz parte da série de publicações à qual pertence o presente livro. No citado Capítulo são, apresentadas as causas e tipos de atrito, os aspectos relevantes da conformação mecânica mais diretamente ligados ao atrito, a definição e os valores típicos do coeficiente de atrito para um processo específico de laminação, os mecanismos de atuação e os tipos de lubrificação e as características principais que seriam desejáveis encontrar em um lubrificante, além de exemplos de lubrificantes mais comuns. Um estudo mais aprofundado dos efeitos do contato entre os cilindros e o material laminado durante o processo de laminação exigiria o emprego do ramo da ciência denominado de *tribologia*, que estuda os fenômenos de atrito, lubrificação e transferência de calor quando ocorre o deslocamento relativo das superfícies em contato e sob pressão, o que, infelizmente foge ao escopo deste livro. Deve-se destacar ainda que o atrito exerce grande influência nas texturas de cisalhamento e na homogeneidade das fibras ao longo da espessura dos produtos laminados, tanto no processo de laminação a quente como no processo de laminação a frio. Um elevado coeficiente de atrito pode resultar em um elevado gradiente de textura cristalográfica e textura de deformação (microestrutura ao longo da espessura).

Pode-se, para fins didáticos, listar os principais fatores que influem no atrito na laminação, observando-se que existe uma inter-relação entre esses fatores, o que torna difícil a determinação quantitativa da influência de cada um:

- material laminado (incluindo sua resistência à deformação e sua dureza superficial);
- material dos cilindros de trabalho (incluindo sua dureza superficial e a composição de sua estrutura – matriz e partículas de segunda fase presentes);
- rugosidade dos cilindros e do material laminado (incluindo a direção da rugosidade);
- presença de óxidos nos cilindros ou no material laminado (deve ser avaliado o tipo e a espessura dos óxidos formados);
- forma de aplicação e eficiência do lubrificante usado;
- tipo e quantidade de lubrificante usado (incluindo a viscosidade e a espessura da camada de lubrificante);
- velocidade de laminação (afetando o arraste do lubrificante para o arco de contato);
- temperatura de trabalho (afetando a viscosidade do lubrificante, os mecanismos de encruamento e amaciamento dos materiais em contato e a formação de óxidos);

- relação entre largura e espessura do material sendo laminado, afetando o alargamento do produto laminado;
- o grau de redução aplicado (também afetando os mecanismos de encruamento e amaciamento dos materiais em contato);
- diâmetro dos cilindros de trabalho.

Uma forma tradicional de se contabilizar o efeito do atrito nos processos de laminação é pela utilização do valor do *coeficiente de atrito* (μ) nas equações que determinam a carga necessária para a laminação e nas variações dimensionais resultantes da aplicação de um determinado passe. Esse coeficiente consiste basicamente na relação entre as forças tangencial (F) e normal (R) atuando no contato entre as superfícies, ou seja:

$$\mu = \frac{F}{R}, \tag{4.1}$$

sendo μ denominado *coeficiente de atrito estático*. Também se pode definir como a relação de pressões tangencial (τ) e normal (P) atuando na mesma área.

Evidentemente, o coeficiente de atrito é um número adimensional. Os primeiros estudos sistemáticos sobre esse tópico foram realizados por Charles A. Coulomb em 1781. Esse tipo de análise é mais adequado para descrever o processo descrito correspondente ao chamado atrito seco, para diferenciá-lo do atrito fluido, que ocorre quando se interpõem entre os corpos em contato finas camadas de fluidos, como óleos e graxas.

Entretanto, apesar da indicação de alguns coeficientes típicos de atrito na referência citada ou de outros que podem ser obtidos em livros e artigos versando sobre o processo de laminação a frio de aços, a determinação precisa do valor do coeficiente de atrito é uma tarefa difícil em função do número de variáveis listadas anteriormente. Além disso, alguns autores contestam o emprego desse modelo de coeficiente de atrito para elevadas pressões existentes em processo de conformação mecânica com deformação volumétrica (*bulk forming*).

Outra forma de se contabilizar o efeito do atrito é pelo emprego do denominado *coeficiente de fricção* ou *fator de atrito* (normalmente simbolizado por m). Nesse caso, considera-se que as superfícies dos metais em contato não estão constituídas por metais limpos. Elas podem conter impurezas de vários tipos, gases adsorvidos, óxidos, graxas etc. Em virtude disso, as ligações que podem ser geradas durante o processo de atrito apresentam uma resistência média ao cisalhamento menor do que a esperada em condições de limpeza total, designada por k (relativo ao material menos resistente[1]).

---

[1] Originalmente, essa definição foi empregada, mas na situação ideal deveria ser a resistência ao cisalhamento da interface, a qual pode ter propriedades diferentes daquelas dos materiais em contato, devido à presença de camadas superficiais modificadas dos materiais, óxidos e filmes adsorvidos.

Nesses casos, típicos da maioria dos processos de conformação mecânica, pode-se expressar a tensão de atrito na seguinte forma:

$$\tau = m \cdot k, \tag{4.2}$$

sendo $0 \leq m \leq 1$, com $m = 0$ indicando uma lubrificação perfeita e $m = 1$ indicando uma adesão total entre as superfícies em contato.

As Expressões (4.1) e (4.2) constituem duas formas diferentes de avaliar a tensão de atrito. Nos cálculos dos problemas de conformação mecânica, os parâmetros m e *m* podem, dependendo da situação, ser considerados constantes ou funções que descrevam as condições de atrito existentes na interface considerada. Podem ser utilizados experimentos laboratoriais para determinação do coeficiente de atrito ou do fator de atrito, válidos, entretanto, para as condições específicas fixadas na execução de tais experimentos e cuja extrapolação para outras situações deve ser feita com muita precaução. O *teste do anel* (*ring compression test*) é o mais empregado na determinação de *m*, embora outros tipos de testes sejam recomendados para condições específicas de processos de conformação mecânica (LENARD, 2007). Métodos numéricos baseados na análise inversa e métodos semianalíticos relacionados com o deslizamento avante também podem ser empregados para determinação de μ (LENARD, 2003, 2007). Na análise inversa normalmente são empregados métodos empíricos ou numéricos para determinar a carga de laminação e, em seguida, compará-la com os resultados medidos no equipamento, procurando determinar qual valor do coeficiente de atrito permite a equalização dos resultados. Uma das equações empregados nesse tipo de análise é a proposta por R. Hill (1950 apud HOFFMAN; SACHS, 1953) e por Lenard[2] (2007):

$$\mu = \frac{\dfrac{P}{b \cdot \sigma_a \cdot \sqrt{R'(h_1 - h_2)}} - 1{,}08 + 1{,}02\left(1 - \dfrac{h_2}{h_1}\right)}{1{,}79\left(1 - \dfrac{h_2}{h_1}\right) \cdot \sqrt{\dfrac{R'}{h_1}}}, \tag{4.3}$$

onde:

σ_a = resistência média à laminação em um determinado passe (kgf/mm^2);

R' = raio deformado do cilindro de laminação (mm);

P = carga de laminação em um determinado passe;

b = largura (mm);

h_1 = espessura de entrada (mm);

h_2 = espessura de saída (mm).

2 Outras equações empíricas são propostas por Roberts (1967) e por Ekelund (apud ROWE, 1977).

Ressalta-se que, mantendo-se constantes alguns parâmetros como o tipo de material dos cilindros, o tipo de material sendo laminado e o tipo de lubrificante empregado, a aplicação dessa equação resulta em variação significativa do coeficiente de fricção com o grau de redução aplicado e com a velocidade de laminação, fazendo com que a aplicação de um coeficiente constante para o cálculo da escala de passes para laminação a frio de um determinado material seja questionável (LENARD, 2007). A aplicação da equação também mostra que o coeficiente de atrito diminui com o aumento da redução aplicada no passe (SHIRIZLY; LENARD, 2000).

A determinação precisa e confiável do coeficiente de atrito se reveste de uma importância ainda maior quando se empregam modelos computacionais sofisticados para a determinação de variáveis inerentes ao processo de laminação. Isso se deve ao fato de que o valor do coeficiente de atrito é uma das variáveis que devem ser inseridas para se executarem tais programas, sendo eles normalmente muito sensíveis (elevada influência nos resultados obtidos) a esse parâmetro. Além disso, deve-se examinar com muita cautela as considerações feitas em relação ao atrito na interface chapa cilindro nos modelos matemáticos empregados para análise dos processos de laminação a frio. Por exemplo, Lenard (2007) apresenta um modelo que considera o fator de atrito m como uma função da carga aplicada e da velocidade do cilindro de laminação para laminação a frio com lubrificação, considerando fixo o tipo de lubrificante empregado (caracterizado principalmente pelas variáveis viscosidade cinemática e massa específica).

O controle preciso do atrito é essencial para se atingirem condições ideais de laminação. Atrito excessivo ou insuficiente são ambos prejudiciais à operação de laminadores. Laminação com escorregamento excessivo poderá resultar em marcas nos cilindros de trabalho que serão estampadas nas superfícies da chapa, provocando desvio de material. Para o caso de escorregamento insuficiente, o processo de laminação poderá tornar-se instável, levando à ruptura da tira e interrupção do processo. Segundo a opinião de Yuen (1999), entender os mecanismos que afetam o coeficiente de atrito resultará no controle preciso deste e no consequente aumento de produtividade do laminador, e na melhoria da qualidade do produto, pois o atrito é um parâmetro crucial para a geração de *set-up*, em função de seu efeito significativo sobre a força e, portanto, sobre a espessura do produto laminado.

Na análise dos efeitos do atrito na região correspondente ao arco de contato, deve-se em primeiro lugar distinguir qual tipo de regime de lubrificação (Figura 4.1), e o seu modelo correspondente prevalecerá.

Grosso modo, considera-se que o regime do tipo *lubrificação de camada limite* (lubrificação limítrofe) prevalece para baixas velocidades de laminação, e o regime de *lubrificação hidrodinâmica* (ou mista) prevalece para elevadas velocidades de laminação.[3]

---

[3] Esses regimes são discutidos no Capítulo 8 de Rizzo (2007).

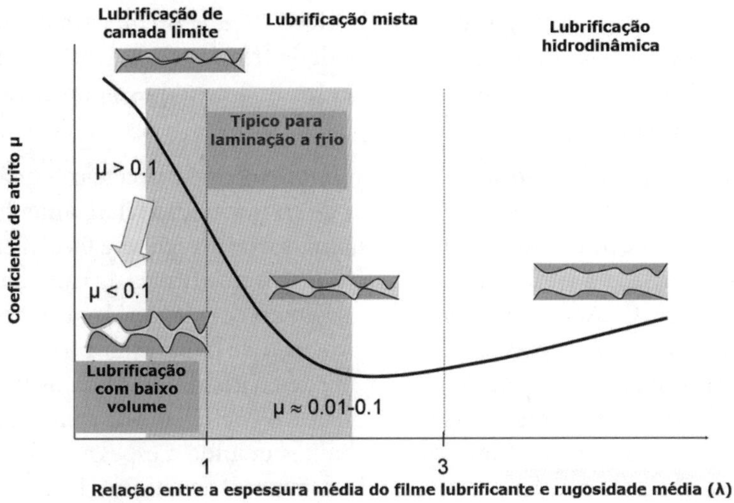

Figura 4.1 – Representação esquemática dos regimes de lubrificação no processo de laminação.

Já a condição ou modelo de *lubrificação hidrodinâmica* considera o lubrificante como um fluido newtoniano. A pressão na película é consequência do movimento das partes em contato, devido ao arrastamento de líquido para a interface. As condições de atrito são governadas pela viscosidade do lubrificante e pela velocidade relativa entre a chapa e o cilindro. A viscosidade geralmente decresce com a temperatura. Dessa forma, na maioria das operações de laminação em altas velocidades, existem condições hidrodinâmicas com hipótese de filme fino apenas em um determinado regime de velocidades, em que a temperatura da interface é relativamente baixa, razão pela qual muitos autores preferem considerar que prevalece o regime de *lubrificação mista*. Esse regime ocorre quando o lubrificante forma bolsas de lubrificação hidrodinâmica na superfície da peça em deformação, enquanto o restante da superfície estará no regime de lubrificação de camada limite. Esse regime ocorre quando a espessura do filme é reduzida abaixo de três vezes o valor da rugosidade das superfícies.

Ao longo do processo, a lubrificação gradualmente passa da predominância de camada limite para a predominância hidrodinâmica. Quando se aumenta a pressão da interface, a lubrificação volta à condição de camada limite. Assim, a utilização de um coeficiente de atrito variável pode ser necessária nessa situação para maior precisão dos cálculos e simulações realizados. Observa-se que, quanto maior a *velocidade de laminação*, mais óleo é carregado para a interface de contato e menor o tempo disponível para formação das adesões entre os picos de rugosidade. Esses fenômenos contribuem para a redução do atrito nos regimes de lubrificação de camada limite e lubrificação mista (LENARD, 2007). O aumento da *carga de laminação* (ou simplesmente da redução para um mesmo tipo de material) normalmente também reduz o fator de atrito devido ao aumento da *viscosidade do óleo*, superando os efeitos do encruamento do material no caso de materiais de maior resistência (aços de baixo teor de carbono laminados a frio), do aumento da temperatura na interface e do aumento da adesão entre os picos de rugosidade (LENARD, 2003). Porém, para materiais mais macios (como certas ligas de alumínio laminadas a frio), o efeito é inverso (LENARD, 2007). Observa-se em casos de lubrificação hidrodinâmica que o aumento da velocidade promove uma redução do coeficiente de fricção.

O regime do tipo *lubrificação de camada limite* torna-se necessário quando o aumento na temperatura da interface e pressões de conformação relativamente altas não permitem um regime de lubrificação hidrodinâmico. Nesse regime, a mecânica de deformação das saliências e a química e física superficiais dos filmes de camada são os fatores importantes. O uso de um coeficiente de atrito constante é mais razoável nesse regime do que nos outros apresentados. No processo de laminação a frio sem a aplicação de lubrificação, a magnitude do coeficiente de atrito gira na faixa de 0,15 a 0,4. Se forem usados lubrificantes eficientes ou emulsões, o coeficiente de atrito cai para 0,05 a 0,15. Recomenda-se o uso de valores mais baixos quando a espessura da película de óleo é alta e de valores mais elevados quando a rugosidade da superfície do cilindro é alta. Assim, é típico utilizar coeficientes de atrito na faixa de 0,02 a 0,1 para condições ideais na *lubrificação de camada limite*. No caso de laminação de chapas de alumínio, o coeficiente parece ser aproximadamente 20% superior. Quando ligas de maior resistência são laminadas, o coeficiente é de cerca de 10% maior do que para os aços. Em termos gerais, os aumentos da viscosidade, da velocidade e do grau redução promovem uma queda do coeficiente de atrito.

Observa-se que, na laminação a frio, pode ocorrer de o fenômeno do deslizamento à frente (*forward slip*) tornar-se negativo, ou seja, a velocidade superficial da chapa na saída do passe é menor do que a velocidade periférica dos cilindros de laminação, ocorrendo o deslizamento do cilindro, mais conhecido pelo termo *patinação* (*skid*). Nesse caso, não existe a geração do chamado ponto neutro, que corresponderia ao ponto onde as velocidades do cilindro e da chapa coincidem. Tal fato é típico de elevadas velocidades de laminação e grandes reduções aplicadas, ou de quando as forças de fricção na interface são muito pequenas.

De acordo com deduções apresentadas por ROBERTS (1978), o coeficiente mínimo de atrito necessário para ocorrer o arraste da chapa pelos cilindros em uma condição de não aplicação de tensões avante ou a ré é:

$$\mu_{mínimo} = \frac{1}{2}\sqrt{\frac{\Delta h}{R}} \tag{4.4}$$

No caso da presença de tensões avante (σ_2) e/ou a ré (σ_1), a equação passa a ser:

$$\mu_{mínimo} \cong \left(1 + \frac{\sigma_1 - (\Delta h/h_1)\cdot\sigma_2}{(\Delta h/h_1)\cdot\sigma_c}\right)\frac{1}{2}\sqrt{\frac{\Delta h}{R}} \tag{4.5}$$

Sendo σ_c a tensão de compressão necessária para deformar a chapa. Se o ângulo do arco de contato (α) for pequeno e for expresso em radiano na forma:

$$\alpha = \sqrt{\frac{\Delta h}{R}}, \tag{4.6}$$

a Equação (4.5) poderia ser escrita como:

$$\mu_{mínimo} \cong \left(1 + \frac{\sigma_1 - (\Delta h/h_1)\cdot\sigma_2}{(\Delta h/h_1)\cdot\sigma_c}\right)\frac{\alpha}{2} \tag{4.7}$$

Para uma melhor compreensão dos efeitos do atrito no arco de contato, serão feitas algumas análises considerando, a Figura 4.2, na qual se tem a representação da região correspondente ao arco de contato.

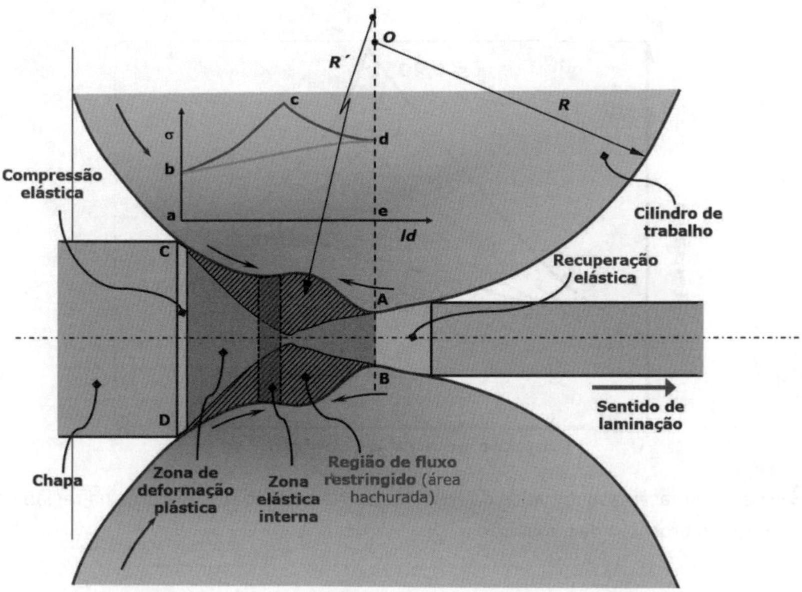

Figura 4.2 – Representação esquemática da deformação da região correspondente ao arco de contato durante o processo de laminação.

Desconsiderando os efeitos do encruamento do material, Roberts (1978) afirma que a pressão exercida sobre a chapa ao longo do arco de contato é essencialmente constante, exceto para as extremidades nas quais ocorre a deformação elástica, se considerarmos um valor mínimo para o coeficiente de atrito. Porém, com o aumento do valor do coeficiente de atrito, o ponto neutro é deslocado para o plano de entrada do arco de contato. Assim, a pressão ao longo do arco de contato não é mais constante, passando a assumir a forma de duas curvas exponenciais, gerando uma colina de fricção (*friction hill*), como a curva bcd apresentada na Figura 4.2.

Para o cálculo da carga (força) de laminação por unidade de largura da chapa, pode ser utilizado o recurso matemático de determinar por integração a área sob a colina de fricção. Se considerarmos os efeitos do encruamento do material, a curva bd apresentaria uma inclinação na direção do plano de saída do arco de contato, tanto maior quanto mais pronunciado for o efeito do encruamento do material sendo laminado. Na Figura 4.2 também pode ser observado o efeito do atrito na formação de regiões de fluxo restringido ao longo da espessura do material em processo de laminação, um dos motivos da geração de um gradiente de microestrutura e textura ao longo dessa mesma espessura.

Uma representação esquemática do efeito do coeficiente de atrito na resistência à deformação é mostrada na Figura 4.3. Observa-se que nesse caso, ocorre o fenômeno do deslizamento à frente, citado anteriormente, ou seja, não existe a geração do ponto neutro ao longo do arco de contato.

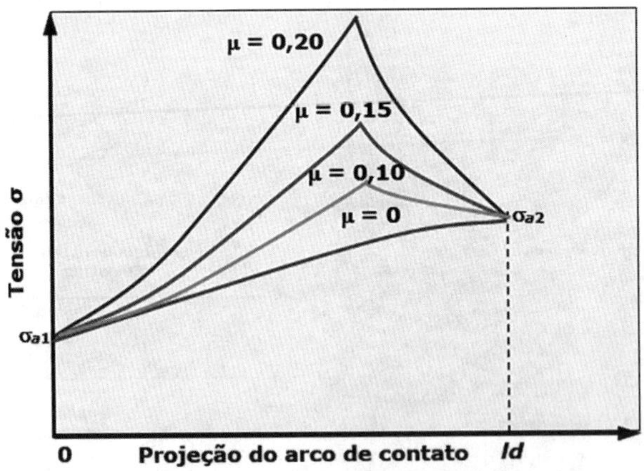

Figura 4.3 – Representação esquemática da distribuição da pressão dos cilindros na região do arco de contato durante um processo de laminação a frio.

O efeito do atrito no arco de contato é provavelmente mais dramático quando se analisa a espessura mínima que pode ser laminada. Existem diversas propostas na literatura para a espessura mínima que pode ser laminada, sendo que uma considerada (ROBERTS, 1977) confiável é a Equação (4.2) apresentada anteriormente neste livro. Observa-se nessa equação a influência marcante do coeficiente de atrito e da necessidade da utilização de uma lubrificação eficiente para se obterem espessuras muito reduzidas.

Como no processo de laminação a frio dos aços é muito usual a aplicação de tensões *tração a ré* (σ_1) e/ou *tração avante* (σ_2), é interessante que se analise o efeito destas em relação à posição do ponto neutro e à carga de laminação. A princípio, a tensão σ_1 faz com que a tensão de laminação seja reduzida, ou seja, a nova tensão de laminação passa a ser $\sigma_a - \sigma_1$. Por sua vez, uma tensão de tração agindo na direção da laminação e em sentido favorável ao de laminação faz com a tensão de laminação seja acrescida de σ_2, ou seja, a nova tensão de laminação passaria a ser $\sigma_a + \sigma_2$. A Figura 4.4 apresenta esquematicamente as situações discutidas. No caso da presença de tensão à frente e a ré, logicamente teríamos: $\sigma_a - \sigma_1 + \sigma_2$.

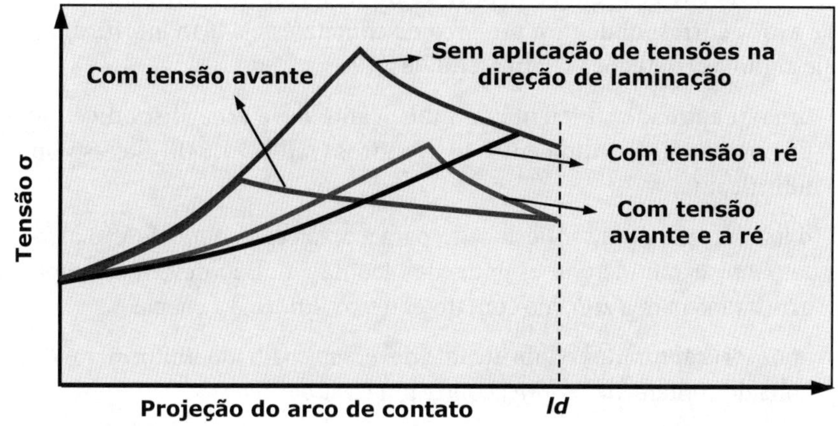

Figura 4.4 – Representação esquemática da variação na pressão de laminação com aplicação de trações avante e a ré.

4.2 TIPOS DE REFRIGERANTES E DE LUBRIFICANTES

Os fluidos utilizados na laminação a frio podem atuar isoladamente como refrigerantes (*coolant*) ou como lubrificantes, ou podem exercer ambas as funções. A *água* é a opção normalmente selecionada quando se deseja apenas a refrigeração do cilindro e/ou da chapa, embora a sua atuação como lubrificante na laminação a frio de aços-carbono não possa ser desprezada (SHIRIZLY; LENARD, 2000). Esse fluido apresenta um alto calor específico, absorvendo, assim, uma grande quantidade de calor sem elevar muito a sua temperatura. Também é empregado com o objetivo de remover contaminadores presentes na chapa e no cilindro ou na interface entre ambos. Com a finalidade de evitar efeitos químicos secundários, ela deve ser pura (destilada) ou pelo menos tratada. Em um trem com mais de uma cadeira, é normalmente utilizado na 1ª cadeira, com a função de retirar o óleo protetivo colocado no material no final do processo de decapagem.

As características principais que seriam desejáveis de se encontrar em um lubrificante foram apresentadas no Capítulo 8 de Rizzo (2007), que faz parte da série de publicações à qual pertence o presente livro. Para atender às citadas características, são empregados nos processos de laminação a frio fluidos como lubrificantes. Esses fluidos podem ser líquidos ou gasosos, cujo emprego é bem mais recente. Observa-se que isso é distinto de outros processos de conformação mecânica, que podem empregar materiais na forma de sólidos contínuos ou pós como lubrificantes interpostos entre as superfícies em contato. O principal problema apontado para o emprego de lubrificantes sólidos é a dificuldade de se aplicar e distribuir uniformemente esse tipo de lubrificante sobre a superfície da chapa, principalmente com altas velocidade de laminação a frio.

As características desejáveis para um lubrificante apresentadas devem ser associadas com o menor custo possível e o mínimo impacto ambiental associado com a produção, utilização e reciclagem ou deposição dos resíduos do lubrificante. Além disso, para que a área correspondente a um arco de contato esteja bem lubrificada, é necessário que algumas condições sejam atendidas:

- uma quantidade suficiente de lubrificante deve estar disponível no ângulo de entrada ou mordida entre os cilindros (*roll bite*), sem excesso ou falta de lubrificante;
- o lubrificante deve ser deslocado para a área correspondente ao arco de contato, ou seja, o óleo ou as gotas de óleo da emulsão devem ser capturados e arrastados para a zona de contato entre o cilindro e a chapa;
- após ser "capturado", o lubrificante deve ser espalhado uniformemente sobre a zona de contato, de modo a cobrir toda a superfície;
- o lubrificante deve ser transportado através da zona de deformação ao longo do arco de contato, de modo a escoar pelo plano de saída e não ser ejetado pelos dois lados (entrada e saída).

Deve-se ainda atentar para o fenômeno de *plated out* ou *plate out,* ou arraste, de um filme de óleo pela na superfície da chapa após deixar os cilindros. Observa-se que essa camada tende a atuar como um isolamento térmico que dificulta o resfriamento desses materiais. Assim, esse fenômeno deve ser o mínimo possível. Entretanto, o lubrificante pode ter a função adicional de proteger o produto laminado de geração de riscos ou defeitos superficiais similares durante as etapas de manuseio e bobinamento, além de protegê-lo contra oxidação (ferrugem). Observa-se que essa função pode confrontar-se com o problema de *plate out*, devendo ser realizado um estudo dos efeitos de cada fenômeno para cada caso.

É importante observar que a eficiência de um lubrificante não pode ser avaliada apenas pela maior redução do coeficiente de atrito obtida pelo seu emprego, mas pela adequação do valor desse coeficiente de atrito às condições operacionais do laminador, incluindo a habilidade dos operadores ou do sistema de controle automatizado do equipamento para controlar as variáveis do tipo coroamento, a fim de se obterem principalmente o perfil e a planicidade objetivados para o produto laminado.

A formulação de um óleo de laminação é complexa, podendo variar em função de uma série de fatores, dentre os quais se destacam: o tipo de laminador no qual será empregado, a espessura final do passe de acabamento ou a espessura média a ser laminada em uma campanha, a qualidade desejada para o material a ser laminado (aplicação final ou processos posteriores), métodos de aplicação do lubrificante. Basicamente, os óleos lubrificantes para laminação a frio podem ser agrupados como:

- minerais;
- vegetais (óleo de palma, óleo de dendê, óleo de rícino ou de mamona);
- animais;
- sintéticos.

Os óleos de origem animal ou vegetal também são denominados de produtos graxos ou gorduras animais, ou vegetais.

Na realidade, a classificação citada se refere à origem da base do lubrificante, pois os lubrificantes raramente são utilizados na sua forma pura, mas, sim, como uma mistura cujo número de componentes pode chegar a 25. Além disso, essa mistura é, em muitos casos, diluída em água para formar as *emulsões*. Os principais tipos de componentes dos óleos compostos são:

- uma base (óleo) de origem mineral, vegetal e/ou animal ou sintética;
- emulsionantes ou emulsionador ou emulsificantes (agentes tensoativos ou surfactantes) – utilizados para formação da emulsão (no caso de óleos solúveis) e promoção da sua estabilidade, ou seja, evitar a coalescência ou aglutinação das partículas de óleo. Assim, os emulsificantes são responsáveis pelo tamanho das partículas de óleo, que afeta diretamente o arraste de óleo pela chapa após deixar os cilindros (*plate out*). São compostos de estruturas moleculares com terminações distintas. De um lado, um grupo hidrofílico (solúvel em água) constituído de ligações químicas do tipo covalentes ou polares. Do outro lado, um grupo lipofílico (possui afinidade ou é solúvel em óleo) que possui um radical apolar. Quando uma emulsão é formada, o grupo hidrofílico se orienta na direção da fase água, enquanto o grupo lipofílico se orienta na direção da fase óleo. Como exemplos de emulsificantes, podem ser citados os ácidos graxos aminos e os sulfonatos de petróleo, e o éster de base não iônica;
- vários aditivos: antioxidantes (para evitar a rancificação[4]), aditivos de extrema pressão (para aumentar sua ação no caso de pressões muito fortes), inibidores de corrosão, anticarbono, bactericidas etc.

A fórmula exata do lubrificante normalmente é mantida em segredo pelos fabricantes, inclusive tendo mudança da formulação, com a alteração do conteúdo de um determinado elemento em função de variações de preço dos diversos componentes no mercado ou devido à necessidade de atender a condições específicas de uma determinada aplicação.

---

[4] *Rancificação* é a oxidação completa ou incompleta, ou a hidrólise de gorduras e óleos quando expostos ao ar, luz ou umidade ou por ação bacteriana, resultando em sabor e odor desagradáveis.

Também são desenvolvidos novos lubrificantes capazes de permanecer na interface metal/ferramenta (chapa/cilindro) mesmo com as altas velocidades de laminação que são empregadas nos últimos anos.

O comportamento do lubrificante na zona de contato é afetado por parâmetros como a sua *viscosidade*, definida como o fator de proporcionalidade entre a tensão de cisalhamento e a deformação de cisalhamento no óleo. Nesse caso, está sendo definida a viscosidade dinâmica e sua unidade no sistema SI é Pa·s. A viscosidade cinemática é obtida dividindo-se a viscosidade dinâmica pela densidade do óleo. Sua unidade no sistema SI é m^2/s[6].

A viscosidade é o fator mais importante em condições de lubrificação hidrodinâmica. Se o fluido for considerado comportando-se como um newtoniano, a viscosidade é considerada constante. No caso de elevadas pressões aplicadas, típicas do processo de laminação dos aços, ocorre uma significativa alteração da viscosidade, cuja variação não é fácil de ser determinada, existindo na literatura diversos trabalhos realizados na tentativa de fornecer equações que considerem os efeitos da pressão e da temperatura. Os métodos para medição de viscosidade de óleos se baseiam na determinação do tempo necessário para que um volume fixo de óleo escoe através de um tubo capilar, em condições predeterminadas.

No caso da utilização de lubrificantes visando à obtenção de um regime de *lubrificação limítrofe*, este deve apresentar uma baixa tensão superficial e uma adesão muito boa às superfícies metálicas (também designada de adsorção ou lubricidade). Essa adesão está relacionada com a presença de compostos orgânicos polares, como ácidos graxos, álcoois etc., típicos dos óleos de *origem vegetal* ou *animal*.

Como exemplo de compostos orgânicos polares, têm-se os ácidos oleicos e os ácidos esteáricos, que possuem em uma das extremidades de suas moléculas o grupo carboxila (-COOH), que fica fortemente aderido à superfície do metal. A película lubrificante resultante diminui a área de contato real e o número de "uniões" entre as superfícies metálicas. Produz-se, assim, uma película fina com a cadeia carbônica orientada, quase que perpendicularmente para fora da superfície. Além disso, essa película possui boa resistência à compressão e baixa resistência ao cisalhamento. O coeficiente de atrito é reduzido ainda mais quando se aumenta a espessura da camada de lubrificante. Porém, quando essa espessura ultrapassa 1.000 Å, ela passa a não ser mais estável. A presença dos ácidos graxos livres em excesso pode formar sais ferro (sabões de ferro) e deixar resíduos de carbono após o recozimento.

Observa-se que, sob efeito de alta pressão e velocidade elevada, ocorre frequentemente uma excessiva geração de calor na região de contato entre as superfícies em movimento relativo. Isso pode causar uma ruptura na camada de lubrificante, além de reduzir a sua viscosidade. Exige-se, então, a utilização de aditivos especiais denominados de EP (extrema pressão), que possuem certos radicais ou grupos ativos, como enxofre, cloro ou fósforo, que reagem com a superfície do metal, formando finas camadas inorgânicas de lubrificantes. Essa camada permite manter as condições de boa lubrificação quando se atinge uma temperatura acima da temperatura de fusão do ácido graxo utilizado, por exemplo. Os *ésteres sintéticos* são obtidos a partir da reação de um álcool com um ácido graxo, possuem um baixo ponto de fusão e são removidos no recozimento com mais facilidade, reduzindo assim o risco de formação de resíduos de carbono.

Já os óleos minerais são constituídos por hidrocarbonetos (C_nH_m) e não possuem grupos polares; portanto, sua absorção é ao acaso, o que gera baixa lubricidade, sendo também pouco reativo, e, nas condições de laminação a frio, suas propriedades lubrificantes não são boas. Por ser decomposto sem reação química direta com metais, o óleo mineral é mais usado como veículo ou base.

A concentração de óleo (soluto ou fase dispersa) em água (solvente ou fase contínua) para formar uma *emulsão* varia de 1,5% a 15%, dependendo do tipo de óleo, do tipo de laminador e material sendo processado, e da aplicação a que se destina o produto laminado, entre outros fatores. Por exemplo, os óleos minerais normalmente são utilizados na forma de uma solução (emulsão), com concentrações variando geralmente de 1,5% a 2,5%, dependendo do tipo de material a ser laminado e da formulação do fornecedor de óleo.

As principais características das *emulsões* (*emulsions*) são as seguintes:

- estabilidade – mede a capacidade da emulsão de não ser separada em duas fases, a saber, óleo e água;
- tamanho de partícula – afeta a estabilidade da emulsão e sua lubricidade. Ela varia sob a influência da temperatura, agitação e contaminação por ferro. As emulsões utilizadas na laminação são normalmente compostas por partículas esféricas[5] dispersas de óleo, com diâmetro variando de 1 μm a 10 μm. Para laminar folhas finas com emulsão recirculada, o tamanho desejável é de 2 μm a 4 μm, com baixa dispersão. Segundo alguns pesquisadores, o tamanho das partículas está relacionado diretamente com a tendência de estas serem arrastadas para a área de contato cilindro/chapa ou serem rejeitadas;
- conteúdo de ferro – expresso em mg/l (miligrama de ferro por litro). Deve ser mantido baixa (inferior a 40 mg/l) para obter uma superfície com rugosidade adequada e limpa após o recozimento (de acordo com a norma Ford: menos de 7 mg de carbono por m^2 da superfície da chapa ou folha).

Utilizando-se uma emulsão, a temperatura dos cilindros de trabalho não deveria exceder 100 °C, para evitar a formação de vapor. Uma temperatura de 55 °C é citada como objetivada em um processo industrial. Com óleo mineral, pode-se atingir 130 °C. O efeito de temperaturas muito altas é modificar a convexidade dos cilindros e prejudicar a qualidade da superfície da chapa, com marcas. Ao se laminar a frio chapas finas

5 Em muitos textos, é utilizado o termo *micelle*, significando uma unidade submicroscópica ou estrutura desenvolvida de íons ou moléculas poliméricas.

para carrocerias de automóveis, utilizam-se normalmente como lubrificantes emulsões de óleos minerais. Quando, porém, a espessura final é inferior a 0,35 mm, o efeito lubrificante dos óleos emulsionáveis (que, em geral, são hidrocarbonetos saturados de cadeia aberta) não é mais suficiente, devendo-se usar óleo de palma ou de rícino, ou ainda, óleos sintéticos.

O consumo do óleo de dendê é da ordem de 9 kg por tonelada. Ao contrário dos óleos emulsionáveis, que, durante o recozimento, gaseificam sem resíduos, as graxas orgânicas, ao queimarem, deixam depósitos que dificultam a laminação de encruamento e, mais tarde, não permitem uma boa adesão da camada metálica de proteção, durante a deposição do revestimento de estanho, demandando uma etapa de decapagem eletrolítica para sua remoção. Uma emulsão com óleo de origem animal apresenta normalmente um elevado índice de saponificação e viscosidade, sendo utilizada na produção de folhas metálicas (materiais com elevados níveis de redução).

Quando em um mesmo laminador lamina-se folha de flandres e materiais mais espessos, recomenda-se instalar dois sistemas distintos.

O consumo do óleo depende de uma série de fatores. Dentre os principais podem ser destacados: a espessura laminada, o modo de aplicação do óleo, a utilização do óleo puro ou na forma de emulsões. Em termos gerais, esse consumo varia na faixa de 1,3 a 3,6 kg por tonelada de aço laminado (ROBERTS, 1977). Esses números devem ser avaliados considerando-se o custo do óleo, a qualidade superficial do produto laminado, a reciclagem ou não do óleo na empresa e os problemas em termos ambientais para o adequado descarte do óleo empregado.

Ressalta-se que, apesar das elevadas pressões atuando na área de contato cilindro/chapa, ainda restará uma fina camada de lubrificante na superfície da chapa, que pode atuar como um revestimento protetor, reduzindo a velocidade de oxidação ou ferrugem (*rusting*) das chapas e folhas de aço-carbono. Porém, essa camada é indesejável em muitas aplicações. Assim, além dos refrigerantes e dos lubrificantes, também podem ser utilizados fluidos que atuam como *detergentes*. Estes são utilizados na última cadeira ou cadeira acabadora, onde as reduções são normalmente baixas, com a função de retirar o óleo de laminação, a fim de aumentar a limpeza de superfície após o recozimento.

Em alguns casos o uso de detergentes não apresenta a eficiência necessária, exigindo a vaporização do filme residual de lubrificante durante a operação de recozimento ou pela utilização de *métodos eletrolíticos* para situações mais críticas, como é o caso de produção de folhas de flandres. Isso é necessário porque, para uma perfeita adesão do estanho à superfície da chapa ou folha, esta deve ser completamente limpa, não apenas com a remoção de resíduos carbonáceos ou de outra natureza, condição necessária para diversas aplicações.

4.3 MÉTODOS DE APLICAÇÃO DO LUBRIFICANTE E DO REFRIGERANTE

Foi mencionado que um dos aspectos importantes a serem observados para garantir uma perfeita lubrificação é disponibilizar uma quantidade suficiente de lubrificante na posição correspondente ao ângulo de entrada ou mordida entre os cilindros (*roll bite*). O atendimento desse pré-requisito está relacionado diretamente com o método de aplicação do lubrificante. Observa-se que o lubrificante pode ser aplicado diretamente no ponto de entrada da chapa nos cilindros de trabalho, ou nos cilindros de trabalho ou nas superfícies superior e inferior da chapa, antes de sua entrada na região correspondente ao ângulo de mordida.

Se o óleo for aplicado na sua forma pura, a quantidade utilizada é bem menor, em um volume suficiente para atender aos requisitos de lubrificação, sendo a água utilizada de forma independente, para atuar como refrigerante, e sempre direcionada para os cilindros de trabalho. Basicamente duas técnicas podem ser aplicadas, cada uma com suas vantagens comparativas:

- *aplicação direta*, consistindo na aplicação de lubrificante na chapa e água nos cilindros, com o descarte do fluido lubrificante, isto é, não retorna ao laminador:
  - ▹ maior lubricidade, ou seja, capacidade de ser adsorvido pelas superfícies em contato;
  - ▹ elevado poder refrigerante;
  - ▹ adequado para altas velocidades;
  - ▹ pode-se empregar com espessuras finas;
  - ▹ baixo nível de contaminação;
  - ▹ a sala de óleo desse sistema é constituída somente por reservatórios de óleo e das bombas, podendo haver ainda equipamentos para misturar água e óleo;
- *aplicação com recirculação*, normalmente com o emprego de emulsão em um sistema fechado; o fluido, após ser utilizado, é enviado aos tanques do sistema, onde é tratado e reenviado continuamente para a reutilização:
  - ▹ exige um sistema de controle da emulsão com emprego de elementos tensoativos e o uso de diversos equipamentos na sala de óleo para reciclagem de óleo para uso contínuo;
  - ▹ deve-se regular o poder refrigerante;
  - ▹ boa lubricidade;
  - ▹ pode-se empregar com espessuras médias e grossas;

- ▹ maior risco de contaminação, pois a qualidade da emulsão deteriora-se durante as operações da laminação devido às contaminações, exigindo um controle rigoroso na reciclagem da emulsão, para não degradar a qualidade superficial do produto laminado ou gerar outros problemas operacionais;
- ▹ menor consumo de lubrificante e de refrigerante, na faixa de 10% a 20% em comparação ao processo de aplicação direta.

Ressalta-se que o atendimento dos outros três parâmetros para se obter uma boa lubrificação da área correspondente ao arco de contato, ou seja, o arraste do lubrificante a sua distribuição uniforme sobre a área de contato e o seu deslocamento e ejeção no plano de saída do arco de contato, depende da interação entre as variáveis de processo e as características do fluido lubrificante, incluindo a velocidade de laminação, a intensidade de redução e a resistência do material à deformação, além da rugosidade das superfícies em contato. Nesse caso, deve-se considerar que a rugosidade do cilindro de trabalho pode mudar consideravelmente durante o processo de laminação de um determinado lote (chance) desde a colocação de um par de cilindros novos (ou recondicionados) em operação, até que seja necessário ou recomendável realizar a troca dos cilindros. Assim, os parâmetros de controle do processo que são afetados ou que afetam a lubrificação podem necessitar de alterações ao longo do processamento de um determinado lote.

Observa-se ainda que o aumento da velocidade de laminação promove condições mais favoráveis de lubrificação na interface cilindro chapa porque uma maior quantidade de fluido lubrificante é arrastada para a zona de contato, gerando, por exemplo, uma redução da força de laminação e do torque aplicado aos cilindros. Deve-se considerar esse fator não só na variação de velocidade ao longo das cadeiras sucessivas em um trem contínuo, ou nos passes sucessivos em um trem reversível, mas também nos períodos de aceleração e desaceleração do laminador em um determinado passe.

Por causa da elevação da temperatura mencionada previamente, os óleos lubrificantes podem evaporar parcialmente, formando uma névoa de resíduos de óleo (*oil mist*), que se junta com partículas metálicas e vapor, formando fumos que devem ser captados por meio de um sistema de exaustão e direcionados para tratamento. Esse tratamento é constituído de filtragem, condensação e separação, evitando que ocorra lançamento para a atmosfera de produtos poluentes.

Parte do fluido lubrificante é perdido por causas inerentes ao processo:

- evaporação;
- óleo remanescente sobre o produto laminado;
- cortes de pontas e de laterais da bobina durante o processo de laminação.

O fluido lubrificante limpo é recirculado, efetuando-se apenas as adições para corrigir a concentração e repor as perdas mencionadas. Os principais contaminantes do óleo ou emulsão são:

- partículas de ferro (aço, na realidade) oriundas do desgaste por abrasão das superfícies do cilindro ou da chapa, ou desgaste anormal de componentes do laminador; essa contaminação prejudica a qualidade superficial do produto laminado e dos cilindros, além de atuar como agente catalisador da oxidação do óleo da emulsão, prejudicando a ação lubrificante deste; em níveis maiores, essa contaminação pode entupir os bicos de refrigeração, causar desgaste nas bombas e formar acúmulo de borras nos reservatórios;
- óleos livres empregados na lubrificação de certas partes do laminador; com a presença desses óleos, a emulsão transforma-se em uma mistura heterogênea, afetando o controle da lubrificação e refrigeração;
- íons advindos da decapagem, normalmente na forma de cloretos carregados devido a deficiência na operação de lavagem desse processo; diminui o pH da emulsão e prejudica a sua estabilidade;
- sais provenientes da água;
- materiais carregados pela recirculação.

Como os cilindros e a chapa também são frequentemente refrigerados com água, são formadas emulsões de óleo e água na água usada, captada pelo sistema de recirculação e limpeza da água de processo.

Os líquidos refrigerantes são aplicados por meio de coletores ou *headers*, de forma a cobrirem toda a largura da chapa sendo laminada.

Normalmente, os sistemas auxiliares de tratamento e recirculação são compostos basicamente de:

- tanques de transferência – recolhem os fluidos, após a utilização no laminador e enviam ao tanque sujo;
- tanque sujo – nesse tanque, a borra de finos de ferro e óleo é retirada por meio de um sistema de escumadeira ou rolo oleofílico; por gravidade, a emulsão livre de borra passa ao tanque semilimpo;
- tanque semilimpo – o fluido é retirado deste tanque, passando por filtros, e o produto dessa filtragem é enviado ao tanque limpo;
- tanque limpo – nesse tanque, o fluido está filtrado e é bombeado ao laminador;
- filtros magnéticos ou filtros de elementos filtrantes (como um grande coador);
- bombas de recirculação;
- trocadores de calor – para manter a temperatura entre limites especificados;
- agitadores mecânicos.

O processo de recirculação e reciclagem da emulsão envolve a sequência de etapas de:

- flotação – na qual se criam bolhas de ar na emulsão por meio de agitação mecânica por meio de hélices ou por injeção de ar no fundo dos tanques; as partículas de ferro aderem às bolhas de ar por efeito da tensão superficial e são arrastadas para cima; os óleos livres, por serem menos densos, também flotam, formando uma espuma que pode ser retirada por escumadores; mais de um tanque pode ser utilizado para limpar progressivamente a emulsão – tanque sujo, tanque semilimpo e tanque limpo; chapas podem ser colocadas para forçar a emulsão a percorrer o caminho mais longo desde a sua entrada até a sua saída do tanque, permanecendo tempo suficiente para a separação dos contaminantes;
- filtração – em geral, antes mesmo da filtração, a emulsão passa por uma primeira etapa de filtração grosseira, em peneiras finas ou filtros magnéticos, que retiram partículas maiores arrastadas na laminação. Essa etapa permite reduzir a quantidade de material que se deposita no fundo dos reservatórios e o tempo de limpeza nas operações seguintes, além de proteger as bombas de sucção de danos por abrasão. A etapa de filtração após a flotação objetiva separar partículas mais finas que ainda permanecem na emulsão. Dois tipos de filtros podem ser empregados:
  - ▹ um tipo no qual o sedimento permanece na parte inferior do meio filtrante e a emulsão purificada permanece na parte superior; empregando-se filtros equipados com materiais como areia, algodão, lã, fibras vegetais ou uma mistura destes;
  - ▹ um segundo tipo no qual a sujeira é removida da superfície do filtro, de forma que a capacidade de filtração cresce com o aumento da área filtrante; são confeccionados com papel ou tecido e arranjados de forma a se obter a maior área filtrante;
- trocadores de calor – os mais usados são do tipo casca-tubo, em que a emulsão passa em torno de tubos, no interior dos quais flui água fria. Essa configuração tipo serpentina é instalada no fundo dos tanques. Possibilitam retirar de 60% a 75% do calor adquirido pela emulsão, permitindo manter a estabilidade desta, a qual depende de uma faixa estreita de temperatura, evitando também o ataque de bactérias capazes de oxidar o óleo.

Na Figura 4.5, é ilustrado um sistema para limpeza e recirculação da emulsão lubrificante em um laminador.

Para a utilização do lubrificante na laminação a frio, é necessário o emprego de dispositivos para aplicação e distribuição do lubrificante na interface chapa/cilindro e de equipamentos situados na *sala de óleo* para armazenar e enviar o lubrificante para as cadeiras, além dos já citados equipamentos para realização da limpeza do lubrificante ou emulsão recirculado. Diversas configurações de sala de óleo podem ser empregadas, variando em relação à quantidade de cadeiras atendidas, aos equipamentos e processos utilizados para limpeza da emulsão recirculada e ao grau de automatização dos equipamentos.

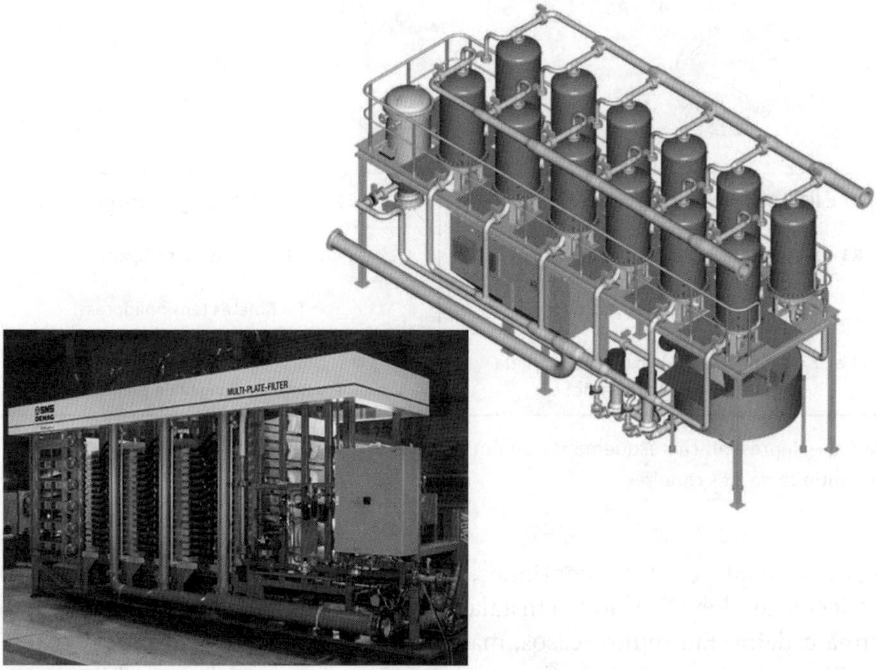

Figura 4.5 – Ilustração de sistemas para limpeza e recirculação da emulsão lubrificante em um laminador.

Fonte: SMS-Siemag.

Um exemplo de instalação de um sistema de refrigeração e lubrificação é apresentado de forma esquemática na Figura 4.6. Nessa figura, pode ser observada a utilização de um sistema de refrigeração dos cilindros e da chapa com água desmineralizada e sistemas para aplicação de emulsão de óleo para lubrificação na interface chapa/cilindro e diretamente sobre a chapa. O preciso controle desses sistemas exerce grande influência na qualidade superficial, na planicidade, nas dimensões e na microestrutura e textura das bobinas laminadas, além de resultar em uma operação mais estável do laminador. A água de refrigeração é conduzida através de tubos montados na entrada e saída das cadeiras e conjuntos de bicos longitudinais de *spray* aplicados nas faces superior e inferior para controlar a temperatura da chapa. A emulsão lubrificante é aplicada com bicos montados no lado de entrada de todas as cadeiras, além de bicos de *spray* para aplicação direta do lubrificante sobre as superfícies da chapa.

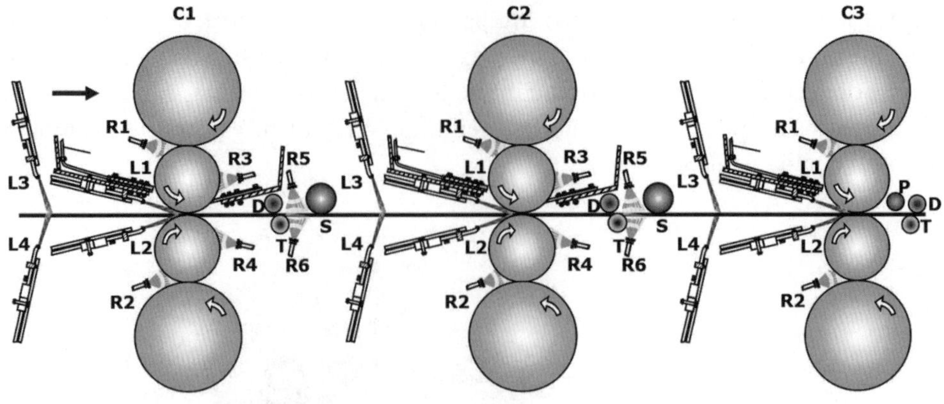

R1 e R2 = Refrigeração dos cilindros (água)	L3 e L4 = Lubrificação direta da chapa
R3 e R4 = Refrigeração dos cilindros (água)	B = Rolete de secagem
R5 e R6 = Resfriamento da chapa	T = Roletes tensionadores
L1 e L2 = Lubrificação no ângulo de mordida (emulsão com recirculação)	D = Roletes defletores P = Rolete medidor de planicidade

Figura 4.6 – Representação esquemática de um sistema de refrigeração e de lubrificação em um laminador contínuo de três cadeiras.

Ressalta-se que, em trens contínuos, pelo menos dois tipos de sistemas separados de refrigeração e lubrificação são instalados: um para as primeiras cadeiras e um para a última cadeira. Em muitos casos, mais de dois sistemas podem ser previstos. Por exemplo, em um trem contínuo tipo tandem, com quatro cadeiras, podem ser utilizados três sistemas. Primeiro, um *sistema A*, para a refrigeração na primeira cadeira do laminador contínuo (ou no primeiro passe de um laminador reversível). Normalmente, não é injetada a emulsão sobre a chapa, uma vez que ela usualmente está recoberta com o óleo protetivo aspergido após a finalização da operação de decapagem. Assim, no primeiro passe, é aplicada apenas água com o objetivo de refrigerar o cilindro e a chapa, pois, se fosse utilizada uma emulsão, esta seria contaminada pelo óleo protetivo, o qual é praticamente lavado da superfície da chapa.

Para a segunda e a terceira cadeiras, utiliza-se um *sistema B*, com o objetivo de refrigeração e lubrificação. Um *sistema C* para a última cadeira conta com a utilização do circuito para aplicação do lubrificante na região de mordida e prevê também a utilização da água isoladamente após o último passe, para limpar a superfície da chapa, removendo os resíduos de óleo que provocariam o defeito de depósito de carbono na operação de recozimento posterior, ou mesmo a oxidação da região úmida da superfície da chapa.

Apesar da independência no sistema de aplicação de lubrificante e/ou refrigerante em cada cadeira ou passe, sempre ocorre a passagem de fluido de um sistema para o outro devido a fatores como:

- O recolhimento do líquido que escorre dos cilindros de cada cadeira, pois é difícil se obter uma perfeita separação entre os canais de recolhimento de cada sistema;
- A emulsão que cai da cadeira para as calhas, e destas para o tanque, normalmente, instalado no subsolo do galpão da laminação, e daí para o sistema de limpeza e reciclagem/recirculação da emulsão;
- A emulsão limpa bombeada para o laminador pode passar antes por um trocador de calor para ajustar a sua temperatura, mantendo-a constante dentro dos padrões especificados.

Um exemplo típico de vazão de fluidos de lubrificação é da ordem de 8 m^3/min de emulsão por cadeira que é recirculada com o devido tratamento de limpeza e reposição de perdas. A concentração do óleo em cada cadeira pode ser diferente, sendo normalmente maior na primeira e menor na última cadeira (por exemplo, de 3% na C1, 2,5% na C2 e 0,5% na C3). Pode-se suprimir a adição de óleo na última cadeira quando se deseja a impressão de rugosidade, mas a redução de espessura é limitada a 2%. Para aços de alta resistência de difícil laminação, pode-se empregar um sistema de lubrificação por aplicação direta da emulsão na chapa antes das cadeiras (conforme ilustrado na Figura 4.6).

Um dos problemas relacionados com a utilização de um sistema de lubrificação como o apresentado na Figura 4.6 ou do descrito para um trem contínuo tipo tandem é o fato de ele, normalmente, apresentar pouca flexibilidade para alterar a concentração do óleo na emulsão no caso de mudança no tipo de aço a ser laminado (de aços macios para aços de alta resistência) ou do grau de redução aplicado nas cadeiras. Outro ponto a se considerar é o fato de, após a troca de cilindro, a primeira bobina laminada apresentar deficiências na sua qualidade superficial, principalmente relacionada com a reflexão superficial.

Outro aspecto que afeta o valor do coeficiente de atrito é a variação de velocidade inerente aos laminadores contínuos, principalmente na passagem da região de solda entre bobinas. Foi mencionado anteriormente que o valor do coeficiente de atrito varia de forma inversamente proporcional com a velocidade. Esse fato é uma das causas que geram variações nas dimensões da região de topo e cauda das bobinas laminadas. A utilização dos dispositivos para lubrificação direta e independente para cada cadeira pode amenizar os inconvenientes citados neste parágrafo, pois permitiria uma atuação mais rápida e independente diretamente do sistema de recirculação, apesar de poder ser combinado com este para a obtenção de um padrão próximo do desejado de lubrificação próximo do desejado. Isso resulta na utilização de um sistema mais flexível de lubrificação.

Como já citado, no processo de laminação ocorrem perda de água, perda de óleo por evaporação e o arraste pela chapa em processamento, ou perda durante a operação de limpeza (principalmente na etapa de flotação), exigindo, assim, um sistema de medição e reposição permanente desses insumos.

Ressalta-se que outros métodos de limpeza e secagem da chapa após a última cadeira podem ser empregados utilizando-se dispositivos de sopro de ar (*non-contact strip blow-off system*), rolos de enxugar ou de apertar a chapa laminada e dispositivos para exaustão dos vapores gerados. Observa-se, entretanto, que métodos que fazem contato direto com a chapa podem gerar problemas operacionais no processo.

A emulsão aplicada no conjunto cilindros/chapa durante a laminação tem de ser totalmente removida da superfície da chapa, sob risco de provocar defeitos nela que poderão se manifestar em processos subsequentes. Portanto, torna-se necessário investir na instalação de um eficiente sistema para remoção da emulsão nos laminadores. Mesmo com um eficiente sistema de remoção de restos, problemas de oxidação superficial são comuns de serem observados durante a estocagem ou mesmo o transporte dos materiais, resultando em rejeições e alto custo.

A fim de se preservar o material contra oxidação, deve-se aplicar um filme de óleo de proteção na superfície da chapa. Esse procedimento minimiza a possibilidade de oxidação da chapa, mas gera a necessidade do emprego de processos adicionais de desengraxe para a remoção do óleo de proteção durante o uso. Particularmente em aplicações que envolvem processos de pintura ou revestimento por eletrodeposição, um pré-tratamento da chapa/folha deve ser adequadamente feito, sob risco de ocorrer, rejeições por falta de aderência. Outros aspectos que devem ser considerados quando se utiliza o processo de laminação com emulsão são: os elevados custos de manutenção dos equipamentos, monitoramento e ajustes na emulsão, eventuais problemas de saúde que podem ser adquiridos pelos colaboradores devido ao contato no trabalho direto com esses produtos, além da questão ambiental no que se refere ao tratamento e disposição dos efluentes.

Nos processos de laminação de encruamento (*skin-pass*), pode-se empregar um método com a *aspersão de nitrogênio líquido* na região de mordida da chapa ou folha pelos cilindros de trabalho (entrada do passe), por meio de conjuntos especiais de bicos *spray* distribuídos uniformemente ao longo da largura da tira em substituição aos bicos de emulsão.

Durante o processo de laminação, o jato de nitrogênio aplicado forma um "bolsão" de proteção, expulsa o oxigênio e a umidade presentes e, ao mesmo tempo, reduz a temperatura no arco de contato e, dessa forma, preserva a superfície da chapa contra oxidação, além de permitir um aumento na velocidade de laminação e melhoria nas condições ambientais para o pessoal de operação, por meio da eliminação da névoa de emulsão característica do processo convencional com uso de emulsão como lubrificante. Dentre as vantagens que esse método vem apresentando, destacam-se ainda (FERREIRA FILHO; BIELSKIS, 2007):

- o excelente acabamento de superfície quanto à limpeza e ao brilho;
- a uniformidade de acabamento e rugosidade superficial;
- a eliminação de problemas por oxidação superficial (manchas de óleo e oxidação da umidade remanescente);

- redução do consumo de óleo de proteção utilizado para permitir a estocagem das bobinas;
- possibilita o aumento na velocidade do processo de laminação, sem correr o risco de haver uma elevação brusca na temperatura, já que existe um pré-resfriamento da chapa;
- permite o aumento da vida útil dos cilindros de laminação, pois a redução da rugosidade do cilindro é mais lenta;
- a redução de etapas de pré-tratamento, eliminação de problemas de falta de aderência em materiais revestidos;
- a possibilidade de novos desenvolvimentos de produtos devido à produção de chapas isentas de óleo de proteção.

Observa-se que o nitrogênio líquido é frequentemente utilizado na indústria como meio refrigerante para propósitos especiais. Suas vantagens incluem:

- grande capacidade de refrigeração;
- facilidade de gerar baixíssimas temperaturas quando requerido (−196 °C);
- facilidade de evaporar sem deixar qualquer resíduo;
- não é inflamável, reduzindo riscos de incêndio e explosão;
- pode ser exposto seguramente na atmosfera após uso.

Em relação à melhoria do acabamento superficial obtido com o emprego do nitrogênio líquido, o seu efeito deve ser analisado considerando-se, em primeiro lugar, a maior eficiência da limpeza da superfície, que pode ser atribuída a dois mecanismos, os quais, juntos, expelem e sopram as partículas para longe da superfície:

- o primeiro mecanismo se deve à alta velocidade de impacto da gota de nitrogênio líquido contra a chapa e o cilindro de laminação;
- o segundo, segue a expansão do vapor de nitrogênio líquido.

Outra possibilidade é a combinação da aspersão por jatos de *spray* de uma reduzida quantidade de lubrificante na forma de emulsão sobre a superfície da chapa antes do passe de laminação e a utilização do nitrogênio na saída do passe. Nesse caso, a utilização do gás inerte tem por objetivo realizar uma limpeza da superfície da chapa. Essa combinação permite reduzir a quantidade de emulsão aplicada, se esta fosse utilizada de forma isolada.

Para possibilitar um controle mais preciso e rigoroso dos parâmetros de qualidade do produto laminado e dos itens de controle que afetam esses parâmetros, e para permitir uma intervenção rápida quando algum desses itens ou parâmetros foge da faixa aceitável especificada, são utilizados cada vez mais nas linhas de laminação dispositivos para medição em tempo real (on-line). O teor de óleo residual (*plate out*) é um dos itens de controle que podem ser monitorados em tempo real. Para tal, utilizam-se câmeras de vídeo instaladas logo após a última cadeira em um dispositivo para monitorar e registrar esse parâmetro, conforme é ilustrado na Figura 4.7. O método de medição se baseia no princípio de fluorescência induzida por laser.

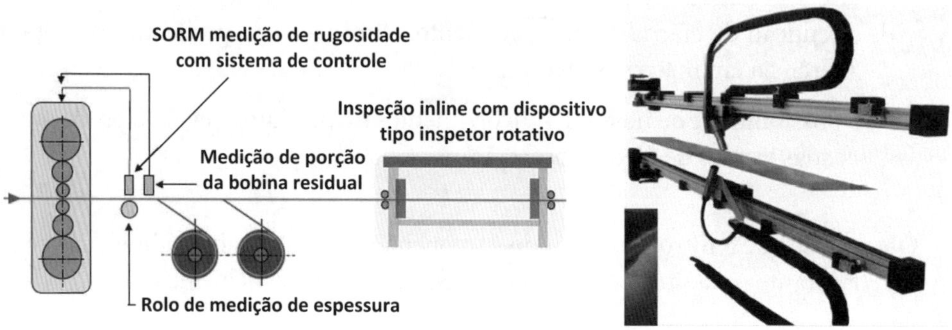

Figura 4.7 – Ilustração esquemática de dispositivos para medição em tempo real (on-line) do teor de óleo residual (*plate out*) em um laminador.[6]

Fonte: SMS-Siemag.

4.4 PARÂMETROS DE CONTROLE DOS LUBRIFICANTES E REFRIGERANTES

No controle do lubrificante, são avaliados os parâmetros apresentados na Tabela 4.1 com os principais fatores afetados por tais parâmetros.

6 Tradução de SORM: medição de rugosidade com o sistema de controle; linha de inspeção on-line com inspeção rotativa; rolo de medição de planicidade.

Tabela 4.1 – Parâmetros de controle para o óleo e a emulsão, com análises físico-químicas

Para um lubrificante novo	Para um lubrificante usado ou em recirculação
• Acidez – afeta a lubricidade, a limpeza e a oxidação do óleo. É determinada pela quantidade de hidróxido de potássio (KOH) necessário para neutralizar 1 grama de óleo. No óleo novo, pode-se afirmar que a acidez se refere à quantidade de ácidos graxos livres. • Índice de saponificação – corresponde, *grosso modo*, a uma medição do teor de gordura. É determinado pela quantidade (em mg) de hidróxido de potássio (KOH) necessário para neutralizar os ácidos saponificados ésteres em 1 grama da amostra. No óleo novo, o índice de saponificação fornece uma ideia da quantidade de ésteres existente na amostra. Valores típicos são: 100 a 140 para laminar folhas finas, 190 de folhas de flandres (quase de 100% de gordura). • Viscosidade – a viscosidade de um óleo é a sua resistência ao escoamento e mede o grau de atrito interno do óleo quando escoa. É a propriedade mais importante dos óleos lubrificantes, e a definição de um lubrificante é, basicamente, pela viscosidade. No óleo novo, geralmente com o aumento da viscosidade cresce a lubricidade, porém, aumenta a formação de resíduos carbonosos. Já no óleo extraído da emulsão usada e recirculada, o aumento da viscosidade indica a contaminação por óleos hidráulicos mais viscosos.	• Acidez – no óleo extraído da emulsão usada e recirculada, o aumento da acidez indica a contaminação da emulsão por óleos hidráulicos. • Índice de saponificação – no óleo extraído da emulsão usada e recirculada, o aumento da saponificação indica a oxidação do óleo da emulsão e sua diminuição indica a provável contaminação por óleos hidráulicos. • Viscosidade do óleo – no óleo extraído da emulsão usada e recirculada, o aumento da viscosidade indica a contaminação por óleos hidráulicos mais viscosos. • Teor de ferro solúvel – o ferro pode estar na forma de partículas finas de ferro metálico (ferro livre), íons de ferro (ferro dissolvido) e sabões de ferro. O teor de ferro solúvel indica o grau de deterioração (oxidação) da emulsão, ou seja, a quantidade de Fe que reagiu com o óleo da emulsão. Por serem moléculas grandes, são de difícil destilação e, consequentemente, promovem a formação de manchas de óleo e resíduos carbonosos, prejudicando a limpeza da chapa. Pode ser expresso por g/litro da emulsão. • pH da emulsão – a sua variação está ligada à contaminação da emulsão por íons, provenientes da decapagem ou da própria água da emulsão. A redução do pH indica a diminuição da estabilidade da emulsão. • Concentração de óleo (*plate out*) – é um fator relacionado diretamente com a lubricidade e com a quantidade de óleo necessária para formar uma emulsão com a água. É considerado um dos principais parâmetros de controle.

(*continua*)

Tabela 4.1 – Parâmetros de controle para o óleo e a emulsão, com análises físico-químicas (*continuação*)

Para um lubrificante novo	Para um lubrificante usado ou em recirculação
• Estabilidade da emulsão – mede a tendência do óleo de formar a emulsão sob determinadas condições. Uma estabilidade muito alta implicará perda de lubricidade, e, quando baixa, poderá aumentar o consumo de óleo. Para assegurar a condição desejada de trabalho, o óleo contém certa quantidade de emulsificante em sua composição. Além disso, faz-se uso de agitadores mecânicos nos tanques. Durante o processo, seu valor tende sempre a diminuir, devido à infiltração de óleos estranhos à emulsão, provenientes dos sistemas hidráulicos do laminador. • Destilação – relacionado com a volatilidade do óleo que afeta o grau de limpeza do produto laminado. • Outras medições: índice de iodo, de enxofre.	• Teor de Fe na emulsão – os finos de ferro são partículas abrasivas cuja tendência é reduzir a lubricidade, gerar depósitos de sujeira (o fino de ferro dificulta a destilação do óleo durante o processo de recozimento) e aumentar o atrito. Pode ser medido por mg de ferro por m^2 de chapa laminada. É uma medida da eficiência da operação de filtragem. Afeta muito a limpeza superficial do produto laminado. • Cloretos e sulfatos – mede a quantidade de íons de cloreto ou sulfato (mg/litro de emulsão) provenientes da contaminação da emulsão. Afeta a emulsificação e pode causar corrosão da chapa laminada. • Bactérias – relacionado com o grau de contaminação da solução e a intensidade de oxidação do óleo (sanidade da emulsão). • Condutividade – fornece uma referência para o grau de contaminação da solução. • Cinzas – é um resíduo obtido pela carbonização de uma amostra de óleo, de acordo com métodos específicos. A cinza é produto de compostos inorgânicos como óxidos, fosfatos e sulfatos e tem grande relação com a limpeza do produto. • Outras medições: teor de cinzas, teor de Cl, SO_4, tamanho de partículas.

Se o processo de reciclagem e recirculação for realizado adequadamente e o controle for rigoroso, a troca total do óleo é feita, normalmente, a cada seis meses ou a cada ano em trem de laminação a frio contínuos.

Além desses controles relativos a análises físico-químicas do óleo novo, do óleo extraído da emulsão e da emulsão, também são realizados outros controles relativos à lubrificação na laminação a frio dos aços. Entre eles, podem ser citados:

- o pH da água de refrigeração do laminador a frio;
- a quantidade de óleo na superfície da chapa ou folha laminada no laminador a frio;

- a quantidade de partículas de ferro livre na superfície da chapa no laminador a frio;
- a realização do *tape-teste* no laminador a frio;
- a análise dos gases oriundos dos fornos de recozimento de bobinas e chapas;
- a quantidade de resíduos de carbono na superfície das chapas ou folhas nas etapas de laminação de encruamento
- a quantidade de partículas de ferro livre na superfície da chapa no laminador de encruamento;
- a realização do *tape-teste* no laminador de encruamento.

CAPÍTULO 5

Métodos de controle da planicidade e do perfil da chapa laminada

5.1 DEFINIÇÃO DE TERMOS RELATIVOS AO PERFIL E À PLANICIDADE DE CHAPAS E FOLHAS LAMINADAS

A *forma* dos produtos laminados é de responsabilidade direta da laminação. Como exemplos de itens de inspeção de forma podem ser citados: empeno lateral, desvios de planicidade e desvio de esquadria. As definições de algumas dessas variáveis são apresentadas a seguir.

A obtenção de produtos com o *perfil transversal* e *planicidade* dentro dos requisitos estabelecidos pelas normas técnicas ou padrões da empresa ou, ainda, por especificações de clientes é um dos principais desafios da laminação de produtos planos. Esse é um dos parâmetros primordiais de controle de qualidade do laminado. Por exemplo, um material com um aplainamento deficiente será facilmente perceptível e antiestético quando for utilizado em superfícies expostas de produtos como automóveis, eletrodomésticos, móveis etc.

Além disso, pode haver outras consequências, como tensões indesejadas no produto, com subsequentes distorções nas peças, dificuldades de fabricação ao serem usados métodos como soldagem automática, desvios de centro de massa para fora do valor previsto em produtos de maior precisão etc.

Em função das características do equipamento de laminação empregado, das propriedades mecânicas do metal em processo de laminação, da distribuição de temperatura na chapa e nos cilindros e dos parâmetros operacionais adotados durante a laminação, podem ser obtidas diversas formas para o *perfil transversal* da tira laminada a quente, o qual pode ser submetido a diversos critérios de classificação.

Por definição, o termo *perfil transversal* refere-se à representação gráfica dos valores da espessura ao longo da largura, tomadas em uma seção perpendicular à direção final da laminação do produto plano. O perfil pode ser de um dos três tipos básicos: côncavo, convexo ou chato. Também poderá ser assimétrico ou simétrico (conforme possua ou não forma de cunha) ou irregular (caso possua ressaltos ou rebaixas). Esses tipos e suas combinações são mostrados na Figura 5.1.

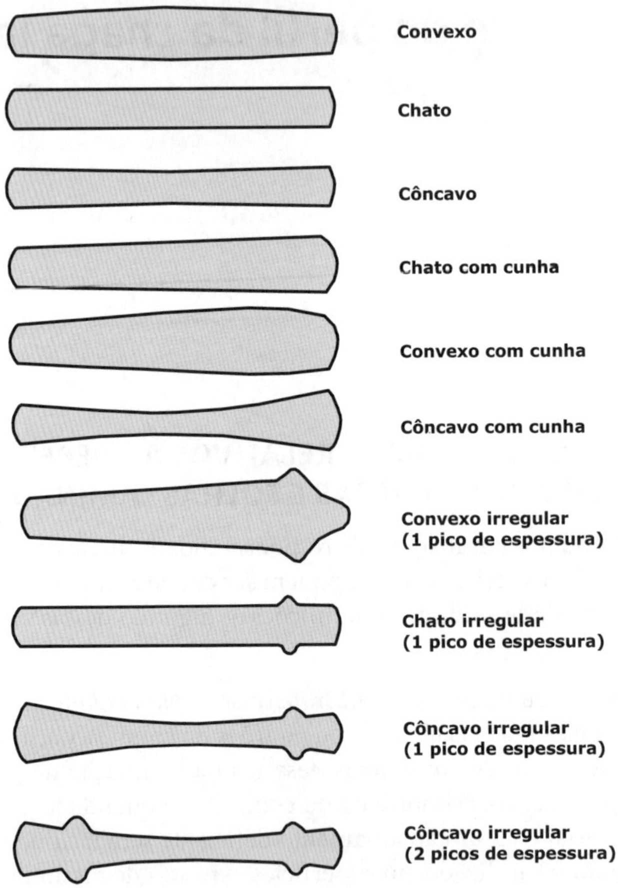

Figura 5.1 – Representação esquemática dos tipos de perfis mais comuns para a seção transversal das chapas laminadas a quente.

O perfil levemente convexo é preferido para os materiais destinados às unidades de laminação a frio, pois é vital para a planicidade a ser obtida nos processos posteriores porque propicia uma centralização mais fácil do material quando este entra nos cilindros. O perfil côncavo tem maior tendência para formar ressaltos (*high spot* ou *build-up*).

Esses ressaltos, apesar de serem apenas um pouco mais espessos que o resto da chapa, são acumulados nas centenas de voltas de uma bobina, formando um ressalto total de razoável dimensão. Esse fenômeno pode provocar marcas de deslizamento durante o desbobinamento ou marcas de colamento no recozimento em caixa, devido ao maior contato nas regiões de ressalto.

O *perfil transversal* de uma chapa laminada a quente sem aparamento lateral, além de seu *contorno* convexo (que é o mais comum e desejado), plano ou os outros mostrados na Figura 5.1, apresenta uma particularidade em suas extremidades laterais. Nessas regiões, pode ocorrer um adelgaçamento, produzindo o microformato de *ombro*, não visível a olho nu, mas determinável por medições micrométricas (Figura 5.2).

$$Ombro = e_1 - e_2$$

A formação desse ombro está ligada à flexão e/ou ao achatamento dos cilindros de trabalho durante a laminação e à maior liberdade das bordas para alongamento e alargamento. É ele o principal responsável pela necessidade de aparamento lateral das bobinas destinadas à laminação a frio, aparamento este que resulta em uma perda que pode chegar à ordem de 3% das chapas laminadas a quente produzidas em laminadores mais antigos.

Um parâmetro importante relacionado com o *perfil transversal* é o *ressalto*, que é calculado pela equação a seguir (Figura 5.3):

$$\text{ressalto} = f + g$$

O ombro (Figura 5.2) e o ressalto (Figura 5.3) só são avaliados metodicamente em usinas que possuem perfilômetros. O valor do ombro é usado apenas como informação para o controle de processo (não havendo desvios), pois, em geral, é descartado em sua maior parte quando as bordas são aparadas. A tolerância para o aceite do ressalto depende da aplicação posterior da chapa de aço.

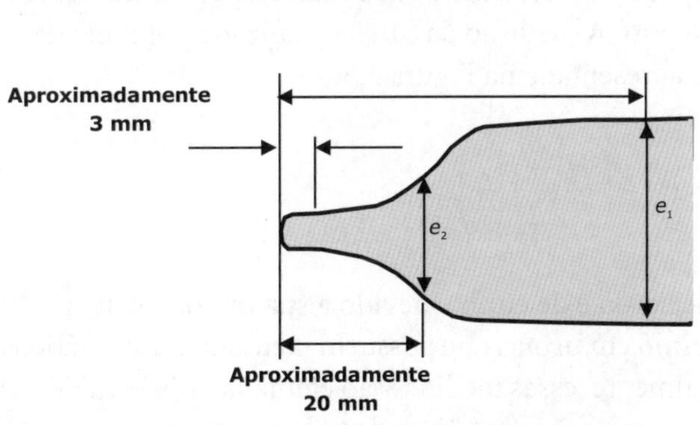

Figura 5.2 – Caracterização da formação do ombro nas extremidades (bordas) de uma chapa laminada a quente.

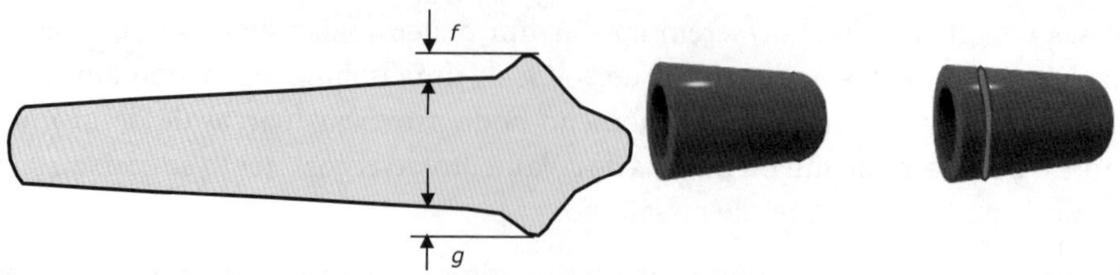

Figura 5.3 – Definição do parâmetro denominado de ressalto de uma chapa laminada a quente e defeitos do tipo *build-up* nas bobinas, devido ao acúmulo do ressalto que aparece na mesma posição em diversas espiras.

A *cunha* de um produto laminado plano é definida como a diferença entre as espessuras das duas bordas do produto, medidas em distâncias predeterminadas a partir das bordas físicas do produto laminado plano (Figura 5.4):

$$Cunha = e_2 - e_1$$

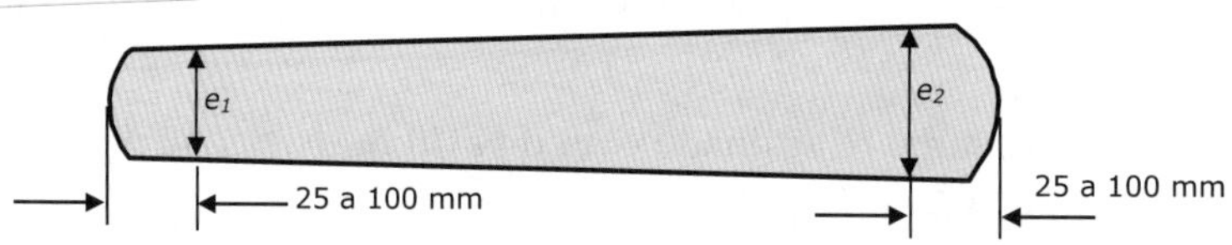

Figura 5.4 – Definição do parâmetro denominado de cunha de uma chapa laminada a quente.

O *perfil de coroamento,* ou simplesmente *coroamento,* ou, ainda, *coroa da chapa* (C_{xx}), é calculado pela diferença entre as espessuras no centro e o valor médio das espessuras em cada lado, a uma distância *xx* da borda da chapa, conforme a Figura 5.5.

De acordo com a norma técnica ou o critério de aceite de uma determinada empresa, a distância *xx* pode variar, sendo que os valores mais comumente utilizados são: 25 mm, 40 mm e 100 mm. A medição da *coroa* é realizada por meio da seguinte equação, cuja simbologia é apresentada na Figura 5.5:

$$Coroa = C_{xx} = H_C - \left(\frac{H_L + H_R}{2}\right)$$

As medidas de coroa e de cunha, devido à sua importância, podem ser feitas com micrômetros, mesmo em usinas que possuem medidores automáticos de perfil (perfilômetros). Normalmente, essas medidas são efetuadas a pelo menos 10 m de distância do topo, para que sejam representativas de toda a chapa laminada. Nota-se que, mesmo um perfil classificado como chato, apresenta perto de suas bordas uma diminuição brusca de espessura, formando o ombro.

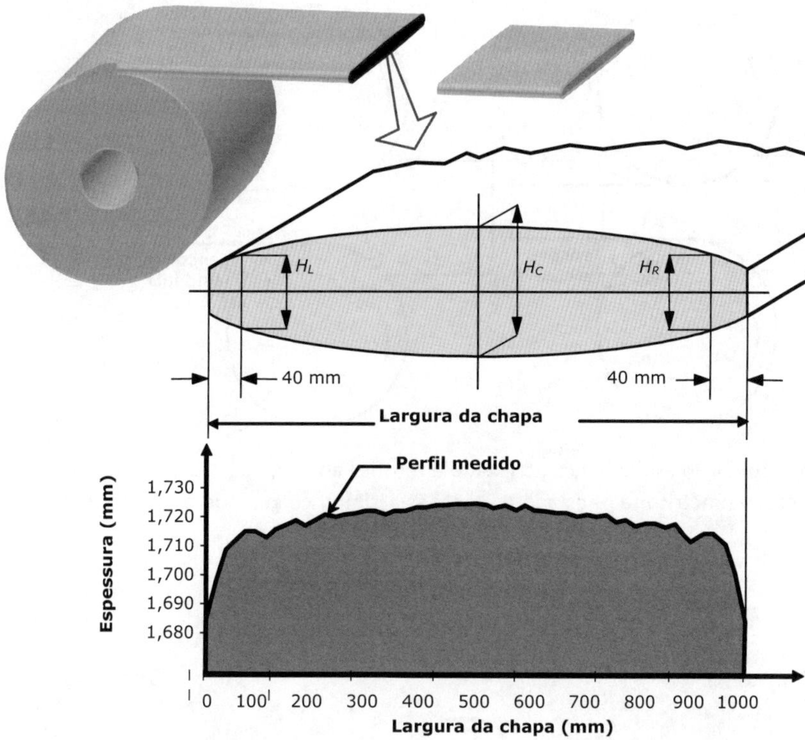

Figura 5.5 – Representação esquemática da coroa de um produto plano laminado. Os símbolos H_L, H_C e H_R indicam a espessura no lado de trabalho, no meio e no lado de acionamento, respectivamente.

O defeito do tipo *curvatura* ocorre quando pode ser distinguido um eixo constante em torno do qual pode ser distinguido o arco do defeito, o que não é percebido no caso das ondulações. A curvatura pode não estar associada com uma variação de espessura ao longo da largura, e sim com tensões residuais distintas nas partes superior e inferior do esboço, que provocam diferentes alongamentos nessas regiões, provocando a tendência de curvatura da chapa em torno dos cilindros (Figura 5.6).

Podem ser citadas ainda como outras possíveis causas de geração do defeito de curvatura longitudinal (Figura 5.7):

- eixos de cilindros defasados na direção vertical;
- cilindros de trabalho de diferentes diâmetros;
- velocidade superficial e/ou coeficiente de atrito e/ou temperaturas superficiais diferentes; e
- linha de passe inclinada.

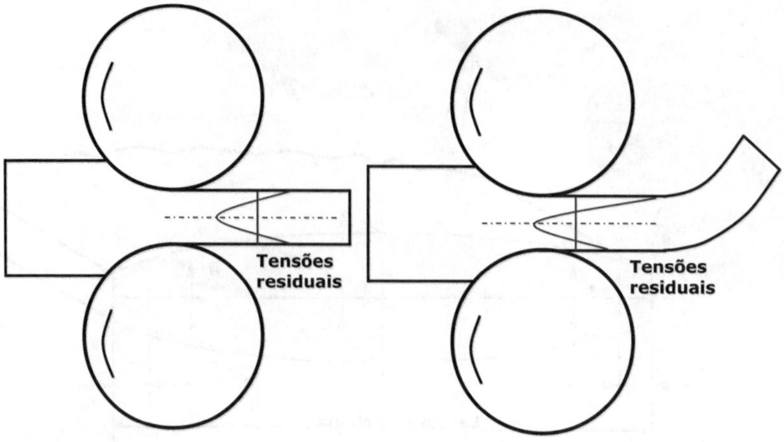

Figura 5.6 – Representação esquemática do estado e tensões ao longo da espessura de uma chapa: a) estado de tensões simétrico; e b) estado de tensões assimétrico gerando o defeito de curvatura longitudinal.

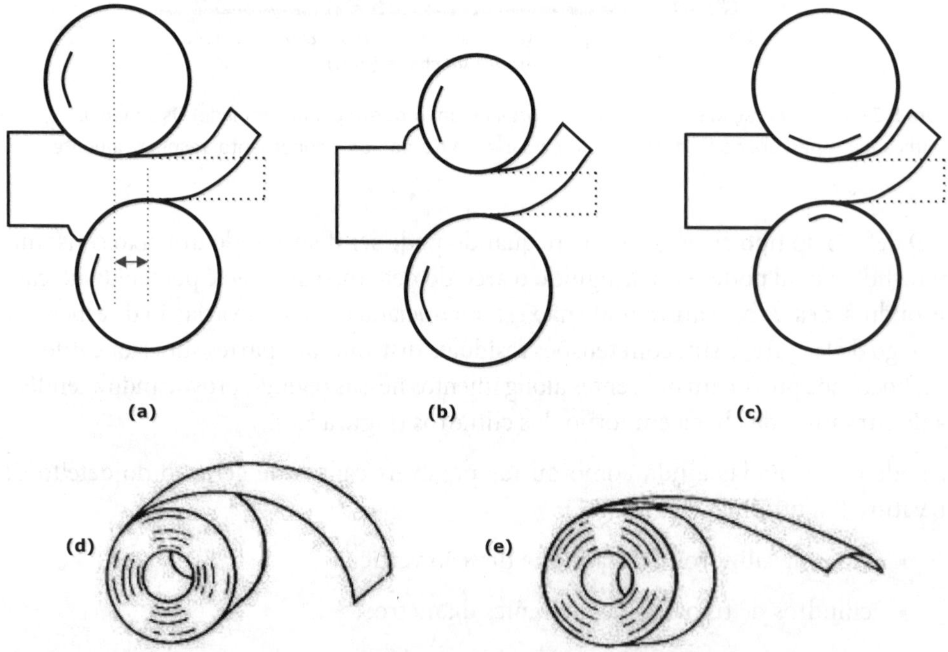

Figura 5.7 – Representação esquemática de algumas das causas de geração do defeito de curvatura longitudinal: a) eixos de cilindros defasados na direção vertical; b) cilindros de trabalho de diferentes diâmetros; e c) velocidade superficial ou coeficiente de atrito ou temperaturas superficiais diferentes e dos tipos de encurvamentos gerados; d) encurvamento longitudinal; e) encurvamento transversal.

Essas tensões residuais também podem surgir nos processos de bobinamento e desbobinamento (THEIS, 1999). Ao ser bobinada, a face externa da chapa é tracionada, e a face interna é comprimida, gerando uma diferença relativa de comprimento entre uma face e outra. Durante o desbobinamento, essa condição tende a se manter, causando o *encurvamento longitudinal* (Figura 5.7d).

Ressalta-se que, se a chapa for tracionada longitudinalmente, a diferença de tensões longitudinais ao longo da espessura e, em consequência, o encurvamento longitudinal tendem a ser eliminados. Entretanto, durante esse processo, serão geradas novas tensões, agora no sentido transversal, com a face externa passando a ser tracionada, e a interna, comprimida, causando o *encurvamento transversal* (Figura 5.7e).

Também se pode introduzir o encurvamento longitudinal (*coil set*, *curl* etc.) em uma chapa ao dobrá-la em torno de um rolo com diâmetro muito pequeno ou bobiná-la de modo que as espiras mais internas passem a ter também um diâmetro muito pequeno. Por isso, recomenda-se que todos os rolos nos quais a chapa se dobre ou se enrole tenham um diâmetro de pelo menos 1.000 vezes a espessura da chapa ou folha.

A curvatura do tipo transversal (*crossbow, guttering* etc.) ou um misto de longitudinal com transversal, denominado de *twist*, são apresentados na Figura 5.8. A curvatura transversal pode ser atribuída a uma flexão horizontal dos cilindros de trabalho. Essa flexão horizontal pode resultar em um coroamento excessivo dos cilindros de trabalho, em que, sob influência da carga dos cilindros de encosto, um cilindro de trabalho tende a arquear-se mais na direção de laminação do que outro. Nessas condições, a chapa, ao sair do passe, apresenta uma variação de tensão na direção transversal entre as camada superficiais da chapa. Assim, quando a chapa é libertada de qualquer restrição de forças externas, assume um formato curvo na sua seção transversal, com a superfície que esteve com a maior tensão de tração ou menor tensão de compressão do lado do centro da curvatura.

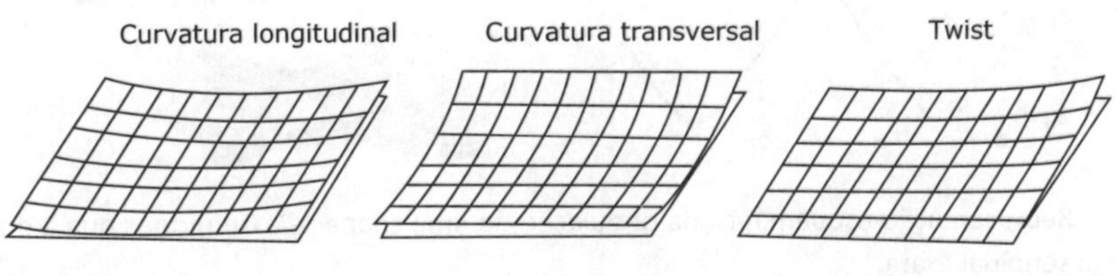

Figura 5.8 – Representação esquemática dos tipos de curvaturas.

O *twist* é, normalmente, atribuído à ocorrência de desalinhamentos dos cilindros de trabalho, não só entre si, mas também com relação aos rolos tensores existentes na saída do laminador. Esse fato provoca uma variação na distribuição de tensões residuais entre as direções paralelas e transversal à direção de laminação, gerando o *twist*.

Observa-se ainda que gradientes térmicos ao longo do comprimento e largura da chapa também podem provocar defeito de tipo curvatura, planicidade e oscilação. Esses gradientes surgem devido a heterogeneidades de aquecimento ou resfriamento do esboço durante a laminação e é mais pronunciado no processo de laminação a quente, mas também pode ocorrer na laminação a frio em caso de descontrole do processo, associado com uma deficiência de refrigeração ou lubrificação por exemplo. Nesse caso, o gradiente de temperatura pode induzir a uma tensão interna localizada que, se superar a tensão de escoamento do aço, gera a deformação plástica irregular e promove o aparecimento de um defeito de forma do produto laminado.

As curvaturas que podem surgir durante o processo de laminação apresentam mais importância do ponto de vista de controle do processo do que do ponto de vista de geração de defeitos nos produtos laminados. Isso se deve ao fato de que as tensões residuais são relaxadas na laminação a quente. Entretanto, o mesmo não ocorre na laminação a frio. Ainda no caso da laminação a quente, uma curvatura pode provocar a geração de sucata na linha de laminação devido ao desvio do esboço da linha de passe, podendo ocorrer o choque dele com a mesa de rolos ou a penetração dele entre os rolos, a não introdução da chapa nas bobinadeiras etc.

Outros autores também apresentam o defeito denominado de *flutter* (oscilação) quando existe uma repetição da curvatura longitudinal semelhante a uma onda ao longo do comprimento da chapa (Figura 5.9).

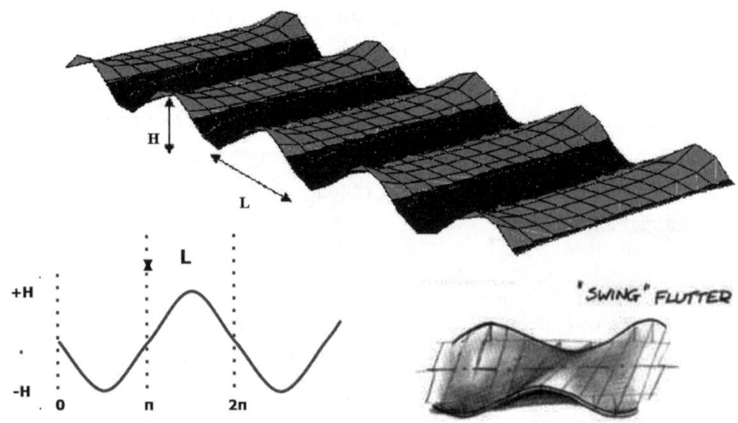

Figura 5.9 – Representação esquemática da ondulação de uma chapa se assumirmos que a ondulação tem a forma senoidal exata.

Nesse caso, as linhas imaginárias inscritas na superfície da chapa são paralelas entre si, distinguindo esse defeito do *twist* ou de um defeito de aplainamento. Esse tipo de defeito é normalmente associado com altas velocidades de laminação, que fazem com que a chapa tenda a oscilar, como é frequentemente observado nas mesas de resfriamento de laminadores de bobinas a quente. Em alguns casos, o defeito é denominado de *swing flutter* (oscilação alternada), quando ondas uniformes podem ser observadas nas duas laterais da chapa, mas com defasagem, e não se observam mudança no centro da chapa (Figura 5.9b).

Frequentemente, quando se lamina um produto plano, mesmo considerando-se que o material que entra no laminador tenha um perfil ideal (levemente convexo) e ausência de tensões internas, existem condições capazes de fazer com que a redução percentual dada não seja uniforme ao longo de toda a largura do produto, ou seja, o material é submetido, durante a laminação, a diferentes graus de solicitação (esforços) transversalmente à direção de laminação. Por esse motivo e devido aos fenômenos de heterogeneidades de aquecimento e de propriedades mecânicas da própria tira, esta poderá sofrer uma variação de espessura desigual ao longo da largura. Esses alongamentos não uniformes fazem com que o perfil do material que entra e o perfil do material que sai sejam dissimilares. Assim, as porções ao longo da largura não terão o mesmo comprimento final, fazendo com que algumas partes do produto fiquem tracionadas e outras comprimidas.

Se essas tensões longitudinais introduzidas por deformação elástica ou plástica forem suficientemente grandes, haverá aparecimento de tensões residuais, que, se forem elevadas o suficiente, fazem o laminado flambar em certos locais, causando o surgimento de *ondulações*, que comprometem a *planicidade* (*flatness*) do produto laminado, conforme pode ser observado na Figura 5.10.

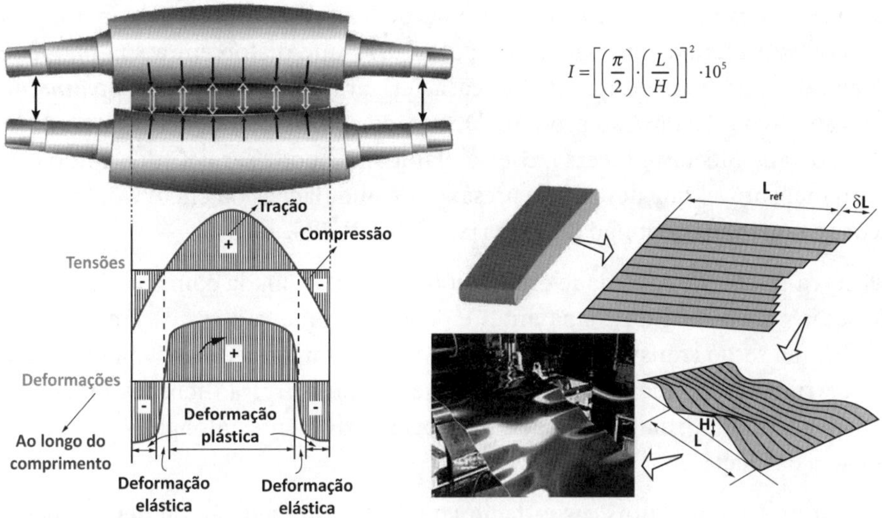

$$I = \left[\left(\frac{\pi}{2} \right) \cdot \left(\frac{L}{H} \right) \right]^2 \cdot 10^5$$

Figura 5.10 – Representação esquemática do estado de tensões e deformações ao longo da largura de uma bobina e a correspondente formação de ondulados nas bordas de uma chapa laminada (ondulado bilateral), além da definição da Unidade Internacional de planicidade (I-Unit), cuja fórmula também é apresentada.

No caso apresentado na Figura 5.10, a tensão crítica para formação das ondulações foi atingida. Entretanto, em certos casos, a tensão residual acumulada não é suficiente para gerar o ondulado ou a curvatura, mas, ao se cortar a chapa, surgem imediatamente as curvaturas ou ondulações, pois a chapa fica livre para deformar-se. A tendência a formar ondulados depende não só dessas tensões longitudinais, mas também da espessura e da largura do laminado. Quanto mais fino e largo for o laminado plano, maior será a tendência de formação de ondulados. Portanto, ao avaliar o aplainamento, deve-se considerar o perfil da seção transversal do laminado, pois ambos são interdependentes. Caso se altere o perfil, a planicidade altera-se também (para melhor ou pior), e vice-versa.

No exemplo da Figura 5.10, é mostrado um ondulado do tipo bilateral. Entretanto, diversos tipos de ondulados podem ser formados, dependendo do tipo de perfis de entrada e os respectivos perfis de saída de uma cadeira de laminação. Devido à não compensação dos perfis durante a laminação, haverá um alongamento desigual dos segmentos longitudinais imaginários da chapa, gerando os citados defeitos. Na Figura 5.11, mostram-se representações esquemáticas da formação de defeitos de ondulações bilaterais e ondulações centrais em uma chapa laminada a partir de diferentes perfis de entrada. Convém destacar também a chamada planicidade latente, que reflete uma condição em que tensões internas estão distribuídas de forma irregular ao longo da largura da chapa, mas não são suficientes para formar ondulações. Mesmo assim, quando a chapa for cortada, essas tensões serão liberadas, causando ondulações na peça (GINZBURG, 1989).

Um produto laminado plano, ao ser colocado livre de restrições sob uma superfície plana, pode apresentar ondulações ou curvaturas que distorcem a sua *planicidade*. Essa qualidade da forma do laminado caracterizará um bom ou mau *aplainamento*, relativo ao uso que se dará ao produto. De acordo com estudo realizado pela Association of Iron and Steel Engineers (Aise), a planicidade pode ser definida como um parâmetro mensurável que descreve a presença de ondulações ou encurvamentos e suas posições e tamanhos ao longo do material (GINZBURG, 1989).

Observa-se que a planicidade está diretamente relacionada com a variação do perfil de seção transversal da chapa antes e depois de uma cadeira de laminação. Se o perfil de uma seção transversal que sai de uma cadeira for geometricamente dissimilar ao perfil correspondente ao material que entrou, surgirão tensões longitudinais que, dependendo da sua intensidade, provocarão diferentes alongamentos, gerando ondulados na chapa.

Apesar de ser, em alguns casos, facilmente visível, a medição ou determinação da intensidade do aplainamento de uma chapa laminada é uma atividade relativamente complexa. A título de representação da ondulação da chapa, pode-se assumir que a chapa se deforma como uma onda de perfil senoidal com amplitude H e em picos opostos e de comprimento de onda L, que percorre certa porção do comprimento da chapa (vide Figuras 5.9 e 5.11).

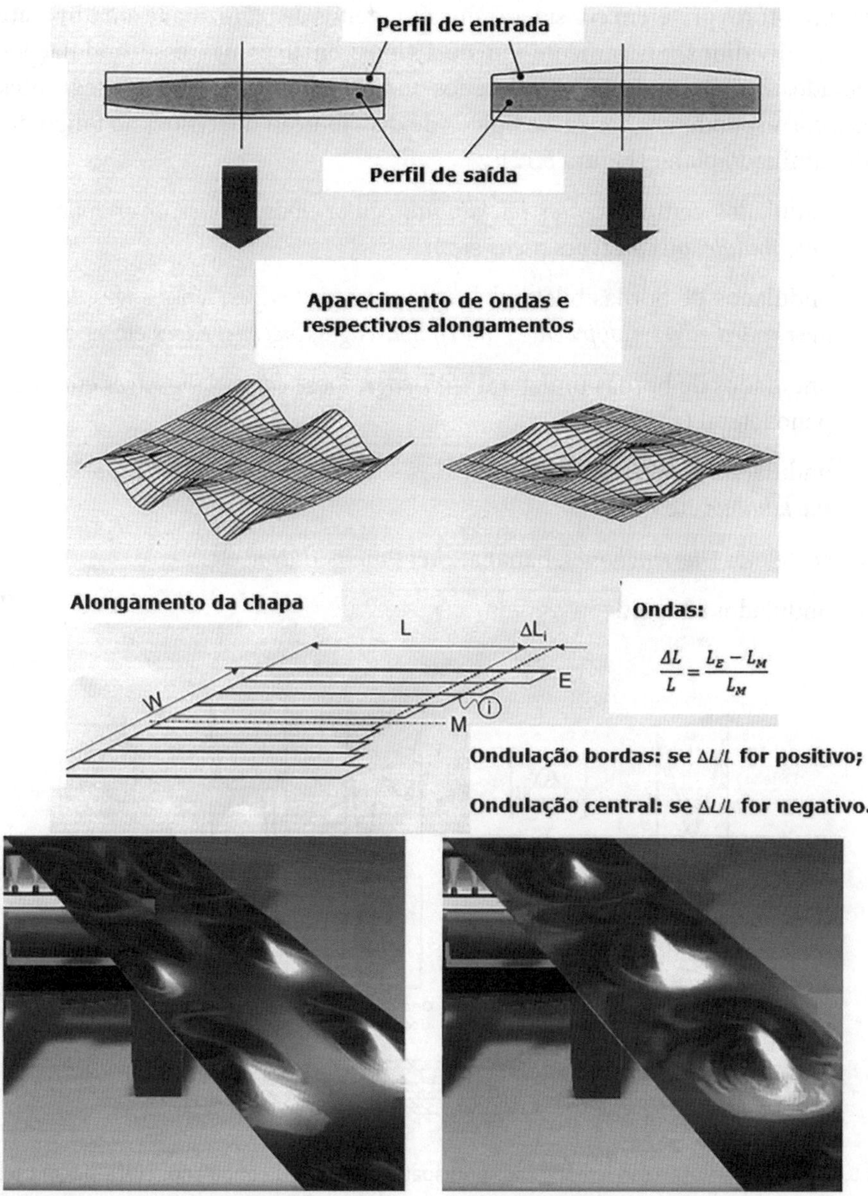

Figura 5.11 – Representação esquemática da formação dos defeitos de ondulações bilateral e ondulações centrais em uma chapa laminada.

Alguns autores preferem considerar que os defeitos de planicidade em um material podem ser divididos basicamente em dois tipos: encurvamentos e ondulações (já apresentados anteriormente). Os ondulados podem ser classificados nas seguintes categorias, correspondentes aos casos típicos de distribuição de tensões ao longo da largura do laminado plano (Figura 5.12):

- ondulados central (*center buckle, full center, loose center, over rolled center, long middle, oil can types areas* etc.);
- ondulados de bordas bilateral (*edge waves, full-edges, loose edges, long edges, over rolled edges, floppy edges, oil riplled-edges, piecrust edges* etc.);
- ondulados de bordas unilateral (*full-edge, loose edges, long edges* etc.) ou empeno lateral (*camber*);
- ondulados localizados ou ondulados simples (*quarter buckle, pockets waves, slack bands* etc.);
- costeletas (*herringbones*, banana, *chevroning, fluting* etc.); e
- ondulados simples.

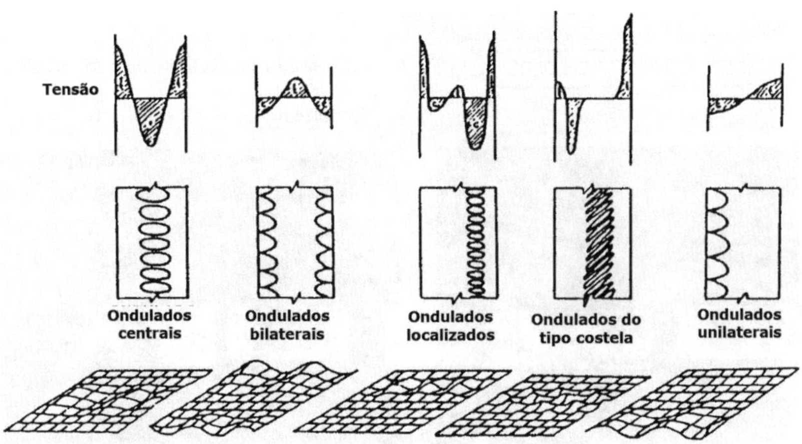

Figura 5.12 – Representação esquemática das principais categorias de ondulados correspondentes aos casos típicos de distribuição de tensões ao longo da largura do produto laminado plano.

Os defeitos de ondulados unilateral e empeno lateral, apesar de terem as mesmas causas e características, diferem entre si quando observados visualmente, pois, quanto menor for a espessura, mais facilmente pode haver a retificação na direção do seu eixo longitudinal, tendendo o empeno, assim, a parecer como um ondulado unilateral. Isso é mais comum de ser observado na laminação a quente, na qual o que for observado em um esboço durante a laminação como um empeno lateral pode ser identificado como um ondulado unilateral na chapa laminada.

Convém ressaltar que o ondulado unilateral e o empeno são, na realidade, a mesma coisa, pois têm as mesmas causas e características. Diferem entre si quando observados apenas visualmente. Quanto menor for a espessura do material, mais facilmente este pode ter seu eixo de simetria longitudinal retificado, tendendo, então, o empeno a aparecer como ondulado unilateral. Portanto, o que se observa em um esboço de laminação a quente como empeno lateral observa-se na chapa laminada como ondulado unilateral.

Também é possível classificar as ondulações em parabólicas (de segunda ordem) ou de alta ordem, de acordo com o tipo de equação que melhor descreve a distribuição dessas ondulações ao longo da largura. As ondulações *parabólicas* são muito utilizadas para descrever tanto as ondulações de borda como as ondulações centrais, conforme mostrado na Figura 5.13.

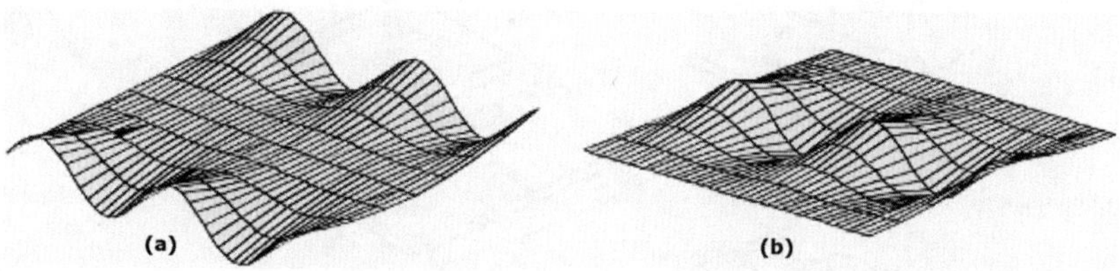

Figura 5.13 – Ondulações parabólicas: a) de borda; e b) centrais.

Já a Figura 5.14 mostra um resumo dos principais efeitos no produto laminado de um coroamento (*camber* ou arqueamento) positivo ou negativo dos cilindros, de forma suficiente ou excessiva.

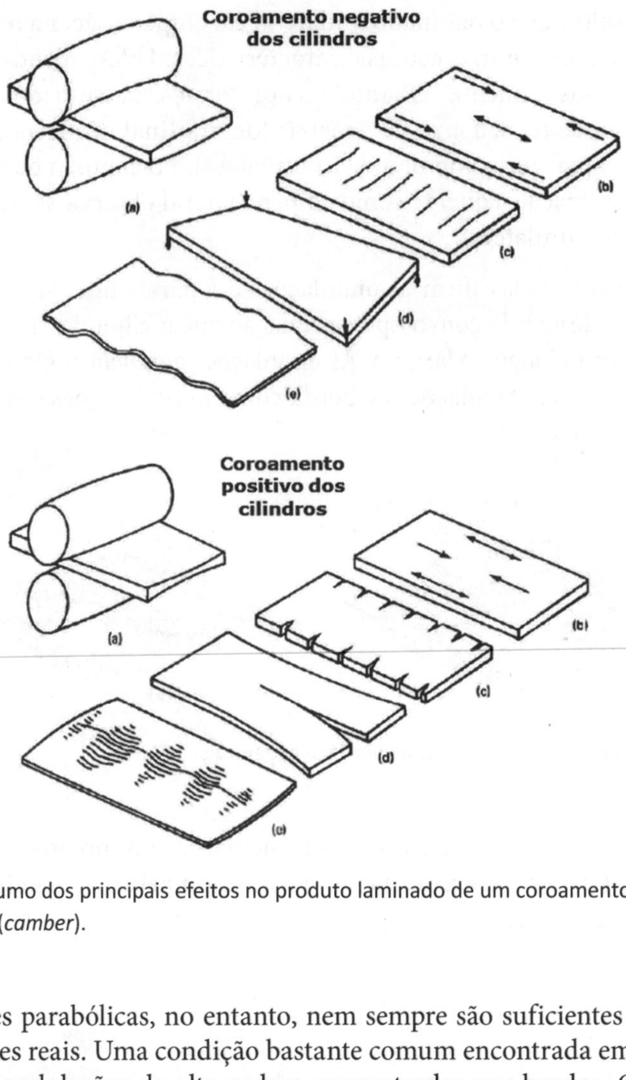

Figura 5.14 – Resumo dos principais efeitos no produto laminado de um coroamento positivo ou negativo dos cilindros (*camber*).

As equações parabólicas, no entanto, nem sempre são suficientes para descrever muitas situações reais. Uma condição bastante comum encontrada em chapas finas é a presença de ondulações de alta ordem concentradas nas bordas. Outra condição ainda mais crítica é a combinação deste tipo de ondulações com ondulações parabólicas centrais. Ambas as situações são ilustradas na Figura 5.15.

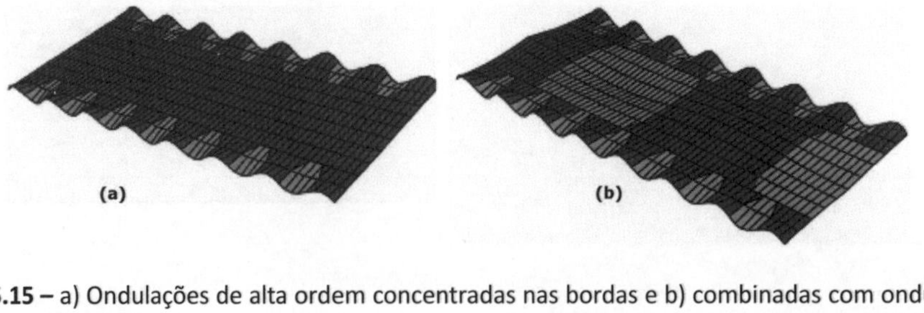

Figura 5.15 – a) Ondulações de alta ordem concentradas nas bordas e b) combinadas com ondulações parabólicas centrais.

As ondulações assimétricas são descritas por equações de ordem ímpar, conforme ilustrado pela Figura 5.16.

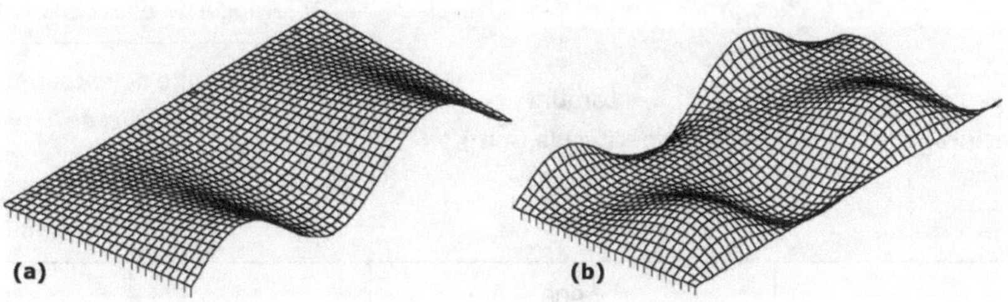

Figura 5.16 – Ondulações assimétricas a) de ordem 1 – lineares e b) de ordem 3 – cúbicas.

A norma ABNT NBR 16552/2016 (Produtos planos laminados de aço não revestido - Defeitos de superfície, forma e dimensões - Terminologia) define alguns dos termos relativos aos desvios ou defeitos de planicidade de produtos planos laminados e apresenta ainda algumas imagens ilustrativas deles. Determinadas normas consideram como tolerância para a planicidade o desvio máximo de uma superfície plana horizontal (flecha), ou seja, apenas a amplitude do ondulado. Esse é o caso da norma ABNT NBR 11888/2015 (Bobinas e chapas finas a frio e a quente de aço-carbono e de aço de alta resistência e baixa liga - Requisitos gerais) (não é válida para folhas ou para chapas revestidas por imersão a quente ou por eletrodeposição). Assim, apresentam-se nas Tabelas 5.1 e 5.2 os valores máximos permitidos especificados por normas ABNT e ASTM. Essas normas também especificam as tolerâncias para empeno lateral.

Tabela 5.1 – Tolerâncias no desvio de aplainamento de chapas finas a frio de aços de baixa e alta resistência (NBR 11888/2015)

Espessura nominal (e)	Desvio de planicidade permissível em função da largura nominal L (mm)					
	Aço de baixa resistência			Aço de alta resistência		
	L ≤ 1.200	1.200 < L ≤ 1.500	L > 1.500	L ≤ 1.200	1.200 < L ≤ 1.500	L > 1.500
e ≤ 2,00	18	20	25	23	25	31
2,00 < e ≤ 5,00	15	18	23	19	23	29

Nota: desvio de planicidade permissível no caso de tolerância restritiva = 7 mm.

Tabela 5.2 – Tolerâncias de planicidade para chapas[a] laminadas a frio (ASTM A568/A568M – Standard Specification for Steel, Sheet, Carbon, and High-Strength, Low-Alloy, Hot Rolled and Cold-Rolled, General Requirements for, 2011)[b] – Sistema SI

Espessura especificada (mm)	Largura especificada (mm)	Tolerância de planicidade[c] (mm) (para limite de escoamento especificado[d])	
		< 310 MPa	310 a 345 MPa (mínimo)
≤ 1,0	≤ 900	10	20
	900 < e ≤ 1.500	15	30
	> 1.50	20	40
> 1,0	≤ 900	8	20
	900 < e ≤ 1.500	10	20
	1.500 < e ≤ 1.800	15	30
	> 1.800	20	40

[a] Esta tabela é aplicada para produtos em forma de chapas com largura acima de 300 mm.

[b] Esta tabela não se aplica quando as chapas são especificadas como *full hard*, para uma faixa de dureza ou recozidas (*annealed last* ou *dead soft*).

[c] Desvio máximo a partir de uma superfície horizontal plana.

[d] Tolerâncias para ligas ARBL com limite de escoamento mínimo especificado maior que 345 MPa devem ser objeto de negociação.

Outra norma que apresenta algumas definições em relação à planicidade de produtos planos laminados a frio é a ABNT NBR 6839/2012 (Tiras relaminadas a frio, de aço de alto teor de carbono, destinadas à fabricação de serras de fita para metais – Especificação). Essa norma especifica que é admissível um desvio máximo de 10 mm em 2 m de amostra, colocado sobre um plano horizontal de referência, descontando a espessura da amostra avaliada.

Ressalta-se que a norma ASTM A568/A568M apresenta valores distintos para as faixas de espessura e para os dados especificados de planicidade em tabelas distintas para as unidades nos sistemas SI ou métrico (mm e MPa) e no sistema inglês (polegada e Ksi). Os valores originais em polegadas e convertidos para milímetros são apresentados na Tabela 5.3.

Tabela 5.3 – Tolerâncias de planicidade para chapas[a] laminadas a frio (ASTM A568/A568M – Standard Specification for Steel, Sheet, Carbon, and High-Strength, Low-Alloy, Hot Rolled and Cold-Rolled, General Requirements for, 2011)[b] – Sistema IPS (*inch-pound-second*) ou Inglês

Espessura especificada (mm)	Largura especificada (mm)	Tolerância de planicidade[c] em polegadas (mm) (para limite de escoamento especificado[d])	
		< 310 MPa	310 a 345 MPa (mínimo)
≤ 0,044" (1,12)	≤ 36" (914,4)	3/8 (9,5)	3/4 (19,1)
	36" (914,4) < e ≤ 60" (1.524)	5/8 (15,9)	1 1/8 (28,6)
	> 60" (1.524)	7/8 (22,2)	1 1/2 (38,1)
> 0,044" (1,12)	≤ 36" (914,4)	1/4 (6,4)	3/4 (19,1)
	36" (914,4) < e ≤ 60" (1.524)	3/8 (9,5)	3/4 (19,1)
	60" (1.524) < e ≤ 72" (1.828,8)	5/8 (15,9)	1 1/8 (28,6)
	> 72" (1.828,8)	7/8 (22,2)	1 1/2 (38,1)

[a] Esta tabela é aplicada para produtos em forma de chapas com largura acima de 12 polegadas (304,8 mm).
[b] Esta tabela não se aplica quando as chapas são especificadas como *full hard*, para uma faixa de dureza ou recozidas (*annealed last* ou *dead soft*).
[c] Desvio máximo a partir de uma superfície horizontal plana.
[d] Tolerâncias para ligas ARBL com limite de escoamento mínimo especificado maior que 345 MPa devem ser objeto de negociação.

Apesar de as tolerâncias definidas nas normas não considerarem tal fato, não só o desvio vertical das ondulações (flecha) a partir de uma superfície horizontal plana, mas também o seu comprimento (corda) têm grande importância na caracterização da planicidade. Para considerar esse aspecto, pode-se utilizar a diferença percentual de comprimento entre a faixa mais longa e a mais curta que se encontram ao longo da largura de uma chapa laminada. Em outras palavras, a distribuição do alongamento relativo da chapa $\frac{\delta L}{L}$ ao longo da largura (L) é um critério para a *planicidade* da chapa. Essa variação de comprimentos pode ser observada na Figura 5.17, considerando-se hipoteticamente a realização de vários cortes em uma amostra para liberar as tensões elásticas e gerar "tiras" estreitas com diferentes comprimentos. Esse valor é, às vezes, multiplicado por 10^5, para não se operar com números muito pequenos, que seriam os valores percentuais. Nesse caso, passa-se a empregar a medida de planicidade denominada de *flatness index* ou I-Units (Unidade Internacional), ou simplesmente I.

$$I - Unit = \frac{\delta L}{L} \cdot 10^5$$

Se assumirmos que a ondulação tem a forma senoidal exata, tem-se as relações apresentadas a seguir e representadas nas Figuras 5.11 e 5.16, além de tabelas apresentadas na norma ASTM A568/A568M-2011:

$$\frac{\delta L}{L} = \left[\frac{\pi}{2} \cdot \frac{H}{L}\right]^2$$

$$I - Unit = \frac{\delta L}{L} \cdot 10^5 = \left[\frac{\pi}{2} \cdot \frac{H}{L}\right]^2 \cdot 10^5$$

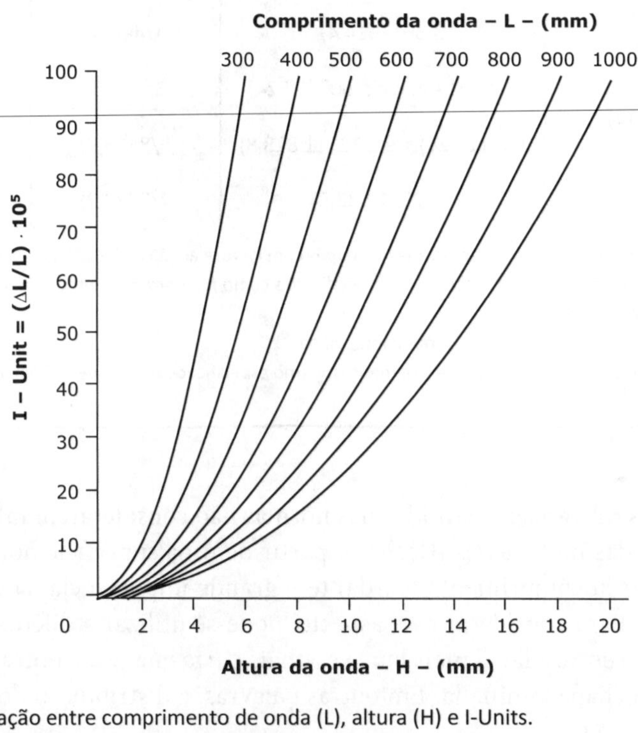

Figura 5.17 – Relação entre comprimento de onda (L), altura (H) e I-Units.

Outro método alternativo para a determinação da planicidade também apresentado na norma ASTM A568/A568M é denominado de *percent steepness*, ou inclinação percentual, em tradução livre. O *steepness index* é definido como:

$$Steepness\ index = \frac{H}{L}.$$

Com as variáveis H (altura da onda) e L (intervalo de comprimento da onda) definidos como ilustrado na Figura 5.9, para expressar esse índice em termos percentuais, a seguinte equação é empregada:

$$\%\ steepness = S = \frac{H}{L} \cdot 100$$

Para converter de *% steepness* para *I-Units*, a seguinte equação pode ser empregada:

$$I = 24{,}7 \cdot S^2$$

5.2 MÉTODOS DE AVALIAÇÃO DA PLANICIDADE E DO PERFIL DE CHAPA E FOLHAS LAMINADAS A FRIO

A detecção do aplainamento durante ou imediatamente após a laminação era feita, de início, apenas visualmente em laminadores a frio e a quente, ou por meio de métodos manuais relativamente simples. Porém, foram desenvolvidos métodos e sistemas para medição e controle automático de planicidade. Alguns autores consideram que a medição de planicidade ainda é o ponto fraco nos sistemas automáticos em malha fechada de controle dos laminadores. Basicamente, os métodos para detecção dos defeitos de forma podem ser colocados em dois grupos: um no qual a chapa é examinada em uma situação com pouca ou nenhuma tensão, e o outro no qual a chapa é examinada quando está sujeita a altas tensões de tração. Outra forma de classificação considera que podemos agrupar os métodos de determinação de planicidade em dois grupos: com ou sem contato do(s) sensor(es) com a chapa.

Um ponto importante a ser considerado na detecção da planicidade é o fato de a chapa estar ou não submetida a altas tensões de tração, capazes de torná-la de forma momentânea totalmente plana e, assim, mascarar a sua real condição de aplainamento. Portanto, para se fazer uma inspeção visual do estado de aplainamento da chapa, deve-se controlar o processo (redução de velocidade ou do contato com rolos tensores, por exemplo) de modo que as tensões na chapa sejam relaxadas, permitindo o aparecimento do seu real estado de distribuição de forma, prática usual em linhas de laminação.

Outra forma de se realizar a detecção da planicidade de forma mais indicativa no caso de condições de velocidade normal de laminação a frio é batendo levemente com um pedaço de madeira e sentindo a vibração resultante, a qual fornece uma indicação da distribuição de tensões na largura (método exemplificado na Figura 3.14). Também é uma prática frequente o deslocamento das bobinas para inspeção em outras linhas, como em unidades de rebobinamento, corte ou subdivisão, na qual a bobina pode ser avaliada visualmente na ausência de tensões externas e mesmo suspensa em um dos lados para detecção de curvaturas.

Na medição do perfil e da planicidade da chapa ou folha laminada, podem ser utilizados equipamento e métodos em tempo real (on-line) e fora de linha (off-line). A medição do aplainamento durante ou logo após a laminação a frio apresenta certas dificuldades devido às condições do processo, muito embora sejam menos severas do que no processo de laminação a quente. Alguns equipamentos foram desenvolvidos com esse propósito.

Como mencionado anteriormente, a detecção da planicidade pode ser feita por métodos em que o sensor entra ou não em contato com a chapa, fazendo uso das alterações das características físicas da chapa induzidas pela variação de forma associada com o aplainamento. Os métodos de medição de planicidade por contato são os mais antigos e mais utilizados nas indústrias, havendo diversos tipos de equipamentos fabricados por diferentes indústrias fornecedoras de equipamentos ou instrumentos de controle para siderurgia ou outras indústrias processadoras de metais não ferrosos. Esses equipamentos podem se basear em diferentes princípios físicos, que serão elencados nos parágrafos a seguir.

Uma chapa que apresente uma variação de alongamento em vários segmentos ao longo de sua largura também apresentará uma variação de velocidade ao longo dessa largura, o que pode ser detectado por sensores (*pequenas esferas*, por exemplo) que entram em contato com a chapa (*método de Pearson*). Entretanto, esse método apresenta alguns problemas relacionados com o contato dos rolinhos com a chapa, pois a sua velocidade periférica pode ser alterada por outros fatores além da variação de planicidade, por exemplo, alteração de temperatura da chapa e impactos do rolo contra a chapa. Além disso, esse método exige que a bobina esteja na condição de tensões relaxadas. Um método similar foi desenvolvido pelo British Iron and Steel Institute (Bisra), mas empregando-se cinco rolos movidos independentemente ao longo da largura da chapa. Esses rolos são fabricados com um material termoplástico de alta resistência a fluência e módulo de elasticidade elevado.

Outros métodos se baseiam na detecção da *variação da pressão* exercida pela chapa, em função da presença de ondulações ao longo da largura dela. Nessa categoria, estão incluídos os equipamentos denominados *rolos tensores segmentados (loopers* segmentados ou *shapemeter-loopers)*, que podem ser colocados na saída da última cadeira de laminação, ou mesmo entre cadeiras intermediárias. Esse equipamento é constituído basicamente de uma estrutura formada por braços que podem girar em torno de um eixo horizontal, localizado abaixo do nível de passagem do esboço, sustentando um eixo não acionado, no qual são instalados diversos anéis fixados por rolamentos. Os anéis são dispostos ao longo da largura da chapa e equipados com sensores de pressão (células de carga ou *strain-gages*) posicionados sob o "braço de alavanca" ou que sustentam cada segmento de rolo (vigas de suporte). Esse rolo atua como um rolo defletor para possibilitar a medição da variação de pressão quando da passagem da chapa sobre ele (Figura 5.18).

Nessa categoria de rolos segmentados, estão inclusos os equipamentos desenvolvidos pelo Max Planck Institute de Düsseldorf e o Vidimon proposto pela Loewy-Robertson. O sistema desenvolvido pelo Max Planck Institute utiliza uma casca cilíndrica dividida em vários segmentos, sendo a força exercida pela tira medida em cada segmento pelo uso de *strain-gages* na viga de suporte. O Vidimon é semelhante, sendo, no entanto, cada anel suportado por um mancal pneumático. Quando se exerce uma força radial sobre um dos anéis (tensão da chapa, por exemplo), este abaixa-se, mudando a pressão em uma parte correspondente do sistema de mancal pneumático. Transdutores de pressão enviam então sinais elétricos proporcionais a essa variação de pressão para o sistema de controle.

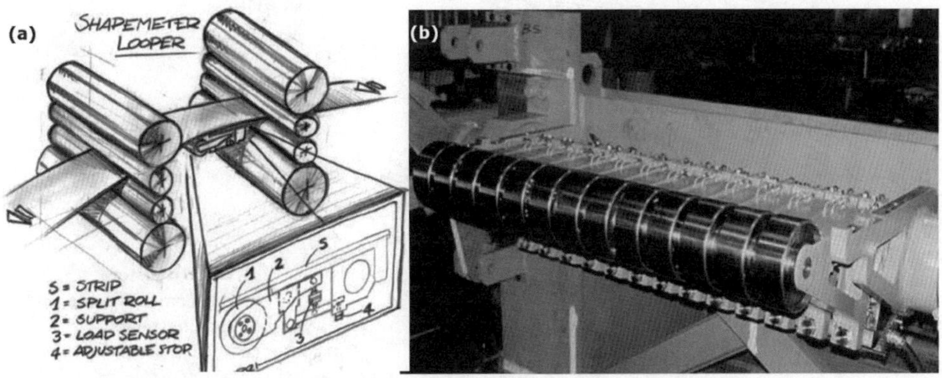

Figura 5.18 – Exemplos esquemáticos do equipamento rolo tensor segmentado (*looper* segmentado ou *shapemeter-looper*).

O uso de segmentos de rolos ao longo da largura da chapa apresenta problemas como marcar a chapa ou não haver sincronismo entre os diversos rolos. Assim, outra possibilidade desenvolvida posteriormente é empregar um único rolo medidor com diversos sensores de pressão distribuídos em fendas ao longo do comprimento e ao longo da periferia do rolo, que é revestido com uma luva para evitar descontinuidades na superfície (sistema Planicim® da empresa Secim e sistema *Stressometer* do consórcio ASEA-Alcan). Esses sensores medem continuamente os esforços realizados no sentido da largura do produto que está sendo processado e ao longo do seu comprimento. A chapa sob tensão exercerá sobre cada uma das seções do rolo instrumentado uma força diferente (conforme o aplainamento), que será detectada pelo sensor de pressão associado a essa seção, permitindo medir a variação da tensão ao longo da largura da chapa.

Os sinais desses sensores, depois de devidamente processados, podem ser usados para controlar automaticamente ou não equipamentos do laminador que afetam direta ou indiretamente a planicidade. Por exemplo, podem ser realizadas ações no sistema de controle de flexão de cilindros por meio da variação da pressão dos macacos hidráulicos de sistemas compensadores de coroa (*roll bending*). Também podem ser realizadas atuações nos sistemas de nivelamento de cilindros e/ou de refrigeração de cilindros da última cadeira. A decisão sobre em qual dos três sistemas será feita uma atuação é função do tipo de defeito e em que posição está localizada no material.

Na Figura 5.19, é apresentado o já citado equipamento *Stressometer*, desenvolvido inicialmente por um consórcio ASEA-Alcan para medição e correção automática de aplainamento.

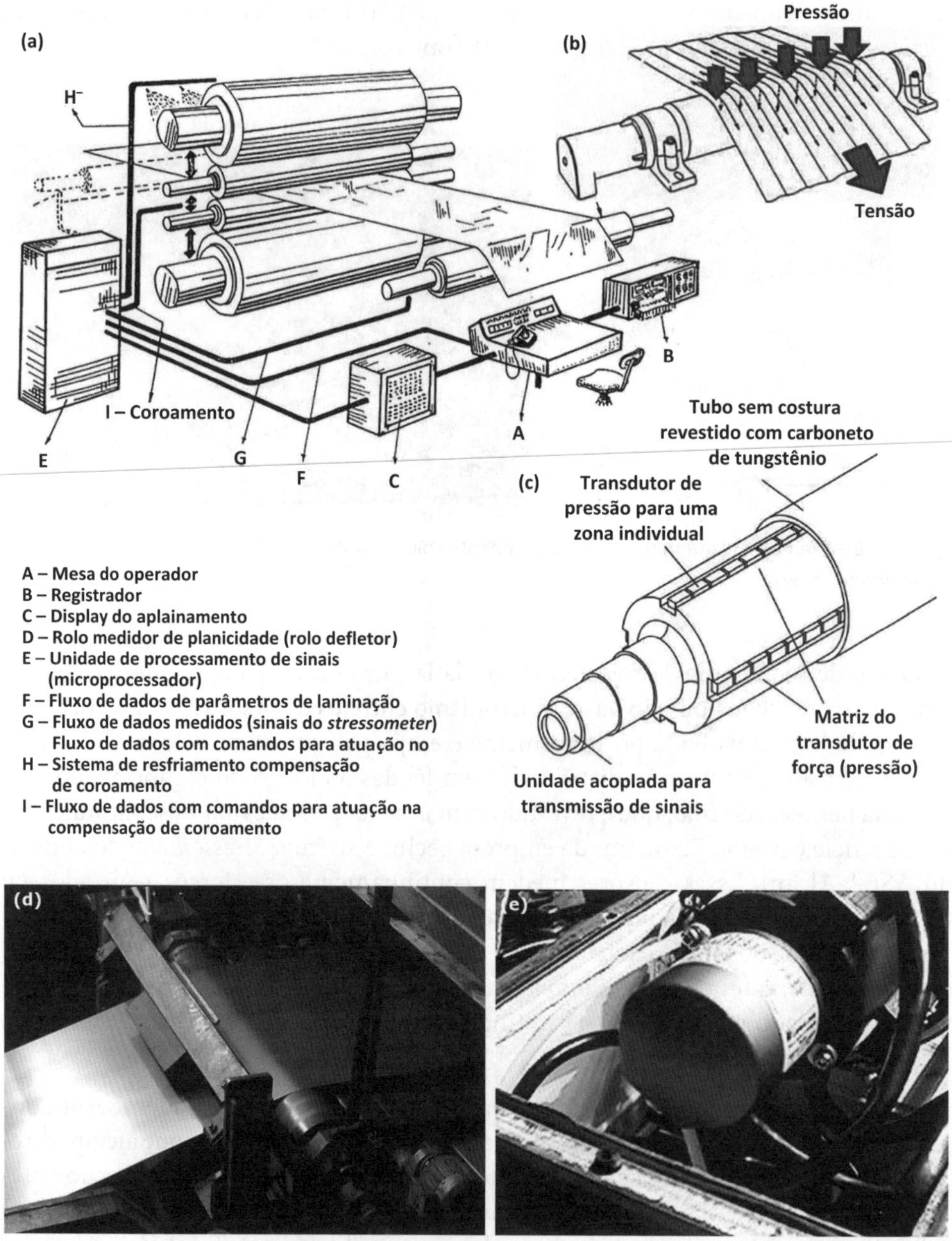

Figura 5.19 – Exemplos esquemáticos do equipamento *Stressometer* desenvolvido por um consórcio ASEA-Alcan para medição e correção automática de aplainamento.

Na configuração inicial do *Stressometer*, o rolo possui quatro fendas axiais espaçadas igualmente em volta do rolo medidor. Nessas fendas, são colocados *transdutores magneto-elásticos* (*presdutores*) igualmente espaçados um do outro, formando, assim, a parte interior do rolo e dividindo-o em diversas seções de medição. Sobre cada uma dessas seções é montada uma luva espessa, sendo no final o conjunto retificado, de modo a não haver diferenças dimensionais entre as luvas de cada seção. Este rolo é usado como rolo tensionador da chapa, e seus transdutores enviam sinais para uma unidade de display também dividida no mesmo número de seções.

Na Figura 5.20, apresenta-se o sistema Planicim®, da empresa Secim e comercializado também por outras empresas fornecedoras de equipamentos para a siderurgia. Enquanto o *Stressometer* foi usado (e ainda é) inicialmente na laminação de alumínio, o Planicim® foi projetado para chapas de aço comum, inoxidável ou mesmo em instalações para processamento de ligas não ferrosas.

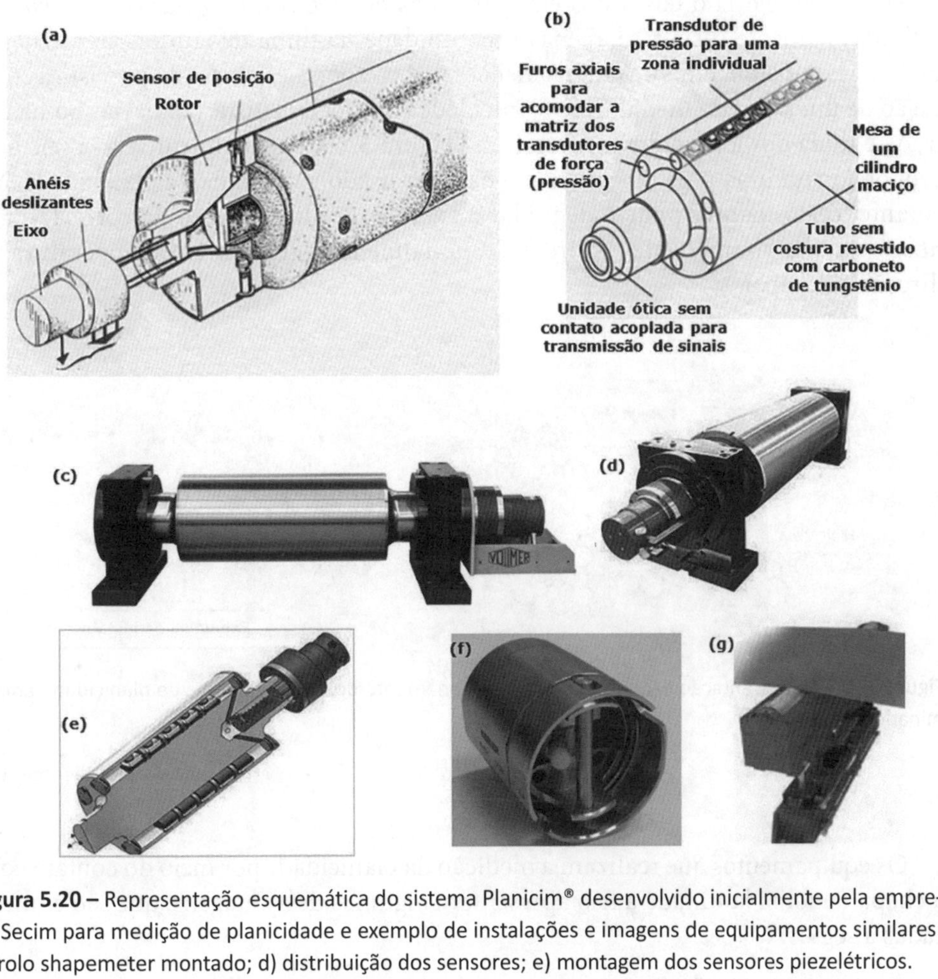

Figura 5.20 – Representação esquemática do sistema Planicim® desenvolvido inicialmente pela empresa Secim para medição de planicidade e exemplo de instalações e imagens de equipamentos similares: c) rolo shapemeter montado; d) distribuição dos sensores; e) montagem dos sensores piezelétricos.

Fontes: b) Siemens-VAI; c), d) e e) Friedrich Vollmer Feinmeßgerätebau GmbH; f) e g) Kobe Steel, Ltd.

No Planicim®, os sensores do tipo piezoelétricos são espalhados em quatro linhas helicoidais sobre a circunferência do rolo com defasagem de 45° cada um. Esses sensores detectam as deformações locais que ocorrem em um tubo fino que serve de luva ao sistema. Assim, sendo essa luva perfeitamente polida e contínua, evitam-se os riscos que podem ocorrer após um certo desgaste do rolo quando se usam vários anéis. Atualmente, podem ser selecionados diversos tipos de materiais para revestimento do rolo em função da aplicação do *shapemeter roll*. Esse equipamento também foi objeto de pesquisa e patente do instituto alemão BFI (VDEh-Betriebsforschungsinstitut). Ele é fabricado por diversas empresas sob licença da BFI e é conhecido também como *shapemeter roll*. O equipamento permite uma melhor visualização da forma do material em processo, pois consiste em trinta a cinquenta anéis, cada um deles contendo células de carga, que transmitem para um processador a pressão exercida pela chapa. Por meio da imagem gerada, o operador da saída pode atuar principalmente no *bending* ou no nivelamento do laminador, visando a maior planicidade do material em processo.

Devido ao elevado custo dos equipamentos do tipo *Stressometer* ou *shapemeter roll*, normalmente instala-se apenas uma unidade na linha de laminação a frio, na saída do laminador, embora em instalações mais recentes esteja sendo prevista a colocação de um segundo medidor de planicidade em cadeiras instermediárias ou na entrada e saída dos laminadores reversíveis (Figura 5.21). Normalmente esses sensores proporcionam uma precisão suficiente para ser usado na medida da planicidade. No entanto, certos fatores podem degradar a exatidão: o alinhamento da correia, o alinhamento dos componentes do trem e especialmente o gradiente de temperatura na direção da chapa.

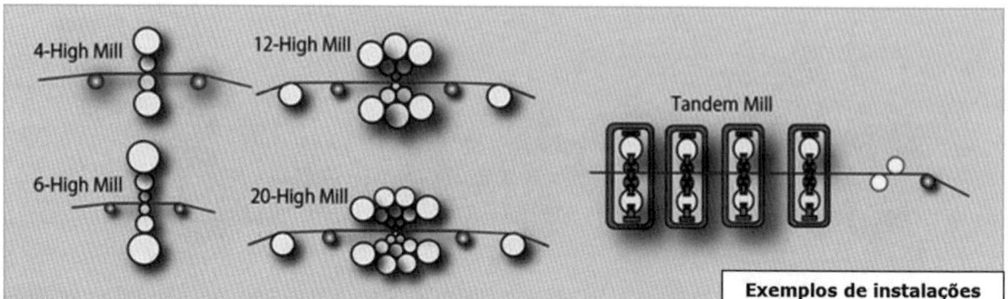

Figura 5.21 – Representação esquemática do posicionamento do rolo medidores de planicidade em laminadores a frio.

Fonte: Kobe Steel, Ltd.

Os equipamentos que realizam a medição da planicidade por meio do contato com a chapa ou folha laminada a frio apresentam algumas desvantagens, que são enumeradas a seguir:

- a calibração destes instrumentos é, geralmente, trabalhosa, consumindo um tempo razoável;

- a precisão da medição depende da qualidade da superfície dos rolo;
- a manutenção desse tipo de medidor é geralmente intensiva e pode exigir a disponibilidade de rolos de reserva em estoque e parada da linha para sua troca.

Por esses motivos, observa-se o interesse cada vez maior no desenvolvimento de métodos confiáveis de medição sem o contato com a chapa. Normalmente, considera-se que os métodos de medição de planicidade por contato em linhas de laminação a frio de bobinas sejam mais adequados para detectar a planicidade em uma situação em que a chapa é tensionada entre a bobinadeira e o par de cilindros de trabalho do que os métodos de medição sem contato. Por outro lado, os métodos de medição sem contato são mais adequados para o processo de laminação a quente, nos quais a tensão aplicada à chapa (ou uma porção considerável do comprimento da bobina) após a última cadeira ou passe é bem menor devido à passagem desta pela mesa de resfriamento e também na laminação de chapas grossas. Além disso, a utilização de rolos com instrumentação direta (sensores de pressão) para medição final de planicidade na laminação quente apresenta a desvantagem de um excessivo desgaste desse equipamento devido à elevada temperatura do processo. Para contornar esse problema, algumas empresas têm proposto a utilização de braços para sustentar os segmentos de rolos e a colocação de sensores na extremidade do braço mais distante do material laminado a quente (MIANI; PATRIZI, 2009).

No processo de laminação a quente, a medição on-line de planicidade no laminador é realizada com o auxílio de equipamentos do tipo perfilômetros, instalados após a última cadeira de laminação, antes de a chapa passar pela mesa de resfriamento e ser "mordida" pela bobinadeira. A medição por *rolos tensores segmentados* também é efetuada no processo de laminação de bobinas a quente, mas não é considerada, normalmente, na prática atual, precisa o suficiente, servindo como um dado adicional no controle do processo. Nesse caso o equipamento é colocado entre cadeira de laminação e empregado para medir a tensão entre as cadeiras e o perfil da chapa. Os equipamentos mais modernos desse tipo possuem ajuste individual dos segmentos do rolo, permitindo, assim, um ajuste individualizado de sua posição para compensar o desgaste não uniforme ao longo da largura do rolo.

Um dos métodos de medição de planicidade sem contato utiliza o princípio da incidência de raios luminosos (luz fluorescente) ou feixe de laser (*stereoscopic camera*) ou mesmo de linhas paralelas formando franjas (*fringe pattern*) que incidem sobre a chapa com pouca ou nenhuma tensão e são refletidas de forma diferenciada ao longo da largura em função da presença das ondulações (Figura 5.22). Essa reflexão pode ser capturada por câmeras de vídeo e tratada por sistemas computadorizados para se comparar o seu desvio em relação a um modelo-padrão, sem alteração de planicidade, fornecendo, assim, uma indicação da planicidade da chapa.

Vários equipamentos são produzidos por diferentes empresas baseando-se no princípio descrito neste parágrafo. Os métodos a laser podem projetar um único feixe de laser para varrer a superfície, ou vários feixes, conforme a tecnologia proposta pelo fabricante do equipamento.

Figura 5.22 – Representação esquemática de um sistema de medição de planicidade sem contato, baseado em emissão e reflexão de raios luminosos ou feixe de laser – exemplo de instalações industriais.

Fonte: Friedrich Vollmer Feinmeßgerätebau GmbH.

Deve-se atentar ao fato de que a velocidade de deslocamento da chapa pode influenciar em alguns métodos de medição, o que pode exigir a limitação da velocidade do processo. Além disso, a presença de fumos e a vibração da chapa podem afetar a precisão da edição. Observa-se ainda que muitos dos equipamentos exigem algoritmos complexos para o cálculo do padrão de imagem capturado, demandando, assim, um elevado esforço computacional para o processamento dos dados.

O método de projeção de franjas consiste basicamente na projeção e sobreposição de duas grades ou malhas de linhas paralelas e espaçadas. O efeito da variação da planicidade na distorção dessa sobreposição é capturado por uma câmera CCD e processado empregando-se programas computacionais baseados em topologias de superfícies, usando, o método de Moirè (MOLLEDA *et al.*, 2010; BARTL; FIRA; HAIN, 2001). Os resultados obtidos têm se mostrado precisos para o processo de laminação a frio e não são influenciados por variáveis operacionais do ambiente do laminador, como umidade, presença de óleo, impurezas, vibração, variação de índice de reflexão e refração da superfície da chapa. Entretanto, o sistema exige um longo tempo de aprendizagem para ajuste preciso da simetria entre projetor e câmera CCD e apresenta um alto custo de fabricação dos componentes e elevado grau de manutenção (MIANI; PATRIZI, 2009).

Além dos métodos óticos descritos, outros métodos de medição de planicidade sem contato para laminação a frio utilizando outros princípios físicos são disponíveis. Um exemplo é o equipamento SI-Flat, comercializado pela empresa Siemens-VAI, que se baseia no princípio de provocar uma excitação periódica (vibração) precisa na chapa, seguida da medição da amplitude de excitação através da largura para calcular a distribuição de tensão nessa direção. A força de excitação é aplicada por meio da criação de um vácuo entre a chapa e uma placa equipada com sensores posicionada abaixo da linha de laminação da cadeira de laminação (Figura 5.23). O vácuo é criado pelo fluxo de ar induzido por uma ventoinha instalada na parte inferior do equipamento. Um modulador abre e fecha periodicamente um fluxo de ar para obter a excitação periódica da chapa, enquanto a amplitude de excitação da chapa é capturada por um sensor sem contato de correntes parasitas. Os sinais analógicos capturados são convertidos para sinais digitais e enviados para um computador para serem apresentados em telas e utilizados para controle do processo. Esse sistema de medição não sofre influência da velocidade de laminação, da tensão aplicada à chapa, da variação de espessura da chapa, da presença de sujeiras na superfície da chapa ou vibrações na chapa (SPREITZHOFER; DUMMLER, 2002; SIEMENS-VAI, 2013).

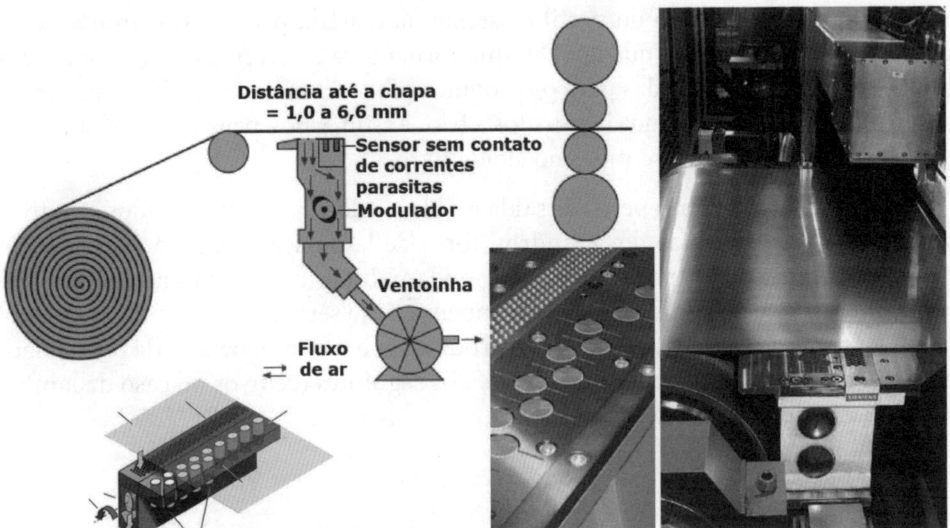

Figura 5.23 – Representação esquemática de um sistema de medição de planicidade sem contato SI-Flat desenvolvido pela empresa Siemens-VAI e exemplo de instalações industriais.

Fonte: Siemens-VAI.

No caso da medição da planicidade a frio, podem-se empregar ainda métodos que se baseiam na variação das propriedades magnéticas quando ocorre uma variação da tensão ao longo da largura da chapa associada com uma deficiência de aplainamento. Esse método considera que a permeabilidade magnética de uma chapa de aço na temperatura ambiente muda quando esta é submetida a tensões mecânicas. Apesar desse método ser do tipo sem contato, ele apresenta a desvantagem de servir apenas para materiais ferromagnéticos, e os instrumentos devem ser calibrados para cada tipo e espessura do material laminado.

Os equipamentos de medição de planicidade do tipo sem contato também podem ser instalados nas posições indicadas na Figura 5.21.

Para um estudo mais aprofundado dos tópicos apresentados nesta seção, o autor recomenda a leitura do Capítulo 29 ("Fundamentals of Online Flatness Measuring Devices", de autoria de Fabio Miani e Paolo Patrizi) do livro *Flat-Rolled Steel Processes: Advanced Technologies*, editado por Vladimir B. Ginzburg (2009).

5.3 MÉTODOS DE CONTROLE DA PLANICIDADE E DO PERFIL DE CHAPAS E FOLHAS DURANTE O PROCESSO DE LAMINAÇÃO A FRIO

A obtenção de chapas e folhas com o perfil transversal e a planicidade adequada é um dos maiores desafios do processo de laminação de produtos planos, tanto a quente como a frio. As definições e técnicas relativas a esse assunto foram objeto de uma detalhada discussão em Rizzo (2011). Recomenda-se fortemente a leitura desse material, uma vez que, normalmente, considera-se que o perfil da chapa laminada a frio é, em grande parte, herdado do perfil existente na matéria-prima para laminação, ou seja, a bobina laminada a quente. De uma forma geral, as técnicas para controle de perfil e planicidade aplicadas para os produtos planos laminados a quente são estendidas para os produtos planos laminados a frio. Assim, vale a pena citar novamente as técnicas apresentadas e discutidas no citado livro.

Durante a laminação, o perfil de saída e a planicidade são influenciados por diversos fatores (perfil térmico dos cilindros, força de laminação, perfil de desgaste dos cilindros, largura da chapa etc.), os quais mudam durante a campanha, e mesmo durante uma chance de laminação. Para compensar esta série de fatores e assim possibilitar o controle do perfil transversal dos produtos e, por consequência, da planicidade, pode ser realizado utilizando um ou mais dos seguintes recursos no caso da laminação a quente de produtos planos de aço:

- cadeiras quádruo;
- cadeiras 5 e 6 Hi;
- coroamento dos cilindros;
- dispositivos para contraflexão dos cilindros de trabalho (*work roll bending* – WRB);
- dispositivos para deslocamento axial dos cilindros de trabalho (*work roll shifting*) ou dos cilindros intermediários em cadeiras do tipo 6Hi;
- cilindros apresentando variação contínua do coroamento (perfil CVC);
- resfriamento diferencial dos cilindros (*multizone cooling*);
- laminação com cilindros cruzados (*pair cross*);
- sistemas de controle do nivelamento das cadeiras (principalmente no caso de ondulações em apenas uma das bordas);
- controle da distribuição de força de laminação entre as cadeiras.

Essas técnicas podem ser acrescidas de outras, dentre as quais se destacam:

- a utilização de cadeiras com cilindros agrupados;
- a utilização de cadeiras com seis cilindros alinhados (ou quase) na vertical (cadeira sêxtupla).

Além desses equipamentos, a obtenção da bitola, perfil e planicidade de chapas e folhas laminadas é afetada pelo planejamento de produção do processo de laminação. Esse planejamento determina a sequência de laminação, começando normalmente das bobinas mais largas para as mais estreitas, constituindo o que se chama *sequenciamento*, *chance* ou *instrução de laminação*, ou ainda *programa de laminação* ou *rolling schedule*.

Obviamente esses sistemas devem estar interligados com um ou mais métodos de medição da planicidade citados anteriormente. Observa-se ainda que a utilização desses recursos possibilita em muitos casos a redução do número total de passes necessários à laminação de um dado material, sem que ocorra a degradação de sua planicidade.

Se, mesmo com a aplicação desse conjunto de técnicas ou por uma deficiência na sua aplicação, o material ainda apresentar problemas relativos ao aplainamento, podem ser empregados alguns métodos de correção da planicidade e do perfil de chapas e folhas após o processo de laminação a frio. Essas técnicas serão apresentadas e discutidas no Capítulo 7 deste livro.

As vantagens da utilização de *cadeiras quádruo* já foram discutidas anteriormente. Entretanto, mesmo com a utilização de cilindros de encosto, verifica-se ainda certa flexão dos cilindros de trabalho (Figura 5.24), a qual é compensada pela *coroa mecânica dos cilindros.*

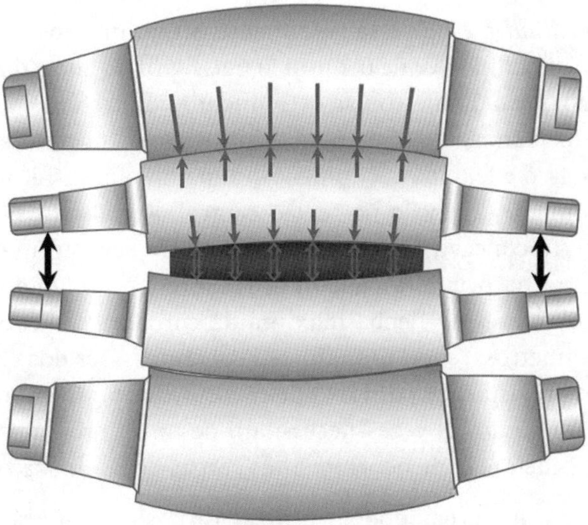

Figura 5.24 – Representação esquemática da flexão dos cilindros de laminação de uma cadeira quádruo.

A coroa mecânica é obtida usinando-se o cilindro com diâmetro maior no centro do que nas extremidades (Figura 5.25). Os cilindros de encosto podem ou não ser retificados com coroa. O termo *coroa mecânica* é empregado para se diferenciar da *coroa térmica*, relativo ao aumento das dimensões nas regiões mais aquecidas do cilindro de laminação. A coroa mecânica consiste em uma curvatura parabólica gerada na superfície dos cilindros durante a retificação destes. A coroa mecânica tem sua flecha máxima estimada com uma dimensão tal que, quando os cilindros fletem as suas faces, fiquem quase planas.

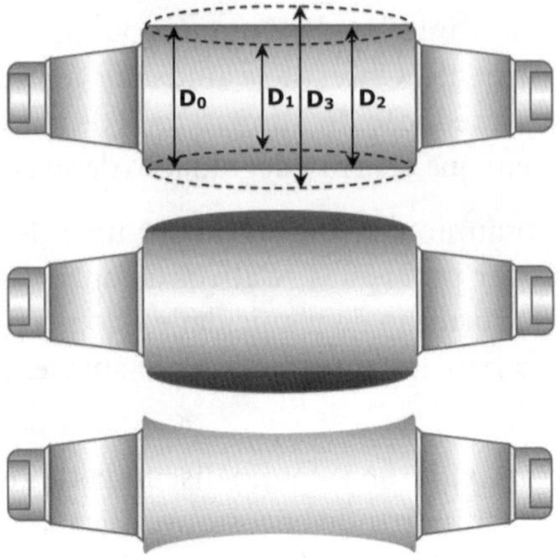

Figura 5.25 – Representação esquemática de cilindros de laminação sem coroamento, com coroamento positivo e com coroamento negativo.

A *coroa de um cilindro* é expressa geralmente em milímetros. Assim, pode-se dizer que a coroa de um cilindro é de 0,2 mm, o que significa que o diâmetro no centro é 0,2 mm maior do que o diâmetro nas extremidades. Entretanto, nos laminadores a quente de produtos planos, costumam-se utilizar coroas negativas, pelo menos em algumas cadeiras. Isso é feito para compensar a maior concentração de calor e, consequentemente, a maior dilatação na região central dos cilindros. Além do mais, a coroa negativa (perfil côncavo dos cilindros) favorece a centragem do perfil convexo do esboço que entra na primeira cadeira acabadora em laminadores de bobinas a quente esboço. Os valores de flecha máxima da coroa mecânica são da ordem de centésimos de milímetros, sendo uma função das dimensões dos cilindros de trabalho e das reduções previstas. Os cilindros de encosto, que também sofrem uma flexão pelo esforço de laminação, às vezes necessitam de uma coroa mecânica, principalmente no caso de cadeiras onde ocorrem altas cargas de laminação.

As cadeiras mais modernas podem utilizar dispositivos hidráulicos capazes de exercerem sobre os pescoços dos cilindros uma força controlada de *contraflexão* (contracambagem ou *roll bending*) para compensar a flexão dos cilindros (Figura 5.26) e, portanto, a coroa efetiva na laminação. São também denominados de sistemas de compensadores de coroa. Pode se usar compensadores de coroa nos cilindros de trabalho ou nos de encosto ou em ambos.

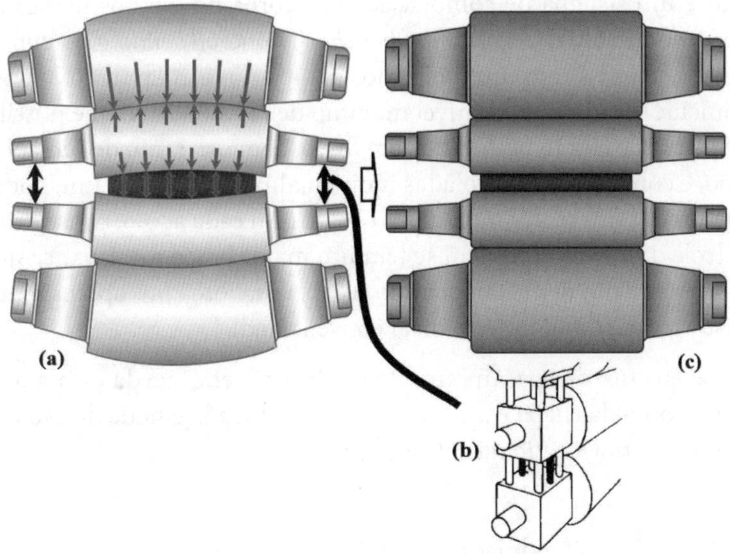

Figura 5.26 – a) representação esquemática do aumento de espessura na parte central da chapa devido à flexão dos cilindros; b) detalhe do sistema de aplicação de carga sobre os mancais (*roll bending*) compostos por pistões hidráulicos; c) correção de perfil após a aplicação do sistema de contraflexão para atenuar a variação do perfil.

O *dispositivo de contraflexão* consta basicamente de pequenos cilindros, hidraulicamente acionados, instalados nos mancais de trabalho ou de encosto de uma ou mais cadeiras (em alguns casos, todas as cadeiras) e que atuam tendendo a separá-los (contrapondo-se à força de laminação imposta pelos mancais de encosto), abrandando assim (às vezes anulando, e até podendo inverter) a tendência de encurvamento dos cilindros de trabalho imposta pela força de laminação. As forças dos sistemas de contraflexão podem ser aplicadas sobre a carcaça dos mancais dos cilindros de trabalho, ou sobre os mancais dos cilindros de encosto, ou sobre ambos os tipos de mancais. É importante que a força de flexão dos cilindros possa ser controlada durante a laminação, de modo que, por alteração dessa força, pode-se atuar rapidamente sobre a qualidade do material que está sendo laminado. A pressão hidráulica exercida sobre os pescoços dos cilindros deve ser desligada um pouco antes de a chapa que está sendo laminada deixar os cilindros, para evitar um choque entre eles. Esse sistema contribui significativamente na obtenção e manutenção da planicidade adequada para a chapa. A força máxima aplicada no sistema de contraflexão é relativamente pequena comparando-se com força de laminação. Apesar disso, em alguns casos, é necessário alterar o projeto dos mancais para que eles apresentem resistência a esses esforços extras.

A força de flexão exercida em cada cilindro é pequena se comparada com as forças de laminação que reduzem o material sendo laminado. Entretanto, a força máxima de flexão utilizada dependerá das resistências dos mancais, rolamentos e pescoços dos cilindros, o que limita a atuação da força que o hidráulico pode exercer. Por isso, desenvolveu-se um sistema de compensação de coroa no qual os mancais possuem apoio duplo, denominado DC-WRB (*double-chock work roll bending system*). Esse apoio duplo permite que os esforços exercidos nos mancais, nos rolamentos e nos pescoços sejam igualmente levados ao seu nível máximo de resistência, o que possibilita atingir maiores forças de flexão no total. Além disso, com o arranjo de um apoio interno e um externo, e com cargas controladas individualmente em cada um, podem-se adicionar os efeitos dos diferentes momentos obtidos em cada apoio, conseguindo-se um melhor controle da flexão. Também se tem um maior braço de alavanca que possibilita um maior momento de flexão quando se usa uma força nos apoios mais externos igual à que se aplica em todo um mancal convencional.

Observa-se que um dos parâmetros que indicam a eficácia da escala de passes é a relação entre a coroa da chapa e a sua espessura na entrada e saída de cada passe (taxa de coroamento ou *crown ratio* na entrada e saída):

$$\frac{C_{xx\ entrada}}{H_{C\ entrada}} > \frac{C_{xx\ saída}}{H_{C\ saída}} \rightarrow \text{Ondulação central}$$

$$\frac{C_{xx\ entrada}}{H_{C\ entrada}} < \frac{C_{xx\ saída}}{H_{C\ saída}} \rightarrow \text{Ondulação de bordas}$$

Quanto maior for essa taxa durante um passe, maior será o risco de criação de defeitos de planicidade na chapa. Na situação mais favorável, essa taxa não muda, e a chapa apresenta uma condição perfeita de planicidade. Pelo fato de ser uma situação normal durante a laminação a necessidade de se realizarem alterações na taxa de coroamento do lado de entrada para o lado de saída de um trem de laminação para se obter o coroamento desejado, é necessário alterar essa taxa gradualmente, distribuindo a alteração total pelos passes de laminação, obedecendo-se aos limites que dependem da relação entre a largura e espessura da chapa. Ressalta-se que, quanto maior for a espessura de saída da chapa, maior a possibilidade de mudança no perfil sem que ocorram defeitos de planicidade na chapa. O sistema de *contraflexão* (*roll bending*) é um método típico para se realizarem as mudanças de coroamento da chapa durante a laminação. A capacidade de controlar a formação de coroamento da chapa em um trem de laminação de forma que sejam evitados problemas relativos à planicidade depende basicamente de dois fatores: a) a potência dos atuadores de controle do coroamento do tipo contraflexão utilizados nas cadeiras; e b) as posições ao longo do trem onde esses atuadores estão localizados.

Hoje, há preferência pela implantação de sistemas para compensação de coroa por contraflexão nos cilindros de trabalho. Os custos de implantação são menores, e o nível de eficácia é semelhante em relação aos sistemas de contraflexão dos cilindros de encosto.

Utilizam-se ainda sistemas com cilindros ondulados que possuem *deslocamento axial (roll shifting)* para compensar a variação de espessura ao longo da chapa. Nesse caso, os cilindros de trabalho podem ser retificados com contorno em microforma de S (às vezes denominada microforma de garrafa, em função de assemelhar-se à forma da antiga garrafa de Coca-Cola), como mostra a Figura 5.27. Essa microforma conjugada com o dispositivo de deslocamento axial torna possível o uso da tecnologia CVC (*continuously variable crown*, ou *coroa continuamente variável*), que permite escolher o perfil a ser gerado dentro de uma ampla faixa (da ordem de 100 a 500 μm), podendo, assim, atender a diferentes exigências dos clientes.

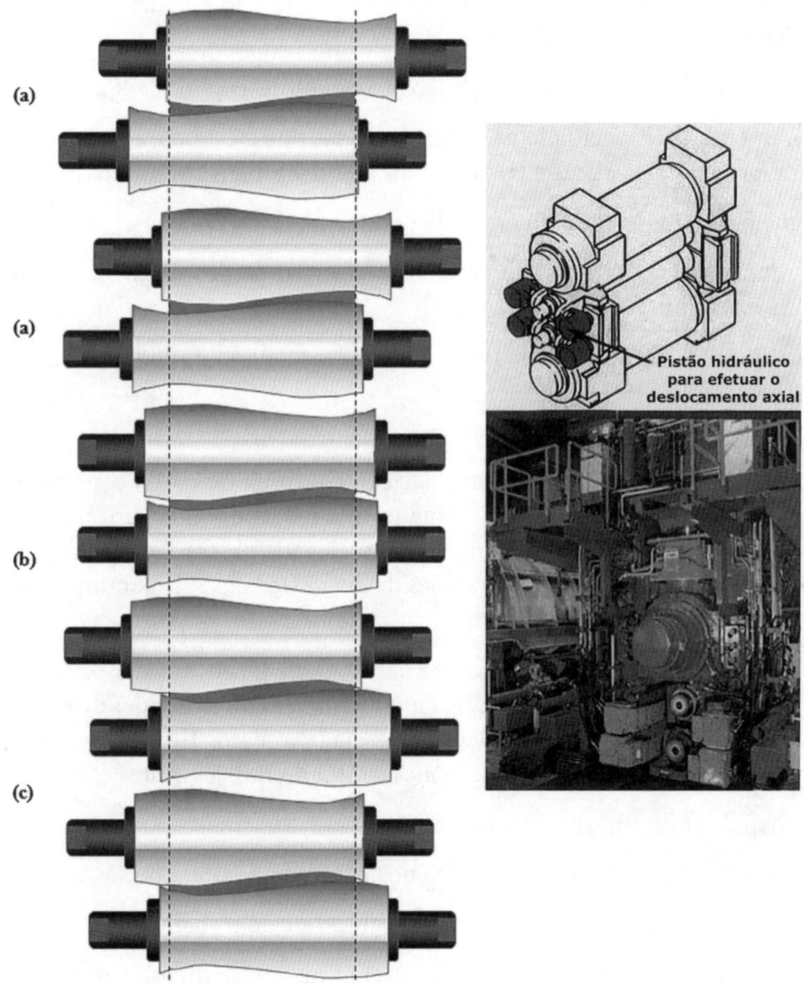

Figura 5.27 – a) Representação esquemática do funcionamento de um sistema de *roll shifting*, sistema CVC, para o caso de compensação de uma coroa positiva para a chapa; b) para coroa neutra; e c) para uma coroa negativa. O perfil induzido pela abertura entre os cilindros deve ser oposto ao perfil formado pela chapa anteriormente laminada.

O deslocamento axial é efetuado por dois cilindros hidráulicos ligados em blocos móveis que atuam nos mancais de trabalho. O perfil induzido pela abertura entre os cilindros deve ser oposto ao perfil formado pela bobina anteriormente laminada. Este perfil é medido para a bobina que deixa o trem de laminação a quente, e, se não for adequado, é induzido um deslocamento axial dos cilindros antes de a chapa ser introduzida no laminador. Se esse deslocamento fosse realizado com a chapa sendo laminada, haveria a introdução de uma elevada força de atrito, que provocaria ruptura na chapa ou defeitos nos cilindros. A utilização do sistema *roll shifting* possibilita otimizar a ação do sistema de contraflexão desses cilindros sobre toda a largura do laminado. Mesmo no caso da utilização de cilindros intermediários lisos em cadeira 6Hi, esse recurso tem a finalidade de distribuir a carga de laminação uniformemente sobre a chapa. Isso evita a ocorrência de concentração de forças nas bordas dos cilindros devido ao excesso de flexão deles.

Esses sistemas de compensação de flexão ou coroa apresentam as seguintes vantagens:

- aumento da capacidade de controle do perfil do esboço, compensando-se as deformações elásticas e térmicas dos cilindros, bem como seu desgaste;
- melhoria no nível de planicidade do esboço;
- eliminação da necessidade de se formar estoques de cilindros com diferentes coroas impostas por retífica;
- redução da frequência de troca de cilindros devido à mudança de largura no produto.

Outra opção para geração de uma variação contínua de coroa é a construção de cilindros com uma capa na forma de uma luva (anel), revestindo um núcleo maciço. Entre as duas peças, pode ser injetado óleo em elevada pressão, de forma a provocar um deslocamento de determinadas regiões da luva externa, assim, induzir a formação de uma coroa nos cilindros de trabalho.

Durante o processo de laminação de chapas, pode haver um maior contato entre os cilindros de trabalho nas regiões correspondentes às extremidades deles. Esse fenômeno é ilustrado na Figura 5.28. Ele está associado à maior flexão dos cilindros durante o processo de laminação, sendo mais acentuado nos seguintes casos:

- chapas muito finas;
- coroamento positivo insuficiente nos cilindros de trabalho;
- coroamento negativo exagerado nos cilindros de trabalho;
- resfriamento insuficiente ou inexistente nas extremidades dos cilindros de trabalho;
- materiais que, durante a laminação, apresentem uma maior resistência à deformação, exigindo uma elevada carga aplicada;
- baixa rigidez dos cilindros de trabalho.

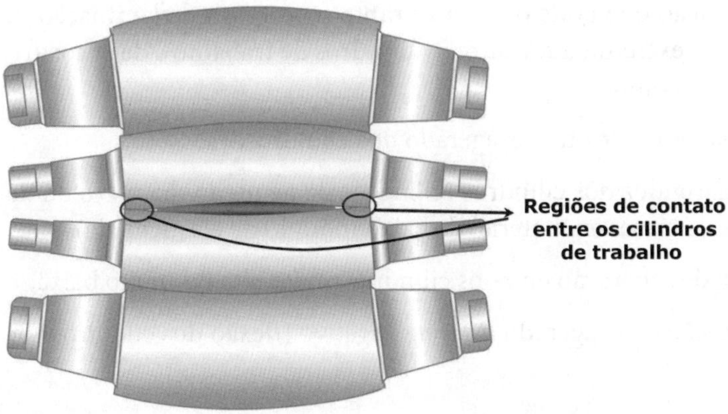

Figura 5.28 – Representação esquemática (com exagero nas deformações apresentadas para facilitar a visualização) da flexão dos cilindros de laminação de uma cadeira quádruo.

Esse contato provoca um desgaste acentuado nos cilindros justamente nessas regiões, que vem a se somar ao problema associado com a concentração de tensões também nesta região devido ao desgaste desigual ao longo da mesa dos cilindros de trabalho, conforme apresentado na Figura 5.29. A concentração de tensões pode gerar ainda trincas na superfície, ou mesmo lascamentos dos cilindros. O contato acentuado também provoca um aumento da coroa térmica nas extremidades dos cilindros de trabalho, prejudicando a previsão de coroamento dos cilindros, acarretando problemas na planicidade das chapas.

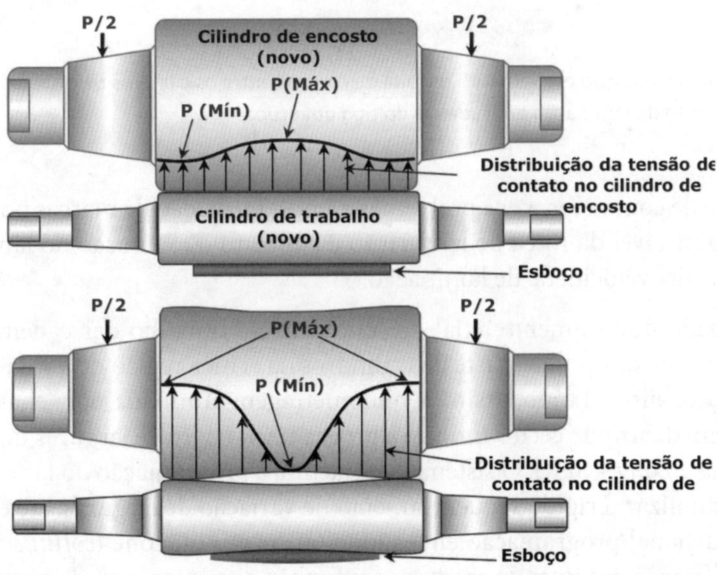

Figura 5.29 – Representação esquemática do desgaste não uniforme ao longo da mesa dos cilindros de trabalho e a consequente concentração de tensões que podem provocar dos cilindros de laminação.

Outra situação que pode ocorrer durante o processo de laminação de chapas é o não contato nas extremidades entre os cilindros de trabalho e de encosto (Figura 5.30) devido a fatores como:

- coroamento positivo exagerado dos cilindros;
- baixa rigidez dos cilindros (cilindros de pequeno diâmetro ou de grande largura de mesa, ou material de baixo módulo de elasticidade);
- força de separação entre os cilindros muito alta ou muito baixa;
- aplicação de exagerado *bending* negativo (flexão dos cilindros).

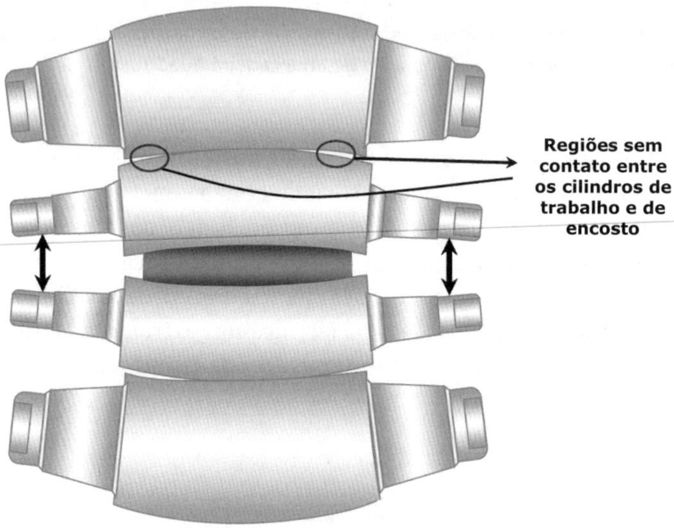

Figura 5.30 – Representação esquemática da falta de contato entre os cilindros de trabalho e de encosto durante o processo de laminação em cadeiras do tipo quádruo.

Essa falta de contato provoca problemas como a formação de marcas nos cilindros, distribuição instável da força de laminação e aumento da vibração do laminador no caso de uma alta velocidade de laminação.

O adequado deslocamento axial dos cilindros de trabalho das cadeiras do trem acabador permite diluir o desgaste dos cilindros na crítica região de bordas do esboço em laminação, aumentando, assim, a quilometragem laminada por "chance", e permite também, dentro de certos limites, a programação livre de larguras de laminação (*schedule free rolling* - SFR). O sistema SFR facilita a programação do laminador, pois permite flexibilizar o rígido sequenciamento de variação de larguras, até então exigido pela tradicional programação em esquife ou caixão ou cone (*coffin schedule*), ou seja, a classificação dos lotes de produtos em função de sua largura, de acordo com um padrão específico (ver Figura 5.31). Essa flexibilização na programação do laminador facilita enormemente a execução do enfornamento de placas quentes.

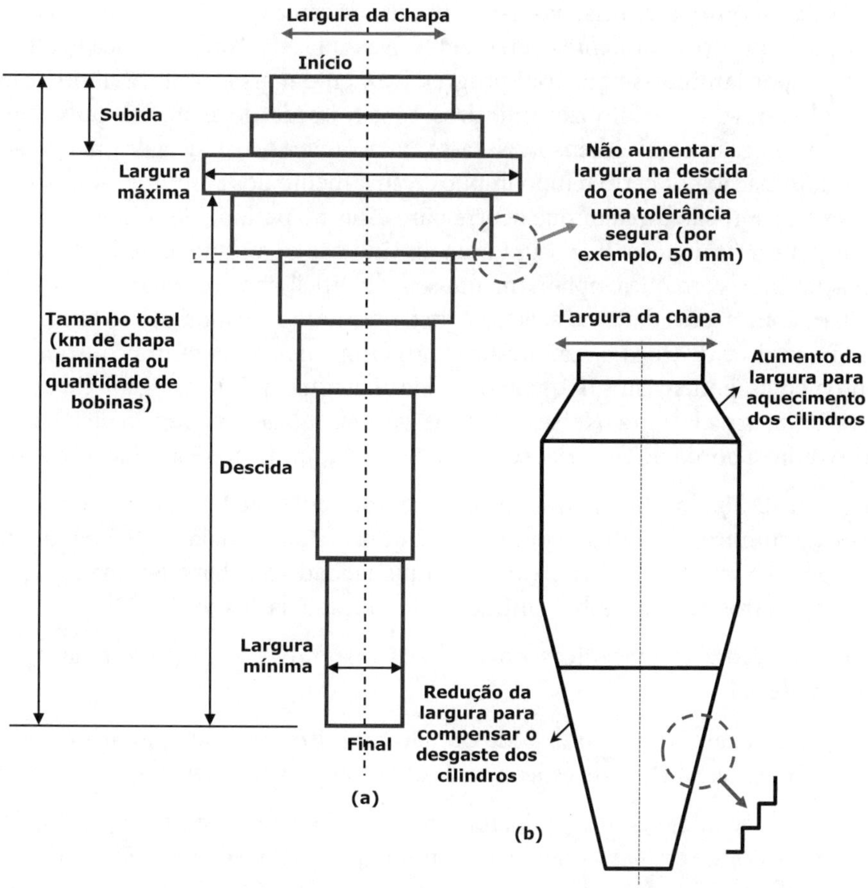

Figura 5.31 – Programação de laminação para sequenciamento de variação de larguras do tipo a) cone ou b) caixão. O termo caixão (de caixão de defunto) é usado devido à semelhança geométrica.

A programação de laminação (também conhecida como chance de laminação) corresponde à sequência ordenada de placas a serem laminadas e transformadas em bobinas a quente, entre trocas consecutivas de cilindros de trabalho do laminador de chapas. O intervalo de troca dos cilindros de trabalho pode variar muito de empresa para empresa, ou até em uma mesma empresa, em função de diversos fatores, como: o tipo de aço que está sendo laminado, as dimensões dos produtos e o acabamento superficial desejado. A título de ilustração, um valor típico para o intervalo de tempo é de 8 horas ou menos, dependendo do tipo de material a ser laminado (resistência à deformação), dimensões e forma das bobinas e acabamento superficial desejado.

Nessa programação, inicia-se laminando material estreito e que necessite de pouca redução. À medida que os cilindros são aquecidos e vai surgindo a coroa térmica, a largura vai aumentando até a máxima desejada. Durante essa fase, costuma-se distribuir a carga de laminação entre as cadeiras, de modo que as flexões dos cilindros fiquem adequadas, com a progressiva dilatação destes (aumento da coroa térmica).

Depois dessa largura máxima, passa-se a processar cerca de 90% do material do ciclo com larguras progressivamente decrescentes. Nessa fase, a coroa térmica já está estabilizada, e, por laminar-se material progressivamente mais estreito, evitam-se as regiões onde houve o contato dos cilindros com a borda do material, pois é aí que ocorrem os desgastes mais intensos. Nota-se, então, que a ocorrência de uma parada da linha de laminação por certo tempo implica resfriamento dos cilindros, pois não haverá mais a transmissão de calor que ocorre para estes no período de contato com o material durante a laminação. Isso causa uma diminuição ou mesmo perda total da coroa térmica, fazendo com que o aplainamento seja de difícil controle quando se recomeça a laminar, com necessidade de acertos constantes no laminador, até se atingir novamente um regime de troca de calor estável nos cilindros (temperatura constante). Outros problemas podem surgir quando se lamina uma quilometragem excessiva de material de mesma largura. Nesse caso, o desgaste localizado na região de contato dos cilindros com a borda do material será tal que o aplainamento ficará incontrolável.

O grande limitador do tamanho da chance (toneladas ou quantidade de placas) é o desgaste de cilindros de trabalho que acarreta uma degradação da qualidade superficial (carepa de cilindro), o perfil transversal e a planicidade da chapa laminada a quente. Entretanto, outros fatores também influem na limitação da chance:

- propriedades mecânicas do material disponível para programar (mix de material);
- nível de automação que pode ou não permitir, por exemplo, maior ou mais frequente variação de espessura da chapa ao longo da chance;
- nível tecnológico dos equipamentos de processo e posteriores clientes do laminador de chapas a quente, no sentido de correção dos problemas de carepa, perfil e ondulação;
- dispositivos de controle de perfil transversal/planicidade (*roll shifting*, *roll bending*, CVC etc.) da chapa laminada a quente;
- refrigeração/lubrificação dos cilindros de trabalho;
- tipo de cilindro etc.

À medida que se lamina uma sequência de material, as forças de atrito entre o material e os cilindros de trabalho e entre os cilindros de trabalho e de encosto causam um progressivo desgaste destes. Isso significa que, quanto maior for o comprimento (em quilometragem ou tonelagem) da sequência laminada, maior será o desgaste dos cilindros de trabalho, e menor será a coroa total destes. Nota-se que há uma tendência para o desgaste ocorrer mais nas partes do cilindro em contato com as bordas do material do que perto do centro. O desgaste dependerá da redução e velocidade da laminação e, portanto, será diferente para cada uma das cadeiras. Também dependerá do tipo de material do cilindro usado. A dilatação térmica dos cilindros pode compensar em parte este desgaste. Assim teremos que a coroa total real do cilindro será a coroa mecânica menos o desgaste mais a coroa térmica. Esse fenômeno é utilizado na elaboração das sequências de laminação.

Na programação de laminação, algumas regras devem ser consideradas, por exemplo:

- na chance de retorno à operação, após uma manutenção preventiva, troca de cilindro de encosto, reparo ou qualquer parada prolongada, não devem ser programados materiais que exijam condições ótimas do laminador, por exemplo, aços especiais, aços microligados, médio e alto carbono, superfície elevada qualidade, chapas com reduzida espessura final (abaixo de 2,0 mm) e/ou elevada largura (acima de 1.300 mm) etc.;
- uma chance de materiais com espessuras maiores do que 5,0 mm (chapa grossa) deve ser programada para laminação sempre antes de alguma parada programada para as bobinadeiras, visto o desgaste que sempre ocorrerá;
- procurar agrupar na chance todos os materiais que tenham a mesma temperatura prevista de acabamento. Esse agrupamento visa à obtenção de uma regularidade operacional e de qualidade homogênea em todo o processo de laminação;
- não programar um número excessivo de placas de mesma largura (patamar de largura);
- não enfornar espessura fina (crítica) no início do programa (soleira dos fornos c/ influência do ar frio);
- não programar material com alta exigência superficial no final de cones longos;
- não programar material a frio fino no final de cones longos para otimizar o perfil transversal da chapa;
- não variar abruptamente a espessura do produto (por exemplo, de 12 mm para 2 mm), para evitar problemas de *setup* do laminador, por exemplo;
- procurar agrupar também os materiais de processamento mais exigentes, ou seja:
    - ▹ espessura menor x largura maior;
    - ▹ requisitos especiais de tolerância dimensional;
    - ▹ requisitos especiais de superfície;
    - ▹ aços microligados etc.

Outro recurso para o controle da planicidade dos produtos planos laminados a quente é o *resfriamento diferenciado* dos cilindros de laminação, pelo emprego de sistemas de refrigeração capazes de variar as vazões de água que incidem ao longo do comprimento dos cilindros de forma a compensar o maior aquecimento de determinadas regiões (a região central da mesa) por um resfriamento mais intenso do que o aplicado nas extremidades da mesa do cilindro de trabalho. Criam-se, assim, resfriamentos diferenciados entre centro e bordas, possibilitando um controle da coroa térmica e, consequentemente, da coroa total (coroa térmica + coroa mecânica) dos cilindros.

A convexidade da superfície dos cilindros varia de acordo com o tipo e a largura do produto laminado e até mesmo com a temperatura atingida durante a laminação. Pode-se controlar dentro de certos limites o contorno do cilindro, reduzindo ou aumentando a quantidade de solução de resfriamento aplicada, quer nas bordas, quer no centro.

Por exemplo, existe o sistema BBC, no qual sensores baseados no princípio de correntes eletromagnéticas parasitas são montados ao longo de cada cilindro sem contato com estes. Tais sensores dividem os cilindros em diversas zonas e emitem sinais correspondentes à temperatura de cada uma para um microcomputador. Este analisa o perfil de temperatura e compara com a coroa térmica necessária para o passe de laminação. Para cada zona em que foi dividido o cilindro, existem bicos de refrigeração com capacidades de resfriamento variáveis. A desvantagem maior desses sistemas de controle da coroa térmica está no fato de que sua resposta não é rápida, havendo um tempo necessário para ocorrer o resfriamento ou o aquecimento local do cilindro. No entanto, ao atuarem com sistemas de compensação de coroa, podem melhorar a performance destes. Uma boa vantagem é que os sensores desses sistemas são capazes de detectar variações locais de temperatura dos cilindros. Portanto, podem ser usados para verificar se a refrigeração feita por cada conjunto de bicos está eficiente ou não, prevenindo-se, assim, o aparecimento de dilatações locais nos cilindros. Existem também sistemas capazes de criar uma coroa térmica pelo aquecimento diferenciado, usando a incidência de chamas nos cilindros ou radiação de resistências elétricas. Tais sistemas, no entanto, têm um controle bem precário da coroa térmica, o que os torna indesejáveis.

Outra sugestão dos fabricantes de equipamentos para laminação de produtos planos é a colocação de cilindros formando um pequeno ângulo entre os seus eixos longitudinais, ou seja, *cruzamento entre os cilindros* de trabalho (*pair cross*), conforme apresentado na Figura 5.32. Como os pares de cilindros de trabalho e de encosto são cruzados, é possível reduzir a espessura da chapa na parte central por meio do acionamento dos parafusos de controle do posicionamento dos cilindros (*gap*). Ao se elevar o ângulo entre os cilindros de trabalho, seu desalinhamento resulta em uma coroa cada vez maior no esboço. A ação desse novo recurso pode ser complementada pelo sistema de contraflexão nos cilindros de trabalho. Observa-se no exemplo apresentado na Figura 5.32 que o par formado pelos cilindros de trabalho e de encosto se desloca simultaneamente em relação ao outro par. Esse deslocamento pode ser realizado inclusive durante a laminação de uma chapa (*crossing and shifting under load during rolling*). A cadeira de laminação também está apta a realizar os movimentos de *roll bending* e *roll shifting*.

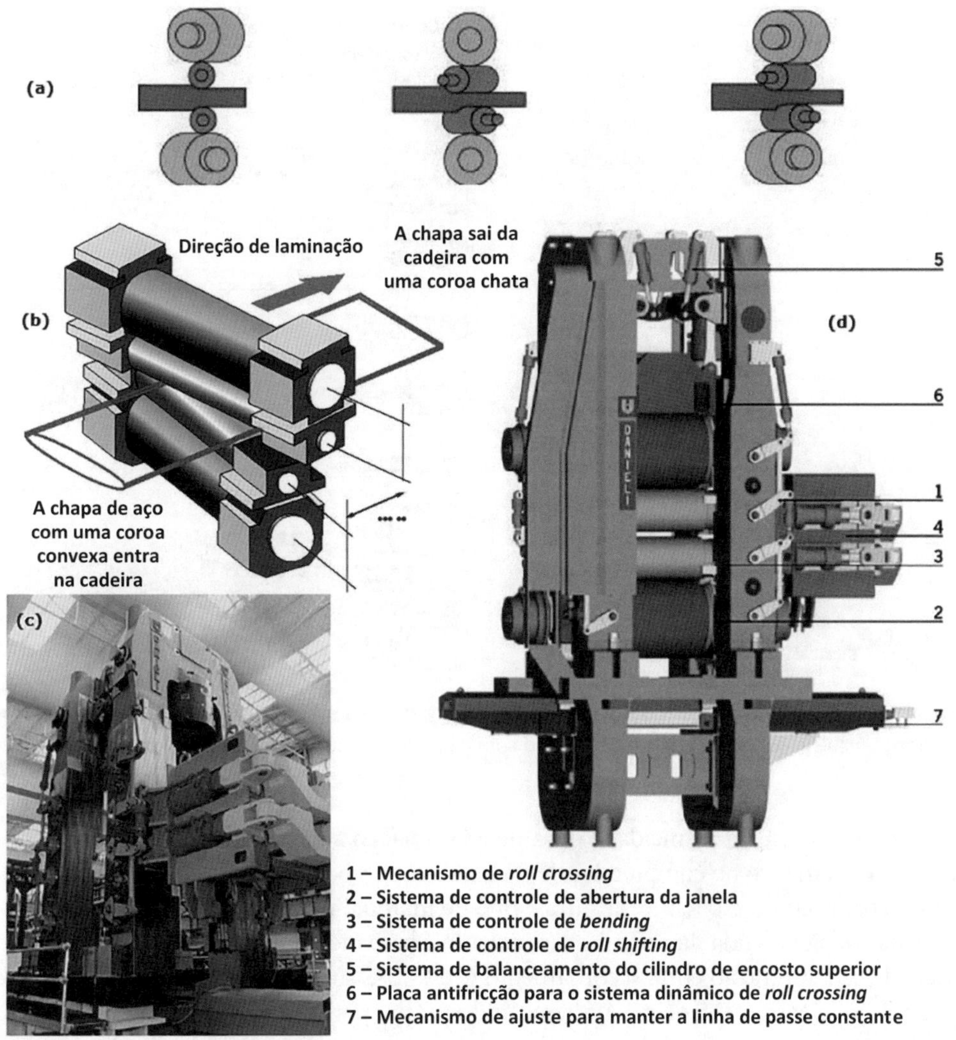

Figura 5.32 – Representação esquemática do cruzamento dos cilindros de encosto, de trabalho ou de ambos no sistema conhecido como *pair cross* e exemplos de equipamento industriais.

Fontes: c) e d) Danieli do Brasil.

Um resumo de alguns dos recursos disponíveis para o controle da planicidade de produtos laminados é apresentado na Figura 5.33.

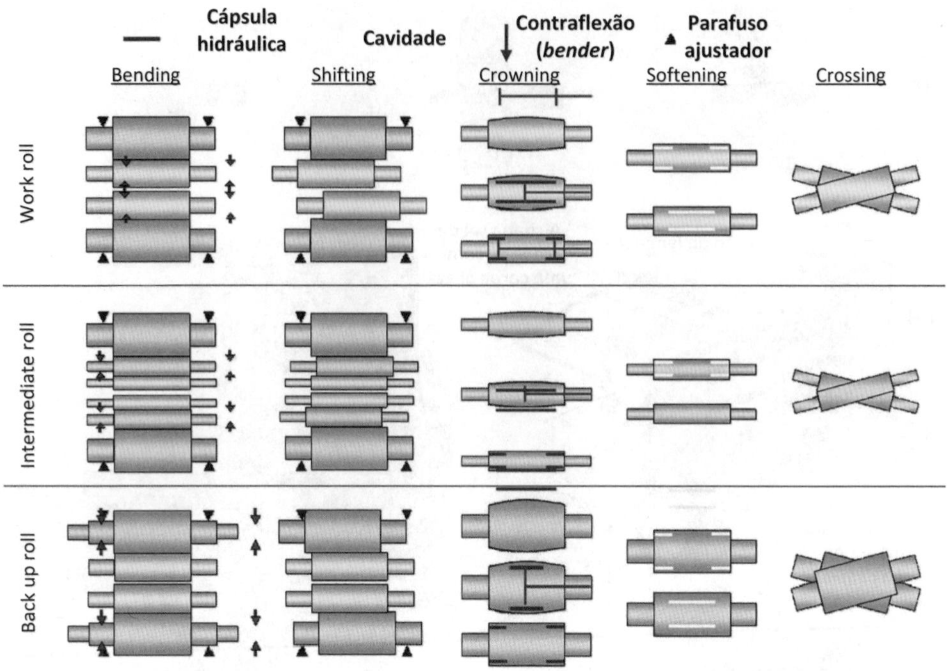

Figura 5.33 – Exemplo de alguns dos recursos utilizados para o controle da planicidade de produtos laminados (inclui-se o caso de laminadores a frio com cadeira que empregam cilindros intermediários).

Para o controle da planicidade durante a laminação a quente, pode-se empregar um modelo matemático no computador de processo que trabalha com dados de características da chapa, como espessura, largura e tipo de material para calcular a falta de planicidade da chapa na saída da cadeira. Esse cálculo é baseado na mudança de perfil relativo em cada cadeira (razão entre o coroamento *C* e a espessura *H*) e na falta de planicidade da chapa que entra na cadeira. A alteração do perfil relativo $\Delta C/H$ deve estar dentro de limites estabelecidos para a obtenção de uma chapa com planicidade adequada.

Ressalta-se que os recursos apresentados nas páginas anteriores para o controle da planicidade são diretamente associados com os métodos utilizados para obter a espessura especificada para cada etapa de redução e com a sua uniformidade ao longo da largura da chapa. Recorda-se que esses métodos são aplicados desde os fornos de reaquecimento com a utilização de *skids* defasados e *hot riders*. Nos trens acabadores, são utilizados sistemas de controle automático de espessura com modelos bastante sofisticados, sendo que os dotados de atuadores hidráulicos asseguram melhor controle. Além disso, o uso de cilindros de encosto com mancais do tipo sem chaveta (*keyless*) ou mesmo de chaveta curta (*short key*) é importante, visto que eles eliminam ou minimizam as variações cíclicas da força de laminação causadas durante sua revolução, especialmente nas últimas cadeiras do trem acabador. Outro aspecto de suma importância é a utilização de *loopers* no controle de tensão da chapa entre cadeiras. A tendência da reforma e dos novos laminadores é a adoção dos *loopers* hidráulicos; mais recentemente, aparecem soluções que não utilizam os tensores entre as primeiras cadeiras (*looperless*), sendo a tensão controlada pela velocidade das cadeiras adjacentes.

Os mecanismos citados são empregados para controlar as espessuras no corpo da bobina (exceto as pontas), no centro da largura. O acerto da espessura programada no início da bobina é obtido por meio do correto preposicionamento do laminador (*setup*). Modelos matemáticos cada vez mais sofisticados vão sendo aperfeiçoados por fabricantes de equipamentos e usinas siderúrgicas, para alcançarem acertos mais precisos da bitola programada.

Observa-se ainda que é possível, atualmente, realizarem-se altas reduções de espessura no trem acabador por meio da utilização de sistemas eficazes de controle do perfil da abertura do cilindro, que propiciam amplas faixas de atuação e mantêm as características de forma e perfil da chapa sob controle. Em decorrência dessa capacidade adicional, pode-se trabalhar com espessuras maiores de esboço, permitindo maximização da produtividade do laminador de desbaste e otimização da temperatura do esboço. As elevadas velocidades de laminação no trem acabador garantem sua alta produtividade, mas trazem a elevação da temperatura de acabamento e o consequente prejuízo das características metalúrgicas do produto. Por outro lado, devido à elevada perda de temperatura no trem acabador, as chapas finas exigem naturalmente maiores velocidades de laminação, para garantirem temperaturas de acabamento adequadas.

Buscando o equilíbrio entre os pontos acima, a tecnologia de resfriamento da chapa entre cadeiras com controle de pressão e largura da zona resfriada deve ser aplicada para controlar a temperatura entre cadeiras e garantir os níveis de velocidades que minimizem a perda de produtividade. Quanto ao tempo de espera entre bobinas no trem acabador, pouco se pode fazer para sua redução, devido a ser esse fator dependente basicamente da preparação dos equipamentos para a próxima bobina. A alternativa é o aumento do peso médio da bobina, a fim de reduzir a frequência de ocorrências do tempo de espera.

A cadeira sêxtupla apresenta, em relação à cadeira quádruo clássica, uma maior rigidez aparente e uma maior eficácia dos dispositivos de coroamento, o que permite que ela possa ser utilizada para efetuar reduções significativas, assegurando, ao mesmo tempo, um bom controle do nivelamento. Distinguem-se as cadeiras HC (*high crown*) equipadas unicamente com coroamento dos cilindros de trabalho e as cadeiras UC (*universal crown*), que possuem também coroamento dos cilindros intermediários. Nas cadeiras UC, foi introduzida a possibilidade de se efetuar a flexão, tanto dos cilindros de trabalho como de apoio, e o deslocamento axial dos cilindros intermediários. Nessas cadeiras, o diâmetro dos cilindros de trabalho é reduzido para 400 mm (em vez de 500 a 600 mm nas cadeiras do tipo quádruo). O controle operacional desse tipo de cadeira exige elevado grau de monitoramento da planicidade (*shapemeter*) e de recursos computacionais. Como os cilindros de trabalho têm pequena área circunferencial, há maior dificuldade de resfriamento.

Uma evolução importante na construção de cadeira de laminação de produtos planos é em relação ao método de ajuste automatizado da abertura entre os cilindros. Os dispositivos eletromecânicos com o tempo de resposta de 0,3 a 1 segundo foram ou estão sendo progressivamente substituídos por dispositivos hidráulicos, cujo tempo de resposta é normalmente menor do que 20 ms. Essa melhoria tem reflexo direto na precisão da espessura laminada, no perfil e planicidade das chapas e folhas obtidas.

5.4 MÉTODOS DE MEDIÇÃO E CONTROLE DA ESPESSURA DO MATERIAL LAMINADO A FRIO

A espessura é considerada como o principal parâmetro a ser alcançado em um processo de laminação a frio. Os usuários finais dos produtos planos laminados a frio estão exigindo tolerância cada vez mais estreitas para a espessura em função de fatores como:

- maiores velocidades das linhas de corte e estampagem de peças;
- exigência de maior precisão de peças produzidas por estampagem de embutimento;
- maior rendimento do processo de estampagem;
- em aplicações especiais como chapas elétricas e ou *tailored blanks* para indústrias automobilísticas, exige-se, além de uma excelente precisão da espessura medida na linha média da chapa, também uma boa precisão ao longo do perfil transversal desta, evitando-se principalmente os problemas devido a *edge drop* (formação de ombro).

Em razão da grande quantidade de variáveis que interagem entre si durante o processo e a dificuldade de mantê-las sob controle, buscou-se, com o surgimento de novos recursos tecnológicos, a implantação de um maior nível de automação para esse processo, visando a atender às restritas exigências para esse parâmetro. Desse modo, um sistema automático de controle de espessura (AGC) vem sendo utilizado e cada vez mais aperfeiçoado nas linhas de laminação a frio de produtos planos.

Ao longo dos anos, foram desenvolvidas basicamente três técnicas para medição ou determinação da espessura das chapas laminadas a frio:

- a dedução da espessura da chapa por meio da equação, que considera a cedagem e a constante elástica do laminador;
- a utilização de micrômetros volantes para medir por contato direto com o material laminado;
- a medição sem contato empregando-se métodos baseados em emissão de radiação.

O primeiro método listado considera o emprego da seguinte equação para inferir a espessura obtida após um determinado passe e é também conhecido como *Sim's method of gaging* ou *gaugemeter method*:

$$h_{fi} = S_i + \frac{F_i}{K_i} + \Delta S_i \tag{5.1}$$

Onde:

h_{fi} = espessura final pretendida para a chapa na saída da cadeira *i* (mm);

h_{ii} = espessura inicial pretendida para a chapa na saída da cadeira *i* (mm);

F_i = força de laminação na cadeira *i* (mm);

K_i = módulo de elasticidade da cadeira *i* corrigido em função da largura da chapa e do diâmetro atual do cilindro de encosto (kgf/mm ou N/mm);

ΔS_i = outros parâmetros que influenciam no valor da abertura entre cilindros (coroa térmica dos cilindros, variação da espessura da camada de filme de óleo nos mancais etc.).

A dedução dessa equação pode ser compreendida com o auxílio da leitura do Capítulo 4 de Rizzo (2007). Nesse Capítulo, apresenta-se como se realiza a determinação das variáveis apresentadas da Equação (5.1).

Esse método não determina a espessura real obtida, mas infere o valor obtido e foi utilizado para construir circuitos elétricos com o objetivo de automatizar a regulagem de laminadores a frio para obtenção de uma dada espessura (ROBERTS, 1978).

Os medidores por contato direto com o micrômetro volante (*flying micrometer*) foram os primeiros tipos de instrumentos para medição contínua e on-line da espessura de chapas laminadas a frio. São instrumentos que faziam uso de dispositivos mecânicos e magnéticos para medir a espessura em contato com a chapa. Atualmente, não são utilizados, pelo conhecimento do autor, em função de sua fragilidade, sendo muito sujeitos a danificação quando ocorrem falhas na linha que ocasionam a geração de sucata ou não são aptos a operar com as elevadas velocidade de laminação empegadas atualmente (ROBERTS, 1977).

Atualmente, as técnicas de medição de espessura sem contato são as mais utilizadas em função da não geração de marcas nos produtos e da confiabilidade e velocidade de medição. Dentre essas técnicas, podem ser destacadas:

- utilização de emissão de radiação do tipo raios X;
- utilização de emissão de radiação do tipo raios gama; e
- utilização de emissão de raios laser.

Os medidores automáticos de espessura que utilizam fontes radioativas se diferenciam, basicamente, pelo tipo de fonte utilizada e o tipo de detector de radiação. As fontes geram radiações eletromagnéticas que se propagam no espaço em forma de ondas. Os sistemas de calibração variam um pouco, mas todos utilizam uma ou várias "chapas padrão". Os mais empregados são os chamados medidores sem contato, que utilizam fontes de raio X (*X-ray thickness gauge*) e raio gama (*gamma thickness gauge*),[1] que possuem esquemas construtivos semelhantes, diferenciando-se pela forma de geração das ondas radioativas.

Os equipamentos são construídos em forma de C, para permitirem alcançar a região central da largura da chapa, com a fonte de emissão de radiação normalmente posicionada do lado inferior da chapa, e o detector de radiação, no lado superior (Figura 5.34). A posição do ponto de medição de espessura pode ser alterada pelo deslocamento transversal do conjunto emissor-detector na direção da largura da chapa, normalmente acionando por dispositivos hidráulicos o motor elétrico. Pode-se também optar pelo deslocamento do conjunto emissor-detector a uma velocidade constante ao longo da largura para medição de perfil da chapa. Medidores de espessura portáteis com fontes radioativas também são ofertados por fabricantes de instrumentos de medição utilizados nas indústrias siderúrgicas.

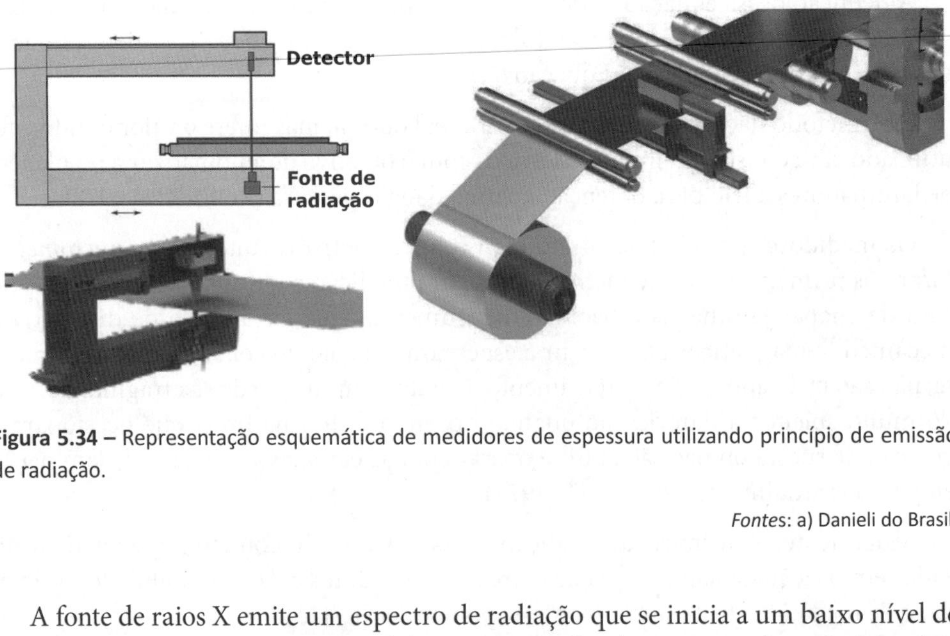

Figura 5.34 – Representação esquemática de medidores de espessura utilizando princípio de emissão de radiação.

Fontes: a) Danieli do Brasil.

A fonte de raios X emite um espectro de radiação que se inicia a um baixo nível de energia e termina no máximo nível de energia E0 (keV), correspondente à alta voltagem (kV) aplicada através do tubo de raios X. O princípio de medição dos medidores

---

1 Observa-se que não se trata dos mesmos equipamentos utilizados para exames radiológicos de peças visando à identificação de descontinuidades (defeitos) internas. Nesse caso, o método está baseado na variação da atenuação da radiação eletromagnética (raios X ou gama), causada pela presença de descontinuidades durante a passagem da radiação pela peça, sendo a imagem registrada em um filme radiográfico ou em um sistema de radioscopia tipo intensificador e integrador de imagem, que mostra o resultado em um monitor.

sem contato se baseia na absorção da energia da fonte pelo material a ser medido. Isso resulta em um feixe atenuado do espectro de radiação que chega ao detector. A interação da radiação eletromagnética com a matéria é representada por equações apropriadas que permitem a correlação com a espessura do material. A redução de radiação é inversamente proporcional à espessura e densidade da chapa. O detector transforma a energia recebida em um sinal elétrico, que pode ser em intensidade de corrente ou em pulsos. Esse sinal é processado em circuitos eletrônicos, e tem-se uma indicação, em forma analógica ou digital, de desvio do valor nominal, valor absoluto ou em percentagem. Esse sistema foi proposto em 1947 pela empresa General Electric (FLORENT, 2013).

A fonte de raios X consiste, basicamente, em um tubo de vidro em cujo interior se encontram filamento de tungstênio, cátodo e ânodo, em um perfeito vácuo. O filamento é aquecido e faz o cátodo emitir elétrons, que são atraídos com intensa aceleração para o ânodo pela existência de uma alta tensão contínua, e, nesse impacto, gera a radiação X. Nesse tubo, a intensidade de corrente e a tensão são essencialmente independentes e são ajustadas de acordo com a radiação X requerida. Quanto maior for a tensão utilizada, maior será a energia dos raios X e a penetração, e menor será o comprimento de onda. Aumentando-se a corrente, obter-se-á um maior fluxo de raios X. O nível de energia dos raios X é ajustado de acordo com o material a ser medido. Filtros são utilizados para ajuste do sistema para se obter o espectro ótimo de radiação para uma dada aplicação.

Os *raios gama* são ondas eletromagnéticas originadas por isótopos instáveis (radioativos) encapsulados em tubos. Assim, a radiação gama é obtida por radioisótopos durante o processo de desintegração de seus átomos. Em cada desintegração, o núcleo perde aproximadamente um milésimo de sua massa em forma de radiação. Na radiografia industrial, utilizam-se isótopos artificiais. Por exemplo, a fonte de isótopo utilizada para a medição da espessura de chapas e folhas de aço na faixa de 0,1 a 6 mm é o amerício-241. Para chapas de aço de 4,5 a 75 mm de espessura, pode-se empregar o césio-137. Observa-se que, enquanto a radiação nos raios X é gerada nas camadas de elétrons, nos raios gama ela é gerada no núcleo do átomo. O amerício-241 apresenta menos riscos de contaminação do que o césio-137. Este último permite realizar a medição de espessura maiores (de 4,5 a 100 mm, por exemplo, mas podendo ser utilizado até 180 mm), enquanto o amerício é restrito a menores faixas (0,1 a 7,5 mm, por exemplo).

Os detectores de radiação são construídos baseando-se nos seguintes princípios:

- as radiações ionizam os átomos das substâncias através da qual passam;
- as radiações ionizantes produzem fluorescência (ou cintilação) em certos cristais ($CdWO_4$, ZnS, Cds, NaJ, Nal, Lil etc.).

Considerando-se o primeiro princípio, foram desenvolvidas as *câmaras de ionização* (*ionisation chamber detectors*) para detecção de radiação e medição e a consequente medição de espessura. São constituídas de um recipiente em forma cilíndrica (envoltório metálico) contendo uma mistura gasosa a baixa pressão (gás xênon, por exemplo). A câmara possui um eletrodo negativo (cátodo), que é a carcaça, e um eletrodo positivo (ânodo), que é um elemento central isolado da carcaça. Aplica-se uma tensão (V_0) entre os eletrodos. Quando a radiação penetra na câmara, provoca ionizações dos átomos do gás, os elétrons são atraídos para o elemento central e os íons positivos, para as paredes externas. Resulta daí a produção de uma intensidade de corrente (i). Teremos, então, uma queda de tensão (V) na resistência (r) que é dada por $V = r\,i$.

Observa-se que a variação de composição química interfere na atenuação de energia na chapa, razão pela qual devem ser feitas correções nos resultados para correlacionar a composição da amostra utilizada para calibração do instrumento com a composição da amostra que está sendo monitorada (FLORENT, 2013). Alguns sistemas computacionais associados com os instrumentos de medição de espessura por radiação também fazem a compensação automática da temperatura da chapa, parâmetro importante principalmente no processo de laminação a quente.

Devem ser realizadas e armazenadas as devidas curvas de calibração para as composições das chapas a serem monitoradas. Outras fontes de erros na precisão da medição da espessura que devem ser considerados são ruídos externos de equipamentos eletrônicos ou raios cósmicos, calibração, variação na temperatura do ar, distorção na montagem do sensor, presença de líquidos na chapa, entre outros fatores. Se os devidos proteções e ajustes contra essas fontes de ruídos forem efetivados, os equipamentos de medição de espessura por radiação são considerados precisos e confiáveis.

Outro equipamento para determinação da radiação resultante é o *detector de cintilação* (*scintillation detectors*). Esse instrumento baseia-se na propriedade da fluorescência de certos cristais, em especial o iodeto de sódio, que emite luz quando bombardeado por radiações. Essa luz é recebida em um cátodo fotossensível de um fotomultiplicador e emite elétrons que são multiplicados, até a ordem de 10^6 a 10^{12}, por vários dinodos. Os elétrons chegam ao ânodo e produzem pulsos proporcionais à cintilação do cristal. Os pulsos são levados aos circuitos eletrônicos para a contagem e a conversão em dados de espessura da chapa. Os detectores de cintilação são considerados mais rápidos (menos de 1 ms) porque a transmissão de sinais ocorre na velocidade da luz em comparação com a câmara de ionização, pois não existe a necessidade de esperar o movimento de íons para os eletrodos. Além disso, por se tratar de um corpo sólido, a probabilidade de o cintilador detectar as partículas de radiação é maior do que o gás em uma câmara de ionização, o que é fundamental em radiação de alta energia. Por fim, os cintiladores são bem menores do que as câmeras de ionização. Entretanto, algumas empresas preferem a utilização destas.

Os métodos de medição de espessura sem contato por meio da emissão de raios X ou raios gama apresentam alta precisão e alta velocidade de resposta, sendo adequados para medir a espessura da chapa que está sendo laminada a alta velocidade. Também podem ser utilizados para controle de alongamento, para liberação de material em linhas de inspeção e tesouras. Na Tabela 5.4, apresenta-se uma comparação entre os medidores com fontes a raios X e raios gama. Na seleção de um ou outro método de medição de espessura por radiação, devem ser considerados os seguintes fatores:

- temperatura do processo;
- material da chapa;
- faixa de espessura a ser monitorada;
- tolerâncias dimensionais aceitas;
- velocidade de laminação; e
- espaço disponível para instalação.

Observa-se que, na laminação a frio de aços, geralmente é preferido o medidor do tipo raio X devido a seu menor tempo de resposta e sua maior precisão (± 0,1%). Já o medidor do tipo raio gama é mais utilizado na laminação a quente de bobinas, por apresentar as vantagens de simplicidade, estabilidade, menor manutenção e menor custo, embora mediores de raios X também sejam utilizadas nesta situação.

Tabela 5.4 – Comparação entre os medidores com fontes a raios X e raios gama – dados ilustrativos, podendo variar conforme o fabricante dos equipamentos

Fatores	Raios X	Raios gama
Tempo de resposta (pode variar para laminação a frio ou a quente)	Rápido (1 a 10 ms[a]); próprio para medição em processos de alta velocidade.	Mínimo 50 ms ou 30 ms nos equipamentos mais modernos
Velocidade da chapa	Sem limite prático	Máximo de 600 m/min
Ruído	Baixo	Determinado pelo tamanho da fonte
Diâmetro do feixe	Menor (feixe mais concentrado de 3 a 20 mm)	Maior (de 40 a 50 mm)
Faixa de medição – depende do metal a ser medido e do tipo de radioisótopo utilizado (raios gama) e da potência da fonte (raios X)	De 0,001 até 73 mm de espessura para aço	De 0,2 a 7,5 mm de espessura para radioisótopo de amerício-241 De 4,5 a 75 mm de espessura para radioisótopo Césio 137

(*continua*)

Tabela 5.4 – Comparação entre os medidores com fontes a raios X e raios gama – dados ilustrativos, podendo variar conforme o fabricante dos equipamentos (*continuação*)

Fatores	Raios X	Raios gama
Energia da fonte	Requer mais manutenção e a vida do tubo de raios X é pequena; varia, em média, entre 10.000 e 20.000 horas	Constante. A queda da atividade do radioisótopo depende de sua meia-vida. O Cs 137 decai 1% a cada 5 meses
Confiabilidade da fonte	Exige geração de alta tensão e circuito de estabilização	Não se danifica, e a troca é feita após longos períodos. A meia-vida do césio é de 33 anos, a do amerício é de 433 anos
Alimentação	Exige geração de alta tensão e circuito de estabilização	Não necessita
Segurança	A radiação é cortada, desligando a alta tensão	É necessário obturador para fechar a fonte

[a] ms = milissegundo.

Fontes: Friedrich Vollmer Feinmessgeraetebau GmbH (2013); Heringer (1994).

Na Figura 5.35, há uma representação esquemática de exemplos de posição do medidor de espessura sem contato do tipo raios X ou raios gama em laminadores a frio e em linhas de processamento de bobinas de aço. Observa-se nessa figura que uma opção é instalar um medidor de espessura com três cabeçotes para controle da espessura central (cabeçote fico) e das bordas (cabeçotes móveis). Na Figura 5.36, são apresentados exemplos de medidores de espessura.

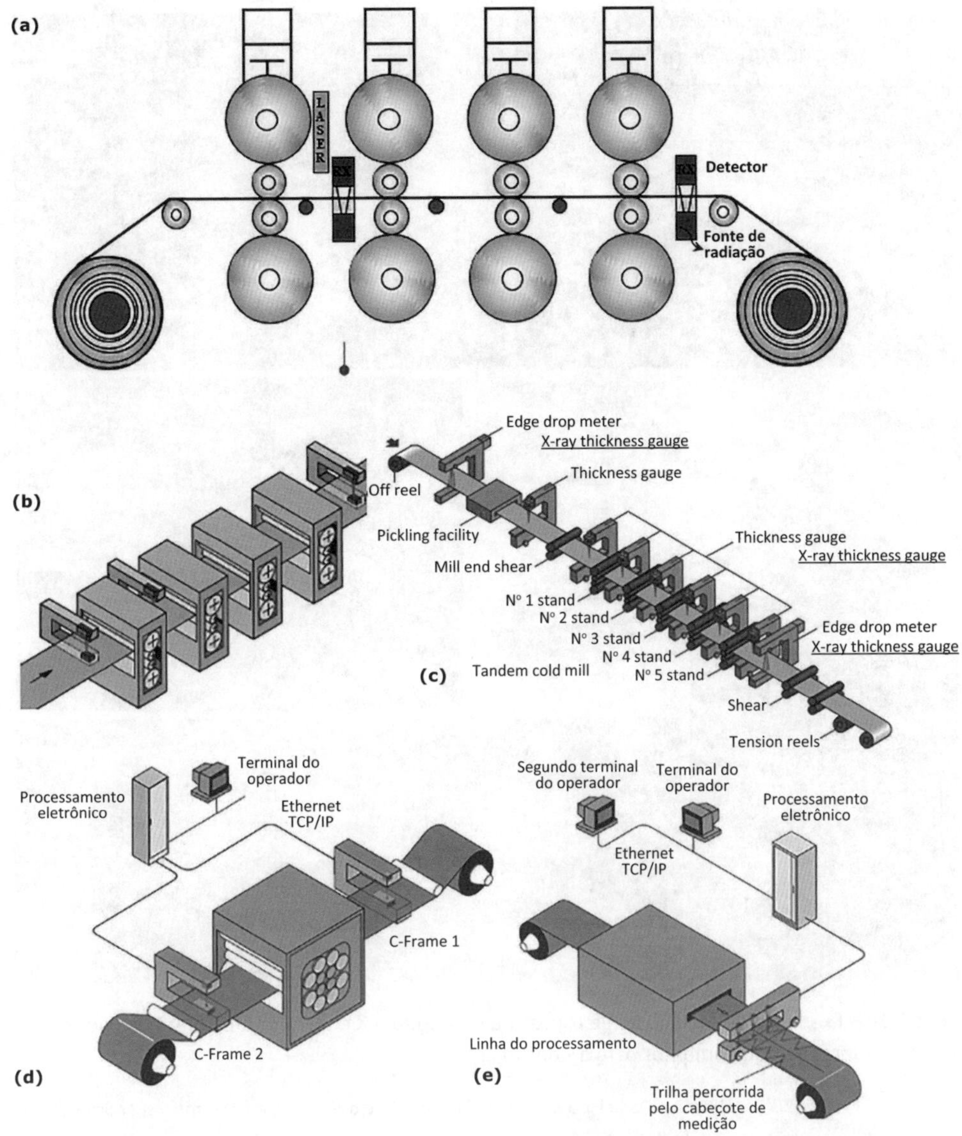

Figura 5.35 – Representação esquemática da posição do medidor de espessura sem contato do tipo raios X ou raios gama a) em um laminador contínuo de bobinas finas, b) em um laminador reversível e em uma linha de processamento de chapas.

Fonte: b), d) e e) Thermo Fisher Scientific Inc.; c) Toshiba Corporation.

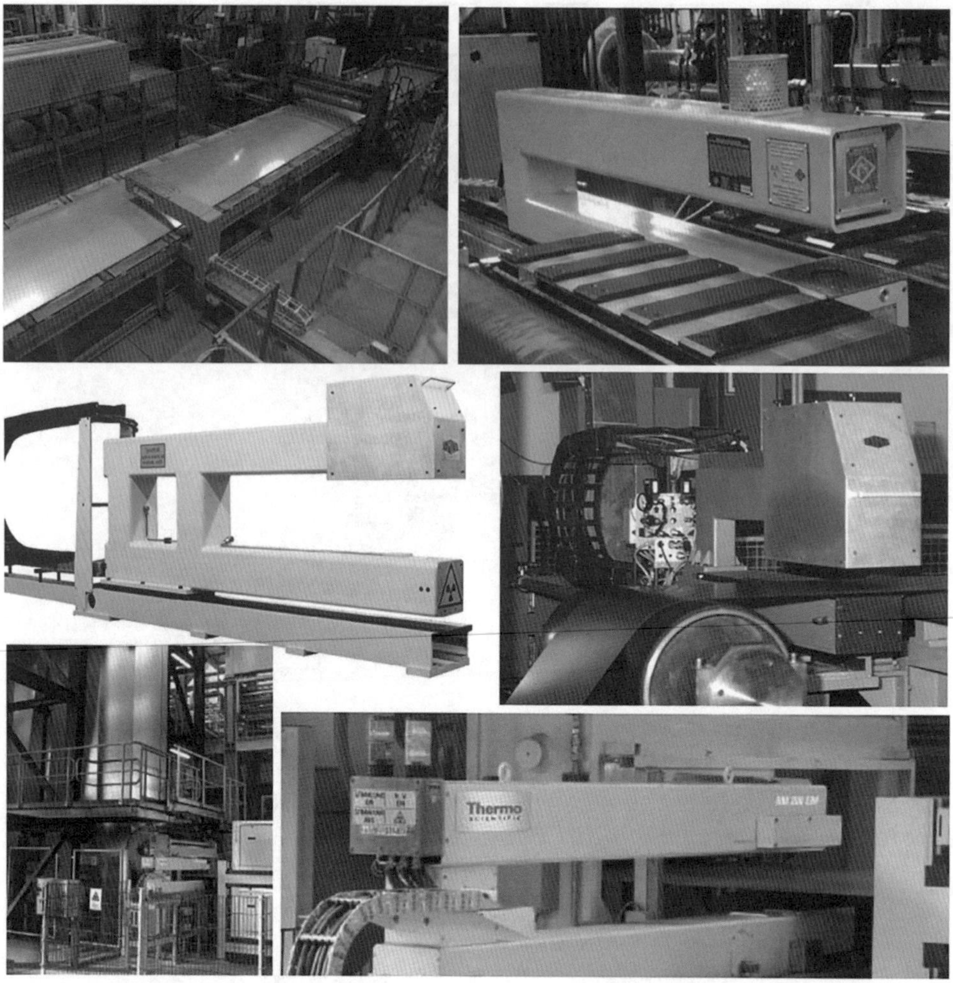

Figura 5.36 – Exemplos de medidores de espessura do tipo raio X e de raio gama ofertados por empresas fornecedoras de equipamentos para a siderurgia.

Fontes: a-Danieli do Brasil Ltda.; b-Tenova; c,d-Vollmer; e,f-Thermo Fisher Scientific Inc.

Ressalta-se que, nas unidades de laminação a quente de bobinas, emprega-se o equipamento denominado de *perfilômetro*, que possibilita medir as variações da seção do material ao longo de todo o comprimento do produto laminado, gerando um relatório com a posição exata da região fora de especificação, facilitando as operações de corte para descarte da região, reinspeção ou análise das causas do não atendimento das especificações.

Uma característica que diferencia os medidores de espessura do tipo perfilômetro é o número e a forma de deslocamento do emissor de radiação. Pode-se empregar equipamentos para a medição de espessura utilizando-se um dispositivo emissor de raios X ou raios gama, que pode ser do tipo móvel, ou seja, um único emissor que se desloca transversalmente à chapa na saída do laminador, varrendo a largura da chapa, fazendo um percurso em uma diagonal ao longo de uma determinada porção do comprimento da chapa e repetindo o mesmo percurso em uma fração seguinte do comprimento. Também podem ser utilizados vários emissores fixos para medir a variação de espessura ao longo da largura, opção preferida nos últimos anos.

Em muitos equipamentos do tipo perfilômetro, o dispositivo para medição de variação de espessura é posicionado após uma unidade fixa de raios X ou raios gama, que fornece a espessura no centro da chapa ao longo de seu comprimento. A função do perfilômetro on-line é gerar dados de parâmetros de perfil para a correção manual ou automática dele, por meio de equipamentos de controle. Se outras variáveis além do perfil são medidas - temperatura, largura etc. -, o equipamento muitas vezes passa a ser denominado de *medidor multifunção.*

Outra opção mais recente para medição de espessura é a utilização do sistema de emissão de raios laser apresentado na Figura 5.37.

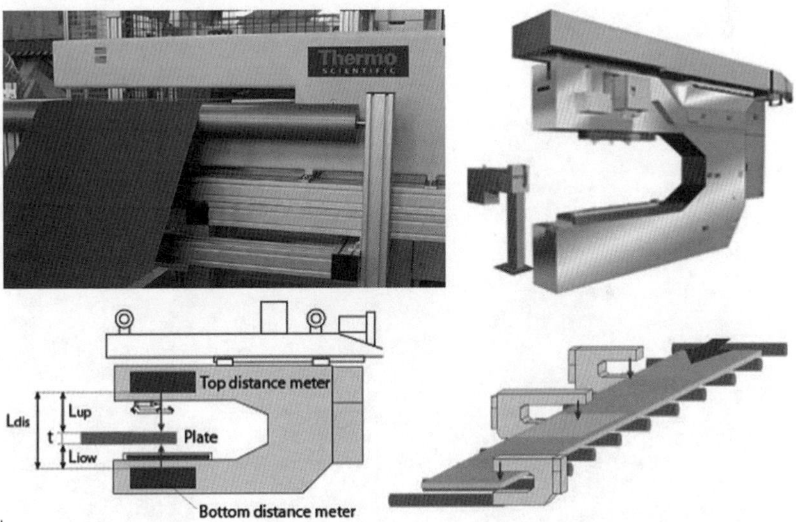

Figura 5.37 – Representação esquemática e imagens do equipamento para medição de espessura com a utilização de emissão de raios laser.

Fontes: a) Thermo Fisher Scientific; b), c) e d) Toshiba Corporation.

Esse sistema pode ser utilizado para espessuras de até 100 mm, com um tempo de resposta de 4 ms, sendo imune a vibrações na chapa e variações na linha de passe de ±50 mm. A medição é baseada no método de triangularização dos resultados de emissão e refração de raios laser com fontes posicionadas para atingir as superfícies superior e inferior da chapa. Esse método também apresenta a vantagem de ser independente da composição da chapa e de não utilizar elemento radioativos, que exigem o uso de rigorosos controles de segurança.

CAPÍTULO 6

Tratamentos térmicos de produtos planos laminados a frio

6.1 CONCEITOS BÁSICOS RELATIVOS AOS TRATAMENTOS TÉRMICOS DOS AÇOS

A terminologia adotada neste livro para designar os tratamentos térmicos segue as recomendações da NBR NM 136/2000 (Tratamentos térmicos de aço – Terminologia e definições). Por exemplo, o termo *têmpera* remete a embeber ou esfriar. Como resultado dessa operação, pode-se conseguir o endurecimento ou amolecimento dos aços. A *têmpera* pode produzir um dos seguintes efeitos:

a) que a solução sólida estável em temperaturas elevadas (austenita) sofra durante o resfriamento uma mudança de fase praticamente total, a qual é acompanhada de um aumento notável da dureza (têmpera martensítica ou têmpera bainítica);

b) que a solução sólida se transforme parcialmente no resfriamento, gerando constituintes duros; um ou vários tratamentos térmicos complementares (revenimento, por exemplo) podem produzir novo aumento de dureza, concluindo a transformação ou provocando a precipitação de componentes menos solúveis a frio (endurecimento secundário);

c) que a solução sólida estável não sofra praticamente nenhuma transformação até a temperatura ambiente. Nesse caso, produz-se, geralmente, um amolecimento do metal (têmpera dos aços austeníticos ou hipertêmpera, ou, ainda, têmpera de solubilização).

O *recozimento* é um tratamento térmico destinado a um ou vários dos seguintes objetivos:

a) eliminar os defeitos estruturais da solidificação, de uma deformação plástica a frio ou a quente, de uma operação de soldagem ou de um tratamento térmico anterior;

b) conferir ao aço um estado de amolecimento definido ou voltar a reproduzir esse estado se a estrutura tiver sido alterada pelos tratamentos térmicos anteriores;

c) provocar a formação de estruturas favoráveis para a usinagem, a deformação a frio ou a formação de uma estrutura determinada, por exemplo, para um tratamento térmico posterior etc.;

d) eliminar ou reduzir as tensões internas do aço;

e) diminuir a heterogeneidade da composição química do aço.

O *revenimento* é um tratamento térmico efetuado sobre um produto temperado, com a finalidade de se obterem modificações que lhe confiram as características de emprego desejadas. Esse tratamento provoca a formação de uma estrutura mais próxima ao estado de equilíbrio físico-químico que a obtida mediante a têmpera.

A *normalização* é um tratamento térmico que requer um aquecimento de austenitização completa seguido de um resfriamento ao ar, com a finalidade de refinar a estrutura ferrítica e/ou perlítica. Esse tratamento pode ser aplicado a peças que apresentem uma estrutura grosseira, como o aço bruto de forja, de laminação e similares.

No estudo dos tratamentos térmicos dos aços, o termo *ciclo térmico* corresponde à história ou ao programa térmico ao qual o aço foi submetido, ou seja, as temperaturas de aquecimento, os tempos de permanência e as velocidades de aquecimento e resfriamento seguidos por um aço. Nesses ciclos, os estados das estruturas inicial e final são relativos àqueles da temperatura ambiente. Na Figura 6.1, são apresentadas representações esquemáticas dos ciclos térmicos correspondentes aos principais tipos de tratamentos térmicos aplicados aos aços.

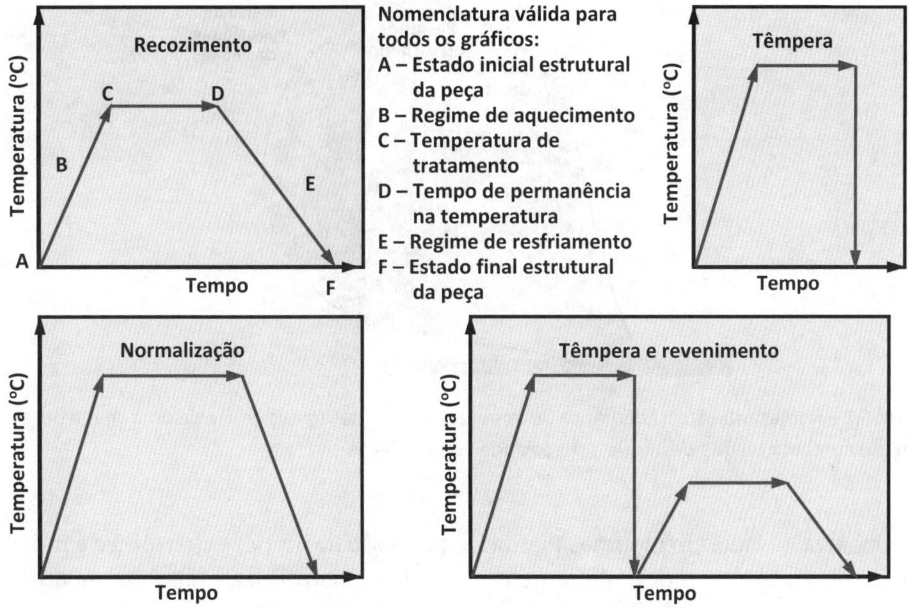

Figura 6.1 – Representação esquemática dos principais ciclos dos tratamentos térmicos dos aços.

6.2 PREPARAÇÃO DO MATERIAL PARA TRATAMENTO TÉRMICO

Antes do processo de recozimento, as bobinas laminadas a frio devem passar por um processo de *limpeza eletrolítica* e/ou *desengraxe* (*electrolytic degreasing*) para efetuar a remoção dos resíduos de carbono, óleos e finos de aço (finos de ferro) utilizados ou gerados na etapa de laminação a frio devido ao atrito entre os cilindros e a tira.

A limpeza da superfície da tira ocorre por meio do desbobinamento, corte e solda de bobinas, passagem por um banho de solução desengraxante (limpeza química), limpeza mecânica (escovação) e também por eletrólise, lavagem e secagem. Essa limpeza é importante para garantir que não ocorra queima (combustão) do óleo no interior dos fornos de tratamento térmico. Assim, o produto está adequado para aplicações de pintura e revestimento, por exemplo. É fundamental nesse processo que as técnicas utilizadas consigam retirar as impurezas contidas nas depressões (vales) da rugosidade da chapa (Figura 6.2).

A retirada do óleo residual é importante porque, durante o aquecimento na etapa de recozimento, ocorre a vaporização e a destilação do óleo, dando origem a hidrocarbonetos leves (CH_4, C_2H_4, C_2H_6 etc.), que são compostos instáveis a altas temperaturas e que contaminam a atmosfera dos fornos de recozimento, gerando deposição de carbono nos equipamentos dos fornos, ou mesmo nas bobinas. As impurezas de ferro também podem ser incrustadas na superfície da chapa.

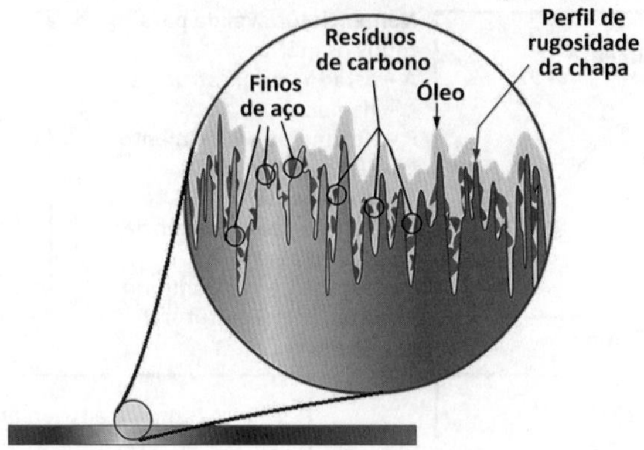

Figura 6.2 – Representação esquemática de impurezas presentes na superfície de uma chapa observada com um aumento tal que destaque a rugosidade superficial da chapa.

Ressalva-se, que, em algumas plantas, o processo de limpeza eletrolítica é independente, ou seja, é feito o desbobinamento, a limpeza eletrolítica e o bobinamento, para depois a bobina ser enviada para o setor de recozimento. Em outras empresas, é realizada a integração direta com a etapa de recozimento contínuo, não sendo feito assim o bobinamento.

Quando a empresa não possui o processo de limpeza eletrolítica, utiliza-se um óleo, com características de detergente, na última cadeira do trem contínuo de laminação de tiras a frio, permitindo obtenção de uma melhor limpeza superficial da tira.

Destaca-se que o setor de limpeza eletrolítica também pode servir de setor de uma etapa para inspeção de defeitos superficiais gerados em outras processos anteriores, desde a laminação a quente até a laminação a frio. Por ser realizado o desbobinamento da bobina, pode-se aproveitar essa etapa também para efetuar a correção de bobinamento irregular e da tensão de bobinamento do laminador, realizar a união de bobinas seccionadas ou rompidas em processos anteriores e o aumento da produtividade no recozimento em função da união de bobinas de baixo peso.

Após a bobina ser desbobinada e soldada em uma outra bobina que está terminando de passar pelo processo de limpeza eletrolítica, o primeiro processo de limpeza é o de *limpeza alcalina*, em que a tira recebe um banho em solução alcalina, normalmente à base de ortossilicato de sódio (solução de NaOH conhecida também como soda cáustica em água). A tira oleada é imersa nessa solução à temperatura de 60 °C a 80 °C, transformando o resíduo oleoso presente nos vales da rugosidade da chapa em sabões solúveis e glicerina. Nesse processo, a substância alcalina penetra na camada de óleo e desprende essa camada da superfície da tira. Esse processo é conhecido como *saponificação*. Essa reação química se desenvolve da seguinte maneira:

- infiltração – umedecimento do material oleoso pelo álcali;
- penetração – após a infiltração, a solução alcalina penetra nos elementos oleosos;

- dispersão – após a penetração, o elemento álcali reage e desprende os óleos da superfície da tira;
- emulsificação – dispersão dos elementos oleosos dentro da solução.

O segundo processo de limpeza é a *limpeza mecânica*, na qual são utilizados rolos-escova, que giram em contato com a superfície da chapa em ambas as superfícies, sob uma certa pressão e em uma velocidade controlada, geralmente 10% acima da velocidade dos rolos normais da linha. A pressão dos rolos sobre o material é controlada por meio do valor da corrente do motor que os movimenta. Os rolos-escova giram no sentido contrário da tira para melhorar a eficiência da limpeza. Em muitos casos, a solução alcalina é projetada por meio de bicos sobre as superfícies superior e inferior da tira, e as escovas fazem a limpeza mecânica no mesmo equipamento.

Os bicos spray promovem a limpeza por meio de jatos sob determinada pressão sobre a chapa. Além da pressão, a posição dos bicos é de extrema importância, haja vista que eles são ajustados de maneira a promover jatos que facilitam o arraste dessa sujeira para fora da tira. Outra função desses jatos é de refrigerar as cerdas dos rolos-escova, uma vez que o atrito cerdas/tira gera calor diminuindo a eficiência e a vida útil das cerdas.

Os processos de remoção de óleos de forma mecânica e química descritos não são suficientes para limpeza da superfície da chapa em pequeno espaço de tempo. Assim, torna-se necessário empregar um mecanismo adicional, que é o *desengraxamento feito por eletrólise* em tanques. Nesse processo, os tanques contêm eletrodos que realizam o bombardeamento elétrico da tira à medida que ela percorre o tanque, provocando a formação de uma célula eletrolítica (eletrólise). Isso faz com que os resíduos remanescentes da superfície da chapa sejam liberados por meio do desprendimento de hidrogênio e oxigênio nos vales da rugosidade, provocando arraste do restante das impurezas pelo hidrogênio e pelo oxigênio liberado. Após essa etapa, a chapa ou tira passa por uma torre com conjuntos de rolos espremedores, para reter a solução recolhida na superfície na chapa pela ação de uma determinada pressão, evitando que esta seja arrastada para o processo posterior.

O oxigênio e o hidrogênio gerados pelo ânodo e pelo cátodo removem mecanicamente o óleo, o resíduo de carbono e o pó de ferro da tira. Quimicamente, o processo é representado pelas seguintes equações:

- Dissociação do NaOH: $NaOH \rightarrow 2Na^+ \; 2OH$
- Autoionização da água: $H_2O \rightarrow 2H^+ + 2OH^-$
- Reação no ânodo: $2OH^- = H_2O + ½O_2 + 2e^-$
- Cátodo: $2Na^+ + 2H_2O + 2e^- = 2NaOH + H_2$
- Reação global: $H_2O = H_2 + ½O_2$

Na Figura, 6.3, mostra-se um diagrama esquemático do processo de eletrólise empregado na limpeza eletrolítica de chapas de aço.

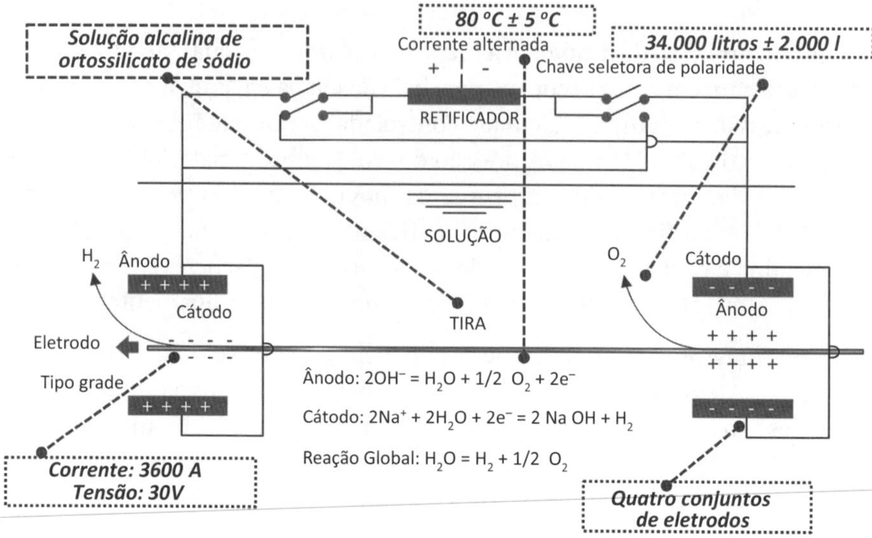

Figura 6.3 – Diagrama esquemático do processo de eletrólise empregado na limpeza eletrolítica de chapas de aço.

Fonte: Silva (2016).

Os eletrodos positivos atrairão o OH^- e o O^-, e os eletrodos negativos atraem o Na^+ e o H^+. O hidrogênio e o oxigênio, adquirindo e cedendo elétrons, passam ao estado neutro, ou seja, eletricamente estável, e desenvolvem-se como gás. Esses gases agem diretamente sobre a chapa e retiram por ação mecânica o filme de óleo e as partículas de sujeiras, além de criarem uma forte agitação do líquido na zona da chapa. Contribuem também para a limpeza e fazem com que a sujeira se deposite na zona calma do tanque, onde não há agitação dos gases.

No início do tanque, têm-se eletrodos que agem como cátodo ou ânodo e, no final do tanque, outro conjunto de eletrodos que têm a polaridade invertida para agirem de modo contrário aos eletrodos do início, ou seja, se no início os eletrodos funcionam como ânodo, no final funcionam como cátodo, e vice-versa.

Em função do acúmulo de resíduos nos eletrodos do tanque ECT, é necessário trocar a polaridade periodicamente, pois, se operar constantemente em uma mesma polaridade por um longo período, a sujeira aumenta consideravelmente, diminuindo a eficiência da limpeza. O controle de contaminação de solução entre tanques deve ser bem rigoroso. Caso haja contaminação, a solução deve ser descartada.

O último tanque do processo de limpeza eletrolítica é o tanque de limpeza a quente, em que esta é realizada por um método mecânico, ou seja, por meio de rolos do tipo escova e bicos sprays pressurizados, e uma lavagem com água potável/industrial a quente (85 °C), para a lavagem final. A tira deve passar por um processo de secagem por meio de rolos espremedores, aspersão de ar comprimido e ar quente. As etapas são apresentadas na Figura 6.4.

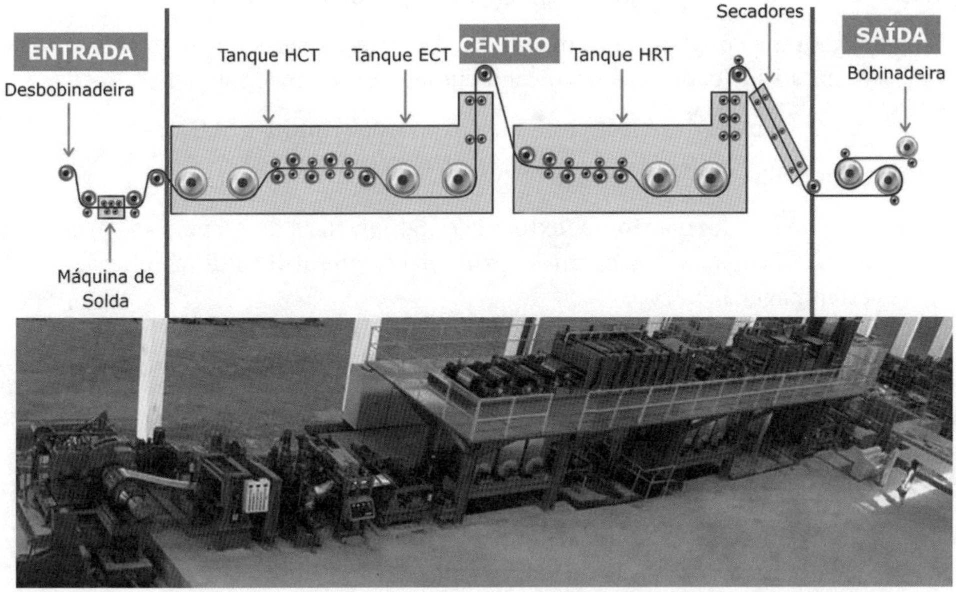

Figura 6.4 – Representação esquemática das seções de uma linha de limpeza eletrolítica de bobinas laminadas a frio.

Fonte: Silva (2016).

6.3 RECOZIMENTO

Durante a laminação a frio, ocorre o *encruamento*[1] do material, que se traduz, principalmente, no aumento da resistência do material após um determinado passe. Isso significa que, em um trem contínuo, por exemplo, a força necessária para efetuar uma mesma redução de espessura é maior na segunda cadeira que na primeira, e maior na terceira do que na segunda, e assim por diante. Significa também que o material

1 O *encruamento* corresponde ao aumento da resistência à deformação do material com o prosseguimento da deformação plástica. Nesse fenômeno, a microestrutura do aço proveniente do processo de solidificação do aço ou do processo de laminação a quente é constituída por grãos equiaxiais (grãos de mesmo tamanho e estrutura praticamente uniforme) que são alongados no processo de laminação a frio no sentido da laminação, à medida que diminui sua espessura. A causa do aumento da resistência à deformação do material é o aumento contínuo das barreiras que impedem o movimento das discordâncias responsáveis pela deformação plástica dos metais e suas ligas.

laminado a frio se encontra em um estado totalmente encruado (*full hard*), tornando-se "quebradiço" (baixa ductilidade[2]), devendo, pois, ser *recozido* antes de sofrer a laminação final de encruamento, para que possa ser utilizado em muitas das aplicações finais a que se destina.

Em uma usina siderúrgica processando bobinas de aço-carbono ou aços microligados, o tratamento térmico de *recozimento* tem por objetivos básicos:

- restaurar as propriedades mecânicas do material perdidas no processo de laminação a frio, ou seja, devolver a ductilidade ao material;
- reduzir o nível de tensões internas no produto laminado a frio;
- difusão de elementos de liga (solubilização);
- promover a formação de texturas cristalográficas favoráveis aos processos de conformação dos clientes (principalmente utilizando as operações de estampagem).

Esses objetivos citados são atingidos em função do método empregado e das combinações de tempo e temperatura utilizados.

O tipo de recozimento mais empregado é o chamado recozimento subcrítico, ou seja, abaixo da temperatura de austenitização[3] do aço (em torno de 727 °C), no qual a temperatura do material é elevada lentamente até cerca de 620 °C a 700 °C (no caso de aços baixo carbono sem a adição de microligantes, como Nb, Ti, V e Al), permanecendo nessa temperatura durante certo tempo, e, em seguida, é resfriado vagarosamente até a temperatura ambiente.

O material encruado após a laminação a frio está em uma situação metaestável, ou seja, não se encontra em uma situação termodinamicamente estável, armazenando uma certa quantidade de energia, cerca de 10% da energia utilizada no processo de

---

[2] A *ductilidade* é a capacidade de o material ser deformado plasticamente antes de se romper, ou seja, está diretamente relacionada com a capacidade de adquirir forma por meio de processos de conformação mecânica como a laminação, forjamento e estampagem. A ductilidade é medida mediante o alongamento máximo que o material apresenta no momento que ocorre a sua fratura (ε_{max}).

[3] *Austenitização* é o processo de alteração de fase do ferro, da ferrita para a austenita. Essa mudança ocorre no nível da estrutura cristalina do ferro, de cúbica de corpo centrado (CCC), típica da ferrita, para cúbica de face centrada (CFC), típica da austenita. Ocorre em temperaturas superiores a 727 °C. A *austenita* é uma solução sólida de carbono no ferro, com estrutura CFC, que se origina da transformação alotrópica da estrutura cúbica de corpo centrado em cúbica de face centrada durante o aquecimento, sendo, portanto, estável a temperaturas mais altas. A faixa de temperatura em que a austenita é estável depende do teor de carbono no aço. Nos aços-carbono, para um teor de carbono correspondente a 0,77%, a austenita é estável acima de 727 °C; para teores menores ou maiores, essa temperatura é maior. Ela é apenas uma referência, porque o fenômeno relacionado com o recozimento não é a austenitização do material, e, sim, a *recristalização* do aço. Mais detalhes no Capítulo 12 de Rizzo (2007).

deformação a frio. Em outras palavras, no processo de deformação a frio, parte do trabalho mecânico fornecido no passe de laminação (gerado pela compressão pelos cilindros de laminação e tracionamento do material entre cadeiras) é utilizada para reduzir a espessura da chapa; outra parte é convertida em calor (parcialmente removido pelo processo de lubrificação/refrigeração); e uma outra parte (os 10% citados) fica armazenada na estrutura encruada. Assim, o aquecimento realizado no processo de recozimento fornece a energia de ativação necessária para vencer a barreira energética e promover o retorno do material a uma situação de estabilidade termodinâmica, com redução, assim, da energia. Lembrando que todos os processos na natureza são conduzidos de forma a reduzir a "energia livre" reinante, denominada de energia livre de Gibbs (ΔG).

Os fenômenos de metalurgia física e metalurgia mecânica relacionados com os processos de encruamento e amaciamento (recuperação, recristalização e crescimento de grãos) dos metais e suas ligas são apresentados em detalhes nos Capítulos 12 e 13 de Rizzo (2007), cuja leitura é recomendada para subsidiar ao leitor uma melhor compreensão dos processos industriais descritos a seguir.

6.3.1 RECOZIMENTO EM CAIXA

O processo proposto originalmente para a execução desse tratamento térmico é o chamado *recozimento em caixa* (*batch-wise* ou *hood-type furnaces*). De forma resumida, o processo pode ser descrito nas seguintes etapas:

- as bobinas (em número de dois a quatro ou mais, dependendo da largura) são empilhadas em uma base apropriada (base fixa dotada de recirculador central). Entre as bobinas, são colocados espaçadores, também denominados de espaçadores/convectores, para evitar o contato direto ente elas;
- uma campânula protetora, chamada abafador, é colocada sobre a pilha;
- a seguir, é colocado o forno propriamente dito, também denominado de campânula de aquecimento (Figura 6.5);
- antes de serem acesos os queimadores do forno, é injetado um gás inerte que expulsa o ar e evita a oxidação das bobinas durante o aquecimento;
- as bobinas são aquecidas por convecção térmica, o que é incrementado pela presença dos gases inertes;
- durante a operação, têm-se as fases de aquecimento (ciclo do processo), de encharque e de resfriamento. Nos casos em que se tornar necessária a composição de carga do forno com bobinas de espessura de faixas diferentes, recomenda-se utilizar o ciclo de recozimento de maior temperatura de encharque;
- logo que termina o encharque, o forno é retirado, e a carga é deixada para resfriar lentamente dentro do abafador, até que a temperatura atinja um patamar que permita o seu descarregamento sem o comprometimento da qualidade das

bobinas. Pode ser retirado o forno e colocada uma campânula de resfriamento forçado sobre a campânula de proteção. O material descarregado deve ser enviado diretamente para o leito de resfriamento, pois, quanto menor o tempo de resfriamento, menor a possibilidade de ocorrer oxidação;

- o tempo total de recozimento varia de 7 horas (com espaçamento entre as espiras da bobina) até 48 horas (sem espaçamento). Sem espaçamento, um tempo mínimo de 20 horas é típico para usinas siderúrgicas.

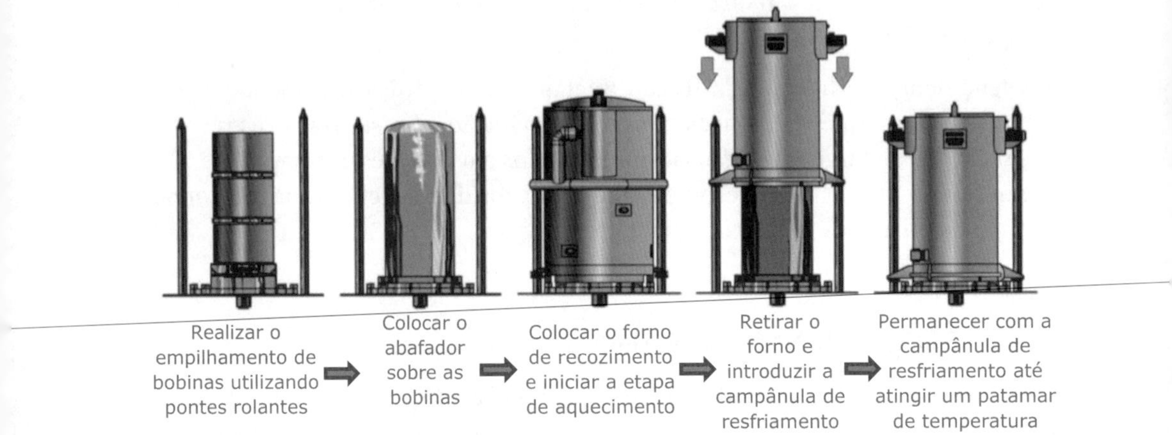

Figura 6.5 – Sequência das principais etapas do processo de recozimento em caixa.

Uma desvantagem desse método é o fato de que a temperatura de recozimento não pode exceder 700 °C, para não haver o risco de danificar as bobinas. Entretanto, determinados aços, como os aços austeníticos, devem ser aquecidos a temperaturas acima de 950 °C.

A utilização de gás inerte (nitrogênio e/ou hidrogênio) possibilita um melhor fluxo de convecção térmica entre o abafador e as bobinas, facilitando ainda o arraste dos gases gerados no processo, pois uma renovação eficiente da atmosfera nessa fase do ciclo é necessária para que os hidrocarbonetos gerados por óleos residuais da etapa de laminação a frio sejam retirados do sistema antes que atinjam a temperatura de craqueamento.

Normalmente, o gás inerte HN é produzido na própria usina siderúrgica por meio da mistura do $H_2 + N_2$ ou da dissociação do gás amônia (NH_3). A composição do gás HN é de 5% de H_2 e 95% de N_2. Recomenda-se realizar um teste de estanqueidade para garantir que a atmosfera de proteção dentro do abafador não seja alterada, de modo que o material em processo de recozimento não tenha qualquer contato com o oxigênio. Durante o aquecimento, o H_2 e o N_2 provenientes da purga são levados para uma chaminé. No caso do H_2, esse gás deve ser queimado antes de ser emitido na atmosfera (Figura 6.6).

Figura 6.6 – Fornos empregados no recozimento em caixa: a) desenho em corte do forno com a representação esquemática do fluxo de gases; b) baterias de fornos mostrando um forno sendo descarregado; c) vista geral de um galpão com fornos de recozimento em caixa.

O recozimento com atmosfera de 100% de H_2 apresenta maior produtividade, menor custo, melhor limpeza superficial e propriedades mecânicas com menores variações, sendo a opção escolhida para materiais com maiores exigências de qualidade e ciclos mais longos. Uma das razões é a maior condutividade térmica e a menor densidade do H_2 (permite uma alta taxa de recirculação do gás).

Além disso, a proteção do interior dos fornos de recozimento com gases inertes, gerando uma atmosfera levemente redutora, possibilita a obtenção de bobinas com uma superfície limpa, isenta de oxidação, manchas e outros defeitos. Esses requisitos são fundamentais para a aplicação posterior das chapas e folhas laminadas a frio em aplicações que exigem uma maior qualidade de superfície, por exemplo, a esmaltação vítrea, a estampagem e pintura de peças expostas.

As *bases* são formadas por uma carcaça metálica revestida de refratário, um convector base, módulos difusores, sistema de refrigeração e circulação de gases e anéis de vedação (de silicone, por exemplo), tudo montado sobre uma estrutura de sustentação. O *recirculador central* é um tipo de ventilador centrífugo (ventoinha) acionado por um motor elétrico que promove a circulação da atmosfera protetora pela carga dentro do abafador com o auxílio do difusor, que são aletas que promovem uma distribuição uniforme do gás ao longo da carga. A velocidade de rotação do ventilador varia com o tipo de gás utilizado, sendo maior para uma atmosfera de H_2 do que para uma atmosfera de HN. A produtividade do processo depende sobremaneira da velocidade da ventoinha, pois isso afeta a velocidade de circulação do gás protetor, que influencia diretamente na velocidade de aquecimento das bobinas. A refrigeração das bases é feita com um sistema de recirculação de água.

A *campânula protetora* é uma campânula cilíndrica feita de aço-carbono ou aço inoxidável, com a superfície lisa ou corrugada (resfriamento mais rápido e, assim, maior produtividade), que tem por finalidade isolar as bobinas a serem recozidas do ambiente externo, evitando a oxidação das bobinas durante a operação de recozimento. A superfície corrugada possibilita um resfriamento mais rápido e, assim, uma maior produtividade.

O *forno de recozimento* é um equipamento cilíndrico de aço, revestido em seu interior de material refratário (tijolo ou fibra cerâmica) e dotado de um sistema de aquecimento. Os queimadores do forno de recozimento em caixa normalmente utilizam o gás natural, se esse combustível estiver disponível na região de instalação da siderúrgica. Porém, também podem ser utilizados gás de coqueria, óleo combustível ou eletricidade. Os queimadores podem estar dispostos tangencialmente ou dirigidos ao centro da pilha, e, nesse caso, são utilizados os queimadores de chama plana, ou instalam-se defletores, de modo a se conseguir que a chama atinja uma grande porção da superfície do abafador. O ar de combustão pode ser pré-aquecido para melhorar a eficiência do processo. A combustão ocorre entre o forno e o abafador. Normalmente, existem pinos guias nas bases e furos nos abafadores para facilitar a colocação desses componentes (Figura 6.7).

Figura 6.7 – a) Imagem de uma etapa de retirada de um forno após concluída a etapa de encharque no processo de recozimento em caixa e b) representação esquemática do projeto de uma unidade de recozimento em caixa com destaque para as guias de montagem dos fornos.

As *campânulas de resfriamento* são equipamentos constituídos de uma estrutura de aço soldada com travessa, suporte para tenaz triangular e anéis de guia. São equipadas com dois ou quatro ventiladores com motor de acionamento, e para o recozimento de H_2 possuem um chuveiro para resfriamento com água. Os ventiladores são montados tangencialmente na parte superior ou inferior das campânulas de resfriamento. O resfriamento com água normalmente só é aplicado com a utilização de atmosfera de H_2.

O fluxo de gás entre as bobinas afeta o gradiente de temperatura nos diversos pontos da carga, a produtividade e a limpeza superficial do material. Por isso, *espaçadores/convectores* são colocados entre as bobinas em processo de recozimentos para melhorar esse fluxo de gases. É importante que esses dispositivos não apresentem empenos, para se evitar o colamento entre espiras, especialmente nas bordas das bobinas.

São utilizadas pontes rolantes equipadas com guinchos e tenaz para movimentação dos componentes dos fornos e das bobinas na área do reaquecimento em caixa. Esteiras de transporte ou vagões ferroviários são empregados para movimentação das bobinas na área de tratamento térmico.

No recozimento com atmosfera de H_2, o método considerado mais eficiente para garantir um ciclo curto de resfriamento é uma combinação de resfriamento com ar e água. Após a colocação da campânula de resfriamento, os motores são ligados e resfriam a carga com ar forçado até atingir uma temperatura em torno de 250 °C a 300 °C, quando se inicia o resfriamento forçado à água. A razão da utilização do ar no início serve para proteger o abafador e evitar elevados choques térmicos, o que reduziria a sua vida útil. No recozimento com atmosfera de HN, utiliza-se apenas o ar. Para este tipo de atmosfera, a tubulação de passagem do ar de resfriamento pode ser resfriada com água para acelerar o resfriamento das bobinas quando a temperatura é inferior a um determinado patamar (500 °C, por exemplo).

6.3.2 RECOZIMENTO CONTÍNUO

A criação do processo de *recozimento contínuo* (*continuous furnace* ou *continuous annealing*) foi induzida pelo fato de, em muitos casos, ocorrerem diferenças de propriedades mecânicas na bobina processada por recozimento em caixa, porque a parte externa permanece mais tempo em temperaturas elevadas do que a parte interna. Esse processo é apresentado na Figura 6.8. Adicionalmente, por ser uma linha contínua, o processo de recozimento contínuo possui várias vantagens sobre o processo convencional de recozimento em caixa:

- redução do tempo de produção;
- economia de mão de obra e manutenção;
- redução de espaço de instalação da linha de recozimento;
- redução do custo de investimento de uma nova instalação;
- redução do consumo energético;
- maior versatilidade para produzir aços com diversos graus de resistência.

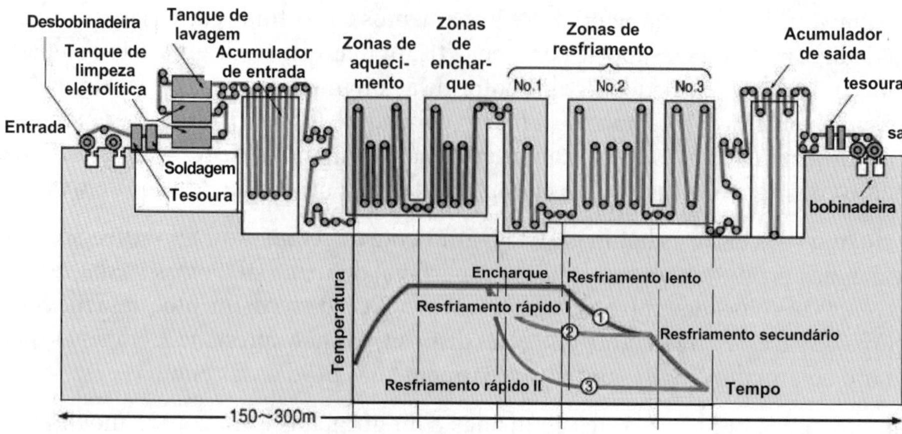

Figura 6.8 – Fluxograma de uma unidade de recozimento contínuo com destaque para três curvas de ciclo térmico em função do tipo de aço: 1) aços elétricos; 2) aços laminados a frio; e 3) aços de alta resistência.

O ciclo de tratamento térmico é bastante curto (2 a 3 minutos), permitindo um processamento bem mais rápido para uma bobina do que o recozimento em caixa. *Grosso modo*, se uma bobina leva de 4 a 12 horas para ser recozida no recozimento em caixa, pode-se realizar a mesma operação no processo contínuo entre 10 e 40 minutos. Entretanto, esse tempo pode não ser suficiente para possibilitar a dissolução dos compostos intermetálicos formados (carbonetos, nitretos etc.), os quais poderiam ser precipitados posteriormente em condições mais favoráveis para gerar uma distribuição mais homogênea e em partículas de menores dimensões, contribuindo decisivamente para o controle do tamanho de grão ou bloqueio de discordâncias, favorecendo um aumento de ductilidade e do limite de escoamento dos aços. Essa é uma das razões para existirem os dois tipos de processos em muitas usinas siderúrgicas, mesmo as instaladas mais recentemente.

As bobinas são desenroladas, têm suas extremidades aparadas e soldadas para permitirem uma passagem contínua através de extensos fornos (150 m a 300 m) de tratamento térmico. O comprimento total da bobina ao longo da linha de recozimento contínuo pode ser de até 2.000 m. As chapas são aquecidas por aproximadamente 1 minuto até temperaturas da ordem de 700 °C e rapidamente resfriadas até temperaturas da ordem de 400 °C por 1 a 3 minutos para precipitar o carbono em solução sólida, e então resfriadas para a temperatura ambiente. Taxas de resfriamento de 80 K/(s·mm) a 200 K/(s·mm) são citadas na literatura. As maiores taxas são empregadas para aços de alta resistência. Na Figura 6.9 é mostrada uma representação esquemática de uma unidade de recozimento contínuo de uma usina siderúrgica.

A velocidade de deslocamento da chapa pode variar de 200 m/min a 1.000 m/min, dependendo da espessura da chapa e das características tecnológicas do equipamento empregado. Esse processo, quando utilizado para chapas que serão estanhadas, deve ser precedido de uma limpeza da camada de óleo adquirida durante a laminação a frio, empregando-se para isso, em geral, a limpeza eletrolítica (Figura 6.9).

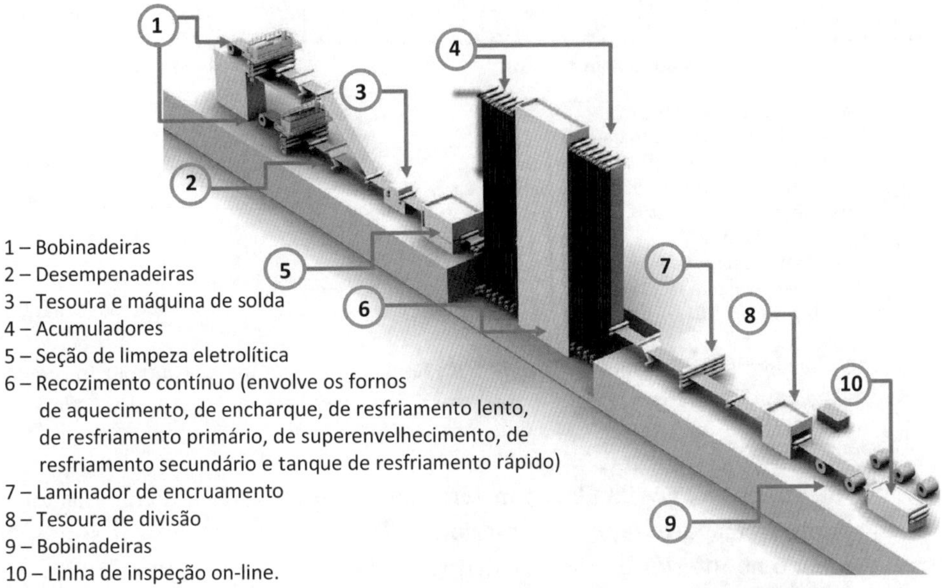

Figura 6.9 – Representação esquemática do projeto de uma unidade de recozimento. A linha pode ter equipamentos adicionais na seção de saída: oleadeira eletrostática, tesouras laterais, mesas de inspeção horizontal e vertical das chapas/folhas, máquinas de cintar, balanças e carros transporte de bobinas.

Uma linha de recozimento contínuo pode ser integrada com uma linha de galvanização, ou seja, a bobina é desbobinada, cortada e soldada em uma bobina em processamento, passa por uma etapa de limpeza e é recozida no processo contínuo e, depois, revestida no processo de galvanização, seguindo para as etapas de inspeção, corte e bobinamento.

Os ciclos de recozimento são definidos de acordo com a variação de temperatura e tempo em cada um dos fornos de recozimento (fornos de aquecimento, de encharque, de resfriamento lento, de resfriamento primário, de superenvelhecimento, de resfriamento secundário). Esses ciclos térmicos têm sua demonstração gráfica ilustrada na Figura 6.10a, junto com uma comparação de curvas de aquecimento nos processos de recozimento em caixa (Figura 6.10b) e recozimento contínuo (Figura 6.10c).

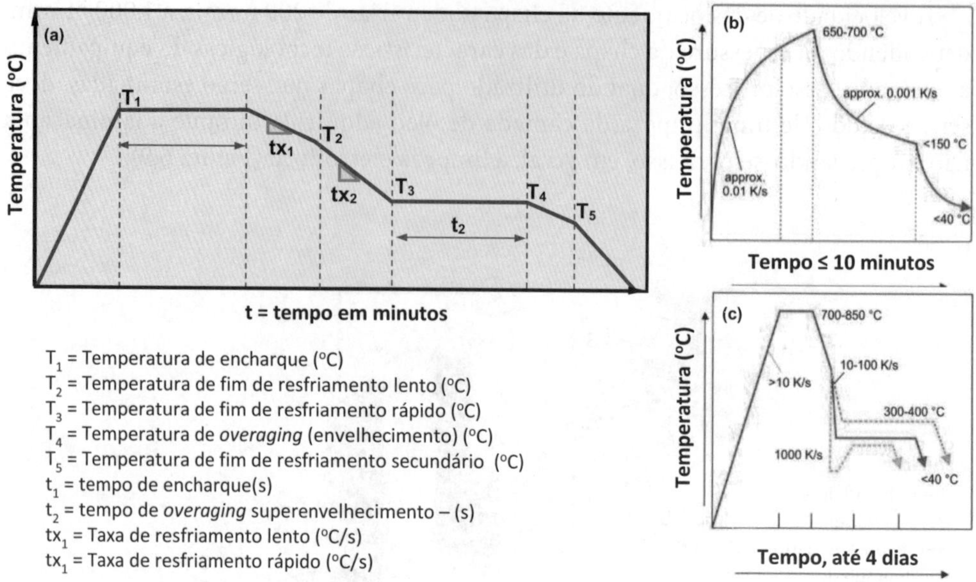

Figura 6.10 – a) Representação esquemática dos ciclos térmicos no recozimento contínuo; b) comparação de curvas de aquecimento nos processos de recozimento em caixa; e c) recozimento contínuo.

Em cada um dos fornos citados, o material sobe e desce verticalmente nos fornos esticado por rolos na parte superior e inferior. Cada deslocamento vertical, seja subindo ou descendo no interior do forno, é denominado passe. Nesse forno, existem dispositivos para medir o tensionamento das chapas, a atmosfera no interior dos fornos (para evitar a contaminação com o oxigênio e os teores de H_2 e HN), temperaturas nos vários pontos dos fornos. Se o teor de oxigênio ultrapassar determinados níveis, a superfície da chapa apresentará uma oxidação superficial.

Em uma usina siderúrgica, os ciclos de resfriamento são padronizados em função do tipo de aço, da espessura e largura das chapas bobinadas. A programação ou sequenciamento de produção, também denominada de chance, é feita de forma a sequenciar as bobinas de ciclo térmico igual ou próximo e dimensões semelhantes ou próximas, evitando, assim, mudanças bruscas na regulagem dos equipamentos de processo.

A etapa de limpeza eletrolítica no processo de recozimento contínuo ocorre de forma semelhante ao já explicado para o processo de recozimento em caixa, ou seja, a chapa desbobinada e soldada passa por tanque de desengraxamento alcalino, tanque de limpeza alcalina com escovamento, tanque de limpeza eletrolítica, tanque de escovamento com água quente e tanque de rinsagem (lavagem), para finalmente passar por secadores com sopro de ar aquecido a 90 °C. Depois dessa limpeza, a tira segue para o forno de recozimento.

Nos *fornos de aquecimento*, a atmosfera é aquecida por diversos tubos radiantes, onde ocorre a queima de gás natural (GN), utilizando-se queimadores de um lado do tubo e exaustão de gases gerados (CO_2, CO, O_2 e NO_x) pela combustão no outro lado do tubo. O calor gerado nesse processo é transmitido para a atmosfera de HN por meio de radiação. No forno de aquecimento, a chapa entra à temperatura ambiente e é aquecida até atingir a temperatura de encharque, que varia entre 700 °C e 850°C, de acordo com o ciclo de recozimento do material. É nesse processo que acontecem os fenômenos físicos de recuperação e parte de recristalização dos aços. Atmosferas de H_2 também são utilizadas ultimamente. Temperaturas de até 980 °C são citadas para recozimento de aços avançados de alta resistência (PFEIZER, 2018).

No *forno de encharque*, a temperatura é mantida constante durante o tempo de passagem da chapa (no mínimo em torno de 40 segundos, por exemplo) para permitir que as etapas de recristalização e crescimento do grão do material ocorram. Também ocorrem o aumento da fração volumétrica de austenita formada e o enriquecimento dessa austenita com carbono proveniente da decomposição da cementita. Esse equipamento é aquecido com tubos radiantes e resistências elétricas.

No *forno de resfriamento lento*, a atmosfera do forno é resfriada por meio de jatos de HN refrigerado e recirculado sobre a superfície da chapa, resfriando-a da temperatura de encharque até 675 °C. Os sopradores são equipados com trocadores de calor para resfriar o gás soprado. Nessa etapa, ocorre a transformação da austenita formada na fase anterior.

No *forno de resfriamento rápido*, ocorre a etapa de resfriamento rápido primário, por meio de jatos de HN recirculado, permitindo que a chapa seja resfriada de 675 °C até 410 °C, a uma taxa máxima de 60 °C/s. Para alguns materiais com aços do tipo bifásico (*dual phase* - DP), a temperatura da chapa deve atingir valores em torno de 250 °C. O gás também é resfriado utilizando-se trocadores de calor. Devido ao resfriamento rápido possibilitado por esse forno, é possível a fabricação de aços de alta resistência, que exigem a transformação da austenita em microconstituintes aciculares (bainita e martensita).

Quando o aço fica armazenado um tempo maior do que o previsto para ser processado por meio de estampagem ou outros métodos de conformação mecânica, ele pode sofrer perdas em suas propriedades mecânicas, que podem ser caracterizadas pelo surgimento de um patamar de escoamento na curva tensão x deformação desse aço. Essas perdas estão relacionadas com o envelhecimento do aço, fenômeno no qual o carbono ou outros átomos que formam solução sólida intersticial (N e H) ancoram a movimentação das discordâncias, aumentando o limite de escoamento e prejudicando as condições de estampagem desse aço.

Para se evitar esse inconveniente, realiza-se o processo de tratamento térmico de *overaging* (superenvelhecimento) para retardar o aparecimento desse problema. Isso é possível porque, se o aço for mantido em um patamar de temperatura em torno de 410 °C por um longo tempo (120 segundos, por exemplo), o carbono dissolvido na austenita se precipita na forma de carbonetos ou carbonitretos, reduzindo a quantidade de carbono que permanece dissolvido na ferrita e que ancora as discordâncias pelo mecanismo em nível de reticulado cristalino, conhecido como atmosfera de Lomer-Cotrell. Essa ancoragem dificultaria o movimento das discordâncias e a consequente deformação plástica, além de gerar o citado patamar de escoamento pelos fenômenos sucessivos e repetitivos até um grau de deformação de movimentação de discordâncias e difusão atômica.

O *forno de superenvelhecimento* é o mais longo forno de uma linha de recozimento contínuo justamente para permitir um maior tempo de permanência da chapa nesse patamar de temperatura de precipitação dos carbonetos no aço. Assim, as discordâncias passam a ser "imobilizadas", além das barreiras de Lomer-Cottrell, também por precipitados, o que exige um gasto adicional de energia para se libertar desses obstáculos mudando de plano de escorregamento, não ocorrendo, portanto, a queda da tensão para continuar com a deformação observada no diagrama da Figura 6.11.

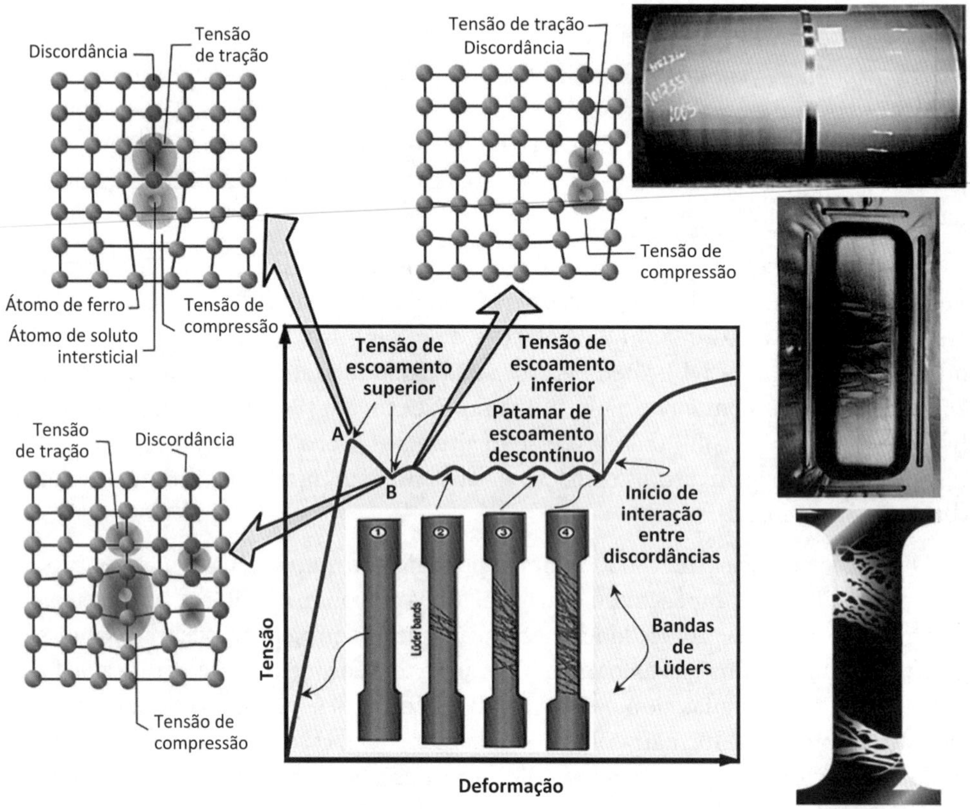

Figura 6.11 – Representação esquemática da interação de discordâncias com átomos de soluto intersticial e a sua relação com a curva tensão x deformação e a geração de bandas de Lüders. Mostra-se também o defeito ocasionado devido ao patamar de escoamento em uma bobina, em uma chapa de aço estampada com uma deformação aplicada de 5,2% e em um corpo de prova.

Analisando-se em nível do reticulado cristalino do ferro, o maior espaço disponível abaixo da linha de discordância permite o armazenamento de átomos de soluto com menos distorção na rede cristalina. Existe, assim, uma menor energia livre associada à menor distorção, o que promove um deslocamento por difusão atômica de átomos de soluto para a região da discordância, sendo esse fenômeno denominado de envelhecimento dinâmico por deformação (*dynamic strain aging*). O termo *dinâmico* provém do fato de que o deslocamento exige um certo tempo para ocorrer, uma vez que é controlado por um fenômeno também dependente do tempo, que é a difusão atômica, a qual também é muito afetada pela temperatura

No forno de superenvelhecimento, a temperatura da atmosfera de HN é mantida por resistências elétricas. Nessa etapa, também pode ocorrer o revenimento da martensita e/ou da bainita formadas, para determinados tipos de aço, cuja extensão será uma função da temperatura e do tempo utilizados. A extensão e o ritmo das mudanças na microestrutura e nas propriedades durante o revenimento dependem da condição em que as amostras iniciais desviam do equilíbrio. Para o recozimento contínuo de bobinas de aço, o *revenimento* é um defeito superficial em que há formação de manchas de óxidos, com coloração de amarela a azul, na superfície da chapa, ocasionadas pela contaminação da atmosfera do forno por moléculas de oxigênio. Portanto, é um conceito diferente do de revenimento no tratamento térmico dos aços, que é um tratamento térmico efetuado sobre um produto temperado, com a finalidade de se obterem modificações que lhe confiram as características de emprego desejadas. Esse tratamento provoca a formação de uma estrutura mais próxima ao estado de equilíbrio físico-químico que a obtida mediante a têmpera.

O resfriamento secundário consiste em resfriar o material da temperatura final do superaquecimento até temperaturas em torno de 180 °C, por meio de jatos de HN recirculado. Para promover o resfriamento, o *forno de resfriamento secundário* opera com vários conjuntos de trocadores de calor com sopradores de elevada capacidade de troca térmica.

Se a bobina for enviada de imediato para uma unidade de laminação de encruamento e o tipo de aço o permitir, pode-se realizar o resfriamento com jatos de água filtrada, para que o material atinja uma temperatura abaixo de 45 °C, que é um patamar que permite a realização do processo de encruamento sem a ocorrência de defeitos, como o defeito de quebra de superfície, por exemplo.

Depois da passagem pelos fornos, a chapa é direcionada para a seção de saída, na qual ela passará pelos processos de encruamento, aparamento de bordas, verificação dimensional, inspeção superficial e oleamento, finalizando o processo na linha de recozimento contínuo, mas podendo ainda a bobina ser aberta por amostragem na mesa de inspeção off-line.

CAPÍTULO 7

Operações de acabamento de produtos planos laminados a frio

7.1 OBJETIVOS DO PROCESSO

O material, depois do recozimento, tem uma grande maleabilidade, e, em muitos casos, é necessário aumentar a resistência à tração. O laminador de encruamento, após o processo de recozimento, ajusta as propriedades mecânicas, eliminando principalmente o patamar de escoamento. Também melhora a forma do material e a planicidade das chapas e folhas. Esse equipamento também recebe o nome de *skin pass*, *temper mill* ou laminador de acabamento.

A laminação de encruamento tem por fim melhorar o aspecto da superfície que, devido ao recozimento, tornou-se fosca, deixando-a bem plana e brilhante. Permite, assim, a obtenção de um acabamento (aspecto) e uma rugosidade superficial do produto laminado compatível com os processos e as aplicações posteriores.

A deformação máxima que pode ser aplicada gira em torno de 6%, embora um valor máximo usual seja em torno de 1% a 3%.[1] Essa deformação é monitorada pelo

---

1 A deformação plástica a frio que ocorre por meio da movimentação de discordâncias gera novas discordâncias pelo processo de fontes de Frank-Reed, provocando o encruamento do material devido ao entrelaçamento e bloqueio mútuo do deslizamento desta. Por exemplo, uma deformação de 1% gera um aumento de discordâncias da ordem de 10 mil vezes, o que é suficiente para provocar o encruamento, se nenhum processo de amaciamento (recristalização) ocorrer concomitantemente com o encruamento.

alongamento da chapa medida de forma indireta por meio da diferença de velocidade entre os rolos de entrada e saída do passe no laminador de encruamento. Esse processo normalmente ocorre com lubrificação (a úmido) com uma concentração de óleo na emulsão em torno de 5%, mas também pode ser executado a seco, ou seja, sem lubrificação.

7.2 AJUSTE DE PROPRIEDADES MECÂNICAS

Antes de iniciarmos o estudo sobre a laminação de encruamento, é importante que se façam observações sobre dois aspectos fundamentais na laminação a frio: o emprego de tração e a aplicação da compressão pelos cilindros. A redução da espessura da tira/bobina a quente para a tira/bobina a frio é feita não só pela compressão entre os cilindros, mas, também, e principalmente, pelo estiramento da chapa entre as cadeiras. A compressão, por maior que fosse, não seria suficiente, pois, devido à pequena espessura do material, haveria mais o achatamento dos cilindros do que a redução de espessura. O tracionamento do material é realizado por meio do controle da diferença de velocidades periféricas dos cilindros da cadeira avante (mais velozes) e a ré (menos velozes). As bobinadeiras também podem ser utilizadas, puxando o material para a frente e/ou para trás. O estiramento também contribui para o aplainamento, o guiamento e a regularidade de espessura da tira.

Note-se que, em laminação a quente, não é possível o emprego das trações elevadas ou mesmo moderadas, pois, nesse caso, o material se romperia ou ficaria com a espessura ou a largura irregulares. Observa-se ainda que, devido ao tracionamento da chapa, a chapa a quente tem de ter largura maior do que a chapa a frio a ser produzida, pois, além da redução da espessura, ocorre também uma pequena redução da largura. Esse fenômeno ocorre no laminador de encruamento.

Para a *laminação de encruamento*, podem ser utilizadas cadeiras duo, quádruo, cadeiras 5hi, 6Hi ou Sendzimir de uma ou duas cadeiras (vide classificação de cadeira de laminação no Capítulo 3 de Rizzo (2007). A regulagem da luz de laminação e, consequentemente, da carga de laminação pode ser feita por parafusos mecânicos ou por cápsulas hidráulicas (sistema mais recente). Rolos tensores podem ser utilizados para aumentar a correção de planicidade da chapa. A etapa de laminação de encruamento pode ser realizada na instalação de recozimento contínuo, após todo o processo no recozimento, ou seja, antes de a bobina ser rebobinada, ou pode ser efetuada em uma instalação em separado, exigindo desbobinamento, realização da laminação e novo bobinamento. Na Figura 7.1, é mostrada uma representação esquemática de uma unidade de laminação de encruamento de chapas e folhas independente de uma linha de recozimento contínuo. Uma unidade inserida na linha de recozimento contínuo foi apresentada na Figura 6.9.

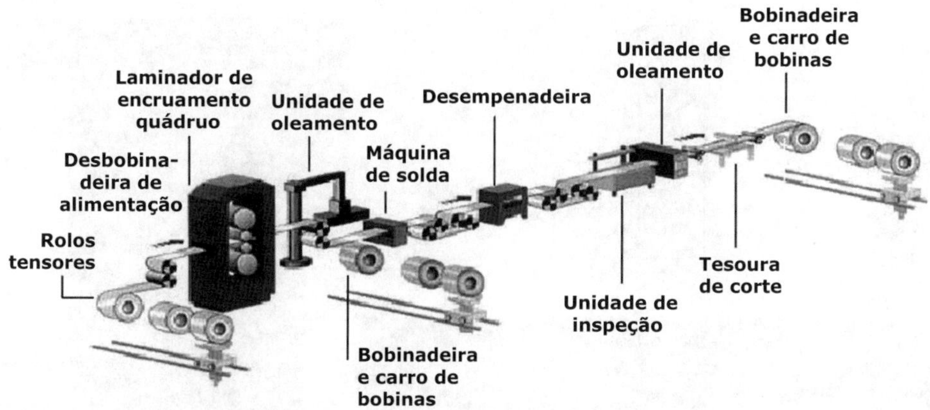

Figura 7.1 – Representação esquemática de uma unidade de laminação de encruamento de chapas e folhas independente de uma linha de recozimento contínuo.

Fonte: SILVA, 2016.

Nas Figuras 7.2 e 7.3, são apresentados laminadores de encruamento do tipo 6Hi e 5Hi, com destaque para alguns equipamentos acessórios e a porta de fechamento do laminador.

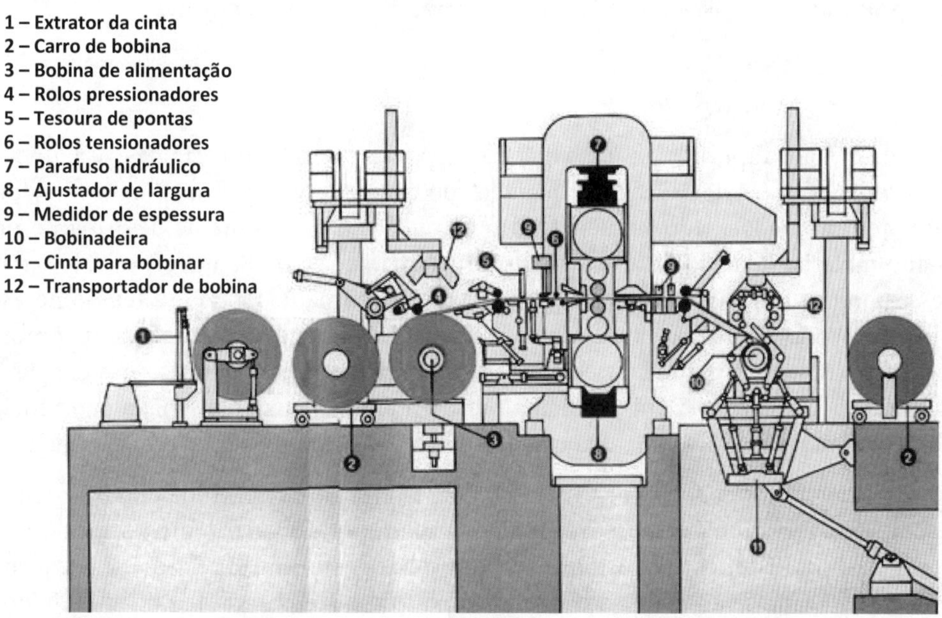

Figura 7.2 – Representação esquemática de uma unidade de laminação de encruamento de chapas e folhas independente de uma linha de recozimento contínuo com uma cadeira 6Hi.

Fonte: SILVA, 2016.

Figura 7.3 – Representação esquemática de uma unidade de laminação de encruamento de chapas com cadeira 5Hi e imagens de uma instalação industrial com a porta do laminador aberta.

Fonte: SILVA, 2016.

A deformação aplicada na superfície da chapa durante a laminação de encruamento permite que o material seja deformado sob condições controladas no laminador, gerando uma intensidade de deformação que ultrapassa o limite de deformação no qual o material já deixa de apresentar um patamar de escoamento, ou seja, a partir desse ponto, o aço passa a sofrer o processo de encruamento, em que a tensão necessária para continuar com o processo de deformação aumenta continuamente, conforme ilustrado na Figura 6.11. A eliminação do patamar de escoamento nas chapas e folhas de aço recozido é um problema prático muito importante, pois a ocorrência desse fenômeno provoca uma deformação heterogênea em posterior processamento.

O *patamar de escoamento* é uma região de transição descontínua entre o regime elástico e o regime plástico. Nessa região, a tensão (ou o carregamento mecânico) permanece praticamente constante, surgindo bandas ou faixas de deformação na superfície do material, conhecidas como linhas de distensão ou bandas de Lüders, conforme ilustrado na Figura 6.11. Esse fenômeno é característico de aços baixo carbono laminados a quente (BQ's) ou laminados a frio e recozidos (sem laminação de encruamento).

Para aqueles aços que não são propensos à ocorrência do patamar de escoamento, como aços (*interstitial free* (IF), o laminador de encruamento pode ser utilizado para adequar os parâmetros de propriedades mecânicas de aços, como limite de escoamento, coeficiente de anisotropia etc., de acordo com a especificação do cliente.

O patamar de escoamento e o surgimento das bandas de Lüders prejudicam o acabamento superficial de materiais que sofram pequenas deformações plásticas durante a conformação, especialmente nas peças estampadas que se destinam a superfícies expostas. Em todo caso, para evitar esse fenômeno, recomenda-se:

- alterar a composição química da liga, como é o caso da adição de Ti, B, Nb no aço para a formação de carbonetos, eliminando os intersticiais livres presentes;
- pré-deformar a liga em uma deformação superior à região de escoamento bem definido (*skin pass rolling* ou laminação de encruamento), de modo que a operação de conformação mecânica principal ocorra a partir da região de encruamento.

Na Figura 7.4, tem-se um exemplo de curvas tensão x deformação de um ensaio mecânico de tração realizado em uma chapa de aço laminada a frio antes e depois de uma laminação de encruamento ou de acabamento.

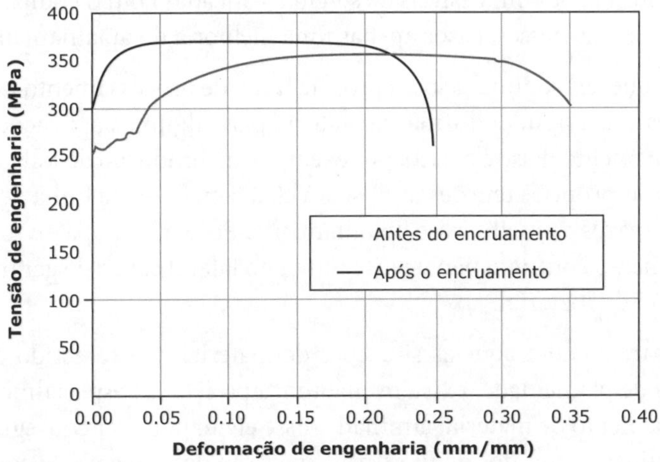

Figura 7.4 – Exemplo de curvas tensão x deformação de um ensaio mecânico de tração realizado em uma chapa de aço laminada a frio antes e depois de uma laminação de encruamento ou de acabamento.

Fonte: SILVA, 2016.

7.3 MÉTODOS DE CORREÇÃO DO APLAINAMENTO

As definições e as variáveis relativas ao *aplainamento* foram apresentadas na Seção 5.1 deste livro. Os métodos de medição do aplainamento foram expostos na Seção 5.2. Já na Seção 5.3, foram enfatizados os métodos que podem ser utilizados para se obterem o adequado perfil e o aplainamento da bobina durante a etapa de laminação a quente. Neste Capítulo, serão abordados os métodos que podem ser empregados para se efetuar a correção da planicidade.

As análises e discussões serão feitas considerando-se que o princípio básico para se corrigir uma deficiência de aplainamento é submeter a chapa a alongamentos seletivos em partes específicas, superando o limite de escoamento e igualando as tensões internas dessas partes às do restante do material. Assim, as curvaturas devidas às tensões residuais podem ser eliminadas por simples (des)dobramento, enquanto ondulados, causados pelos diferentes comprimentos que existem ao longo da largura da chapa ou folha, só podem ser eliminados se houver um alongamento das partes não onduladas, até que o comprimento dessas seja igual ao das partes que estão onduladas. Desse modo, as máquinas ou processo projetados para realizar a correção do aplainamento podem aplicar as deformações desejadas no material empregando esforços de flexão, estiramento ou por uma combinação dos dois. No entanto, deve ficar claro que há casos nos quais é realmente impossível uma correção do aplainamento sem que se deforme o material, ultrapassando suas tolerâncias dimensionais, ou que se necessite de deformações impossíveis de serem alcançadas com o equipamento disponível. Logo, obtém-se, nesses, casos apenas uma melhoria do aplainamento.

Observa-se que, em alguns casos, a própria linha de processamento posterior pode ser utilizada para corrigir, de forma satisfatória para algumas aplicações, irregularidades de aplainamento. Esse é o caso, por exemplo, da produção de folhas de flandres. Nessa situação, as próprias tensões impostas à chapa ou folha na linha de recozimento contínuo são capazes de melhorar o aplainamento. Porém, a chapa ou folha que entra em um recozimento contínuo não deve ter empeno lateral capaz de gerar dificuldades de centralização do material.

Contudo, para atender àquelas situações de material não revestido ou exigências mais rigorosas de planicidade, existem máquinas projetadas especialmente para melhorar o aplainamento de material laminado. Esse efeito pode ser conseguido por meio de diversos equipamentos, dos quais os principais são descritos nas Seções a seguir.

Como foi mencionado, a operação de passagem da chapa pelo processo de recozimento em caixa e, principalmente, pelo recozimento contínuo já promove uma melhoria na forma e planicidade da tira, devido ao desbobinamento e bobinamento das bobinas sob tensão, em razão do alívio de tensões ocorrido em altas temperaturas durante o aquecimento e encharque da chapa, somando-se também a tensões aplicadas no interior do forno de recozimento contínuo. No laminador de encruamento, é possível corrigir a planicidade por meio de alongamentos (deformações plásticas) da ordem de 0,5% a 6,0% obtidos a partir da força dos cilindros de laminação e das tensões avante e a ré. Nesse equipamento, também podem ser aplicadas várias das técnicas descritas no Capítulo 5 para promover o acerto de forma e da planicidade da tira, dentre as quais podemos destacar:

- utilização de laminadores agrupados (quádruo, 5Hi e 6Hi);
- utilização de *shifting* dos cilindros (deslocamento dos cilindros intermediários na direção horizontal);
- utilização de *bending* dos cilindros.

7.4 ACABAMENTO SUPERFICIAL E PROTEÇÃO DA CHAPA BOBINADA

Uma das principais vantagens do processo de laminação a frio em relação ao processo de laminação a quente de produtos planos de aço é a possibilidade de se obter um melhor acabamento superficial, em função das condições de realização do processo.

Normalmente, os produtos planos laminados a frio são fornecidos na forma de bobinas ou chapas, com bordas naturais de laminação ou aparadas, acabamento superficial brilhante, fosco ou áspero (rugoso), usualmente oleadas para proteção contra oxidação, no caso de aços-carbono. Para aços inoxidáveis e para alguns aços revestidos, existem especificações particulares de acabamento de superfície ou de proteção das chapas com papel ou adesivos plásticos.

No caso de folhas de flandres, pode-se combinar o acabamento do aço-base e revestimento para fornecer diversos tipos de acabamentos. Esses são sintetizados, por exemplo, na ABNT NBR 6665/2014.

A *rugosidade* é a característica física superficial dos cilindros de laminação, determinada durante o processo de retífica ou texturização, cujo valor ou parâmetro – em micrometro RA (μmRa) – é determinado em função da qualidade do material a ser processado na linha. A rugosidade pode ser entendida como pequenos picos ou vales, que podem ser microscópicos, formados na superfície do material, e que permitem um posterior acabamento final, pela aplicação de camada de tinta, galvanização etc. A rugosidade se forma no momento de contato do cilindro com a tira, sendo que todas as deformidades apresentadas superficialmente pelos cilindros serão automaticamente transferidas para a tira, mesmo que essa deformidade seja um valor mínimo de deformação.

Na Tabela 7.1 é apresentado um exemplo de especificação de forma bem simplificado em relação ao que é praticado no mercado preconizado na NBR 5915-1/2013 (Chapas e bobinas de aço laminadas a frio – Parte 1: Requisitos), que indica apenas uma tabela simples de textura 2D.

Tabela 7.1 – Especificação de acabamento superficial segundo a NBR 5915-1/2013

Tipos de acabamento superficial	Denominações	Rugosidade superficial (Ra) em μm	Usos mais frequentes
Brilhante	B	≤ 0,6	Adequado para revestimentos eletrolíticos ou superfícies que requeiram brilho
Fosco	S	> 0,6 a 1,50	Adequado para pinturas e usos gerais
Áspero	M	> 1,50 a 3,00	Para usos especiais

No laminador de encruamento, também se pode obter o perfil de rugosidade no final da chapa, medido em mícron[2] ou micrômetro (μm, plural micra), o qual é afetado por diversos fatores, sendo os principais:

- rugosidade dos cilindros – quanto maior a rugosidade dos cilindros, maior será a rugosidade da chapa;
- comprimento laminado – os cilindros do laminador de encruamento sofrem um desgaste durante sua utilização com consequente perda de rugosidade durante a chance. Assim, devem ser utilizadas tabelas para posicionar a bobina na chance de laminação, de modo a combinar uma maior rugosidade exigida para o produto com cilindros sem desgaste excessivo, ou seja, logo no início de uma chance;
- espessura da chapa – observa-se que, na prática a taxa de impressão da rugosidade aumenta com a queda da espessura da chapa;
- a rugosidade da chapa ou folha laminada diminui com a aumento da redução aplicada.

As chapas podem ter a superfície brilhante, alto brilho (também denominado de espelhado), fosca ou rugosa. Processos de pintura normalmente exigem superfícies foscas, processos de metalização, superfícies brilhantes e processos de esmaltação, superfícies rugosas. Uma superfície fosca facilita a lubrificação durante a estampagem e a ancoragem da tinta ou outro revestimento. No caso de folhas de flandres (chapas revestidas com estanho) predomina a superfície brilhante.

[2] 1 mícron corresponde a 0,001 mm. Para exemplificar, um grão de areia tem entre 200 e 500 micras de espessura; já o fio de cabelo tem 75 micras.

As superfícies texturizadas desempenham um importante papel na fabricação de carrocerias de automóveis. Durante o processo de conformação, os sulcos formados pela superfície texturizada do cilindro, além de serem um bom reservatório para óleo lubrificante, têm uma textura que exibe uma refletividade uniforme após a pintura.

Vários autores estudaram a importância da rugosidade superficial da tira para as diferentes aplicações. Kasper (1965), por exemplo, descreve em seu trabalho que a influência da rugosidade da superfície do metal base diminui com o aumento da espessura da camada de tinta aplicada em partes automotivas. Afirma também que o brilho aparente da superfície dos painéis automotivos pintados melhora com o aumento da quantidade de picos na superfície e sugere faixa ideal de rugosidade para essa aplicação de 0,5 a 2,4 μm de Ra. O parâmetro Ra é a rugosidade média (*roughness average*), ou seja, é o valor médio aritmético de todos os desvios do perfil de rugosidade da linha média dentro do comprimento de medição.

No processo de laminação utilizando-se cilindro texturizado, o cilindro transfere para a chapa/folha sua textura superficial e rugosidade pré-definidas. Já que *a* textura do material é obtida durante a laminação, o produto final apresenta a mesma textura superficial em ambos os lados da tira, caso os dois cilindros do par sejam texturizados.

Após o passe de encruamento, a chapa pode passar por uma etapa de secagem com o emprego de jatos de ar sob pressão, removendo o excesso de emulsão de lubrificação no passe. Nesse processo, a chapa é seca e limpa, evitando a formação de defeitos do tipo sujeira na superfície ou oxidação.

A maior parte do material que passa por um laminador de encruamento de chapas laminadas a frio e recozidas deve receber uma camada de óleo protetivo nas superfícies em uma concentração típica de 0,5 g/m^2 a 2 g/m^2 por face. Para tal, são empregadas oleadeiras eletrostáticas. O equipamento opera por meio de uma indução eletrostática, gerando cargas elétricas negativas e uma névoa de óleo protetivo, sendo que a chapa passa por um campo elétrico positivo, ocorrendo, assim, a atração mútua entre óleo e chapa, gerando uma deposição uniforme do óleo na chapa.

Se a etapa de laminação de encruamento for realizada na instalação de recozimento contínuo, após todo processo no recozimento, o material é novamente bobinado. As bobinas podem ser divididas em produtos e seguir para as máquinas de embalar, ou seguir para outras linhas de acabamento, principalmente linhas de rebobinamento e linha de revestimento.

Observa-se que, no caso de relaminação, a utilização de laminação a seco é uma alternativa na produção de tiras que necessitam de um bom acabamento superficial. Essa opção é importante para que a superfície da chapa fique sem contaminantes e, assim, pronta para o posterior processamento, por exemplo, a estanhagem. Entretanto, essa alternativa exige uma redução na velocidade do processo de laminação (baixa produtividade), a fim de evitar o aquecimento e a oxidação dos cilindros de laminação e tira devido às altas temperaturas geradas no processo quando não se utiliza a emulsão. Faz-se necessária também uma maior frequência de troca de cilindros, o que se traduz em menor campanha de laminação devido ao intenso desgaste e riscos de aparecimento de trincas térmicas. A possibilidade do aumento de rejeições de produtos devido a qualidade irregular no acabamento de superfície também é maior.

A obtenção de superfícies foscas é realizada utilizando-se cilindros jateados no laminador de encruamento.

A Figura 7.5 apresenta um laminador quádruo com acessórios adequados para aplicação de laminação a seco, isto é, sem adição de lubrificantes. Além do mais, o alto coeficiente de atrito presente na interface cilindro/chapa assegura que apenas uma pequena redução ou alongamento é aplicada pela ferramenta (cilindro). Em determinados casos, pode-se aplicar um lubrificante para permitir uma maior redução ou com a intenção de se obter uma camada de filme protetor contra a corrosão na superfície de chapas submetidas à laminação de encruamento.

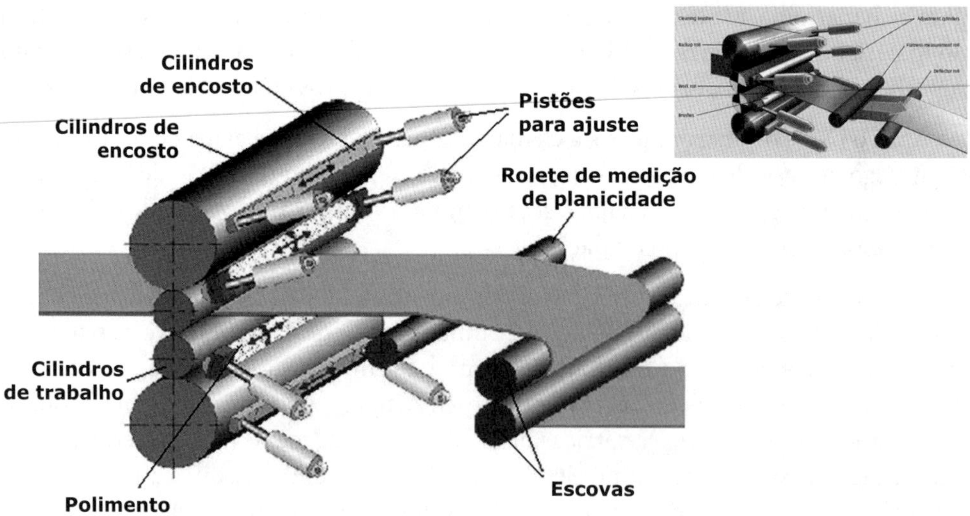

Figura 7.5 – Representação esquemática de uma unidade de laminação de encruamento seco.

Fonte: Siemens-VAI.

As adversidades citadas acabam se traduzindo em custos elevados, de forma que a laminação a seco é uma prática viável, porém restrições durante sua aplicação devem ser consideradas na escolha desse processo alternativo. Por esses motivos, a *laminação com uso de emulsão* (úmida) é a prática mais comumente utilizada com o intuito de se eliminarem ou minimizarem as desvantagens da baixa velocidade de laminação e os problemas intrínsecos da laminação a seco. Entretanto, esse tipo de processo, em muitos casos, resulta em uma tira com um acabamento de superfície pobre (opaco, sem brilho).

7.5 ACABAMENTO SUPERFICIAL DE AÇOS INOXIDÁVEIS

Os aços inoxidáveis são fabricados e comercializados com uma grande variedade de acabamentos. Os acabamentos mais utilizados nos aços inoxidáveis constam da norma ASTM A-480, de forma não exaustiva. Esses acabamentos são citados a seguir:

- Nº 1 - laminado a quente, recozido e decapado. A superfície é um pouco rugosa e fosca. É um acabamento frequente nos materiais com espessuras não inferiores a 3,00 mm, destinados às aplicações industriais. Muitas vezes, na fabricação da peça final, o material é submetido a outros acabamentos, como o lixado.
- Nº 2D - laminado a frio, recozido e decapado. Muito menos rugoso que o acabamento nº 1, mas mesmo assim apresenta uma superfície fosca, popularmente denominada mate. Esse acabamento não é utilizado, por exemplo, no aço 430, já que com tal acabamento, durante a conformação, esses materiais dão lugar ao aparecimento de linhas de Lüder.
- Nº 2B - laminado a frio recozido e decapado seguido de um ligeiro passe de laminação em laminador com cilindros brilhantes (*skin pass*). Apresenta um brilho superior ao acabamento nº 2D e é o mais utilizado entre os acabamentos da laminação a frio. Como a superfície é mais lisa, o polimento resulta mais fácil que nos acabamentos nº 1 e nº 2D; BA - Laminado a frio com cilindros polidos e recozido em forno de atmosfera inerte. Superfície lisa, brilhante e refletiva, características que são mais evidentes na medida em que a espessura é mais fina. A atmosfera do forno pode ser de hidrogênio ou misturas de hidrogênio e nitrogênio.
- Nº 3 - material lixado em uma direção. Normalmente, o lixamento é feito com abrasivos de grana (tamanho do grão de diamante), de aproximadamente 100 mesh.
- Nº 4 - material lixado em uma direção com abrasivos de grana de 120 a 150 mesh. É um acabamento com rugosidade menor que a do nº 3.
- Nº 6 - material com acabamento nº 4, acabado com panos embebidos em pastas abrasivas e óleos. O aspecto é fosco, satinado, com refletividade inferior à do acabamento nº 4. O acabamento não é dado em uma única direção, e o aspecto varia a depender do tipo de pano utilizado.
- Nº 7 - acabamento com alto brilho. A superfície é finamente polida, mas conserva algumas linhas de polido. É um material com alto grau de refletividade obtido com polimentos progressivos cada vez mais finos.
- Nº 8 - acabamento espelho. A superfície é polida com abrasivos cada vez mais finos até que todas as linhas de polimento desapareçam. É o acabamento mais fino que existe e permite que os aços inoxidáveis sejam usados como espelhos. Também é utilizado em refletores.

- Acabamento TR – acabamento obtido por laminação a frio ou por laminação a frio com recozimento e decapagem, de maneira que o material tenha propriedades mecânicas especiais. Geralmente, as propriedades mecânicas são mais elevadas que a dos outros acabamentos, e a principal utilização é em aplicações estruturais.

Existem ainda outros tipos de acabamentos de aços inoxidáveis não incluídos na norma ASTM A-480, dentre os quais se citam:

- Nº 0 – laminado a quente e recozido. Apresenta a cor preta dos óxidos produzidos durante o recozimento. Não é realizada decapagem. Às vezes, são vendidas dessa forma chapas de grande espessura, particularmente de aços inoxidáveis refratários, que serão utilizados em altas temperaturas.
- Nº 5 – o material do acabamento nº 4 submetido a um ligeiro passe de laminação com cilindros brilhantes (*skin pass*). Apresenta um brilho maior que o acabamento nº 4.
- RF (*rugged finish*) – obtido com lixas, com grana entre 60 e 100 mesh. A aparência é de um lixamento com alta rugosidade. A rugosidade varia de 2,00 a 2,50 mícrons Ra.
- SF (*super finish*) – acabamento do material com lixas com grana de 220 a 320 mesh. É um lixamento de baixa rugosidade, variando entre 0,70 e 1,00 mícrons Ra.
- ST (*satin finish*) – acabamento com Scotch Brite, sem uso de pastas abrasivas. O material possui uma rugosidade que varia entre 0,10 e 0,15 mícrons Ra, mesmo que sua aparência seja fosca.
- HL (*hair line*) – material com acabamento em linhas contínuas, realizado com lixas com grana de até 80 mesh. É também um lixamento de alta rugosidade (2,00 a 2,50 mícrons Ra).
- BB (*buffing bright*) – polimento feito com granas que variam entre 400 e 800 mesh. É um material muito brilhante. A rugosidade é inferior a 0,05 mícrons Ra.

CAPÍTULO 8

Cilindros utilizados nos processos de laminação a frio

8.1 NOÇÕES BÁSICAS SOBRE O DIMENSIONAMENTO DOS CILINDROS DE UM LAMINADOR A FRIO

Observa-se que a largura da mesa do cilindro de laminação é especificada em função da maior largura prevista para a chapa/folha a ser laminada, com um acréscimo de uma margem de segurança deixada entre a borda da chapa ou folha e a do cilindro. Essa margem é raramente menor que 50 mm; nos grandes laminadores, é de 100 mm. Entretanto, as dimensões especificadas para os diâmetros dos cilindros de trabalho e encosto e a relação entre esses diâmetros são baseadas em um conjunto maior de critérios, dentre os quais se destacam:

- a largura da mesa do cilindro;
- o tipo e resistência à deformação do material a ser laminado;
- a rigidez desejada para os cilindros de trabalho;
- a redução máxima programada para ser aplicada durante a laminação;
- a geração de defeitos nas bordas da chapa ou folha;
- a velocidade de laminação;
- os métodos de refrigeração dos cilindros de laminação a serem utilizados.

Grosso modo, no caso de cadeiras quádruo, o diâmetro do cilindro de encosto é definido primeiramente em função da largura do laminador, devendo apresentar também uma rigidez adequada para suportar os cilindros de trabalho. Levantamento realizado com laminadores a frio instalados entre os anos de 1945 e 1970 nos Estados Unidos mostra que a relação entre largura de mesa e diâmetro dos cilindros gira em torno de 1,0 (ROBERTS, 1978), com um devido acréscimo para permitir a realização de usinagem de recondicionamento.

A relação comprimento/diâmetro raramente ultrapassa 1,5/1. O diâmetro do cilindro de trabalho tem sido estabelecido em função da experiência acumulada pelo projetista do equipamento e de procedimentos para analisar os parâmetros citados, principalmente no que diz respeito à uniformidade da distribuição da força específica de laminação. O material empregado na fabricação dos cilindros de encosto é normalmente mais macio do que o empregado na fabricação dos cilindros de trabalho. Uma relação de 65 shore para 95 a 100 shore é um exemplo típico. A relação entre os diâmetros dos cilindros de trabalho e de encosto deve ser tal que a área de contato entre esses cilindros não seja muito reduzida, de forma que a tensão máxima atuando sobre o cilindro de encosto não exceda um valor crítico – 2.068,4 MPa de acordo com Greenberger (1959). Isso significa que não deve haver uma grande disparidade entre os diâmetros dos cilindros de trabalho e de encosto.

Além da necessária resistência ao *lascamento*, os outros aspectos elencados anteriormente devem ser considerados. Assim, a princípio, quanto menor o diâmetro do cilindro de trabalho, menor a força necessária para se executar um determinado passe, o que também favorece uma menor deformação elástica do cilindro no arco de contato (menor achatamento do cilindro). O alargamento da chapa é menor, reduzindo, assim, a possibilidade de ocorrer o defeito de fendilhamento nas bordas das chapas. Por outro lado, quanto menor o diâmetro do cilindro de trabalho, mais fácil será o seu aquecimento e, portanto, mais difícil será realizar o seu resfriamento. Ao mesmo tempo, um cilindro de menor diâmetro apresenta menor rigidez, o que dificulta, em um laminador quádruo, a obtenção de um determinado perfil para a seção da chapa laminada.

Questões relacionadas com a lubrificação da interface cilindro/esboço também devem ser consideradas. Em termos de acionamento do laminador, a utilização de cilindros motrizes de pequeno diâmetro apresenta uma maior dificuldade na transmissão do torque necessário, devido ao reduzido diâmetro dos pinhões que devem ser empregados. Além disso, deve-se atentar para o emprego de mancais com capacidade de carga adequada.

Ainda em relação à refrigeração dos cilindros de trabalho, deve-se considerar que, durante a operação, uma considerável quantidade de calor é gerada no esboço e nos cilindros de trabalho, induzidos pelo atrito e pela deformação plástica do material. Parte desse calor é levada pelo esboço, e parte passa aos cilindros. À medida que a velocidade aumenta, a quantidade de calor passando aos cilindros na unidade de tempo também cresce. Como o cilindro não é aquecido uniformemente, pois a parte central é sempre mais quente que as bordas, haverá a tendência de mudar a forma do cilindro e, portanto, quanto maior a velocidade, mais vigoroso deve ser o resfriamento.

Observa-se que na laminação a frio de chapas de aço normalmente realiza-se a lubrificação da interface esboço/chapa também com o intuito de realizar a lubrificação. Aspectos relativos à lubrificação na laminação a frio foram considerados com mais detalhe anteriormente neste livro. Porém, em termos de sua interação com a seleção do diâmetro dos cilindros de trabalho, pode-se considerar, a título de exemplo, que, no caso de chapas de aço comum, pode-se usar óleo solúvel, contendo até 90-95% de água, sem detrimento da qualidade. No caso de aços ligados, a mistura óleo solúvel e água mancha a superfície da chapa, devendo-se usar um óleo mineral ou orgânico, cuja capacidade de resfriamento, em média, é a metade da água. Por isso, novamente a título de exemplo, a sua velocidade de laminação é limitada a 300 m/min, enquanto o aço comum pode ser laminado a 1.000-1.200 m/min.

Para exemplificar um método de determinação do diâmetro do cilindro de trabalho, apresenta-se a seguir a fórmula proposta por Roberts (1978):

$$D \geq \frac{0{,}00653 \cdot V \cdot K \cdot \delta^2}{\pi \cdot h_c \cdot e_i \cdot (T_c - T_r)}$$

Onde:

D = diâmetro do cilindro de trabalho, em mm;

V = velocidade de laminação, em m/minuto;

K = limite de deformação à compressão, em N/m^2;

δ = redução (bitola de entrada – bitola de saída) em mm;

h_c = coeficiente de transmissão de calor, em kJ/m^2h^oC;

e_i = bitola de entrada, em mm;

T_r = temperatura do fluido de resfriamento;

T_c = temperatura da superfície do cilindro de trabalho.

Outra consideração pode tornar necessário aumentar o diâmetro dos cilindros de trabalho além desse mínimo: uma é a condição de que ele deve ser suficiente para permitir a fácil entrada do esboço, mesmo no passe de maior redução no programa do laminador, o que significa que o ângulo de contato entre o esboço e os cilindros sempre deve ser menor que o ângulo de atrito correspondente aos coeficientes de fricção entre os cilindros e o esboço.

A relação típica entre o diâmetro dos cilindros de trabalho e o comprimento da mesa para diversos tipos de laminadores a frio é apresentada na Tabela 8.1.

Tabela 8.1 – Exemplo da relação típica entre o diâmetro dos cilindros de trabalho e o comprimento da mesa para diversos tipos de laminadores a frio

Tipo de laminador	Diâmetro/comprimento da mesa
Quádruo, cilindros de trabalho acionados	0,30-0,50
Quádruo, cilindros de apoio acionados	0,25-0,30
Quádruo, tipo MKW (cilindros de apoio acionados)	0,20-0,50
Sendzimir 20 cilindros (*cluster*)	0,05-0,10
Sendzimir *Z-mill*	0,10-0,17

A velocidade de laminação é governada pelo comprimento das bobinas a serem laminadas. Se estas são curtas, não é vantajoso terem-se altas velocidades, pois a quantidade da tira processada durante a aceleração e a desaceleração é tão grande que pouco resta a ser laminado à velocidade constante. Outrossim, como a tira tende a sair das tolerâncias de bitola durante a aceleração e a desaceleração do laminador, a porcentagem de material fora de bitola é elevada. A velocidade máxima deveria ser escolhida de modo que a maior parte da bobina seja laminada a velocidade constante. Com bobinas pequenas, essa velocidade pode ser de 100 m/min, enquanto, com bobinas grandes são empregadas velocidades de até 2.200 m/min.

Tradicionalmente, os cilindros de trabalho usados na laminação de chapas a frio em trens contínuos são, nas últimas cadeiras, de ferro fundido nodular ou de aço forjado, porque, nos passes iniciais, o material ainda está relativamente maleável, enquanto, nos últimos, já está encruado. A dureza e o polimento dos cilindros de aço forjado assumem importância fundamental para a boa superfície da chapa acabada.

8.2 PREPARAÇÃO DE CILINDROS PARA A OBTENÇÃO DE ACABAMENTO SUPERFICIAL DE PRODUTOS LAMINADOS A FRIO

Em função da exigência dos consumidores de produtos laminados a frio, os fabricantes são obrigados a produzir produtos laminados com elevados níveis com relação à forma e à aparência. Para satisfazer a necessidade dos clientes, os produtores necessitam produzir o material laminado com uma textura predefinida, sendo que essa textura é transmitida à chapa pelos cilindros de acabamento (ELKOCA, 2008). A textura superficial usada em laminação a frio consiste em modificações superficiais feitas na topografia do cilindro de trabalho, geralmente levando a acabamentos de dimensões micrométricas. Assim, pode-se considerar que a topografia dos cilindros é constituída de arranjos regulares de protuberâncias ou depressões nas superfícies.

Quanto maior a *rugosidade dos cilindros*, maior será a rugosidade da chapa, mantendo-se todas as demais condições constantes, sendo a taxa de impressão da ordem de 50%. Esse comportamento no laminador de encruamento é idêntico ao observado na última cadeira do laminador a frio. Observa-se que em alguns casos, uma alta rugosidade pode ser demandada no produto obtido no laminador a frio para evitar colamento das chapas em uma operação de recozimento. Os parâmetros relativos à rugosidade são definidos nas normas:

- NBR ISO 4287/2002 – Especificações geométricas do produto (GPS) – Rugosidade: Método do perfil – Termos, definições e parâmetros da rugosidade;
- NBR ISO 4288/2008 – Especificações geométricas de produto (GPS) – Rugosidade: Método do perfil – Regras e procedimentos para avaliação de rugosidade.

Para otimizar o atrito entre o cilindro e a chapa, ou para se obter o acabamento superficial desejado do produto laminado, podem-se utilizar técnicas de modificações superficiais como o jateamento, o recobrimento com cromo duro e a texturização. É importante que a textura obtida para os cilindros seja precisa, uniforme, que apresente baixa desgaste e possa ser transferida com eficiência para a superfície das chapas ou folhas de aço.

Tribologicamente falando, a *texturização superficial* do cilindro pode apresentar várias vantagens. Uma delas é a possibilidade de acumular debris (detritos) no interior das depressões (geralmente na forma de "bolsas") que constituem a textura, evitando que essas partículas permaneçam na região de contato, reduzindo o desgaste abrasivo das superfícies. Além disso, a presença das bolsas pode servir de reservatório para o lubrificante, no caso de contato com alta deformação plástica. O lubrificante utilizado no processo de laminação pode ainda formar um filme fino entre o cilindro e a chapa laminada, propiciando um regime de lubrificação chamado de elasto-hidrodinâmico, garantindo um filme de lubrificante entre as superfícies (OLIVEIRA, 2019).

Existem várias técnicas para texturização de cilindros de laminação, cada uma com sua particularidade, apresentando diferentes resultados: distribuições de cavidades ou vales, faixas de rugosidade, densidades de picos, homogeneidade da tira e reprodutibilidade (SIMÃO *et al.*, 1994; DEUTSCHER, 1997; SUN *et al.*, 2006). São apresentadas a seguir as técnicas mais utilizadas nas indústrias que trabalham com laminação a frio.

8.2.1 TEXTURIZAÇÃO POR JATEAMENTO COM GRANALHAS (SBT)

A texturização pode ser feita por meio do jateamento com granalhas (*shot blast texturing* – SBT), processo mais antigo desenvolvido. Nele, partículas metálicas esféricas, denominadas granalhas, são atiradas por uma roda centrifugadora contra a superfície do cilindro de laminação (Figura 8.1).

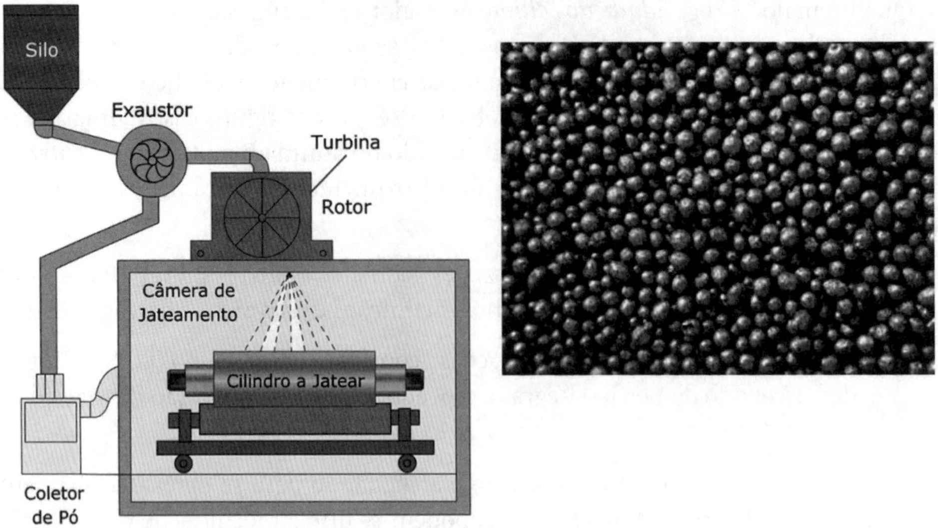

Figura 8.1 – Representação esquemática de processo de texturização de cilindros de laminação por jateamento com granalhas de aço e detalhe das granalhas de aço empregadas.

O impacto dessas esferas inflige uma deformação plástica local, provocando o aparecimento de microcavidades. Para propulsionar um fluxo de material abrasivo contra uma superfície em alta velocidade, geralmente utiliza-se o ar comprimido como meio propulsor. Controlando-se a força (por meio da velocidade da turbina), o diâmetro e a quantidade das esferas atiradas, pode-se conseguir a rugosidade final objetivada (DEUTSCHER, 1997). A dureza da mesa do cilindro tem grande influência no acabamento obtido. Resultados obtidos por Sun *et al.* (2006) mostraram que, para o método de texturização por SBT, ocorre uma grande *variação* da rugosidade, com esparsa e desigual distribuição da textura e transferência da rugosidade menor que 70%. Um dos inconvenientes desse método é que a dureza do cilindro tem grande influência nos valores de rugosidade obtidos. Esse processo tem várias outras aplicações além da citadas nesse texto.

8.2.2 TEXTURIZAÇÃO POR DESCARGAS ELÉTRICAS (EDT)

O método de texturização por descargas elétricas (EDT) foi desenvolvido há mais de 40 anos e baseia-se no uso de um conjunto de eletrodos posicionados axialmente à superfície do cilindro, que fica imerso em um meio dielétrico. Descargas elétricas são induzidas entre o eletrodo (ânodo) e o cilindro (cátodo), provocando eletroerosão em sua superfície (Figura 8.2). A combinação de corrente, tensão e frequência de oscilação define a condição final do cilindro texturizado.

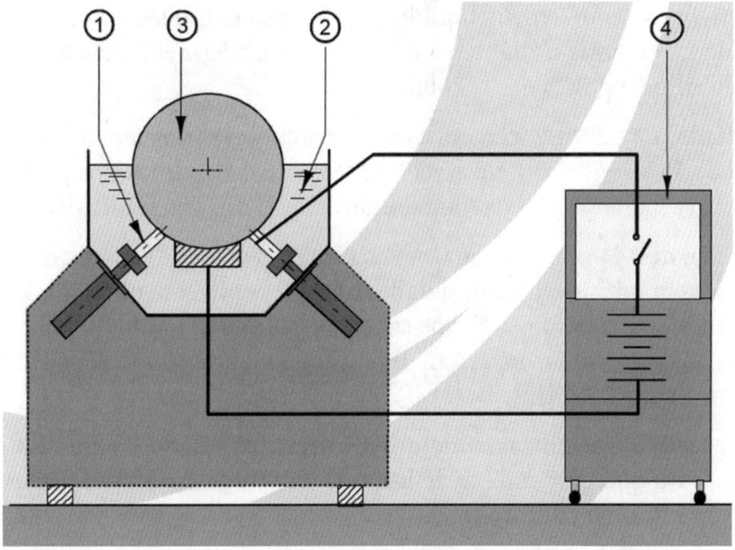

Figura 8.2 – Representação esquemática do processo de texturização de cilindros de laminação por descargas elétricas (EDT): 1) eletrodo; 2) óleo dielétrico; 3) cilindro de laminação; 4) gerador.

Verifica-se que a taxa de transferência de rugosidade é alta, em torno de 80%, e a textura é bem homogênea e repetitiva. Além disso, após laminação de 1.150 toneladas de material, ocorreu somente uma perda de rugosidade do cilindro em torno de 18% (SIMÃO *et al.*, 1994).

O sistema apresenta maior homogeneidade quando aplicado em grandes áreas e boa repetibilidade, se comparado com processo de texturização por jato de granalha. É possível alterar parâmetros de processamento como corrente/tensão dos eletrodos, ou até mesmo alterar o tipo de material do eletrodo para se obterem a combinação rugosidade e a densidade de picos desejados (CORTÊS, 2009). Comparado ao processo com jateamento de granalha, o EDT permite um número maior de picos, maior repetibilidade e uma gama maior de dureza. Apresenta uma textura mais adequada para o processo de conformação e pintura. Não existe influência da dureza dos cilindros, de forma que mesmo cilindros mais duros podem ser texturizados.

O processo requer o uso de um óleo dielétrico e gera uma quantidade significativa de resíduos.

8.2.3 TEXTURIZAÇÃO POR FEIXE DE LASER (DT OU LT)

Um feixe de laser é focado na superfície do cilindro; esse feixe passa por uma roda "cortadora" ou inversora, que interrompe sua passagem intermitentemente (conjunto de espelhos), gerando pulsos de laser. Em cada ponto iluminado, ocorre a fusão localizada da superfície do material, formando microcavidades. O metal líquido é ejetado para fora da cavidade por meio de um sopro de gás inerte, o que gera crateras individuais com o metal líquido acumulado em um lado da cratera. A velocidade da roda inversora e o diâmetro do feixe a laser definem a rugosidade final da superfície do cilindro (SUN *et al.*, 2006).

Os resultados da texturização por DT mostram que a transferência da rugosidade é em torno de 50% e que só é possível transferir 25% da altura dos picos formados, pois eles ficam achatados na extremidade superior (DEUTSCHER, 1997).

A vantagem desse processo é sua elevada homogeneidade superficial. Fazendo-se programações em um sistema computadorizado, é possível se obter qualquer padrão de textura, inclusive desenhos. Novos sistemas de laser conseguem alterar formatos e dimensões das crateras formadas, melhorando a taxa de transferência da rugosidade do cilindro (DEUTSCHER, 1997).

Uma alternativa é a utilização de um sistema computadorizado para gerar uma matriz de textura que guia o feixe de laser de alta frequência, que gera essa mesma textura na superfície do cilindro.

8.2.4 TEXTURIZAÇÃO POR FEIXE DE ELÉTRONS (EBT)

Um feixe de elétrons de alta energia é utilizado para fundir pontos da superfície do cilindro, formando microcavidades. A frequência de pulsação, a intensidade do feixe de elétrons, o deslocamento e rotação do cilindro são parâmetros utilizados para a definição da rugosidade final dele (STAEVES, 1998).

O padrão de textura por EBT se parece com a cavidade formada pelo processo DT, porém, mais irregular, sendo que, com este sistema, é possível obter padrões de cavidades sequenciadas, semialeatórias ou completamente aleatórias (DOLVES, 1991), envoltas por um anel de material refundido. O processo deve ser realizado dentro de uma câmera na qual é formado um vácuo elevado. Os padrões são controlados com alta precisão. O EBT permite a produção de texturas deterministas e as chamadas texturas estocásticas, e não gera óleo residual ou lama.

8.2.5 TEXTURIZAÇÃO POR DEPÓSITO ELETROCRÔMICO

É a tecnologia de texturização de cilindro que utiliza campo elétrico entre o eletrodo de trabalho e a superfície do cilindro de laminação, como no processo de texturização por descargas elétricas. Porém, nesse caso, os íons do eletrólito de cromo hexavalente são depositados por redução eletrolítica na superfície do cilindro de laminação, formando uma série de nódulos de cromo, que geram a textura requerida no cilindro.

Ajustando os parâmetros de eletrodeposição, é possível controlar o tamanho e a quantidade de material depositado (ZIMNIK; RITTEBACH; MÜLL, 1998). A faixa da rugosidade da textura obtida por esse método (também conhecido como método topocrom) vai de 0,2 a 20 µm Ra. Apresenta uma excelente uniformidade e repetibilidade.

A precisão da rugosidade controlada é de ±0,1 μm, e a taxa de transferência máxima é elevada. É uma técnica que oferece textura fina e está sendo muito demandada pela indústria automobilística (ZIMNIK; RITTEBACH; MÜLL, 1998; MÜLL *et al.*, 2004). A textura obtida é isotrópica e bem homogênea, com distribuição contínua das cavidades, porém aleatória.

A vantagem principal dessa técnica é a alta vida dos cilindros. Resultados mostraram que, após a laminação de 1.081 toneladas de material, o decréscimo da rugosidade foi ínfimo. Junto com o revestimento de cromo duro, que afere uma maior dureza superficial ao cilindro, o processo diminui a formação de defeitos superficiais no material laminado (CORTÊS, 2009).

Os processos citados podem ser seguidos por técnicas de pós-acabamento para se removerem os maiores picos de aspereza.

8.2.6 TEXTURIZAÇÃO POR JATO DE TINTA

Esse processo consiste em um microprocessador ligado a um cabeçote de uma impressora de jato de tinta que é utilizado para imprimir na superfície do cilindro uma máscara de tinta com a textura escolhida. Posteriormente, esse cilindro é submetido ao ataque químico que desgasta a superfície que não foi protegida pela tinta (MUHL; ALDER, 1994).

A vantagem desse processo é o menor custo do equipamento. Assim como no processo a laser, se o sistema de jateamento estiver acoplado em uma unidade de movimentação microprocessada, é possível obter qualquer padrão de textura desejada (MUHL; ALDER, 1994).

8.3 PROCESSO DE CROMAGEM

No caso da laminação a frio, durante as primeiras etapas da laminação, alguns picos se fraturam facilmente, tornando-se debris. Para evitar a fácil remoção da textura superficial, normalmente utiliza-se a técnica de tratamento de superfície conhecida como deposição de cromo duro. O cromo duro é um revestimento metálico eletrodepositado. Portanto, com o revestimento de cromo e a consequente elevação da dureza superficial em cilindros de laminação, é possível aumentar a capacidade de tonelagem, também conhecida como campanha, que é a quantidade de material laminado pelo cilindro (OLIVEIRA, 2019).

Nesse processo, uma fina película de cromo é depositada na superfície da mesa dos cilindros por meio de processo eletrolítico após o cilindro ser retificado e/ou texturizado. Esse procedimento é realizado com os seguintes objetivos:

- aumentar a resistência da microgeometria da superfície do cilindro (rugosidade) pelo aumento de sua dureza, para manter a topografia original do cilindro;

- reduzir o desgaste e a corrosão dos cilindros;
- reduzir o coeficiente de atrito (cilindro/esboço);
- gerar uma superfície com microtrincas no cilindro.

Antes de promover a deposição de cromo duro, toda sujeira e filmes passivos devem ser removidos da superfície do cilindro. Além de limpar, esse processo ainda ajuda na ativação da superfície, aumentando a eficácia da adesão do cromo duro (ASM HANDBOOK, 1994). Para isso, pode-se fazer a limpeza do cilindro em tanques de enxágue onde ocorre a limpeza manual da superfície da mesa do cilindro, com um detergente alcalino, para ajudar na remoção de resíduos de óleo e graxa. Em seguida, ocorre uma limpeza química e, posteriormente, uma limpeza eletroquímica.

O cromo duro é obtido por eletrodeposição a partir de uma solução contendo ácido crômico e um ânion catalisador. Comercialmente, existem três tipos de soluções para a deposição do cromo duro: convencional, catalisadores mistos e soluções livres de fluoretos. Em todas as três diferentes soluções, utilizam-se o trióxido de cromo (CrO_3), como fonte de cromo, e os íons de sulfetos, como catalisadores. Para a solução com catalisadores mistos, utilizam-se como catalisadores secundário íons de flúor, e, em soluções livres de fluoretos, acrescenta-se uma espécie orgânica (NEWBY, 1994).

Conforme destacado por Oliveira (2019), apesar de ser amplamente aplicado pela indústria siderúrgica e por segmentos similares, o processo de obtenção de cromo duro utiliza, como fonte do mineral, o cromo hexavalente. Os compostos do cromo hexavalente penetram através das membranas biológicas e são reduzidos a cromo trivalente, podendo causar danos à estrutura celular do ser humano. Esses compostos são irritantes e corrosivos, e as partes que mais atingem são a pele e o sistema respiratório, podendo causar ulcerações e até perfuração no septo nasal. A intoxicação torna-se séria quando há adsorção pelo trato intestinal (SILVA *et al.*, 2008). Dessa forma, as principais unidades de cromagem de cilindros de laminação a frio do Brasil são constituídas de unidades de tratamentos ambientais, possuindo lavadores de gases oriundos do banho de cromo, com monitoramento periódico das emissões de gases da chaminé, controle de saúde ocupacional dos operadores de produção, tratamento dos resíduos.

APÊNDICE

Breve histórico do processo de laminação dos aços

A.1 O INÍCIO DA UTILIZAÇÃO DO FERRO PELO HOMEM

É atraente a ideia de que o estudo de um determinado tópico relativo à tecnologia seja realizado tomando-se como perspectiva a grande série de contribuições realizadas ao longo da história por diversos atores, muito dos quais não conhecidos e/ou não documentados, no desenvolvimento dos processos. Assim, é possível se entenderem e compreenderem com maior segurança as vantagens, desvantagens e limitações dos processos, os ganhos de escala de produção, de produtividade e qualidade dos produtos, a melhorias de segurança e a redução de impactos ambientais ao longo dos tempos, os fatores que propulsionam os desenvolvimentos incrementais e as inovações nos processos e os desenvolvimentos científicos e tecnológicos e de administração da produção que embasaram as melhorias de processo

Também é possível se compreenderem as mudanças geográficas dos diversos arranjos produtivos que compõem direta e indiretamente a cadeia produtiva desde a matéria-prima, os semiacabados, os produtos acabados, os bens de produção originados e, exigência dos dias atuais, a reciclagem dos produtos e resíduos gerados. Dessa forma, é possível avaliar o estágio atual da tecnologia em estudo e ter um certo vislumbre de seus possíveis e, em muitos casos, necessários desenvolvimentos futuros para manutenção da competitividade do processo, principalmente em épocas de grande competição, globalização, carência de recursos, restrições ambientais e premência de uma sustentabilidade dos processos.

Os estudos arqueológicos (estudo de peças e fragmentos, textos escritos, inscrições em monumentos, palácios e tumbas), o histórico de registros de patentes, os arquivos e publicações de empresas e de governos, o acervo de biblioteca e museus, a literatura de ficção e de não ficção são fontes consultadas para que os pesquisadores possam desenvolver suas teorias a respeito do desenvolvimento das técnicas ao longo da história. É importante registrar que não existe uma história linear dos processos de obtenção dos metais. Tem-se notícia de evoluções diferentes em diversas localizações. Este texto não tem como objetivo apresentar uma revisão do desenvolvimento dos processos metalúrgicos, ou mesmo da siderurgia ao longo da história, restringindo o foco à evolução dos processos de laminação dos aços até um passado recente. Os desenvolvimentos das últimas décadas dos processos de laminação são tratados nos Capítulos iniciais desta publicação. Para aqueles interessados em informações mais amplas e aprofundadas da história da metalurgia no mundo e no Brasil, o autor recomenda a consulta das seguintes referências:

- ARAÚJO, L. A. *Manual de siderurgia*. Vol. 1: Produção. 2. ed. São Paulo: Editora Arte e Ciência, 2005. cap. I: Histórico da siderurgia.
- ASSOCIAÇÃO BRASILEIRA DE METALURGIA. *Metalurgia e desenvolvimento*: a corrida dos metais no Brasil. São Paulo: ABM, 1989.
- DUCASSÉ, P. *História das técnicas*. Lisboa: Publicações Europa-América, 1962.
- MCGANNON, H. E. *The Making, Shaping and Treating of Steel*. 9. ed. Pittsburg: United States Steel, 1970. cap. 1: Evolution of Iron-and steelmaking.
- PIERUCCINI, M.; CAON, A.; PELEGRIN, L. *História do aço no Brasil*. Caxias do Sul: Parceiros (patrocínio Aços Villares), 2005.
- RICKETTS, J. A. *The History of Ironmaking*. USA: Iron & Steel Society, 2000.
- TYLECOTE, R. F. *A History of Metallurgy*. London: Minerals Society, 1976.
- VARGAS, M. (Org.). *História da técnica e da tecnologia no Brasil*. São Paulo: Editora da Unesp, 1995.
- VERLAG STAHLEISEN GmbH. *Steel Manual*. Dusseldorf, 2003. cap. 13: A brief history of iron and steelmaking.
- <http://www.abmbrasil.com.br/associacao/nossa_historia.asp>.
- <http://www.infomet.com.br/mhs_metalurgia.php>.
- <http://pt.wikipedia.org/wiki/Metalurgia>.

Por ser um setor de elevada importância no desenvolvimento econômico e social de uma região, por envolver uma parcela considerável da força de trabalho e por afetar sobremaneira o meio ambiente em seu entorno, vários pesquisadores do mundo acadêmico, diversos museus e empresas, e mesmo um grande número de cidadãos comuns mantêm um rico acervo de informações em sites e *blogues* ou outras mídias sociais na internet a respeito do histórico dos processos metalúrgicos em uma cidade ou região, oferecendo, assim, um vasto leque de opções para a realização de pesquisas.

É fato que a sociedade moderna é extremamente dependente dos metais e suas ligas. Nas construções, nos meios de transporte, nos instrumentos cirúrgicos, nos implementos agrícolas, nas indústrias, nos equipamentos eletrônicos etc., podemos observar uma extensiva aplicação dos mais diversos metais e suas ligas derivadas. Portanto, é interessante conhecer como a humanidade desenvolveu as técnicas para o domínio desse tipo de material, em particular o aço, destino por excelência do principal produto do processo tecnológico objeto de análise deste livro, o ferro-gusa (terminologia derivada do alemão *gusseisen*, que significa "ferro fundido").

A cronologia mais utilizada para o início da Pré-História considera que os vestígios mais antigos do homem primitivo datam de cerca de 2.000.000 de anos na África, de 1.500.000 anos na Europa e de 15.000 anos na América. Descobertas arqueológicas recentes têm ampliado essas datas para 5.000.000 de anos na África e 40.000, na América. O fim da Pré-História ocorreu primeiramente em regiões do Oriente Próximo - no Egito e na Mesopotâmia (região atualmente correspondente ao Iraque) - por volta de 4000 a.C., com a invenção da escrita, ligada ao desenvolvimento das primeiras civilizações. Na América, na África Central e na Austrália, o fim da Pré-História se deu com a conquista dessas regiões pelos europeus, a partir do século XV, portanto, bem mais tarde.

A Pré-História é dividida nas Idades da Pedra Lascada, ou período Paleolítico, e da Pedra Polida, ou período Neolítico, denominações referentes ao tipo de instrumentos usados pelos homens em cada época.

À Idade da Pedra ou Pré-História, seguiu-se a Idade dos Metais - bronze e ferro -, caracterizada pelo aumento da população e pelo uso de instrumentos de metal, que determinaram o aparecimento de excedentes na produção agrícola. A partir daí, desenvolveram-se as trocas, a escrita, o artesanato, a divisão do trabalho, a propriedade privada e as classes sociais, dando origem às cidades e à *civilização.*

As propriedades do cobre puro fundido já eram conhecidas por diversas comunidades neolíticas do Sudeste da Europa e do Oeste da Ásia entre 7000 e 5000 a.C. Nessa época, o metal era simplesmente submetido ao fogo a céu aberto, o que o tornava somente mais maleável, não sendo fundido. Entre 4000 e 3000 a.C., porém, os artesãos começaram a utilizar fornos fechados, o que possibilitou o aquecimento do cobre até 1.083 °C (seu ponto de fusão) e a colocação do metal no estado líquido em moldes de argila e pedra. Pouco antes de esfriar, o metal era, então, martelado até assumir qualquer forma desejada. Essa técnica possibilitou também o aparecimento da liga denominada bronze, consistindo na mistura do cobre com o estanho (5% a 10% em peso, de propriedades muito superiores às do cobre puro.

O bronze é uma liga metálica de grande maleabilidade e fácil conformação quando fundido e, durante toda a Antiguidade, foi muito empregado na confecção de ferramentas, armas, objetos de luxo, que começaram a suplantar lentamente as de pedra e metais não fundidos. O bronze também era utilizado na fabricação de estátuas. Essa tecnologia logo se difundiu por toda a Ásia Ocidental e todo o Norte da África, pois, devido à crescente necessidade de utensílios de bronze e à raridade de seus componentes, logo se estabeleceram intensas trocas comerciais entre as áreas de extração e os principais centros consumidores.

O desenvolvimento da metalurgia do bronze possibilitou o aparecimento de artesãos especializados, que, ao lado de outras novas invenções como a escrita, a roda e o barco a vela, estimularam nas mais prósperas aldeias neolíticas o aparecimento de novas classes sociais não diretamente envolvidas na produção de alimentos.

Diante dessa "especialização econômica" das classes sociais, muitas comunidades tiveram de criar progressivamente meios para regular e controlar o relacionamento entre as diversas classes que iam surgindo. Desse complexo processo, emergiu a *cidade*, base da organização humana até os dias de hoje, e formaram-se os primeiros estados organizados.

Os impactos ambientais também se fizeram sentir nesta época, devido à grande necessidade de carvão de madeira (vegetal), usado para reduzir o minério, ou seja, separá-lo de seu óxido e, depois, para fundi-lo. Como exemplo, pode-se citar que, nessa época, eram necessários 100 kg de carvão vegetal para se obterem 5 kg de cobre.

Em contraste com metais como o ouro, a prata, a platina e, ocasionalmente, o cobre, o ferro[1] muito raramente é encontrado na crosta terrestre na forma pura, e, sim, geralmente, como um óxido. Ressalta-se que o ouro estava bem distribuído na superfície da Terra e era muito resistente à corrosão, pelo que o seu brilho, além de sua excelente conformabilidade, atraiu a atenção do homem primitivo. Os ornamentos eram uma das múltiplas aplicações desse metal. Observa-se, ainda, que ferro pode ser encontrado, embora muito raramente, na forma nativa, denominada de ferro nativo telúrico. Uma das poucas ocorrências conhecidas é no Nordeste da Groenlândia (na ilha de Disko), onde nódulos ou grãos de ferro ocorrem em basalto (uma rocha vulcânica que contém ferro) que aflorou à superfície passando por veios de carvão mineral. Nesse caso, supõe-se que ocorreu a redução dos minerais de ferro pelo carbono. Adicionalmente, existem duas formas minerais de Fe e Ni: a awaruita ($FeNi_2$) e a josephinita (Fe_3Ni_5). É improvável, porém, que os povos antigos tenham feito uso dessas fontes para produzir artefatos.

Apesar de o minério de ferro ser relativamente abundante na natureza – aproximadamente 5% em peso da crosta terrestre são constituídos de ferro –, o seu emprego não é direto, pelo mencionado fato de ele ser encontrado associado a outros elementos, como o oxigênio (principalmente), na forma dos minérios. É digno de nota que, eventualmente, era possível encontrar o ferro não formando óxidos, quando o homem encontrava meteoritos, que continham, além do ferro, cerca de 5% a 26% de níquel. A origem da palavra *siderurgia* vem do latim, *sidus*, que significa "estrela". Os povos antigos associavam o ferro a divindades, considerando-o um "enviado do céu". Supõe-se que essas pedras eram utilizadas diretamente ou, segundo alguns historiadores, quando as pedras provenientes de meteoritos eram utilizadas para contornar as fogueiras, o aquecimento tornava as "pedras" maleáveis, permitindo

1 O termo ferro deriva do latim, *ferrum*, enquanto o anglo-saxônico *iron* tem origem no escandinavo *iarn*.

a modificação de sua forma para produção de ferramentas e armas de caça e/ou defesa. Observa-se que os meteoritos contendo ferro que atingem o planeta Terra podem pesar centenas de toneladas,[2] sendo, portanto, uma fonte de ferro utilizada pelos povos antigos por muitos anos. A observação desse fenômeno e experimentações (ao acaso, provavelmente) com outras pedras contendo o ferro (minérios de ferro) demonstravam que estas mudavam de propriedades com o tempo, pois acontecia a redução parcial do minério no contato com o gás CO proveniente da queima da madeira carbonizada.

Ao leitor interessado nos fatos relativos ao desenvolvimento dos processos de obtenção de ligas ferrosas (ferro pudlado, ferro-gusa, ferros fundidos e aço), é recomendada a leitura de Rizzo (2009). De interesse imediato para o assunto abordado no presente texto, temos a distinção entre o ferro pudlado ou ferro maleável, o aço e o ferro-gusa.

O produto gerado nos primeiros fornos criados para efetuar a redução do minério de ferro tinha um baixo teor de carbono, pois esse elemento não incorporava em função da baixa temperatura de processamento. Portanto, a primeira liga ferrosa a ser produzida, utilizada conforme encontrada na natureza (ferro de meteorito), contando apenas com um ligeiro processamento, foi o *ferro maleável*[3] (liga de ferro com carbono contendo, normalmente, até 0,25% de carbono), e não o *ferro-gusa* ou *ferro fundido* (teor de carbono entre 2,04 e 6,67, mas normalmente na faixa de 4% a 4,5%). Assim, pela nomenclatura adotada atualmente, o ferro maleável seria classificado como *aço*, embora, como é detalhado no Apêndice I de Rizzo (2009), os processos de obtenção de aços e ferros maleáveis sejam distintos, com propriedades também diferenciadas.

O ferro maleável também é denominado de *ferro forjado*, *ferro batido*, *ferro pudlado* ou, em inglês, *wrought iron*. Até o século XIX, o aço assim produzido era chamado de aço ou ferro com médio teor de carbono, passível de endurecimento por têmpera. Observa-se que o ferro obtido no estado líquido com teor de carbono na faixa de do 3,5%C a 4,5%C não suporta forjamento, trincando e fraturando nesse processo. Esse

---

2 O maior meteorito brasileiro, denominado Bendego, pesando 5.360 kg, constituído por 95,1% de ferro, 3,9% de níquel e 1% de outros elementos, foi encontrado em 1784, próximo à cidade de Monte Santo, no sertão da Bahia. Foi transportado para a cidade do Rio de Janeiro em 1887 e está exposto no Museu Nacional, na Quinta da Boa Vista, desde 1888. Quando o meteorito chegou ao Rio de Janeiro, foi feito um corte nele para se poder estudar o seu interior, e essa parte, de 60 kg, foi repartida e enviada para catorze museus no mundo. Na mesma época, foi feita uma cópia em madeira do meteorito, que foi enviada para Paris, quando se comemoraram cem anos da Revolução Francesa. A razão do envio dessa réplica foi o fato de que, na época, o meteorito de Bendego era o maior meteorito exposto em um museu no mundo. Só dez anos depois chegaria ao Museu de História Natural de Nova York o meteorito Cape York, de 36 toneladas, encontrado na Groenlândia em 1888. O maior meteorito do mundo está na Namíbia, na África, pesando 60 toneladas. Hoje, o Bendego é o décimo quinto em tamanho no mundo.

3 Não confundir com o ferro fundido maleável, que se trata de um ferro fundido branco caracterizado por ser obtido mediante um tratamento térmico especial (maleabilização), resultando em uma transformação de praticamente todo o carbono combinado (Fe_3C) em grafita nodular.

material só pode ser utilizado para fundir peças, sendo denominado de *ferro-gusa* ou *ferro fundido* (no passado, o termo ferro coado era utilizado), ou como matéria-prima para fabricação do aço.

Uma das principais diferenças entre o ferro maleável e o aço é o fato de o primeiro conter quantidades apreciáveis de escória, resultantes dos seus processos de obtenção, o que não impede que esse material apresente propriedades como resistência à deformação, ductilidade, tenacidade e soldabilidade, adequadas a uma série de aplicações até o final do século XIX (ferraduras, rebites, pregos, correntes, parafusos e porcas, corrimão, vigas, peças ornamentais como grades e portões, trilhos e outras peças ferroviárias), podendo ser submetida aos processos de forjamento, inicialmente, e laminação, a partir do século XVIII (não era empregado nos processos de fundição).

Um exemplo – não é uma regra ou norma – de distinção entre esses materiais em termos de composições químicas típicas pode ser observado na Tabela A.1. Pela norma atual, define-se o aço como uma liga de ferro com carbono, contendo até 2,04% de carbono. O teor mínimo de carbono para o aço citado na Tabela A.1 (0,07%C) refere-se aos teores praticados até as décadas de 1950-1960. Atualmente o teor mínimo pode atingir valores da ordem de 0,002%C ou menos, razão pela qual se cita apenas o teor máximo de 2,04%C. Como o ferro forjado é considerado macio demais para uso em lâminas de corte (espadas, facas, foices etc.), era necessária a sua transformação em aço para ser aplicado na fabricação de armas e ferramentas de corte, incluindo, em muitos casos, a têmpera do produto. Isso era realizado (ainda é por artesões e colecionadores) por uma série de processos utilizados há pelo menos 2.500 anos, que serão citados ao longo deste texto e disponibilizados em uma série de livros (BEALER, 1995).

Tabela A.1 – Composições químicas típicas de ferro-gusa, do aço-carbono e do ferro maleável

Material	Fe	C	Mn	S	P	Si
Ferro-gusa	91-94	3,5-4,5	0,5-2,5	0,018-0,1	0,03-0,1	0,25-3,5
Aço-carbono	98,1-99,5	0,07-1,3	0,3-1,0	0,02-0,06	0,002-0,1	0,005-0,5
Ferro maleável	99-99,8	0,05-0,25	0,01-0,1	0,02-0,1	0,05-0,2	0,02-0,2

Quando foram desenvolvidos os processos de fabricação em larga escala e baixo custo de aços ao carbono, o ferro maleável caiu em desuso, pois o aço, por possuir menor teor de inclusões, apresenta melhores valores das propriedades citadas, além de maior resistência à fadiga, propriedade muito importante no caso de peças que trabalham submetidas a esforços cíclicos e dinâmicos.

Uma análise do desenvovimento dos processos de obtenção de aço e dos principais fatos históricos relativos às áreas de redução e refino dos aços no mundo e no Brasil também são apresentados em Rizzo (2009).

A.2 DESENVOLVIMENTO DOS PROCESSOS DE LAMINAÇÃO

Os laminadores modernos são totalmente automatizados, de alta velocidade de processamento e, frequentemente, incluem tratamentos termometalúrgicos dos materiais sendo laminados, a fim de atingirem a microestrutura desejada e as consequentes propriedades mecânicas do material laminado. Também permitem obter diversos padrões de acabamento superficial e precisão dimensional consonantes com as aplicações a que se destinam. Esse nível de perfeição no processo de laminação e nos laminadores não foi alcançado por uma única invenção, mas é fruto de um elevado número de inovações e pequenas melhorias contínuas implementadas ao longo do tempo.

Será feita uma breve descrição das invenções, instalações e dos aperfeiçoamentos realizados ao longo da história relativos ao processo de laminação, focando o processamento dos aços. Serão apresentados fatos referentes ao processo de laminação a quente e a frio tanto de produtos longos como de produtos planos, uma vez que desenvolvimentos realizados em uma determinada categoria de produtos eram, em muitos casos, incorporados a outra. Ressalta-se que a literatura técnica relativa a esse assunto normalmente enfatiza os desenvolvimentos realizados no Ocidente, embora atualmente estejam sendo divulgados diversos fatos relativos ao desenvolvimento da metalurgia em países do Oriente, principalmente na Rússia, Japão e China.

Não é fácil determinar quando foi produzida a primeira chapa de metal. De acordo com pesquisas históricas com suporte de evidências arqueológicas, as primeiras chapas finas de metais preciosos foram fabricadas na pré-história, pelo trabalho a frio de metais muito dúcteis (ouro, prata etc.). Esses metais eram deformados (forjados) com pedras até que adquirissem a forma de chapas, que eram utilizadas na fabricação de joias e para recobrir escudos de madeira ou partes de armaduras.

O ferro maleável só podia ser trabalhado a quente, o que representava um sério problema para se obterem chapas finas por forjamento.

De acordo com pesquisas históricas com suporte de evidências arqueológicas, o processo de laminação foi efetuado primeiramente a frio para metais não ferrosos, como o chumbo, o ouro, o estanho, o cobre e suas ligas. Pares de cilindros girando foram primeiramente utilizados para cominuição de minerais e trituração e moagem de grãos. Esse sistema foi aplicado com modificações para o processamento de metais. A introdução do processo de laminação é considerada um evento extremamente significativo na produção de chapas finas de metais, com evidências de sua aplicação no Oriente Médio e no Sul da Ásia em 600 a.C.

Figura A.1 – Ilustração do processo de forjamento livre empregado para produção de peças metálicas.

As mais antigas ilustrações de laminadores são do gênio Leonardo da Vinci, embora não existam evidências de que as máquinas projetadas tenham sido construídas por ele, mas existam réplicas em museus e universidades nas últimas décadas. Leonardo apresentou um croqui com algumas explicações na página 10 do volume intitulado *Có dice Atlântico*,[4] anotadas provavelmente no ano de 1480 ou 1485, referentes ao estudo de uma máquina direcionada à fabricação de hastes ou bastões de ferro (na verdade, ferro pudlado ou *wrought iron*) para a produção de armas de fogo. Uma reprodução da página do manuscrito de Leonardo é apresentada na Figura A.2. Em um de seus desenhos, ele descreveu pela primeira vez a possibilidade de "fazer um material passar" entre dois rolos cilíndricos com eixos paralelos para modificar sua espessura, de acordo com estudiosos dos trabalhos de Leonardo (USHER, 1929; BECK, 1900). Existem esboços para uma matriz de trefilação e de rolos (cilindros), mas as notas não são suficientemente pormenorizadas para esclarecer a relação entre as duas partes do aparelho: eles podem ser sistemas diferentes para atingir o mesmo objetivo

[4] O *Códice Atlântico* é composto de 1.119 folhas e foi montado originalmente no século XVI pelo escultor Pompeo Leoni. As anotações foram realizadas por Leonardo entre os anos de 1478 e 1518. São estudos relativos a anatomia, astronomia, botânica, química, geografia, matemática, mecânica, projeto de máquinas, voo dos pássaros e projetos de arquitetura. Atualmente está armazenado na Biblioteca Ambrosiana, em Milão (Itália).

ou podem ter sido utilizados em diferentes fases do processo. Para os trabalhos leves, rolos e matrizes de trefilação tinham sido colocados em uso limitado desde o século XII. Leonardo foi o primeiro a propor a aplicação de tais aparelhos para trabalho mais pesado, e foi apenas no século XVIII que o processo de laminação começou a suplantar o martelo de forjamento para o trabalho e formação de ferro pudlado.

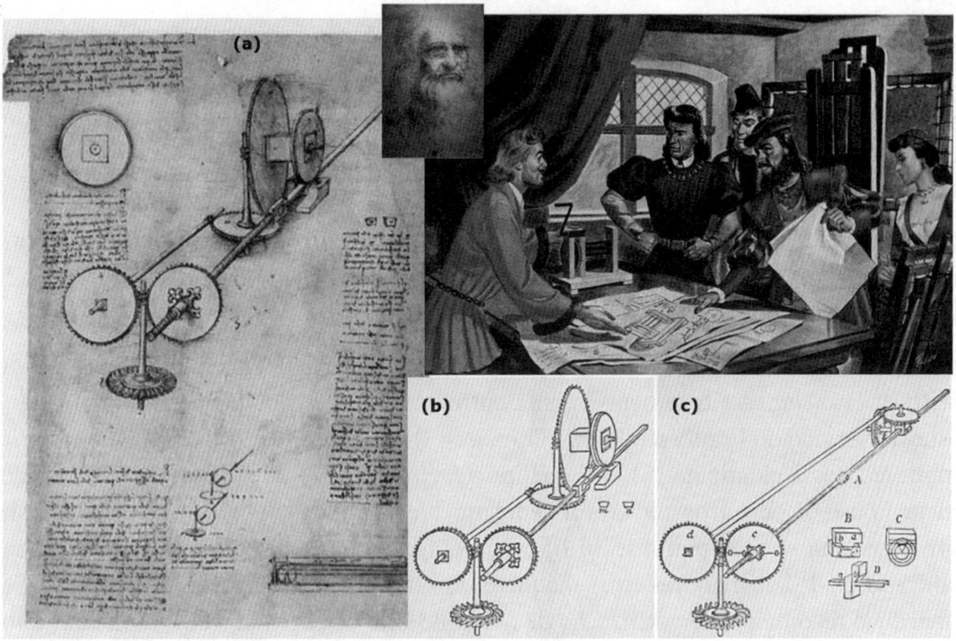

Figura A.2 – Croquis de um dos cadernos de apontamentos de Leonardo mostrando o projeto de máquinas para a) laminação e b) trefilação de hastes de ferro.

Fonte: *Codice Atlantico*, p. 10r e 11r; c) e d) reproduções do croquis retocados (USHER, 1929).

Essa máquina proposta por Leonardo seria acionada por um motor hidráulico (roda-d'água). Um sistema mecânico de rodas e parafusos gera a tração e compressão, que são sincronizadas para produzir um perfil com uma redução de secção transversal. É interessante notar as explicações de Leonardo, como aumentar a potência do equipamento, adicionando mais engrenagens. Supõe-se que as hastes também poderiam ser soldadas para formarem grandes canhões, conforme atestam outros manuscritos de Leonardo di Ser Piero da Vinci.

Leonardo propôs usar os rolos ou o banco de trefilação somente como um meio de alcançar a precisão na elaboração das peças. Os bastões deveriam ser trabalhados com martelos de forjamento para se alcançar o tamanho aproximado desejado. Após isso, esses bastões eram finalizados por meio de sua passagem através de formas diferentes para cada uma das quatro faces da aduela (partes encurvadas que formam um cilindro).

Mesmo essa transformação modesta da forma exigiria a utilização da energia hidráulica. A intensidade suficiente de energia poderia ser assegurada por rodas de engrenagens acionadas à mão, mas o trabalho progrediria tão lentamente, Leonardo, que não seria praticável. Outros estudos mostram que Leonardo estava à beira de converter essas rodas em verdadeiras turbinas com modificações apropriadas de lâminas e uma caixa enclausurada, mas alguns elementos importantes do problema não aparecem explicitamente nas suas notas.

No esboço reproduzido na Figura A.2a, alguns detalhes estão obscuros. Os rolos (cilindros) mostrados na Figura A.2b são mais facilmente compreensíveis e aparentemente são tecnicamente adequados. As características gerais dos processos projetados aqui foram de fato aplicadas a determinadas fases do processamento de metais, não mais de 30 anos após a morte de Leonardo, possivelmente na cidade de Nuremberg (Alemanha).

Este tipo de equipamento também parece ter sido utilizado para produção de barras cônicas (*tappered*) de chumbo para construção de vitrais. Nesse caso, era utilizada uma matriz e um cilindro em espiral (ROBERTS, 1978).

Na Figura A.3, é apresentada uma ilustração da página 48v do volume I do *Manoscritti di Francia*, escrito provavelmente entre 1497 e 1499 por Leonardo quando este estava a serviço do Francesco Melzi (Francisco I) em Amboise (França). Leonardo permaneceu nessa cidade de 1517 até sua morte, em 1519. Nesse projeto, é apresentada a ideia do uso de cilindros que giram de forma que a chapa de metal, ao ser submetida à pressão afina-se e "espalha-se" uniformemente. Na verdade, são apresentadas duas concepções de laminadores cujas maquetes são também mostradas na Figura A.3. Leonardo já recomendava a utilização de metal de sino por ser mais duro. Em suas anotações, ele refere-se especificamente à produção de chapas de estanho, afirmando que poderiam ser produzidas chapas com cerca de meio braço de largura (cerca de 300 mm).

A utilização de máquinas para atingir precisão é talvez mais notavelmente ilustrada nos projetos de Leonardo para a melhoria do processo de cunhagem. Os métodos antigos de cunhagem de moedas eram considerados imperfeitos e insatisfatórios. Era muito difícil, mesmo para os melhores artesãos, produzir moedas com massa uniforme, de forma que divergências do padrão tinham de ser toleradas, o que não era consistente com as boas práticas monetárias. No processo mais antigo, o metal a ser cunhado era vazado em moldes de areia para formar lingotes de espessura aproximada ao das moedas a serem feitas. Esses lingotes eram, então, reaquecidos e trabalhados com um martelo até que fosse atingida a espessura desejada. Os lingotes eram cortados em quadrados, que eram trabalhados sob o martelo, cortados e pesados. Os quadrados eram aquecidos e forçados pela ação de um martelo em cavidades circulares das dimensões da peça (moeda) a ser feita. Em seguida, após o tratamento com produtos químicos para corrigir a cor de o metal, as moedas estavam prontas para o ajuste final nas matrizes. Nessas circunstâncias, as moedas estavam longe de ser uniformes.

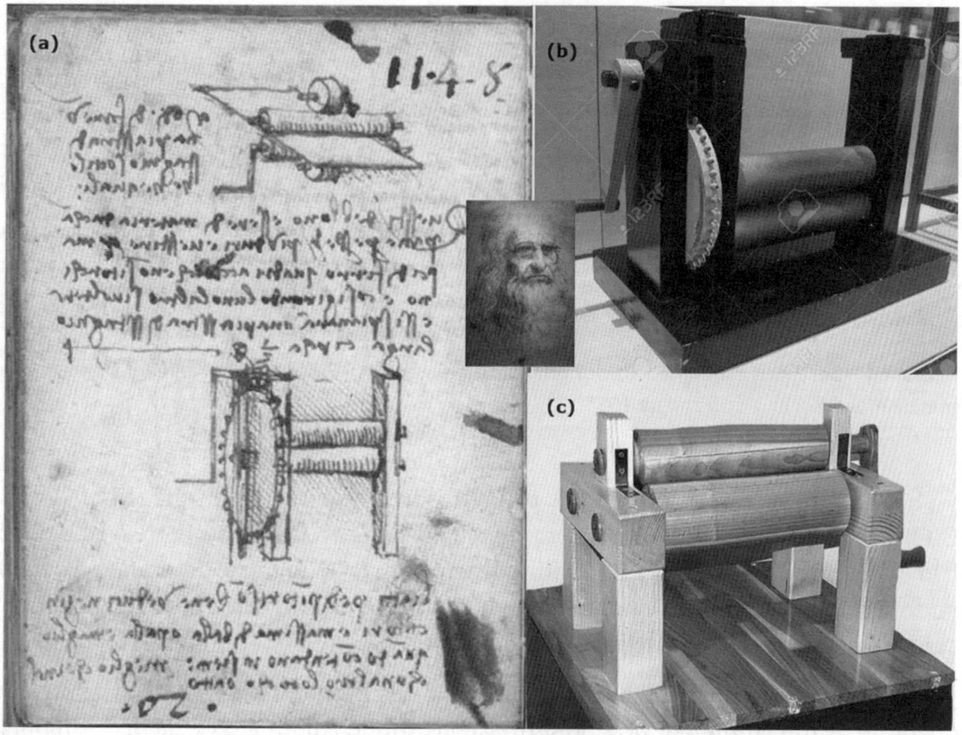

Figura A.3 – Imagem da página 48v do volume I do *Manoscritti di Francia*, de Leonardo da Vinci – *Studi di laminatoio per metalli*. Atualmente, a obra se encontra no Institut de France, em Paris; b) e c) maquetes do primeiro laminador esquematizado na página 48v e do segundo laminador com uma engrenagem do tipo gaiola.

Leonardo propôs uma simplificação desse processo em vários esquemas anotados em diversas folhas que foram reunidas no manuscrito *Códice Atlântico*. São apresentados croquis de máquinas, instruções e recomendações para as operações de forjamento e trefilação para produção de moedas e selos papais.

Também é mencionada na literatura a utilização, em torno do ano de 1551, na Alemanha (nas cidades de Nuremberg e Augsburg), de laminadores de cilindros paralelos visando à cunhagem de moedas. Os cilindros com acionamento por roda-d'água (possivelmente baseados nas concepções apresentadas por Leonardo da Vinci) eram utilizados para realizar o aplainamento e o estiramento de metais e depois, após a mudança nos cilindros, para realizar a impressão na superfície das moedas, substituindo, nesse caso, a utilização de matrizes de forjamento. Essa técnica logo se expandiu para várias nações da Europa, e as moedas produzidas por esse método passaram a ser denominadas de dinheiro laminado. Em 1553, o francês Brulier laminou chapas de ouro e prata, obtendo espessura uniforme para a confecção de moedas. Técnicas semelhantes foram utilizadas para confecção do selo papal em 1581.

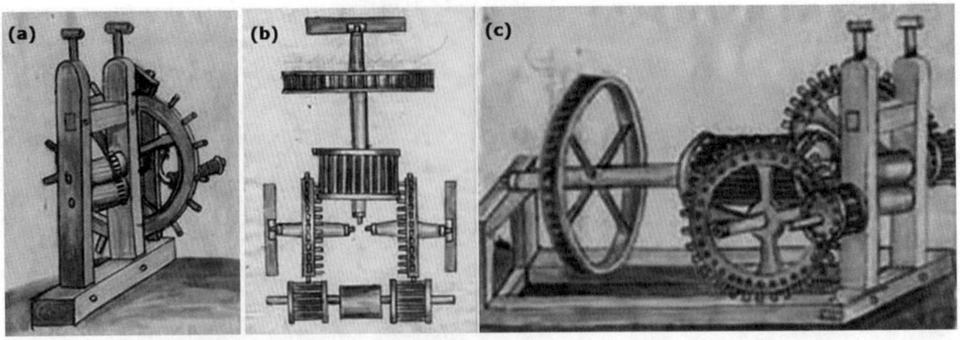

Figura A.4 – Desenhos esquemáticos dos primeiros laminadores construídos na Alemanha para cunhagem de moedas a partir do ano de 1551.

É digno de nota que, em um dos primeiros livros sobre metalurgia (BIRINGUCCIO, 2006), publicado em 1540, já eram mencionadas as diferenças entre o trabalho a frio e a quente dos metais: "O trabalho de conformação do ouro, da prata e do cobre pode ser realizado tanto a quente como a frio neste último caso, você deve tomar o cuidado de reaquecer o material após cada deformação ou quando for necessário".

Em 1588, o engenheiro de minas inglês *Sir* Bevis Bulmer recebeu uma patente para operação de um laminador do tipo *slitting* consistindo em uma série de discos montados em dois eixos, um sobre o outro, de forma tal que barras chatas de ferro pudlado passando entre os discos girantes eram cortadas em barras de menor largura. Normalmente, as barras originais tinham cerca de 12 mm de espessura e 75 mm de largura. Bulmer já sugeria a utilização de rodas-d'água para fornecimento da maior potência necessária ao processamento de ferro pudlado (JENKINS, 1936).

Não existem evidências de que Bulmer tenha construído o equipamento, mas a patente era considerada valiosa e foi renovada em 1606, e transferida logo a seguir para Clement Dawbeney. Esse processo facilitava a fabricação de diversos utensílios, como pregos e barras longas, sendo considerado um avanço significativo para atender à elevada demanda para tais tipos de peças. Existem algumas suposições de que já era utilizado na Suécia antes da patente de Bulmer.

Ressalta-se que a produção de chapa de ferro pudlado até por volta do ano de 1600 na Europa era por forjamento, e não por laminadores. A verdadeira virada na produção de chapas ocorreu com a introdução do laminador. Entretanto, nos Estados Unidos, existem registros da produção de barras de ferro pudlado por Godfrey Box (Godefroi de Bochs), imigrante de Liége, em um laminador do tipo *slitting* em Dartford, Kent (Inglaterra), a partir de 1590, e de outra instalação semelhante em Leeds (Inglaterra) em 1594. Poucos anos depois, essa técnica também era utilizada em Liége (atualmente Bélgica), onde, segundo outras fontes, pode ter sido utilizada pela primeira vez. Outras fontes sugerem que tenham sido desenvolvidas na Suécia.

Após a morte de Godfrey Box, a instalação de Dartford foi transferida para Dawbeney. Na Figura A.5, são apresentados croquis e imagens relativas ao laminador *slitting*. As barras eram aquecidas em fornos antes de sua passagem pelo laminador *slitting*.

Figura A.5 – a) croqui de uma instalação com um laminador do tipo *slitting* como descrito em uma publicação de 1734 do sueco Swedenborg; b) projeto de uma laminação construída em Middleboro (Massachusetts, Estados Unidos), em 1751; c) roda-d'água para acionamento de uma laminador *slitting* no sítio histórico de Sagu, no estado de Massachusetts, construído no ano de 1731; d) Croqui de um laminador *slitting* de 1813; e) maquete com um exemplo da subdivisão de uma barra chata em barras menores.

Outra proposta documentada para um laminador foi apresentada pelo engenheiro e arquiteto italiano da cidade de Pádua Vittorio Zonca (1568-1603) e publicada no seu livro *Novo Teatro di Machine et Edificii* em 1607, quatro anos após sua morte. A máquina proposta era destinada à laminação de perfis de chumbo (perfil semelhante às barras I) utilizados na construção de janelas de vidro (Figura A.6a). Zonca apresentava um grande interesse no desenvolvimento de fontes de alimentação contínua para operar máquinas, o que pode ser concluído analisando-se várias das imagens de sua publicação. Entretanto, no laminador proposto, o acionamento do rolo/cilindro era feito por uma manivela operada manualmente. Embora não existam informaçõe precisas sobre a construção desse equipamento, são interessantes as recomendações de Zonca acerca da utilização de parafusos de ferro para fechamento e fixação das partes da máquina e da utilização de rolos e eixos de ferro pudlado (aço), o fato de os mancais de sustentação dos rolos serem feitos de bronze, o uso de guias de madeira e de aço e as relevantes justificativas para a utilização dos diversos tipos de materiais citados.

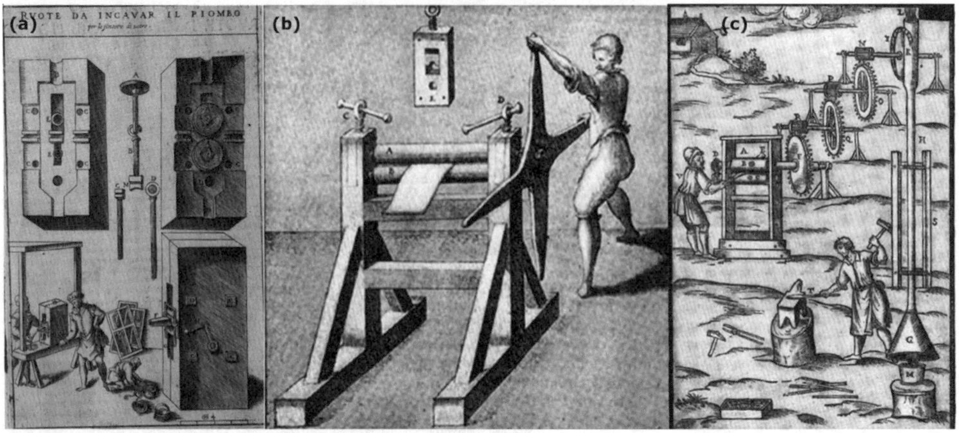

Figura A.6 – a) ilustração do equipamento proposto por Vittorio Zonca e apresentado em uma publicação de 1607; b) equipamento construído em 1615 por Salomon de Caus, na França, para laminação de chapas de chumbo; c) proposta de um laminador apresentada na Itália por Signor Branca, em 1629.

No início do século XVII, houve uma expansão na utilização de chumbo na fabricação de telhados, lamparinas, calhas e tubulações, além de outras finalidades. Para atender a esse aumento de demanda em 1615, o engenheiro francês Salomon de Caus construiu um laminador acionado manualmente para laminação de chapas de chumbo e estanho usados na confecção de órgãos de tubo. Esse equipamento é ilustrado na Figura A.6b. Essa ilustração e a descrição do equipamento foram apresentadas por Caus em sua publicação do ano de 1615, intitulada *Les raisons des forces movantes*. O autor mencionava a utilização de cilindros lisos de cobre ou ferro. A alavanca em forma de cruz era conectada ao cilindro inferior. Parafusos de aperto eram utilizados para regular a abertura entre os cilindros.

A seguir, registra-se que Signor Giovani Branca, que autoproclamava ser um cidadão de Roma, engenheiro e arquiteto, publicou em Roma, em 1629, um livro no qual apresenta um croqui de um equipamento para laminação de metais, que, apesar de não ter sido construído, é bastante curioso, pois esse autor propõe a utilização como uma força motriz dos fumos gerados em uma forja e que escoam por uma chaminé (Figura A.6c). Observa-se que a máquina a vapor só foi patenteada em 1769, pelo escocês James Watt. Apesar de a potência gerada dessa forma ser insuficiente para produzir qualquer trabalho útil, a imagem, quando tomada em conexão com a descrição de Signor Branca, é suficiente para mostrar que ele tinha uma ideia clara da teoria de moldar metais por rolos. É evidente que ele entendeu que uma potência considerável seria necessária (DURFEE, 1899). Isso é mostrado pela engrenagem introduzida para converter a suposta revolução rápida da roda acionada pelos fumos escoados pela chaminé em um movimento lento e poderoso dos rolos (cilindros).

Pode ser estimado, a partir das proporções das engrenagens e pinhões na placa, que, se a roda acionada pelos fumos girar a 400 rotações por minuto, os rolos fariam cerca de seis rotações no mesmo tempo. A ideia de Signor Branca de aproveitamento do excedente de energia de um processo, os gases quentes no processo de aquecimento do metal a ser forjado, é um exemplo de uma prática muito almejada nas indústrias atualmente, no sentido de se evitar o desperdício de energia e reduzir os impactos ambientais. Também é interessante notar a proposta de Signor Branca para as engrenagens identificadas pela letra D, que permitem a rotação de ambos os cilindros, o que difere de propostas anteriores e que foi aplicado em muitos laminadores construídos nos séculos seguintes.

Na Inglaterra, em Parish of Bitton, próximo à cidade de Bristol, já estava em operação em 1666 um equipamento para laminação a quente de aço para produção de planos de espessura reduzida (MACKINTOSH-HEMPHILL COMPANY, 1953), adequado para a laminação posterior pelo processo *slitting* já mencionado nesse texto e que utilizava como matéria-prima barras chatas obtidas por processos semelhantes ao forjamento livre (*hammered*). Esse processo era uma extensão do método que já era empregado para metais não ferrosos utilizados na fabricação de produtos como moedas e selos, por exemplo. Observa-se, entretanto, que as barras chatas ou platinas (com dimensões em torno de 10 a 30 mm de espessura e 200 mm de largura) utilizadas como matéria-prima eram obtidas ainda por forjamento. Também é mencionado na literatura que existem constatações do emprego de cadeiras duo para laminação a quente na transformação de barras de aço em chapas desde o ano de 1660, na Alemanha, como mencionado por Otto Johannsen, na publicação *Geschichte des Eisens* (*História do Ferro*), de 1924.

Em 1682, um equipamento de laminação a frio de dimensões notáveis já estava presente em Newcastle, na Inglaterra.

Em torno do ano de 1697, na cidade de Pontypool (País de Gales), John Hanbury já havia instalado na usina siderúrgica uma cadeira com dois cilindros acionados por roda-d'água para laminação a quente de chapas de aço, utilizando como matéria-prima lingotes e produzindo o semiacabado platina com 200 mm de largura. Assim, o laminador era utilizado como uma máquina independente para fabricação de chapas finas de ferro pudlado. Nessa instalação, já eram utilizados cilindros de ferro fundido coquilhado. As barras de ferro pudlado eram cortadas em comprimentos em torno de 600 mm, correspondente à largura final da chapa acabada, e, após exame e remoção dos defeitos de superfície, aquecidas em um forno de soleira fixa, dotado de um empurrador, passando a ser laminadas até que a largura original da barra (em torno de 100 mm) atinge um comprimento da chapa em torno de 1.200 mm. Essas observações constam de uma carta escrita por Edward Lhwyd, do Ashmolean Museum, que visitou as instalações de Pontypool.

As denominadas "chapas de Pontypool", também chamadas de chapas pretas, mais tarde, começaram a ser enroladas e estanhadas para fazer folhas de flandres.

Estas eram produzidas por meio da laminação do aço (antigo ferro pudlado), removendo qualquer escama de laminação por decapagem em ácido, revestindo-o, então, com uma fina camada de estanho. As chapas pretas já foram produzidas individualmente ou em pequenos grupos, no que ficou conhecido como "laminador de embalagens".

Em dezembro de 1752, foi apresentado um relatório para a Académie des Sciences da França por uma comissão nomeada em 1747 para examinar um laminador para produção de barras de ferro pudlado de seções transversais variadas, que recentemente tinha sido erguido em Essonne.[5] Uma parte desse relatório foi publicada em 1757 no *Encyclopedie ou Dictionnaire Universel des Arts et des Sciences*. As Figuras A.3b e A.7a foram retiradas dessa publicação, assim como a descrição do princípio de funcionamento deste equipamento, apresentada a seguir (tradução livre do autor):

> A cadeira de laminação é composta de dois cilindros de ferro C e D, sendo que o cilindro C superior tem um sulco circunferencial para imprimir na barra chata as ranhuras ou formas desejadas. Os dois cilindros são acionados por duas rodas-d'água. O cilindro inferior D é alinhado com um eixo com que a extremidade quadrada (F) é conectada por meio de um acoplamento caixa (G). O outro cilindro é acionado por uma engrenagem reversível para que gire em sentido contrário. Com os dois cilindros em movimento, a barra de ferro pudlado incandescente é introduzida para ser alongada e moldada em uma única operação, ao longo de todo o seu comprimento, em um tempo muito curto. A fim de impedir que a barra de ferro laminada se enrole em torno dos cilindros, um operador agarra-a tão logo ela aparece do lado oposto dos cilindros e a mantém posicionada até que ela deixe os cilindros.

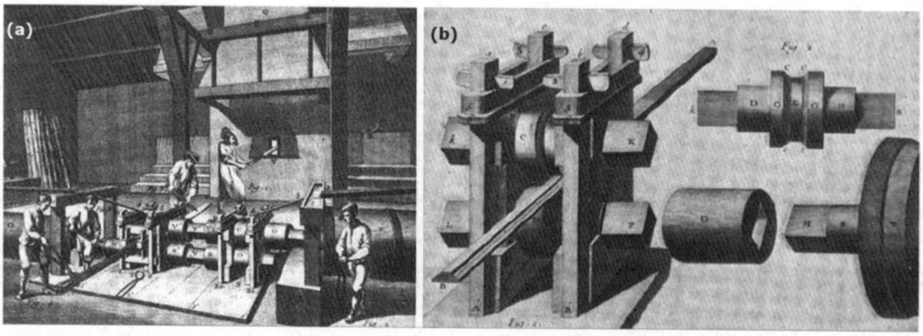

Figura A.7 – Croqui de uma instalação com um laminador do tipo *slitting* instalada na França em 1757, como descrito na publicação francesa *Encyclopedie ou Dictionnaire Universel des Arts et des Sciences* em 1752 de Denis Diderot e Jean le Rond D'Alembert com: a) visão geral mostrando a cadeira *slitting* e a cadeira de laminação de barras; b) detalhe da cadeira de laminação de barras.

---

[5] Essonne é um departamento da França localizado na região de Île-de-France. Sua capital é a cidade de Évry, e o seu nome provém do rio Essonne, que o atravessa.

Em um interessante artigo publicado em 1899 na *Cassier's Magazine*, Durfee cita um artigo do engenheiro M. Fayolle publicado no periódico francês *Machines Approvees par l'Academie des Sciences*, do ano de 1728 (ACADÉMIE ROYALE DES SCIENCES, 1730), apresentando a descrição de um laminador para chapas de chumbo, proveniente da Inglaterra para ser instalado na França, que se assemelha, em alguns princípios, a um laminador reversível para chapas de aço utilizado atualmente, incluindo mesas de rolos na entrada e saída (Figura A.8), com cilindros de ferro com 1.524 mm de largura e 305 mm de diâmetro, permitindo a laminação "sem perda de tempo" em ambos os sentidos. O texto original de Fayolles cita que o equipamento já tem um similar em operação na cidade de Hamburgo, na Alemanha.

Figura A.8 – Croqui de uma cadeira reversível para laminação de chapas de chumbo descrita por M. Fayolle em 1728.

Na Figura A.9, é apresentado um croqui do equipamento utilizado por John Hanbury. Ele também passou a produzir em suas instalações chapas laminadas revestidas com estanho em torno do ano de 1725. Observa-se que esse produto era importado pelos ingleses da Alemanha desde 1620 e, após a introdução do processo por Hanbury, o País de Gales foi líder na fabricação de folhas de flandres por mais de 150 anos. Cogita-se que o método de produção utilizado em Pontypool tenha sido inspirado naqueles utilizados na Saxônia (Alemanha), região visitada por funcionários de Hanbury. Entretanto, a produção de folhas de flandres também foi objeto de estudos pelo importante cientista francês René de Réaumur e divulgada na publicação de 1725 intitulada *Principes de l'art de fer-blanc*, mas provavelmente Hanbury não teve acesso a esta.

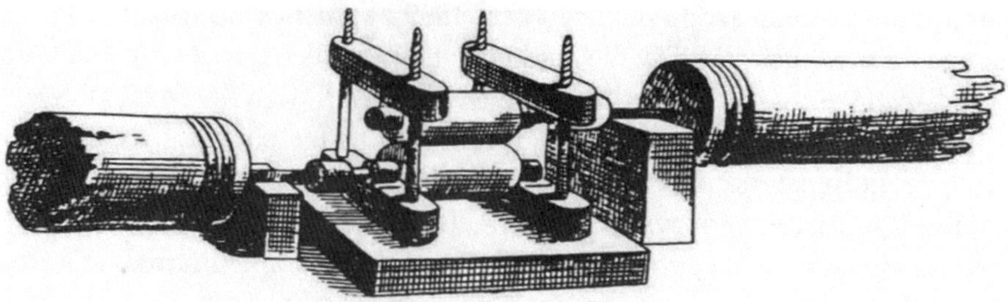

Figura A.9 – Croqui do equipamento utilizado por John Hanbury para laminação a quente de chapas finas de ferro pudlado. Ilustração apresentada por Angertein em 1755.

Fonte: Angerstein (2001).

As instalações de Hanbury também foram descritas pelo religioso e viajante inglês Richard Pococke, que as visitou em 1750 e fez interessantes observações sobre o processo, citando que a barra utilizada como matéria-prima, com 5 polegadas de largura, era aquecida e tinha sua espessura reduzida. Quando a espessura estava bem reduzida, as peças eram dobradas, reaquecidas e relaminadas até atingirem a espessura desejada. De acordo com outra descrição sumarizada por Jenkins (1936), as etapas utilizadas para produção de folhas de flandres eram: aquecimento da matéria-prima, laminação, recozimento, limpeza com esfregação (*scouring*), laminação a frio, decapagem com água de farelo fermentado, limpeza por esfregação, enxague (*swilling*), revestimento com estanho (*tinning*), limpeza com farelo e tufo de estopa (*tuft of tow*). Cada laminador duo era operado por três homens e equipado com cilindros com 355 mm de comprimento e de 280 a 305 mm de diâmetro.

A Revolução Industrial (por volta de 1760 a 1840) criou uma demanda sem precedentes por ferro. Novas tecnologias foram inventadas para se fabricar ferro e, finalmente, aço (Henry Bessemer, 1852), e os metais foram usados em novos produtos como maquinários, ferrovias e navios a vapor. Devido à maior possibilidade de obtenção de material ferroso, a laminação a frio do aço é iniciada simultaneamente. Já naquela época, entendia-se que a laminação era um processo bastante produtivo, capaz de atender à enorme demanda dos produtos semiacabados, entre os quais obviamente estava a chapa de aço. No entanto, os laminadores ainda precisavam, naquela época, de uma quantidade substancial de trabalho manual.

John Payne, em 1728, obteve na Inglaterra uma patente para um laminador com cilindros com canais para barras redondas, além de algumas recomendações para elaboração do "aço", para torná-lo mais maleável. Na patente, é mencionada a passagem de barras forjadas por dois cilindros com entalhes e sulcos esculpidos na sua superfície para a produção de perfis com formato e dimensões especificadas. Não existem evidências de que o projeto apresentado por Payne tenha sido executado, mas a laminação de barras e perfis de ferro pudlado era de interesse dos metalurgistas de sua época e, aparentemente, foi efetuada, como demostra a solicitação de outras patentes a respeito desse assunto na Inglaterra. Por exemplo, em 1759, uma patente foi concedida a Thomas Blockley para rolos que "podem virar e gerar a forma necessária a fim de moldar o artigo como pretendido".

Christopher Polhem (1661-1751), um dos mais hábeis mecânicos de seu tempo e considerado o "pai" da tecnologia na Suécia, no seu *Patriotiska Testamente* (publicado em 1761), já mencionava em 1746 a laminação de quadrados e redondos em Stiernsundsbruk, Suécia. Polhem menciona que pelo processo de laminação poderiam ser produzidas de dez a vinte (ou mais) vezes barras de aço do que pelo processo de forjamento com martelo, mais adequado para a fabricação de facas e espadas por ferreiros.

Polhem faz a distinção entre trabalho com ferro (provavelmente ferro pudlado) e aço. Também descreve como confeccionar cilindros de ferro pudlado forjado revestidos com aço. E menciona aspectos da laminação de chapas, indicando a necessidade da utilização de cilindros de maior diâmetro e a menor deformação obtida (sabemos hoje que pela menor concentração de tensão aplicada), sugerindo a utilização de cilindros de menor diâmetro, feitos com ferro forjado, entre os cilindros de maior diâmetro, para que estes atuem como cilindros de encosto, evitando que os cilindros de menor diâmetro cedam.

Polhem menciona que utilizou tal configuração em Stjermsund, após ter realizado experimentos em menor escala. Polhem afirma que, por dificuldades econômicas, não consegue manter os seus equipamentos em funcionamento, mas, ao publicar os seus trabalhos, ficaria feliz em conceder a outros a oportunidade de implantar o que ele não pôde.

Em uma correspondência entre o professor Richard Akerman e Mr. James M. Swank, membro da The American Iron and Steel Association e autor do livro *History of the manufacture of iron in all ages, and particularly in the United States for three hundred years, from 1585 to 1885* (1892), discute que Polhem foi o precursor do que posteriormente foi denominado de *lauth rolling mill* e que será detalhado posteriormente neste texto. A única diferença é que Polhem utilizava quatro cilindros na vertical, dois maiores e dois menores (o que corresponde à cadeira quádruo que conhecemos atualmente e que foi implantada no início do século XX). Gabriel Polhem, filho de Christopher Polhem, instalou laminadores para a produção de moedas na Alemanha, em 1733, e logo após foi instalado equipamento semelhante na casa da moeda da Suécia.

Em 1728, uma patente para um laminador para produção de barras marteladas foi concedida a John Payne na Inglaterra. Em 1766, o inglês John Purnell recebeu uma patente para cilindros ranhurados com acoplamento de caixas e pinhões de engrenagens para girar os rolos ao mesmo tempo (Figura A.10b), o que era considerado um avanço, pois, até essa época, os cilndros eram acionados individualmente, e a diferença de rotação causava excessivo desgaste dos cilindros (*roll wear*), fazendo com que fosse necessário instalar guias em ambos os lados de cada cilindro. Em 1779, foi concedida uma patente para William Bell, de Birmingham (Inglaterra), para cilindros que "têm os canais (*designs*) afundados em suas superfícies" (SWANK, 1892). Os cilindros poderiam ser feitos de aço, ferro ou outro metal e são gravados, afundados ou impressos com matrizes de botões e fivelas.

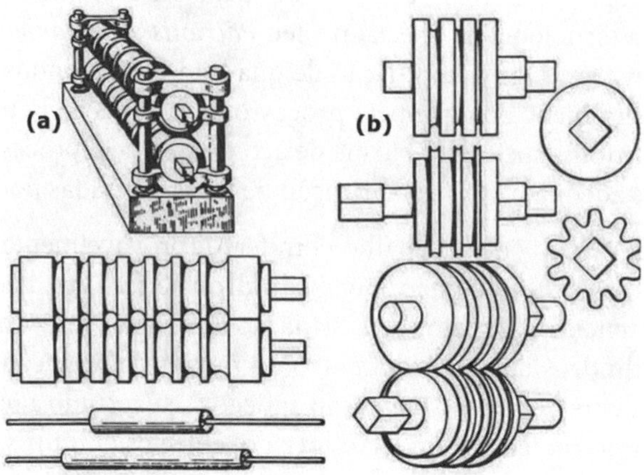

Figura A.10 – a) Croqui do laminador de barras patenteado por John Payne em 1728; b) patente requerida por John Purnell em 1766 para cilindros acionados simultaneamente por uma caixa de engrenagens.

Em 1783, outra patente foi requerida pelo inglês W. Playfield, na qual pode-se observar que as cadeiras passam a se assemelhar às cadeiras modernas, com os quadros fundidos e um único parafuso ajustador em cada lado da cadeira (Figura A.11).

No final do século XVIII, as cadeiras de laminação já apresentavam uma configuração semelhante à utilizada atualmente: os quadros da cadeira de laminação em ferro fundido, dois cilindros de aço e a possibilidade de ajustar a regulagem da abertura entre os cilindros pelo uso de um único parafuso ajustador em cada lado da cadeira. Isso pode ser observado na Figura A.11, que apresenta a ilustração de uma patente solicitada na Inglaterra por W. Playfield em 1783.

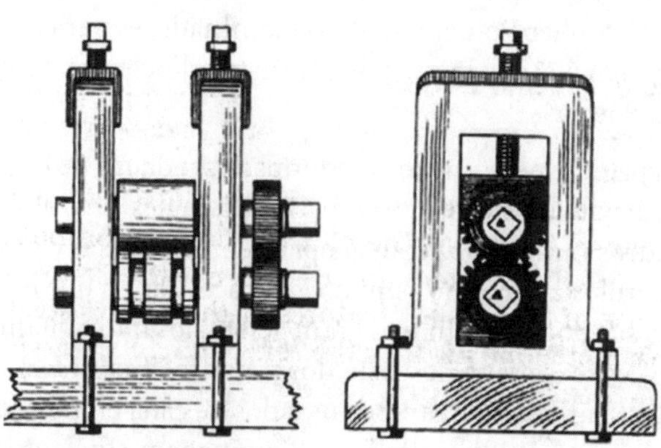

Figura A.11 – Croqui do equipamento cuja patente foi solicitada na Inglaterra por W. Playfield, em 1783.

Uma patente similar foi solicitada por Henry Cort, também na Inglaterra, em 1783. Embora ele não fosse o primeiro a utilizar *cilindros com canais* para laminação, foi o primeiro a combinar o uso de muitas das melhores técnicas de produção e conformação do aço disponíveis à época. Por esse motivo, ele é conhecido como o pai da laminação moderna. Com esse novo design, os laminadores foram capazes de produzir quinze vezes mais por dia do que o que estava sendo produzido com um martelo de forja. Com a invenção de Henry Cort, a pequena unidade de laminação de Funtley foi capaz de produzir mais de 10.000 toneladas de barras por ano (equivalente a aproximadamente 200 toneladas por semana). A partir daí, outras empresas foram estabelecidas, até que, apenas nos Estados Unidos, a quantidade do material laminado no ano de 1890 (excluindo-se todos os produtos planos de laminação) ficou em torno de 5 milhões de toneladas de ferro e aço, e, em 1899, mais de 8 milhões de toneladas foram laminadas.

Richard Ford patenteou, em 1766, o laminador em *tandem* (no qual o material é laminado em cadeiras sucessivas), na Inglaterra, para laminação de barras redondas. Por volta de 1790, James Cockshutt e Richard Crawshay construíram um *laminador tandem quádruo* próximo a Sheffield, na Inglaterra. Esse laminador era acionado por duas rodas-d'agua independentes, uma para cada um dos cilindros de trabalho. Havia um aro formado de pesadas pedras, dispostos em segmentos, montados nessas rodas-d'água, de modo a funcionar como um volante. Esse laminador tandem era empregado para laminação a quente de chapas de aço.

As primeiras patentes de laminação a frio de produtos planos são inglesas, em torno do ano de 1761. Entretanto, a laminação a frio de *tin plate* (folha de flandres ou chapa estanhada) era efetuada de forma planejada na Inglaterra desde 1747. Um século a partir dessa data, a laminação em escala industrial já ocorria na Inglaterra e nos Estados Unidos com grande contribuição, devido aos aperfeiçoamentos na fabricação de cilindros de laminação. Trens de laminação com uma só cadeira duo produziam, então, tiras estreitas de aço de largura máxima de 200 mm, utilizadas para a fabricação de utensílios domésticos, tubos para carruagens, tiras para embalagem, peças de espartilhos, botões etc. Em alguns casos, tratava-se simplesmente da transformação de arames de aço em "barras chatas" (*flat wires*).

O ano de 1810 testemunhou o estabelecimento da Brandywine Iron Works and Nail Factory nos Estados Unidos, que operava um trem de laminação. A Brandywine tornou-se um sucesso devido à sua produção de chapas de caldeiras, com alta demanda na época, e seu produto de qualidade adequada ao uso. Em 1867, George Fritz, então engenheiro-chefe da Cambria Iron Company, Johnson, Pensilvânia (Estados Unidos), inventou a cadeira de laminação de lingotes de aço (*blooming mill*), na qual os lingotes eram laminados e transformados em blocos (*bloom*), em vez de serem processados por forjamento, como era a prática reinante.

O primeiro laminador de trilhos foi estabelecido por John Birkenshaw na siderúrgica Bedlington, em Northumberland, Inglaterra, em 1820, onde ele produziu trilhos a partir de barras de ferro pudlado forjado em comprimentos de 4,5 m a 5,5 m. Em 1831, o primeiro trilho em forma de T foi laminado na Inglaterra. O método de produção de uma viga I, laminada a partir de uma única peça de aço, foi patenteado por Alphonse Halbou, da empresa Forges de la Providence, em 1849, na cidade de Paris.

A evolução posterior nos laminadores foi o desenvolvimento de um laminador contínuo e da grande família de equipamentos auxiliares. Como todas as invenções, teve seus dias de pequenos avanços. Existem indícios de tentativas feitas na França para usá-lo. A primeira patente registrada e o primeiro uso real para um trem contínuo parecem ter sido de um americano, J. E. Serrell, em 1842-1843. Seu uso, entretanto, era restrito por ele à laminação de tubos de chumbo e cobre. Outro americano, Henry B. Comer, em 1859, obteve a patente de um trem contínuo, mas esse tipo de laminador nunca foi construído. Também foram agraciadas patentes para laminadores a quente contínuos em 1857 para Sir Henry Bessemer e para o Dr. R. V. Leach, em 1859. O primeiro laminador construído considerando-se os princípios da laminação contínua de aços foi objeto de patente de Charles While, de Pontypridd (País de Gales).

Por todas as considerações, o crédito para o primeiro laminador contínuo de maior sucesso vai para o Sr. George Bedson, de Manchester, Inglaterra, por colocar em serviço um trem de laminação de fio-máquina (barras ou arames) de aço no ano de 1862. Em 1869, ele implantou um laminador contínuo de dezesseis cadeiras nos Estados Unidos. Esse equipamento permitiu o aumento das dimensões e peso dos tarugos laminados de valores aproximados de 25 kg para 130 kg. A velocidade de rotação dos cilindros aumentava progressivamente, acompanhando a redução de seção do produto. O material era laminado por meio de sua compressão em planos perpendiculares entre uma cadeira e outra para possibilitar o seu alongamento sucessivo, semelhante à rotação do metal imposta pelo ferreiro sobre uma bigorna entre cada golpe sucessivo.

No laminador de Bedson, isso foi conseguido colocando-se cada par de cilindros em um ângulo de 90° em relação ao seu antecessor,[6] o que exigiu uma série de aperfeiçoamentos nos tipos e posições das engrenagens utilizados, e cujo controle era difícil de ser realizado. No trem implantado por Bedson em 1878, todos os cilindros foram colocados em um plano horizontal, todas as engrenagens estavam em um único plano, sendo o requisito essencial de variar o plano de compressão garantido pelo uso de guias de torção, por meio do qual o metal era girado 90° ao se deslocar entre cada passe sucessiva (Figura A.12). Alguns anos mais tarde, nos Estados Unidos, Charles H. Morgan construía o seu laminador contínuo com cadeiras horizontais e guias de torção entre elas.

Com o aumento do peso e a diminuição da seção do produto acabado, surgiu a prática de laminação contínua ou simultânea do metal em cadeira trio e a utilização de laçadas do tipo serpentina de cada lado das cadeiras utilizando-se dobradeiras. Isso foi um diferencial em relação ao processo de deslocamento "para a frente e para trás". Esse tipo de trem de laminação foi usado na Europa, presumivelmente primeiro

6 A ideia de um laminador contínuo com cadeiras alternadamente horizontais e verticais foi patenteada por John Hazledine, em 1798.

na Bélgica em 1883 e, portanto, o nome "Belga" passou a ser entendido com o significado de um moinho de *looping*. Esse sistema ainda é usado em várias usinas de laminação de fio-máquina e de produtos longos comerciais.

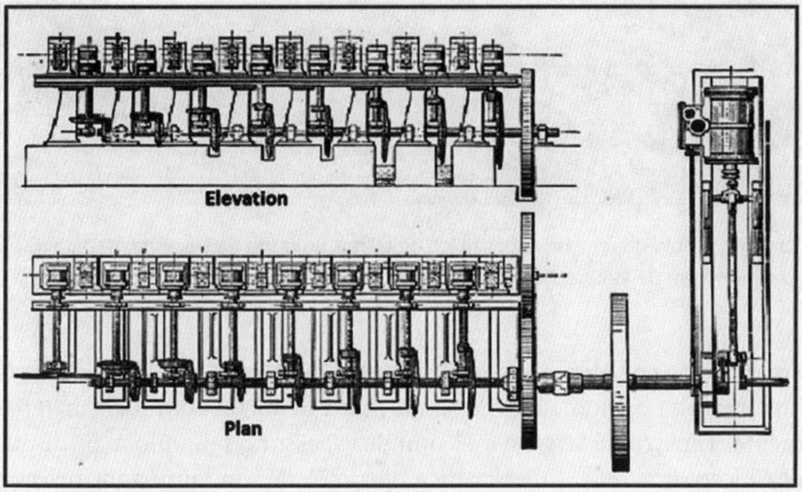

Figura A.12 – Croqui do trem contínuo de laminação de barras redondas cuja patente foi solicitada na Inglaterra por George Bedson em 1878.

As cadeiras duo não reversíveis foram sucessivamente aperfeiçoadas, surgindo, assim, as cadeiras duo reversíveis, cadeiras trio e diversos outros aperfeiçoamentos no processo. O primeiro laminador trio com resultados satisfatórios foi inventado por John Fritz e utilizado na laminação de produtos longos (trilhos e perfis) em 1857 em Johnstown, Filadélfia (Estados Unidos), e também patenteado em 1853 por R. Roden na empresa Abersychen Iron Works, no País de Gales, embora existam registros do uso de cadeira trio (*3-high mills*) em Staffordshire (Inglaterra), em 1815. Nessa cadeira, o cilindro do meio era acionado e fixado na carcaça, enquanto os rolos superior e inferior eram ajustáveis na posição. Na mesma cadeira, uma mesa elevatória a vapor elevava e abaixava o material a ser laminado. O Sr. Fritz construiu seu primeiro laminador trio em 1871. Surgiu ainda o laminador trio em que o rolo intermediário tinha diâmetro bem menor para conseguir a redução da potência necessária e permitir a laminação nas duas direções sem reverter o movimento do motor.

A laminação de trilhos e barras era feita em trens abertos na segunda metade do século XIX, semelhantemente ao tipo de trem de laminação ainda utilizados até hoje para esse tipo de produto (Figura A.13). A obtenção de barras retas para concreto armado no leito de resfriamento foi atingida por V. E. Edwards, em 1906, com o sistema de calhas oscilantes com bordas dentadas.

Figura A.13 – a) Exemplo de um laminador típico de trilhos utilizado na segunda metade do século XIX. b) exemplo de um trem de laminação, utilizado até hoje para perfis médios.

Os tamanhos dos produtos aumentaram continuamente com o passar do tempo, e na British Great Exposition, em 1851, uma chapa de metal com mais de 6 metros de comprimento, 1 metro de largura e 11 mm de espessura, pesando mais de 500 kg estava em exibição. Em 1854, foi iniciada a operação de um laminador reversível para chapas grossas, na usina de Parkgate Works, na Inglaterra, sendo usada para a fabricação de chapas para navios a vapor, muito utilizados na época. Em 1848, R. M. Daelen, de Lendersdorf (Alemanha), que também construiu o primeiro laminador desse tipo cerca de sete anos depois, inventou a cadeira universal.

Em 1862, J. T. Newton, do País de Gales, recebeu uma patente em que descreve o predecessor dos modernos laminadores agrupados, nos quais um cilindro de trabalho de pequeno diâmetro é apoiado em cilindros de encosto de grande diâmetro. Os cilindros de trabalho eram motrizes, enquanto a pressão era aplicada nos cilindros de encosto. Esse princípio é aplicado até hoje na laminação a quente e a frio de chapas e folhas de aço (Figura A.14).

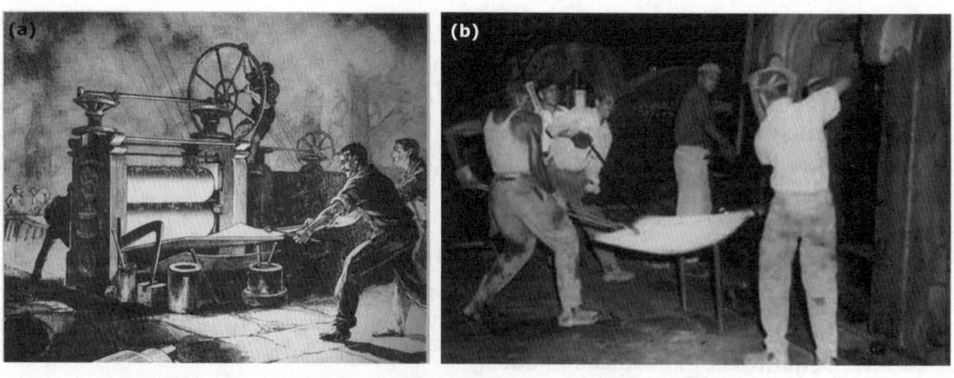

Figura A.14 – a) Exemplo de um laminador típico de chapas utilizado por volta de 1860. b) exemplo da operação manual em um laminador de chapas em Timóteo em 1952.

A utilização de uma cadeira quádruo com os cilindros posicionados no mesmo plano vertical (já vislumbrada por Leonardo da Vinci) foi introduzida em 1872 por Bleckley, de Warrington (Inglaterra), para a laminação de trilhos.

Outra melhoria no processo de laminação foi a utilização de aparelhos mecânicos adicionados aos rolos. Anteriormente, o material a ser laminado era alimentado de forma manual, com o uso de ganchos e tenazes. Vários inventores, até então, haviam procurado realizar esse trabalho por meio de máquinas que fossem automáticas em sua ação, mas nenhuma havia sido construída de fato. Em 1884, as mesas de rolos acionados foram introduzidas na frente dos rolos de acabamento da usina fabricante de trilhos ferroviários da The Albany and Rensselaer Iron and Steel Company, de Troy, Nova York. Isso funcionou tão bem que um arranjo automático foi colocado na frente dos rolos de desbaste.

Em 1892, um laminador semicontínuo para produção de tiras de aço a quente, com cadeiras duo em tandem no trem acabador, foi construído na região da Bohemia (Alemanha).

Nas décadas de 1880 e 1890, dois desenvolvimentos mudaram o cenário na laminação nos Estados Unidos. Primeiro, houve uma demanda crescente por aço, em vez de ferro pludado. O aço era preferido por ser mais resistente do que o ferro pludado. Em segundo lugar, a preferência emergente por chapas mais largas, o que reduziu o número de costuras rebitadas nas embarcações. Os rebites geravam pontos fracos, fontes de falhas para caldeiras e navios. As empresas adotaram laminadores maiores para fazer chapas grossas, o que reduziu o número de costuras rebitadas.

Em 1882, a *Worth Brothers Company* começou a operar um trem de laminação de 90 polegadas (2.286 mm) em Coatesville, aumentando muito a concorrência nos EUA. Nas três décadas seguintes, a Worth Brothers e a Lukens Iron and Steel Company competiram pelo maior trem de laminação. No ano de 1890, a Lukens comissionou o laminador de chapas grossas de 120 polegadas, e os irmãos Worth comissionaram o laminador de chapas grossas de 132 polegadas em 1896. Lukens comissionou o trem de laminação de chapas grossas de 134 polegadas em 1900 e um laminador de chapas grossas de 140 polegadas em 1903. Isso foi seguido pelos irmãos Worth comissionando um laminador de 152 polegadas em 1903. A competição terminou em 1915, quando a Midvale Steel and Ordnance Company adquiriu a Worth Brothers. Então, em 1918, Lukens colocou em operação a maior usina de chapas grossas do mundo, de 204 polegadas, com uma cadeira quádruo. Essa fábrica manteve o título de maior laminador de chapas grossas do mundo por mais de 40 anos.

Para a produção de chapas de aço em laminadores a quente nas laminações do começo do século XX, barras eram cortadas em comprimentos que correspondiam à largura da chapa acabada e, após exame e remoção dos defeitos de superfície, aquecidas em um forno de soleira fixa, dotado de um empurrador, passando a ser laminadas em um conjunto de duas ou três cadeiras duo (dependendo da espessura final desejada, 2,5 mm a 0,4 mm, e da instalação existente).

A temperatura de aquecimento era da ordem de 800 °C a 900 °C, procurando-se manter uma atmosfera levemente redutora para minimizar a formação da carepa, a qual seria prejudicial à superfície da chapa acabada.

Era empregada uma direção de laminação transversal à usada na laminação da barra, ao serem introduzidas as platinas[7] entre os cilindros do laminador duo de desbaste, pois o comprimento da platina é o que sempre determinava a largura da chapa acabada.

As cadeiras duo de desbaste e de acabamento tinham um acionamento único, por um motor de corrente alternada, acoplado às caixas de redução e volantes; os cilindros giravam sempre em uma mesma direção, com aproximadamente 30 rpm. Apenas o cilindro inferior estava ligado à arvore de transmissão, sendo que o superior, sem ser dotado de contrapesos, repousava sobre o inferior e girava arrastado pelo atrito entre as duas superfícies. Os suportes dos mancais estavam ligados por parafusos e engrenagens ao volante da regulagem manual de afastamento entre os cilindros.

Ao ser introduzida a platina no laminador, o cilindro superior tendia a elevar-se, tendo o seu percurso limitado pelos suportes dos mancais, amparados pelos parafusos de ajustagem. Dado que os cilindros giravam sempre na mesma direção, era necessário trazer a platina de volta à frente do laminador para o passe seguinte, o que era feito por um operador posicionado atrás da cadeira de laminação, o qual, por meio de tenazes, levantava a platina e a devolvia ao operador colocado diante da cadeira, passando-a por cima do cilindro superior.

Após cada passagem entre os cilindros, o espaçamento entre estes era reduzido, girando-se o volante de ajustagem. Depois de certo número de passes (de três a cinco, de acordo com a espessura final e a instalação de laminação), duas platinas eram colocadas uma sobre a outra e trabalhadas até um comprimento igual à metade do desejado para a chapa acabada. Isso porque as folgas da cadeira de laminação não permitiam laminar com precisão, abaixo de 2 mm de espessura. Esse processo era denominado de *laminação em pacote*.

As chapas eram processadas em pacotes de dois, quatro, seis e mesmo oito chapas, de tal modo que a espessura final do pacote fosse de 3 a 4 mm. Mediante uma régua de aço dotada de marcações, o operador controlava o comprimento atingido. O pacote de desbaste era novamente aquecido em fornos de câmara e laminado, em seguida, em uma segunda cadeira, onde se repetia o processo, efetuando-se de três a sete passes (Figura A.15).

Os cilindros não eram resfriados para se evitarem as perdas de calor, e sua temperatura de trabalho era normalmente de 350 °C a 450 °C. Com esse método de laminação,

---

[7] Platina (*sheet bars*) – placa cuja relação entre largura e espessura é maior do que 4, mas apresentando normalmente dimensões na faixa de 4-22 mm de espessura e aproximadamente 150-730 mm de largura.

obtinham-se chapas de até 1 mm de espessura. Para chapas ainda mais finas (até 0,5 mm), o pacote laminado era dobrado ao meio em uma dobradeira de chapa, os bordos aparados em uma tesoura e o pacote novamente aquecido à temperatura de laminação de acabamento, em fornos de câmara (típico de unidades de tratamentos térmicos atualmente). A temperatura era mantida entre 700 °C e 750 °C, procurando-se igualmente sustentar uma atmosfera ligeiramente redutora.

Figura A.15 – a) Laminação de chapas em um trem aberto na empresa American Rolling Mill Company, em Ashland, Kentucky (Estados Unidos), em torno do ano de 1906; b) detalhe desse tipo de operação.

Completado o aquecimento, continuava-se a laminação na cadeira acabadora, efetuando-se de cinco a sete passes. Após cada passagem, a distância entre os cilindros era reduzida, atuando-se sobre o volante de ajustagem. Atingido o comprimento final desejado, o pacote era colocado em uma pilha e deixado esfriar.

Durante a laminação, as extremidades livres das chapas aumentavam de comprimento de forma desigual, no chamado "rabo de peixe", sendo necessário cortar as pontas para se obterem as dimensões finais exatas. Após efetuado o corte, as chapas eram separadas manualmente do pacote, o qual, no caso de chapas finas, (menos de 0,25 mm), era constituído de oito chapas, isto é, dois desbastes laminados um sobre o outro, dobrados e reaquecidos duas vezes.

O trabalho de separação das folhas apresentava deficiências em muitas ocasiões, pois as chapas caldeavam-se (apesar de se borrifar carvão em pó durante o dobramento dos esboços), e a separação forçada danificava a superfície. Em seguida, as chapas eram endireitadas e, conforme a sua utilização, recozidas ou, ainda, decapadas, antes de serem enviadas ao consumidor ou submetidas a uma laminação a frio.

A cadeira trio para laminação de chapas foi inventada pelo francês Bernard L. Lauth, provavelmente em 1859 – enquanto ele se mudava dos Estados Unidos para a Inglaterra (terra natal de seu pai) – e patenteada em Pittsburg[8] (Estados Unidos) em

[8] Patente 41.307 de 19/01/1864.

1864. Observa-se que, em 1857, Lauth já havia patenteado um processo de laminação a frio de eixos de aço, que era utilizado como um método de endurecimento e acabamento de barras (inclusive redondas), trilhos, chapas finas e grossas,[9] utilizando inclusive o termo *cold-rolling* para descrever o processo de passar as peças de aço ou ferro pudlado à temperatura ambiente por entre um par de cilindros para promover a redução de sua espessura.[10] O trem de laminação de chapas utilizado por Lauth era constituído de um laminador trio Lauth e duas cadeiras duo (ou três, dependendo da espessura final a se atingir e da capacidade da instalação.

A laminação a quente de chapas com o laminador do tipo Lauth continuou até a década de 1960. A principal diferença entre o laminador Lauth e o laminador Fritz é o fato de que no primeiro caso, o cilindro intermediário apresentava um diâmetro menor do que os cilindros superior e inferior (em torno de 2/3 do diâmetro), o cilindro inferior acionado era fixo, e o superior (movimentado por meio de um acoplamento de fricção) era ajustável por uma engrenagem helicoidal, ao contrário do laminador Fritz, que apresentava o cilindro intermediário acionado e com sua posição fixa na cadeira, enquanto os cilindros superior e inferior podiam ter suas posições ajustáveis. O consumo de energia no laminador Lauth era menor. Como o cilindro intermediário é livre, em cada passe, ele é comprimido contra o cilindro superior ou o inferior.

John Butler Tytus desenvolveu o processo de laminação contínua a quente de tiras de aço em 1923, gerando a base para a produção em larga escala e a um custo baixo de produtos de chapas de aço (Figura A.16). Esse trem de laminação foi construído na empresa Ashland, no estado de Kentucky (Estados Unidos), e passou a operar em 1924. Tytus era de uma família rica e formou-se em literatura inglesa na Universidade de Yale, mas passou a trabalhar no chão de fábrica de uma siderúrgica depois que sua família vendeu a fábrica de papel que possuía. Com o passar dos anos, tornou-se superintendente da empresa e constituiu um departamento de pesquisa (o primeiro de uma companhia siderúrgica nos Estados Unidos), onde coordenou o desenvolvimento do novo laminador.

O trem contínuo de laminação de tiras a quente eliminava a necessidade de passar as placas sobre os rolos e dobrá-los, como em um pacote laminado. Ao final, a tira era cortada com guilhotina ou enrolada em bobina. Os primeiros laminadores de tiras a quente não produziam tiras adequadas para folha de flandres, mas, em 1929, a laminação a frio começou a ser usada para reduzir ainda mais a bitola.

---

9 Patente 25.235 de 23/08/1859.

10 Outra patente muito lucrativa para Bernard Lauth foi a de um laminador contínuo para fitas utilizadas em embalagens, anéis etc. Bernard Lauth fundou uma usina siderúrgica no estado da Filadélfia (Estados Unidos) e foi autor de diversas outras patentes relativas ao processo de laminação e para produção de ferro e aço, inclusive relativas a fornos.

Figura A.16 – Foto e pintura e das instalações do primeiro trem contínuo para laminação a quente de chapas de aço construído na empresa AK Steel (originalmente American Rolling Mill Company), na cidade de Ashland, Kentucky (Estados Unidos), em 1923 (pintura publicada na revista *Steelway Magazine* em 1927.

Nesses primeiros laminadores, a instrumentação era mínima, sem contar com medidores de tração entre cadeiras ou carga aplicada, e não dispunham de regulagem de espessura. Os laminadores contínuos evoluíram progressivamente para atingir o elevado grau de instrumentação, automação e controle que temos atualmente.

Na Tabela A.1, é apresentada a classificação proposta por Roberts das diversas gerações dos laminadores e bobinas a quente implantadas a partir do primeiro tem contínuo.

Tabela A.1 – Visão geral das "5 gerações" de laminadores de bobinas a quente de acordo com Roberts (1978)

Geração	Período de uso	Modo de operação	Matéria-prima	Capacidade anual (Mt) t/a	Espessura (mm)	Nº de cadeiras de acabamento	Automação	Primeiras implantações
I	1926-1960	Semicontínuo	Placas de lingotes	1.5-2.5	> 2.5	6	Manual	Youngstown, EUA
II	1960-1970	Semicontínuo	Placas de lingotes	3-4	> 1.5	6	Semi automático	Krupp Dortmund, Alemanha
III	1970-1980	Totalmente contínuo	Placas de lingotes e de lingotamento contínuo	5-6	> 0.8	7-9	Semi automático	HSM Chiba Nº 3, Japão

(*continua*)

Tabela A.1 – Visão geral das "5 gerações" de laminadores de bobinas a quente de acordo com Roberts (1978) (*continuação*)

Geração	Período de uso	Modo de operação	Matéria-prima	Capacidade anual (Mt) t/a	Espessura (mm)	Nº de cadeiras de acabamento	Automação	Primeiras implantações
IV	1980-	Semicontínuo	Placas de lingotes e de lingotamento contínuo	5-6	> 1.2	7	Automatização total	
V	1990-	CSP ISP Conroll DSC	Placas de lingotamento contínuo de placas finas	1.5-2.5	> 0.8	5-7	Automatização total	AK Mansfield, EUA

A energia usada para movimentar os laminadores passou por quatro fases. A *primeira fase* foi a manual. Durante essa fase, a fonte de energia necessária para a laminação inicial era pequena, e os rolos, acionados à mão, normalmente por meio de um volante ou manivela, acoplados a um ou aos dois cilindros de laminação. Com uma potência tão limitada, só era possível a laminação de materiais macios como ouro, prata, estanho ou chumbo, e os laminadores eram usados para aplainar os metais para as joias e obras de arte. Em máquinas posteriores, os homens giravam uma cruz ou manivela ajustável, que ficava presa aos rolos.

Na *segunda fase*, os laminadores usaram energia hidráulica. Essa forma de acionamento já era utilizada em 3000 a.C. pelos chineses. Aproveitar a energia da água em movimento de um rio fornecia energia gratuita, forte o suficiente para laminar metais mais duros como o aço. A energia hidráulica tinha sérias desvantagens. Secas e baixas temperaturas podiam reduzir o fluxo de água. Além disso, os cilindros que utilizavam a energia hidráulica se moviam em apenas uma direção.

Por volta de 1790, James Cockshutt e Richard Crawshay construíram um laminador tandem quádruo próximo a Sheffield (Inglaterra). Esse laminador era acionado por duas rodas-d'agua independentes, uma para cada um dos cilindros de trabalho. Havia um aro formado de pesadas pedras, dispostas em segmentos, conectado a essas rodas-d'agua, de modo a funcionar como um volante.

Na *terceira fase*, os laminadores usaram energia a vapor. A energia a vapor apareceu pela primeira vez no final dos anos 1700, por causa da invenção de James Watt. A máquina a vapor criou a força física que substituiu a força manual/animal. Os laminadores dessa época aproveitavam a energia criada pelos motores a vapor. Os motores a vapor eram comumente usados para movimentar as cadeiras nos anos 1800, e, no final desse século, os motores a vapor eram a fonte mais popular de energia. Apesar de sua importância no fornecimento de energia, as máquinas a vapor eram ineficientes. Em 1798 uma máquina a vapor *Bouton & Watt* foi usada para acionar um laminador de folhas de flandres. A partir do início do século XIX, houve um progresso acelerado no desenvolvimento de máquinas a vapor.

Até o final do século XIX, a principal forma de acionamento de equipamentos industriais eram o vapor e a água. Apesar dos avanços na construção de máquinas elétricas de corrente contínua na década de 1870, a energia elétrica era utilizada quase que somente para a iluminação. O engenheiro eletricista russo Michael Von Dolivo Dobrowolsky, em 1889, insistindo na pesquisa do motor de corrente alternada, entrou com pedido de patente de um motor trifásico com rotor de gaiola. O equipamento era simples, silencioso, tinha menos manutenção e alta segurança em operação. A invenção do motor de corrente alternada trifásico iniciou um novo estágio de desenvolvimento em acionamentos elétricos e ampliou a utilização da energia elétrica na indústria. O desenvolvimento dos acionamentos elétricos tem sido sempre no sentido de levá-los o mais próximo possível do mecanismo de trabalho e da eliminação de tantos elos de transmissão quanto possível.

Dessa forma, foi possível passar para a *quarta fase* em termos de sistema de acionamento dos laminadores com o uso da energia elétrica. A vantagem era que a geração de energia poderia ser desvinculada dos laminadores, uma vez que a energia elétrica era convenientemente transmitida de geradores remotos para motores diretamente acoplados aos laminadores. O laminador com acionamento elétrico apareceu pela primeira vez por volta de 1900. A energia elétrica continua sendo a escolha para as operações hoje. O desenvolvimento de aplicações de controle de velocidade com máquinas de corrente contínua permitiu o aumento o aumento de flexibilidade e a melhoria de operação dos equipamentos industriais.

Nos anos 1920, nos Estados Unidos, sob a pressão da indústria automobilística, os primeiros laminadores de largura de mesa com 500 mm são instalados para produzir chapas de espessura 0,78 e 1,00 mm. Infelizmente, o passe de encruamento provocava sobre a chapa defeitos de aspecto sob a forma de linhas de estricção de espessura (linhas de Lüders), até que se descobrisse que havia um limite mínimo do diâmetro de bobinas que se podia formar (600 mm).

Em 1926, foi posto em operação o primeiro tandem contínuo a frio na fábrica de Yorkville (Ohio, Estados Unidos) da Wheeling Steel Corporation. Esse laminador de quatro cadeiras quádruo, de largura de mesa de 914 mm (36"), era equipado de mancais de rolamentos para os cilindros, e a sua velocidade máxima era de 107 m/min. Produzia folhas de aço de seção 711 mm × 0,25 mm a partir de bobinas laminadas a quente de espessura 1,52 mm, com duas passagens com recozimento intermediário. Foi necessário esperar o emprego do *sabão preto* como lubrificante de laminação para suprimir a segunda passagem de recozimento intermediário e demonstrar a justificativa econômica da laminação a frio de chapas largas.

Em 1930, a utilização pela Wheeling Steel do óleo de palma no seu segundo tandem (cinco cadeiras de amplitude 1.219 mm (48") e de velocidade máxima 457 m/min) melhorou de maneira decisiva o método, pois permitiu as seguintes melhorias: a) supressão das vibrações; b) redução considerável do consumo de energia elétrica; e c) diminuição da temperatura até então excessiva do laminador (geradora de carepa de cilindro). Na mesma época, a pedido reiterado dos fabricantes de automóveis, na usina da Inland Steel Company (Illinois, Estados Unidos), foi instalado um tandem de três cadeiras com mesa de 1.372 mm (54") que permitia a produção de chapas para embutimento profundo por meio das seguintes modificações no processo: a) tratamento com jato de areia da superfície dos cilindros do laminador de encruamento (*skin-pass*), para se obter uma chapa áspera (permitindo lubrificação na estampagem de peças do tipo longarina); b) para evitar a colagem de espiras das bobinas durante o recozimento em temperaturas elevadas, um acabamento com jateamento de areia dos cilindros era utilizado na terceira gaiola do tandem. Com o sucesso desse método, o laminador foi alargado rapidamente para 1.880 mm (74").

Os desenvolvimentos na área de laminadores agrupados, por exemplo, o laminador Sendzimir, foram apresentados no Capítulo 3 desta publicação. A título de ilustração, apresenta-se na Figura A.17 uma fotografia do protótipo da cadeira de laminação agrupada de vinte cilindros construído em 1932, na Polônia, por Tadeuz Sendzimir.

Figura A.17 – Protótipo da cadeira de laminação agrupada de vinte cilindros, construído em 1932, na Polônia, por Tadeuz Sendzimir.

Fonte: Sendzimir Inc.

O laminador tipo Steckel para laminação a quente foi desenvolvido pelo engenheiro americano Abram Peters Steckel. A etapa de desenvolvimento do laminador levou onze anos antes de entrar em operação comercial, em 1932, na Youngstown Sheet &

Tube Company's Brier Hill Works, em Ohio (Estados Unidos). A patente foi registrada sob o número 1.977.214 de 1934, tendo sido submetida em 1931. A Figura A.18 apresenta um desenho do laminador que está disponível na patente (STECKEL, 1934).

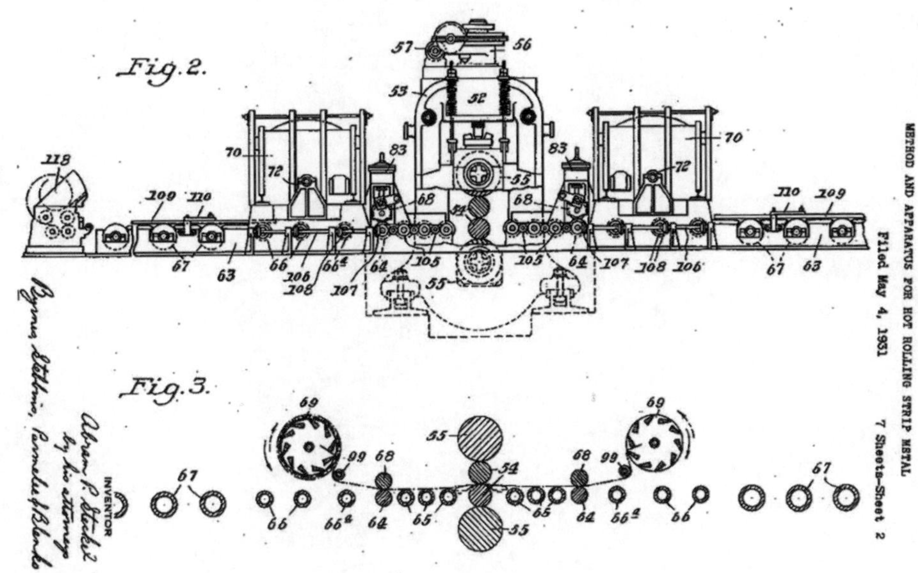

Figura A.18 – Desenho do laminador disponível na patente US1977214A.

Os desenvolvimentos na área de laminação continuam a ser realizados visando a aumentar a sua eficiência energética, a sua capacidade de produção, a redução de mão de obra necessária para a sua operação e manutenção, o seu índice de funcionamento e a qualidade dos produtos gerados.

Os trens de laminação atuais são normalmente trens contínuos que possuem altas capacidades e estão funcionando em altas velocidades. Os trens são capazes de laminar materiais mais pesados e de grandes dimensões. As usinas são capazes de laminar seções mais finas. Outros trens modernos não apenas laminam, mas também realizam as funções metalúrgicas por meio de tratamentos térmicos on-line dos materiais laminados. Os trens atuais possuem um elevado grau de automatização. As usinas possuem alta produtividade e alto rendimento. A mão de obra necessária para operar as fábricas, apesar de ter sido reduzida, possui um grau de qualificação bastante elevado. Os produtos laminados também têm melhores tolerâncias dimensionais, de propriedade superficiais e de propriedades mecânicas e tecnológicas, com um índice de confiabilidade elevado. Vale ressaltar que a laminação, como existe hoje, não pode ser atribuída a um único inventor, mas é fruto de várias pequenas melhorias contínuas que a levaram a ser o processo mais utilizado no processo de fabricação. Atualmente, cerca de 90% dos metais usados na indústria, mais cedo ou mais tarde, passaram por um processo de laminação.

Referências

ACADÉMIE ROYALE DES SCIENCES. *Histoire de l'Academie Royale des Sciences*. Paris: De L'imprimerie Royale, 1730.

ACADÉMIE ROYALE DES SCIENCES. *Machines approuvees Par L'Academie Royale des Sciences*. EUA: Nabu Press, 2011.

ALMEIDA, V. C. et al. Nova decapagem da Usiminas-Cubatão. *In*: 47º Seminário de Laminação, Processos e Produtos Laminados e Revestidos, ABM, Belo Horizonte. *Anais*... São Paulo: ABM, 2010. p. 321-335.

ANGERSTEIN, R. R. *Angerstein's Illustrated Travel Diary 1753-1755*: Industry in England and Wales from a Swedish Perspective. Trad. Torsten and Peter Berg. London: Science Museum, 2001.

ANGERSTEIN, R. R. *Angerstein's Illustrated Travel Diary, 1753-1755*: Industry in England and Wales from a Swedish Perspective (Angerstein's Resa and Genon England). Estocolmo, 1755.

BARTL, J.; FIRA, R.; HAIN, M. Inspection of Surface by the Moirè Method. *Measurement Science Review*, v. 1, n. 1, p. 29-32, 2001.

BECK, T. *Beiträge zur Geschichte des Maschinenbaues*. Berlin: Springer, 1900.

BEKASOVA, L. M. Development of the Rolling Industry (Until the 20th Century). *Metallurgist*, v. 2, n. 4, p. 201-205, 1958.

BEYNON, J. H.; KRZYZANOWSKI, M. Measurement of Oxide Properties for Numerical Evaluation of their Failure Under Hot Rolling Conditions. *Journal of Materials Processing Technology*, p. 398-404, 2002.

BIRINGUCCIO, V. *The Pirotechnia of Vanoccio Biringuccio* (1540). Trad. Cyril Stanley Smith e Martha Teach Gnudi. New York: Dover Publications, 2006. (Título original: *De La Pirotechnia*).

BIROSCA, S.; WEST, G. D.; HIGGINSON, R. L. Microstructural Investigation of the Oxide Scale on Low Carbon Steel. *In*: 14th International Metallurgical & Material Conference, Czech Republic, 24-26 may 2005. Hradec nad Moravicí, 2005.

BLAND, D. R.; FORD, H. The Calculation of Roll Force and Torque in Cold Strip Rolling With Tensions. *Proc. Inst. Mech. Eng.*, v. 159, p. 189, 1948.

BLAND, D. R.; FORD, H. Cold Rolling With Strip Tension, part III: an Approximate Treatment of the Elastic Compression of the Strip in Rolling Mills. *Journal of the Iron and Steel Institute*, v. 172, p. 245-249, 1952.

BLAZEVIC, D. T. *Rolled in Scale*: the Continual Problem, Part I – Scale Formation and Rolling Characteristics. Homewood: Hot Rolling Consultants, fev. 1983a.

BLAZEVIC, D. T. *Rolled in Scale*: the Continual Problem, Part II – Rolled in Scale Descriptions, Causes, and Cures. Homewood: Hot Rolling Consultants, fev. 1983b.

BLAZEVIC, D. T. Steckel Mill Variations. *Rolled in Scale*, part VIII, p. 1-18, 1992.

BLAZEVIC, D. T. *Tertiary Rolled in Scale*: the Hot Strip Mill Surface Problem of 1990's. *In*: 37th Mechanical Working and Steel Processing Conference, v. 33, Hamilton, Canada, 1995. Warrendale: Iron & Steel Society, 1996. p. 33-38.

BLAZEVIC, D. T. *Hot Strip Mill Operations*: Roll Wear, Broken Rolls and Roll Life, v. III, cap. II, p. 3-4, cap. VI, p. 1-40 e cap. VII, p. 1-13. San Lakes, Arizona, 2002.

BOADA, F.; SALAZAR, A., Planta de regeneración de ácido clorídrico, mejoras productivas y su impacto ambiental. *Sidor Hoy Internacional*, 1994.

BOLT, P. H. *et al.* Investigation of the Formation, Constitution and Properties of Scale Formed During the Finishing Rolling, Cooling and Coiling of Thin Hot Strips. ECSC Steel RTD Project 7210.PR/153, Technical Report, p. 1-21, 2000.

BOLT, P. H. Understanding the Properties of Oxide Scales on Hot Rolled Steel Strip. *In*: METEC CONGRESS 2003 – 3rd European Rolling Conference, Düsseldorf, Alemanha, p. 109-114, 2003.

BOSSELI, G. *et al.* Nova tecnologia para acabamento superficial de cilindros para laminação a frio. *MPT* (edição brasileira), p. 27-29, out. 2014.

BOURDON, G.; VANDENEYNDE, X.; ZEIMETZ, E. Control of Scale Properties During Hot Rolling. *In*: 24es *Journées Sidérurgiques Internationales – La Revue de Métallurgie*, ATS, 2003, Paris, França, Session 3 – Train à Bandes, p. 46-47, 2003.

BRYANT, G. F.; OSBORN, R. Derivation and Assessment of Roll-Force Models. *In*: BRYANT, G. F. (Ed.). *Automation of Tandem Mills*. London: The Iron and Steel Institute, 1973a. p. 245-278.

BRYANT, G. F.; OSBORN, R. Derivation and Assessment of simplified models for torque, slip and neutral angle. *In*: BRYANT, G. F. (Ed.). *Automation of Tandem Mills*. London: The Iron and Steel Institute, 1973b. p. 279-306.

CAGNET, M.; MOREAU. J. Étude de la calamine formée sur des feuillards au cours du laminage à chaud.. *Publications de l'Institut de recherches de la sidérurgie*, Saint Germain-en-Laye, v. 226, 1960.

CAHN, R. W.; HAASENT, P. *Physical Metallurgy*. 4th. ed. [*S. l.*], Elsevier Science BV, 1996. p. 1292-1307.

CALMON, J.-C.; CENAC, J. Laminage à froid des produits plats. *Techniques de l'Ingénieur*, 1994.

CASTRO, G. *et al.* Caracterização da carepa em aço inoxidável ferrítico ABNT 430. *Tecnologia em Metalurgia e Materiais*, São Paulo, v. 3. n. 1, p. 40-44, jul.-set. 2006.

CASTRO, G. M. *et al.* Caracterização da carepa no aço inoxidável ferrítico ABNT 430. *In*: Seminário de Laminação, Processos e Produtos Laminados e Revestidos, 42., 2005, Santos. *Anais*... São Paulo: ABM, 2005a. p. 368-377.

CASTRO, G. M. *et al.* Estudo da oxidação a quente no aço inoxidável ferrítico ABNT 430 utilizando o espectrômetro de emissão óptica por centelhamento (GDLS). *In*: Seminário de Laminação, Processos e Produtos Laminados e Revestidos, 42., 2005, Santos. Anais... São Paulo: ABM, 2005b. p. 415-424.

CAUS, S. *Les raisons des forces movantes*. [*S. l.*: *s.n.*], 1615.

CURLETTO, P. Pickling of Stainless, Silicon & Low Carbon Steel Strip – Latest Technologies & Techniques Applied in Tenova Recent Projects. *In*: Seminário de Laminação, Processos e Produtos Laminados e Revestidos, 47., ABM, Belo Horizonte. *Anais*... São Paulo: ABM, 2010. p. 321-335.

DANIELI WEAN UNITED. *Innovative Cold Strip Rolling and Processing Plant Technology*. [*S. l.*], 2012.

DA VINCI, L. *Codice Atlantico*. Propriedade do original: Biblioteca Ambrosiana di Milano. Versão digitalizada: Biblioteca Leonardiana, Vinci, Dipartimento di Meccanica e Tecnologia, Università di Firenze. Disponível em: <http://www.leonardodigitale.com/>. Acesso em: 19 maio 2012.

DURFEE, W. F. The Early Use of Rolls in the Manufacture of Metals. *Cassier's Magazine*, 1899.

ENCYCLOPÉDIE. Recueil de Planches sur les Sciences et les Arts Méchaniques. Paris, 1765.

FERRAZ, M. J. de O. *Laminação dos aços*: prática operacional. São Paulo: ABM, 1987. cap. I, item 4, Carepa, p. 25-29; cap. XV, item II.4, Oxidação do aço durante o reaquecimento e a laminação a quente: formação de carepa, p. 42-52, 1987.

FERREIRA, A. S. *Avaliação estatística dos parâmetros operacionais das unidades de regeneração de ácido clorídrico da USIMINAS*. Dissertação (Mestrado) – UFMG, 2009.

FERREIRA FILHO, A.; BIELSKIS, M. F. Laminação a frio de tiras de aço com o uso de nitrogênio líquido. *In*: 44º Seminário de Laminação, Processos e Produtos Laminados e Revestidos, 16 a 19 de outubro de 2007, Campos do Jordão. *Anais*... São Paulo: ABM, 2007. p. 178-188.

FLORENT, J.-J. Synopsis of a Modern X-Ray Thickness Gauge. *Iron & Steel Technology*, p. 74-84, fev. 2013.

FORD, H.; ALEXANDER, J. M. Rolling Hard Materials in Thin Gauges. Basic Considerations. *Journal of the Institute of Metals*, v. 88, p. 193-199, 1959.

FORD, H.; ALEXANDER, J. M. *Advanced Mechanics of Materials*. London: Longmans, 1963.

FORD, H. ELLIS, F. Cold Rolling With Strip Tension, Part ii: Comparison Of Calculate And Experimental Results. *Journal of The Iron and Steel Institute*, v. 171, p. 239-245, 1952.

FORD, H.; ELLIS, F.; BLAND, D. R. Cold Rolling With Strip Tension, Part i: a New Approximate Method and a Comparison With Other Methods. *Journal of the Iron and Steel Institute*, v. 168, p. 57-72, 1951.

FRIEDRICH VOLLMER FEINMESSGERAETEBAU GmbH. *Radiation Strip Thickness Measurement Systems*. Hagen-Berchum, 2013.

GALLON, J. G. *et al. Machines et Inventions approuvees par l'Académie Royale des Sciences, depuis son établissement jusqu'à présent; avec leur description*. Paris, 1735.

GINZBURG, V. B. *Steel-Rolling Technology*: Theory and Practice. New York: Marcel Dekker, 1989.

GINZBURG, V. B. (Ed.). *Flat-Rolled Steel Processes*: Advanced Technologies. Boca Raton: CRC Press, 2009.

GREENBERGER, J. I. Rolling of Metals. *Iron and Steel Engineer Yearbook*, p. 215-223, 1959.

HASLER, F.; STONE, N. *The Whys and Hows of Sulfuric Acid Pickling and Recovery*. Kingsville: Esco Engineering, 1995.

HASLER, F.; STONE, N. *The Whys and Hows of Hydrochloric Acid Pickling*. Kingsville: Esco Engineering, 1997.

HENSEL, A.; POLUCHIN, P.; POLUCHIN, W. *Technologie der Metallformung*. Freiberg, 1990.

HERINGER, L. C. Instrumentos de medição e controle. *In*: *Curso laminação de produtos planos*. São Paulo: ABM, 1994 (apostila).

HILL, R. *The Mathematical Theory of Plasticity*. Oxford: Oxford University Press, 1950.

HITCHCOCK, J. H. Elastic Deformation of Rolls During Cold Rolling. *ASME Report of Special Research Committee on Roll Neck Bearings*, p. 33-41, June 1935.

IKEDA, S. Technical Progress of Stainless Steel and its Future Trend. *Nippon Steel Technical Report*, n. 99, p. 2-8, Set. 2010.

ITOH, S. *et al*. Ferric Oxide Produced by Spray Roasting of HCl Pickling Liquor. *Tetsu-to-Hagane*, v. 62, n. 8, p. 1035-1044, 1976.

JENKINS, R. *Links in the History of Engineering and Technology from Tudor Times*. Cambridge: Newcomen Society at the University Press, 1936.

JOHANNSEN, O. *Geschichte Des Eisens, Verlag Stahleisen M.B.H.* Dosseldorf, 1924.

KASPER, A. S. *Correlation of Instrumentation With Painted Appearance*. Soc. of Automotive Engineers, 1965.

KRZYZANOWSKI, M.; BEYNON, J. H.; FARRUGIA, D. C. J. *Oxide Scale Behavior in High Temperature Metal Processing*. Weinheim: John Wiley & Sons, 2010.

LECOURT, S. Décapage. *In*: *Le livre de l'acier*. Paris: Tec. & Doc Lavoisier, 1994. p. 611-626.

LENARD, J. G. Friction During Flat Rolling of Metals. *In*: *Friction and Flow Stress in Forming and Cutting*. Ed. Philippe Boisse, Taylan Altan e Kees van Luttervelt. London: Kogan Page Science, 2003. p. 15-34.

LENARD, J. G. *Primer on Flat Rolling*. Oxford: Elsevier, 2007.

LI, G. Y.; LAGERGREN, J. Evaluation on Some Important Force for Cold Strip Rolling. *Steel Research*, v. 71, n. 11, p. 449-459, 2000.

LIMA Jr., S. O. *Influência dos parâmetros de processamento termomecânico na formação de carepa na laminação a quente de tiras finas*. Dissertação (Mestrado) - REDEMAT (UFOP - CETEC - UEMG), Ouro Preto, 2006.

LOVATO NETO, C. *Simulação numérica da laminação a frio no laminador Sendzimir Número 2 da Acesita*. Dissertação (Mestrado) - UFMG, 2006.

LUNDBERG, S. E.; GUSTAVSSON, T. The Influence of Rolling Temperature on Roll Wear, Investigated a New High Temperature Test Rig. *Journal of Materials Processing Technology*, v. 42, p. 239-291, 1994.

LUYCKX, L.; LORANG, F. Formation of Fleck Scale During Hot Rolling of Wide Strip. Traduzido de: *C.N.R.M.*, n. 2, p. 3-8, Jan. 1965.

MACKINTOSH-HEMPHILL COMPANY. *Rolling Mills, Rolls and Roll Making*. Pittsburg, 1953.

MASCLA, J. C.; MARINI, O. C.; UBICI, E. Reduction of Work Roll Wear by Controlling Tertiary Scale Growth, Siderar Hot Strip Mill. *Iron and Steel Engineer,* San Nicolas, Argentina, p. 48-51, jun. 1998.

MELFO, W. M.; DIPPENAAR, R. J.; REID, M. H. In Situ Study of Scale Formation Under Finishing-Mill Operating Conditions. *In*: AISTech 2006, Cleveland, Ohio, USA, May 1-4, Association for Iron and Steel Technology (AIST). *AISTech 2006 Proceedings*, v. II, p. 25-35, 2006.

MIANI, F.; PATRIZI, P. Fundamentals of Online Flatness Measuring Devices. In: GINZBURG, V. B. (Ed.). *Flat-rolled Steel Processes: Advanced Technologies.* Boca Raton: CRC Press, 2009.

MINISTÉRIO DO MEIO AMBIENTE. *Guia de gestão de resíduos em tratamento de superfície: etapa de decapagem ácida, Projeto Programa Piloto para a Minimização dos Impactos Gerados por Resíduos Perigosos.* Minas Gerais: Ministério do Meio Ambiente/ Centro de Tecnologias Limpas, Senai, 2006.

MIYAZAKI, Y. *et al.* Welding Techniques for Tailored Blanks. *Nippon Steel Technical Report*, n. 95, p. 46-52, Jan. 2007.

MOLLEDA, J. *et al.* Real-Time Flatness Inspection of Rolled Products Based on Optical Laser Triangulation and Three-Dimensional Surface Reconstruction. *Journal of Electronic Imaging*, v. 19, n. 3, p. 1-14, Jul. 2010.

MROWEC, S.; PRZYBYLSKI, K. Oxidation of Co at High Temperature. *Oxid. Metals*, n. 11, p. 365-381, 1977.

MÜHL, J.; ALDER, G. M. *Direct Printing of Etch Masks Under Computer Control.* 6th lnternational Conference on Metrology and Properties of Engineering Surfaces, 1994.

MÜLL, K. *et al. TOPOCROM-a Superior Method to Texture Work Rolls.* MS&T Conference Proceedings, 2004.

NADAI, A. The Forces Required for Rolling Steel Strip Under Tension. *Journal of Applied Mechanics*, v. 6, n. 2, p. A54–A62, 1939.

NEWBY, K. R. *In*: REIDENBACH, F. *Asm Handbook: Surface Engineering ASM International*, v.5, p.684-721, 1994.

OIKE, Y. *et al.* Influence of Rolling Conditions and Chemical Compositions of Rolled Material on Strip Surface Flaw Caused by Surface Deterioration of Hot Work Rolls. *ISIJ International*, v. 32, n. 11, p. 1211-1215, 1992a.

OIKE, Y. *et al.* Influence of Rolling Conditions and Chemical Compositions of Rolled Material on Strip Surface Flaw Caused by Deterioration of Hot Work Rolls. *ISIJ International*, v. 32, p. 1211-1215, 1992b.

OLIVEIRA, A. F. Avaliação crítica do revestimento de cromo. Tese (Doutorado) – USP, São Paulo, 2019.

ORDENBACH, H.; DAVID, G. Les aciers inoxydable: proprietes – mise em oeuvre – emploi – norme. *Tec & Doc Lavoisier*, Paris, 1990.

OROWAN, E. The Calculation of Roll Pressure in Hot and Cold Flat Rolling. *Proceedings of the Institute of Mechanical Engineers*, v. 150, n. 4, p. 140-167, 1943.

PAIDASSI, J. The Kinetics of the Oxidation of Iron in the Range 700-1250 C. *Acta Metallurgica*, v. 6, p. 184, 1958.

PARKINS, R. N. Mechanical Treatment of Metals. London: George Allen and Unwin, 1968.

PFEIZER, H. Industrial Furnaces for Steel Processing – 90 Years of Continuous Improvement. *Steel Research International*, v. 89, n. 11, 1800306 (1 of 13), nov. 2018.

PIRES, C. T. A. Sistema de otimização e adaptação para a geração de referências em um laminador de tiras a frio. 2007, 122p. Tese (Doutorado) – Escola Politécnica da Universidade de São Paulo, São Paulo, 2007.

POLHEM, C. Patriotiska Testamente, eller Underrättelse om Järn, Stal,... Stockholm: O. Dalin, 1761.

PRADO, A. C. *et al.* Melhoria da qualidade superficial da bobina laminada a quente da CSN, *In*: XXXIV SEMINÁRIO DE LAMINAÇÃO, PROCESSOS E PRODUTOS LAMINADOS E REVESTIDOS, ABM, Belo Horizonte, 1997. p. 391-402.

PRAT, E.; LEMAIRE, B. Les lignes de décapage des aciers doux. *Historique, aspects industriels*, CESSID, p. 55-70, 1983.

RAMANATHAN, L. V.; POHL, M.; PADILHA, A. F. The Effect of Niobium on the Oxidation Behavior of Fully Austenitic Fe-15% Cr-15% Ni Stainless Steels. *Materials and Corrosion*, v. 46, p. 71-75, 1995.

RANDACIO, E. *et al.* Nova linha de decapagem tipo "push-pull" para aumentar a flexibilidade da produção na Duferco La Louviere. *MPT* (edição brasileira), n. 1, p. 58-60, 2007.

REAUMUR, R.-A. F. *Principes de L'art de fer-blanc*. Registres de l'Académie royale des sciences, 21 avril 1725.

REGAD, B. *et al.* Influence des éléments d'addition sur les premiers stades de l'oxidation d'un acier faiblement allié, entre 600 et 800 °C. *La Revue de Métallurgie*, CIT/Science et Génie des Matériaux, p. 1805-1814, 1994.

REIS, C. DA SILVA, C. A.; GUIMARÃES, L. A. Controle do defeito carepa na laminação de tiras a quente. *In*: SEMINÁRIO DE LAMINAÇÃO DE PRODUTOS PLANOS E NÃO PLANOS, ABM, Recife, 1984. p. 313-328.

RIZZO, E. M. S. *Processos de laminação dos aços*: uma introdução. São Paulo, ABM, 2007.

RIZZO, E. M. S. *Processo de fabricação de ferro-gusa em alto-forno*. São Paulo: Blucher, 2009.

RIZZO, E. M. S. *Processos de laminação a quente de produtos planos de aço*. São Paulo, ABM, 2011.

ROBERTS, W. L. Computing the Coefficient of Friction in the Roll Bite from Mill Data. *Blast Furnace and Steel Plant*, v. 55, p. 499-508, 1967.

ROBERTS, W. L. *Cold Rolling of Steel*. New York: Marcel Dekker, 1978.

ROBERTS, W. L. Hot rolling of steel. *Manufacturing Engineering and Materials Processing*, 1993.

ROHN, W. Anwendung Kleinster Walzendurchnesser and Fortbildung von Mehrrollenwalzwerken. *Stahl u. Eisen*, v. 52, p. 821, 1932.

ROHN, W. *Multihigh Rolling Mill*. [*S. l.*] 1937. Patente US2085449.

ROSSI, E. H.; CASTRO, G. M. Caracterização dos defeitos provenientes de oxidação na laminação a quente de aços-carbono. *In*: XXXVII Seminário de Laminação, Processos e Produtos Laminados e Revestidos, ABM, Curitiba, 2000. p. 387-396.

ROWE, G. W. *Principles of Industrial Metalworking Processes*. London: Edward Arnold Publishers, 1977.

SANTOS, A. A.; BARRETO, G. R.; CARMO, R. A. Estrutura e morfologia da carepa formada em aços processados na laminação de tiras a quente. *In*: XXXIX Seminário de Laminação, Processos e Produtos Laminados e Revestidos, ABM, Ouro Preto, 2002. p. 175-184.

SCHEY, J. A. *Tribology in Metalworking*. Ohio: ASM, Metals Park, 1983.

SCHEY, J. A. *Introduction to Manufacturing Processes*. 3rd ed. New York: McGraw--Hill, 2000.

SENDZIMIR, T. Rolling Mill Adjustment. [*S. l.*], 1939. Patente US2169711.

SENDZIMIR, T.; ECKERT, J. E. Rolling Mill and Lubrication Method and Means Therefor. [*S. l.*], 1951. Patente US 2.566.679.

SHIRIZLY, A.; LENARD, J. G. Emulsions *Versus* Neat Oils in the Cold Rolling of Carbon Steel Strips. *ASME J. Trib.*, v. 122, p. 550–556, 2000.

SIEMENS-VAI. SIROLLCIS SIFLAT – Contactless Flatness Measurement for High--Quality Rolled Strips, catálogo de produto. Siemesn-VAI home-page, 2013.

SILVA, E. P. *Otimização da configuração produtiva da planta de laminação a frio de aços planos*. Dissertação (Mestrado) – UFMG, Belo Horizonte, 2016.

SMS-SIEMAG, Stainless Steel Technology, 2009.

SPREITZHOFER, G., DUMMLER, A. SI-FLAT Improves Measurement of Strip Flatness in Cold Rolling Mills. *Metals and Mining International News*, v. 4, p. 1-2, 2002.

STAEVES, J. *Beurteilung der Topografie von Blechen im Hinblick auf die Reibung bei der Umformung*. Dissertation, Universitat Darmstadt, 1998.

STECKEL, A. P. *Method and Apparatus for Hot Rolling Strip Metal, US1977214A*. [*S. l.*], 1934.

STONES, M. D. The Rolling of Thin Strips - Part I. *Iron and Steel Engineer Yearbook*, p. 115-128, 1953a.

STONES, M. D. The Rolling of Thin Strips - Part II. *Iron and Steel Engineer Yearbook*, p. 981-1002, 1953b.

SUN, D.; YAO, L.; FAN, Q.; ZHANG, J. Research on Service Performances Between Different Textured Cold Rolls. *AISTech Proceedings*, V.2, 2006.

SUN, W. *et al.* Surface Characteristics of Oxide Scale in Hot Strip Rolling. *Journal of Materials Processing Technology*, p. 76-83, 2003.

SUN, W. *et al.* High Temperature Oxide Scale Characteristics of Low Carbon Steel In Hot Rolling. *Journal of Materials Processing Technology*, p. 1-6, 2004.

SWANK, J. H. *History of the Manufacture of Iron in All Ages, and Particularly in the United States for Three Hundred Years, from 1585 to 1885*. Philadelfia: Ayer Company Publishers, 1892 (nova edição: Whitefish, MT: Kessinger Publishing, 2007).

SWEDENBORG, E. *De Ferro (Regnum subterraneum sive minerale de ferro etc. etc.)*. Leipzig, 1734.

THEIS, H. E. *Handbook of Metal Forming Processes, Herr-Voss Corp.* Callery, Pennsylvania, 1999.

TONG, K.; SACHS, G. Roll Separating Force and Minimum Thickness of Cold-Rolled Strips. *J. Mech. Phys. Solids*, v. 6, p. 35-46, 1957.

TORRES, M.; COLÁS, R. A Model for Heat Conduction Through the Oxide Layer of Steel During Hot Rolling. *Journal of Materials Processing Technology*, p. 258-263, 2000.

TRINKS, W. Pressures and Roll Flattening in Cold Rolling. *Blast Furnace and Steel Plant*, v. 25, p. 617-19, 1937.

TSELIKOV, A. I. Effect of External Friction and Tension on the Pressure of the Metal on the Rolls in Rolling. *Metallurg*, n. 6, p. 61-76, 1939.

TSELIKOV, A. *Stress and Strain in Metal Rolling*. Moscow: MIR, 1967.

UNDERWOOD, L. R. *The Rolling of Metals*, v. I. New York: John Wiley and Sons, 1950.

USHER A. P. A History of Mechanical Inventions. 1st ed. New York: McGraw Hill Book Company, 1929.

VILLEGAS, E. A. Regeneração de HCl e produção de Fe2O3 a partir de soluções residuais de decapagem. *In*: CONGRESSO ANUAL DA ABM, São Paulo, v. 3, p. 213-228, 1980.

VOLLMER, F. *Feinmessgeraetebau* GmbH. Catálogo Radiation Strip Thickness Measurement Systems, Hagen-Berchum, 2013.

VON KÁRMÁN, T. Beitrag zür theorie des Walzvorganges. Zeitschrift fur angewandte, *Mathematik und Mechanik*, v. 5, p. 139, 1925.

WÉRY, M. Décapage des métaux. *Techniques de l'Ingénieur,* M 1 455, 2001a.

WÉRY, M. Décapage chimique des surfaces métalliques. *Techniques de l'Ingénieur,* M 1 456, 2001b.

WOLFGANG, D.; KLADNIG, F. A Review of Steel Pickling and Acid Regeneration: an Environmental Contribution. *International Journal of Materials and Product Technology,* v. 19, n. 6, p. 550-561, 2003.

XAVIER, R. R. *et al.* Caracterização e diagnóstico do defeito carepa em tiras de aço laminadas a quente. *In*: XXXIX Seminário de Laminação, Processos e Produtos Laminados e Revestidos, ABM, Ouro Preto, 2002. p. 59-68.

YUEN, W. Y. D. Improving Cold Rolling Operations With Advanced Technologies. *SEAISI Quartely,* p. 42-50, Oct. 1999.

YUEN, W. Y. D.; NGUYEN, D. N. The Modeling of the Mechanics of Deformation in Flat Rolling. *Journal of Material Processing Technology,* v. 60, p. 87-94, 1996.

ZIMNIK, W.; RITTEBACH, B.; MÜLL, K. *Pretex - a New Process for the Textured Sheet. MPTlnternational,* 1998.

ZONCA, V. *Novo teatro di machine et edificii.* Padua, 1607 (terceira edição de 1656).

Bibliografia

A TECHNICAL Guide Environmental Aspects of the Metal Finishing Industry: a Technical Guide. Paris: UNEP, p. 91, 1993.

ALMEIDA, V. C. et al Nova decapagem da Usiminas Cubatão. *In*: Seminário de Laminação, Processos e Produtos Laminados e Revestidos, 47., p. 677-688, ABM, Belo Horizonte. *Anais*... São Paulo: ABM, 2010.

ALTAN, T.; OH, S. I.; GEGEL, H. *Metal Forming*: Fundamentals and Applications. ASM, 1983.

ASHBY, M. F.; JONES, D. R. H. *Engineering Materials Vol. 2*. 2nd ed. Oxford: Butterworth Heinemann, 1998.

BAQUE, P. *et al.* Mise en forme des metaux – Calculs par la plasticite. Paris : Dunod,1973.

BECK, L.. *Geschichte des Eisens*. Braunschweig: Verlag Vieweg, 1897.

BERNARDES, A. M. *Manual de orientações básicas para a minimização de efluentes e resíduos na indústria galvânica*. Porto Alegre: Senai, 2000. p. 64.

BERNS, H.; THEISEN, W. *Ferrous Materials*: Steel and Cast Iron. Berlin: Springer--Verlag, 2008.

BLAIN, P. *Laminação e forjamento dos aços*. São Paulo: ABM, 1964.

BLAZEVIC, D. T. Rolled in Scale - The Consistent Problem. *Proc. of the 4th Int. Steel Rolling Conf.*, Paris, v. 1, Association de la Siderurgie Francaise, p. A38.1-13, 1987.

BLAZEVIC, D. T. Tertiary Rolled in Scale: the Hot Strip Mill Surface Problem of 1990's. *In*: 37th Mechanical Working and Steel Processing Conference, vol. 33, 1996, Hamilton, Canada. Warrendale: Iron & Steel Society, 1996. p. 33-38.

BORGES, F. S. *Elementos de cristalografia.* Lisboa: Fundação Calouste, 1980.

BRESCIANI FILHO, E. *et al. Conformação plástica dos metais.* Campinas: Ed. Unicamp, 1991.

CALLISTER, W. D. *Materials Science and Engineering - an Introduction.* New York: John Wiley & Sons, 1996.

COLPAERT, H. *Metalografia dos produtos siderúrgicos comuns.* São Paulo: Editora Edgard Blucher, 1974.

DAS, A. K. *Metallurgy of Failure Analysis.* New York: McGraw-Hill, 1992.

DEL RIO, J. *Deformacion plástica de los materiales.* Barcelona: Ed. Gustavo Gili S.A., 1980.

DIETER, G. E. *Metalurgia mecânica.* Rio de Janeiro: Ed. Guanabara Dois, 1981.

DURFEE, W. F. The Development of American Industries Since Columbus: Iron and Steel Industry II. *Popular Science Monthly*, v. 38, Jan. 1891.

EGLIN, B. S. Metalurgia física de la laminación controlada. *Siderurgia Latinoamericana*, n. 315, Jul. 1986.

EMI, T. On the Origin and Removal of Large Non-Metallic Inclusions in Steel. *Scandinavian Journal of Metallurgy*, v. 4, p. 1-8, 1975.

EVANS, C.; RYDÉN, G. Baltic Iron in the Atlantic World in the Eighteenth Century. Leiden: Brill, 2007.

FERRAZ, M. J. O. *Calibração de produtos não-planos.* São Paulo: ABM, 1972.

FERRAZ, M. J. O. *Laminação dos aços.* São Paulo: ABM, 1975.

FERRAZ, M. J. O. *Laminação dos aços - Prática operacional.* São Paulo: ABM, 1984.

FREEMAN, M. H.; HARRIS, E. F. *Hazardous Waste Remediation, Innovative Treatment Technologies.* Pennsylvania: Technomic Publish Company, 1998.

GERLING, H. *Moldeo y conformación.* Barcelona: Editorial Reverté, 1979.

GOKYO, J.; SAITO, Y. Studies on the roller-die. *Tetsu-to Hagane Overseas*, Tokyo, v. 4, p. 44-52, 1964.

GORELIK, S. S. *Recrystalization in Metals and Alloys.* Moscou: Mir Publishers, 1981.

GORNI, A. A. Cálculo da temperatura de não recristalização para aços microligados em função da interação entre precipitação e recristalização da austenita. *REM - Revista da Escola de Minas*, v, 52, n. 1, p. 21-25, jan.-mar. 1999.

GRUNING, K. *Técnica da conformação*. São Paulo: Ed. Polígono, 1973.

GUY, A. G. *Ciência dos materiais*. Rio de Janeiro: LTC-EPUSP, 1976.

HELMAN, H.; CETLIM, P. R. *Fundamentos da conformação mecânica dos metais*. Rio de Janeiro: Editora Guanabara Dois, 1982.

HELMAN, H. *et al*. *Fundamentos da laminação*. Belo Horizonte: UFMG – Fundação Cristiano Otoni, 1986.

HERTZEMBERG, R. Deformation and Fracture Mechanics of Engineering Materials. 3. ed. New York: John Wiley & Sons, 1989.

HIGGINS, R. A. *Propriedades e estruturas dos materiais em engenharia*. São Paulo: Difusão Editorial, 1972.

HILL, R. *The Mathematical Theory of Plasticity*. New York: Oxford University Press, 1950.

HONEYCOMBE, R. W. K. *Aços microestrutura e propriedades*. Lisboa: Fundação Calouste Gulbekian, 1984.

HORNBOGEN, E. On the Microstructure of Alloys. *Acta Metall.*, v. 32, p. 615-627, 1984.

HOSFORD, W. F.; CADDELL, R. M. *Metal Forming*. Englewood Cliffs: Prentice Hall, 1983.

IRSID. *Le decapage des produits plants* : oxydation du fer et caracteristiques de la calamine. Textes des conferences donnees au cessid lors du séminaire d'octobre. Paris, 1983.

IURMAN, L. *Trabajo mecanico de los metales*. Buenos Aires: ILAFA, 1986.

JACOBS, J.; KIFDUFF, T. *Engineering Materials Technology*. New Jersey: Prentice Hall, 1997.

JIANG, Z. Y. *et al*. Characterization of Thin Oxide Scale and its Surface Roughness In Hot Metal Rolling. *Materials Science and Engineering A.*, p. 434-438, 2006.

JOHNSON, W.; KUDO, H. *The Mechanics of Metal Extrusion*. Manchester: Manchester University Press, 1962.

JOHNSON, W.; SOWERBY, R.; HADDOW, J. B. *Plane Strain Slip-Line Fields*. New York: American Elsevier, 1970.

KIESSLING, R. *Non-Metallic Inclusion in Steel*. London: The Metals Society, 1978.

KOBAYASHI, S.; OH, S.-I.; ALTAN, T. *Metal Forming and The Finite-Element Method*. Oxford: Oxford University Press, 1989.

LARKE, E. C. *The Rolling of Strip, Sheet and Plate*. 2nd. ed. London: Chapman and Hall, 1963.

LENARD, J. G. *Primer on Flat Rolling*. Oxford: Elsevier, 2007.

LIPPMANN, H.; MAHRENHOLZ, O. *Plastomechanics of the Forming of Metallic Materials*. Berlin: Springer, 1962.

MARTINS, C. A. *et al.* Desenvolvimento de aços livres de intersticiais -if- via recozimento em caixa para a indústria automobilística. *In*: Congresso Anual da ABM, 53., Belo Horizonte, 13-17 set. 1998. *Anais*... [*S. l.*]: ABM, 1998. p. 573-587 (CD-ROM multimídia).

McGANNON, H. E. *The Making, Shaping and Treating of Steel*. 9. ed. Pittsburg: United States Steel, 1970.

METALS HANDBOOK. ASM American Society Of Materials Metals Handbook, volume 1: *Properties and selection: Irons, Steels, And High-Performance Alloys,* 1991.

MEYERS, M. A.; CHAWLA, K. K. *Princípios de metalurgia mecânica*. São Paulo: Editora Edgard Blucher, 1982.

MIELNIK, E. D. *Metalworking Science and Engineering*, McGraw-Hill, 1991.

MOON, F. C. The Machines of Leonardo da Vinci and Franz Reuleaux – Kinematics of Machines from the Renaissance to the 20th Century. *In*: *History of Mechanism and Machine Science*, Dordrecht: Springer, 2007. v. 2.

MORETTI, C. c. *et al.* Caracterização do comportamento a quente de um aço-carbono na região intercrítica, *13º CBECIMAT*, Curitiba, 199

NATIONAL Machinery, Tool Design and Part Shape Development for Multi-Die Cold Forming. *Apostila*, National, 1986.

NOVIKOV, I. *Teoria dos tratamentos térmicos dos metais*. Rio de Janeiro: Editora UFRJ, 1994.

OLIVEIRA JR., N. R. Aplicação das técnicas microscopia ótica e microscopia eletrônica de varredura na caracterização de inclusões em aços. *In*: CBECIMAT, 13., Curitiba, 1998.

PADILHA, A. F.; AMBROSIO FILHO, F. *Técnicas de análise microestrutural*. São Paulo: Editora Hemus, 1985.

PADILHA, F.; SICILIANO JR., F. *Encruamento, recristalização, crescimento de grão e textura*. São Paulo: ABM, 1996.

PARKINS, R. N. Mechanical Treatment of Metals. London: George Allen and Unwin, 1968.

PEREIRA, J. F. B. Aços empregados no Projeto Ulsab – "Ultra Light Steel Auto Body". *In*: Congresso Anual da ABM, 53., Belo Horizonte, 13-17 set. 1998. Anais ... [S. l.]: ABM, p. 532-542, 1998 (CD-ROM multimídia).

PEREIRA, J. F. B.; MELO, T. M. F. *Laminados planos de aço para indústria automobilística*. Belo Horizonte: ABM, 1999.

PITTNER, J.; SIMAAN, M. A. *Tandem Cold Metal Rolling Mill Control*: Using Practical Advanced Methods. New York: Springer, 2011.

PLAUT, R. L. *Laminação dos aços – Tópicos avançados*. São Paulo: ABM, 1984.

POMEY, G.; TRENTINI, B. Queles considerations sur la propriete des aciers. *Revue de Metallurgie*, n. 10, p. 603, 1971.

POULUKHIN, V. P. *Mathematical Simulation and Computer Analysis of Thin-Strip Rolling Mills*. Moscou: Mir Publishers, 1975.

PRAGER, W.; HODGE, P. G. *Theory of Perfectly Plastic Solids*. New York: Wiley, 1941.

RABBI, M. S. *et al*. Comportamento em fadiga de dois aços microligados utilizados na fabricação de discos de rodas automobilísticas. *In*: Congresso Anual da ABM, 53., Belo Horizonte, 13-17 set. 1998. *Anais*... [*S. l.*]: ABM, 1998. p. 1208-1222.

REED-HILL, R. E. *Princípios de metalurgia física*. Rio de Janeiro: Guanabara Dois, 1982.

REGONE, W.; BALANCIN, O.; JORGE JR., A. M. Comportamento mecânico a quente de um aço If. *In*: Congresso Anual da ABM, 53., Belo Horizonte, 13-17 set. 1998, *Anais*... [*S. l.*]: ABM, 1998. p. 1643–1654 (CD-ROM multimídia).

ROSSARD, C.; Fazan, B. *Comportement Mecanique et Metallurgique des aciers et de certains metaux en cours de deformation a chaud*. Metz: IRSID-CESSID, 1968.

ROTHERY, W. H. *Estrutura das ligas de ferro*: introdução elementar. São Paulo: Editora Edgard Blucher, 1968.

SABIONI, A. C. S. *et al*. Comparative Study of High Temperature Oxidation Behavior in ABNT 304 and ABNT 439 Stainless Steels. *Materials Research*, v. 6, n. 2, p. 179-185, Apr.-Jun. 2003.

SAGE, A. M. Microalloyed Steels for Structural Applications. *Metals and Materials*, p. 584-588, 1989.

SCHAEFFER, L. *Introdução à conformação mecânica dos metais*. Porto Alegre: Ed. da UFRGS, 1983.

SCHNEIDER, S. *et al*. Análise do comportamento mecânico em chapas laminadas com alto grau de redução a frio. *In*: CBECIMAT, 13., 6 a 9 dez. 1998, Curitiba.

SEABRA, A. V.; SALTA, M. m. R. *Inclusões não metálicas em aços e ferros fundidos*. Lisboa: Laboratório Nacional de Engenharia Civil, 1982 (Memória, n. 567).

SHABAIK, A. H.; THOMSEN, E. G. An Application of Potential Theory to Solution of Metal Flow Problems. *In*: *Advances in Machining Tool Design and Research Conference*. [*S. l.*], Pergamon, 1966. p. 429-445.

SILVA, E. M. P. *et al*. *Fundamentos de ensaios mecânicos de metais*. Belo Horizonte: UFMG, 1980.

SILVA, L. C.; MEI, P. R. *Aços e ligas especiais*. Sumaré: Eletrometal, 1988.

SILVA, M. A. C. *et al*. Modelamento matemático, simulação numérica e validação do processo de laminação a quente para aços baixo carbono. *In*: Congresso Anual da ABM, 53., Belo Horizonte, 13-17 set. 1998. *Anais*... [*S. l.*]: ABM, 1998. p. 2258-2274.

SIMÃO, S. O. *et al.* Desenvolvimento do Projeto de Calibração do Dormente Metálico UIC-865. *In*: Simpósio da Colam-ABM, 1990.

SIMÃO, S. O. *et al.* Desenvolvimento do Projeto de Calibração do Dormente Metálico UIC-865. *In*: Simpósio da Colam-ABM, 1990.

SIVESSON, P.; RAIHLE, C. M.; KONTTINEN, J. Thermal Soft Reduction in Continuously Cast Slabs. *Materials Science and Engineering A*, p. 299-304, 1993.

STOUFFER, D.; DAME, L. *Inelastic Deformation of Metals.* New Jersey: John Wiley & Sons, 1996.

SUN, W. *et al.* Surface Characteristics of Oxide Scale in Hot Strip Rolling. *Journal of Materials Processing Technology*, v. 140, p. 76-83, 2003.

TANAKA, T. *et al. Microalloying '75.* Washington DC, 1975. *Anais...* New York, Union Carbide, 1977, p.1020.

TETELMAN, A. S.; MCEVILY, A. J. *Fracture of Structural Materials.* New York: Ed. J. Wiley, 1962.

THOMSEN, E. G.; YANG, C. T.; BIERBOWER, J. B. *An Experimental Investigation of the Mechanics of Plastic Deformation of Metals.* Berkeley: University of California Press, 1954. p. 89-144.

TRINKS, W. *Fundamentos de la laminación.* Madrid: Interciencia, 1964.

TSELIKOV, A. I.; ZYUZIN, V. *Modern Development of Rolling Mills.* Moscou: Mir Publischers, 1975.

TSELIKOV, A. I; NIKTIN, G. S.; ROKOTYAN, S. E. *The Theory of Lengthwise Rolling.* Moscou: Mir Publishing, 1981.

USIMINAS. *Conformação na prensa.* Ipatinga, 1984.

USIMINAS. *Catálogo – Estampagem crítica.* Belo Horizonte, 1996.

VALENZUELA, J. *Tratamento de efluentes em indústrias galvânicas.* São Paulo: Páginas e, 1999.

VAN VLACK, L. H. *Princípios de ciência e tecnologia dos materiais.* Rio de Janeiro: Editora Campus, 1984.

VEREIN DEUTSCHER EISENHUTTENLEUTE. *Steel*: a Handbook for Materials Research and Engineering – Volume 1: Fundamentals. Berlin: Springer-Verlag/Verlag Stahleisen, 1992.

VIEIRA, A. G. *et al.* Influência da estrutura inicial na fração volumétrica de austenita retida e nas propriedades mecânicas de um aço c-mn-si com efeito TRIP. *In*: Congresso Anual da ABM, 53., Belo Horizonte, 13-17 set. 1998. *Anais...*[*S. l.*]: ABM, 1998. p. 1176-1791.

VIEIRA, E. C. *Laminação dos aços*: noções básicas. São Paulo: ABM, 1986.

WHITEMAN, J. A. Princípios metalúrgicos e prática de conformação mecânica a quente de aços. *Metalurgia*, v. 31, n. 212, p. 421-440, 1975.

WILSON, W. R. O. Friction and Lubrification in Bulk Metal Forming. *J. of Appl. Metalworking*, v. 4, n. 4, p. 7-19, 1979.

WOOD, W. A. *The Study of Metal Structures and Their Mechanical Properties*. New York: Pergamom Press, 1971.

ZHANG, M.; SHAO, G. Characterization and Properties of Oxide Scales on Hot-Rolled Strips. *Materials Science and Engineering A.*, v. 452-453, p. 189-193, 2007.

ANEXO

Equivalência de vocabulário de produtos siderúrgicos

Tabela A.I – Equivalência de vocabulário utilizado com outros idiomas (NM COPANT 1588/1996 – Produtos siderúrgicos – Definições e classificação)

Português	Espanhol	Inglês	Francês
Aço líquido	Acero liquido	Liquid steel	Acier brut liquide
Arame	Alambre	Wire	Fils
Barra oca	Barra hueca	Hollow bar	Barre creuse
Barras	Barras	Bars	Barres
Barras chatas (retangular)	Barras planas	Flats bar	Barres piats
Barras e perfis leves e médios	Barras y perfiles livianos y medianos	Light and medium sections	Profilés léggers et moyens (laminés marchands)
Barras e perfis leves e médios especiais	Barras y perfiles livianos y medianos especiales	Special bars and special medium and light sections	Spéciales et petits moyens profilés spéciaux

(*continua*)

Tabela A.I – Equivalência de vocabulário utilizado com outros idiomas (NM COPANT 1588/1996 – Produtos siderúrgicos – Definições e classificação) (*continuação*)

Português	Espanhol	Inglês	Francês
Barras quadradas hexagonais e octogonais	Barras cuadradas, hexagonales y octogonales	Squares, hexagons and octagons bars	Barres carrés, hexagones et octogones
Blocos quadrados	Lochos cuadrados	Square blooms	Blomms carrés
Blocos retangulares: palanquilhas	Lochos rectangulares: palanquillas	Rectangular blooms: billets	Blooms rectangulaires: billettes
Chapa laminada a frio a) chapa fina b) chapa grossa	Chapa laminada en frio a) chapa fina b) chapa gruesa	Cold-rolled sheet/plate a) sheet b) plate	Tole à froid a) tole minces b) tole forte
Chapa laminada a quente a) tira larga laminada a quente b) tira estreita laminada a quente	Chapa laminada en caliente a) chapa laminada en caliente b) fleje laminado en caliente	Hot-rolled strip a) hot-rolled wide strip b) hot-rolled narrow strip	Bande à chaud a) large bande à chaud b) feuillard à chaud
Chapa não revestida	Chapa negra	Black plate	Fer noir
Chapas e tiras aluminizadas	Chapas y flejes aluminizados	Aluminium/aluminium silicon alloy-coated sheet/plate and strip	Toles et bandes aluminiées
Chapas e tiras com revestimento inorgânico a) chapas e tiras cromadas b) chapas e tiras fosfatadas	Chapas y flejes con revestimientos inorgánicos a) chapas y flejes cromatados b) chapas y flejes fosfatados	Sheet/plate and strip with inorganic coating a) chromated sheet/plate and strip b) phosphated sheet/plate and strip	Toles et bandes à revetements non organiques a) toles et bandes chromatées b) tolés et bandes phosphates
Chapas e tiras com revestimento metálico	Chapas y flejes con revestimiento metálico	Sheet/plate and strip with metal coating	Toles et bandes à revetement métallique
Chapas e tiras com revestimento orgânicos	Chapas y flejes con revestimientos orgánicos	Sheet/plate and strip with organic coatings	Toles et bandes à revetements organiques
Chapas e tiras cromadas	Chapas y flejes cromados	Chromium/chromium oxide-coated sheet strip	Toles et bandes en fer chromé

(*continua*)

Tabela A.I – Equivalência de vocabulário utilizado com outros idiomas (NM COPANT 1588/1996 – Produtos siderúrgicos – Definições e classificação) (*continuação*)

Português	Espanhol	Inglês	Francês
Chapas e tiras estanhadas a) folha de flandres b) chapas ou tiras estanhadas	Chapas y flejes estañados a) hojalata b) chapas y flejes estañadas	Tinned sheet/plate and strip a) tinplate b) tin coated sheet/ plate and strip	Toles et bandes étaméss a) fer blanc b) toles et bandes étamées
Chapas e tiras galvanizadas	Chapas y flejes galvanizados	Zinc-coated sheet/ plate and strip	Toles et bandes revétues de zinc
Chapas e tiras para uso elétrico	Chapas y flejes para uso eléctrico	Electrical sheet/plate and strip	Toies et bandes magnétiques
Chapas e tiras revestidas com chumbo	Chapas y flejes emplomadas	Terne-coated sheet/ plate and strip	Fer terne (tole plombée)
Chapas laminadas a quente, folhas a) chapa fina b) chapa grossa	Chapas laminadas en caliente, hojas a) chapa fina b) chapa gruesa	Hot-rolled sheet/plate a) sheet b) plate	Tole à chaud a) toles minces b) toles fortes
Chapas perfiladas	Chapas conformadas	Profiled sheets	Toles profilées
Esboço para perfis	Esbozos para perfiles	Blanks for sections	Ebauches pour profilés
Estacas de apoio	Pilote da apoyo	Bearing piles	Pieux métalliques
Fio-máquina	Alambrón	Rod	File machine
Planos universais	Planos universales	Wide flat	Large-plat
Lingotes	Lingotes	Ingots	Lingots
Lingotes planos	Lingotes planos	Slab ingots	Lingots plats
Material de vias ferroviárias e material similar	Material de vía ferroviaria y material similar	Railway track and similar material	Matériel de voies ferrées et matériel analogue
Palanquilhas quadradas	Palanquillas cuadradas	Square billets	Billettes careés
Palanquilhas retangulares	Palanquillas rectangulares	Rectangular billets	Billettes ractangulaires

(*continua*)

Tabela A.I – Equivalência de vocabulário utilizado com outros idiomas (NM COPANT 1588/1996 – Produtos siderúrgicos – Definições e classificação) (*continuação*)

Português	Espanhol	Inglês	Francês
Peças de aço sinterizado	Piezas de acero sinterizadas	Sintered steel components	Pièces de forme en acier fritte
Peças fundidas (moldadas)	Piezas fundidas (moldeadas)	Castings	Pièces moulées
Peças metálicas – estacas	Pilotes	Piling	Pieux métalliques
Peças metálicas armadas	Pilotes armados	Fabricated bearing pile	Pieu mélltalloque de faconnage
Perfil de "bulbo" plano	Perfil da bulbo plano	Bulb flats	Plats à boudin
Perfil oco	Perfil hueco	Hollow section	Profile creux
Perfil tubular	Pilote tubular	Tubular bearing pile	Pieu matállique tubulaire
Perfis conformados a frio	Perfiles conformados en frio	Cold-formed sections	Profilés formées à froid
Perfis H e colunas de abas largas ou muito largas	Perfiles H y columnas de alas anchas o muy anchas	H sections and columns or very broad flanges	Poutrelles H et coionnés à ailes ou trés larges
Perfis I de abas estreitas e médias	Perfiles I de alas angostas y medianas	I section marrow and medium flanges	Poutrelles à alles étroites et moyennes
Perfis I e H: a) perfis normais b) perfis finos c) perfis reforçados	Perfiles I y H: a) perfiles normales b) perfiles delgados c) perfiles reforzados	I and H sections a) parent sections b) thin sections c) thick sections	Poutrelles I et H a) profilés méres b) profilés minces ou allegés c) profilés renforcés
Perfis L (ângulos)	Perfiles L (ángulos)	Angles	Cornéres
Perfis leves a médios	Perfiles livianos y medianos	Light and medium sections	Profilés iégers et moyens
Perfis para arcos de minas	Perfiles para arcos de minas	Sections for colliery arches	Profilés pour souténement et mines
Perfis para cercas conformados a frio	Tablestaca conformada en frio	Cold-formed sheet piling	Palplanches formées à froid

(*continua*)

Tabela A.I – Equivalência de vocabulário utilizado com outros idiomas (NM COPANT 1588/1996 – Produtos siderúrgicos – Definições e classificação) (*continuação*)

Português	Espanhol	Inglês	Francês
Perfis para cercas e similares a) perfis em U e Z para cercas b) perfis planos para cercas c) perfis armados para cercas d) perfis leves para cercas e) perfis em h para cercas, para fixação f) perfis tubulares para cercas e caixotes	Tablestacas a) tablestacas U y Z b) tablestacas planas c) tablestacas armadas d) tablestacas livianas a) tablestacas h de enganche f) tablestaca tubular y cajón	Sheet piling a) U and Z sheet piling b) flat sheet piling c) fabricated sheet piling d) lightweight sheet piling (trench sheeting) e) interlocking h sheet piling f) box and tubular sheet piling	Palplanches A) palplanches en U et Z b) palplanchas plates c) palplanches de faconnage d) palplanches légers de blindage e) palplanches H d'enclenchment f) pieux caissons
Perfis pesados	Perfiles pesados	Heavy sections	Profilés lourds
Perfis pesados especiais	Perfiles pesados especiales	Special heavy sections	Poutrelles spéciales
Perfis soldados	Perfiles soldados	Welded sections	Profilés soudés
Perfis T de abas iguais	Perfiles T de alas iguales	T sections with equal flanges	Profilés en T à ailes égales
Perfis U	Perfiles U	U sections (channels)	Poutrelles U
Perfis U pequenos	Perfiles U pequeños	Small U sections (small channels)	Petits profillés U
Placas	Planchones	Slabs	Brames
Platinas	Llantones	Sheet bars	Largets
Pó de aço	Polvo de acero	Steel powder	Poudre d'acier
Produtos acabados forjados	Productos terminados forjados y estampados	Forged finished and stamped products	Produits finis forgés estampés
Produtos acabados laminados	Productos terminados Laminados	Finished products	Produits finis laminés
Produtos acabados laminados e produtos finais	Productos terminados laminados y productos finales	Rolled finished products and end products rolled	Produits finis laminés et produit finals

(*continua*)

Tabela A.I – Equivalência de vocabulário utilizado com outros idiomas (NM COPANT 1588/1996 – Produtos siderúrgicos – Definições e classificação) (*continuação*)

Português	Espanhol	Inglês	Francês
Produtos acabados longos, forjados	Productos largos terminados, forjados	Finished forged long products	Produits finis forgés longs
Produtos acabados, laminados para concreto armado e concreto protendido	Productos terminados laminados para hormigón armado y pretensado	Products for reinforcement and prestressing of concrete	Précontrainte de béton
Produtos brutos	Productos brutos	Crude products	Produits bruts
Produtos compostos (plaqueados)	Productos compuestos (plaqueados)	Composite products (sheet/plate and strip clad)	Toles et bandes plaquées
Produtos conformados a frio	Productos conformados en frio	Cold-formed products	Produits formées à froid
Produtos de superfície branca ou produtos com acabamento de superfície ("claros")	Productos calibrados (brillantes o "blancos")	Bright products	Produits blancs
Produtos descascados (torneados)	Productos torneados o pelados	Turned (or peeled) products	Produits écroutés galetés
Produtos finais	Productos finales	End products	Produits finais
Produtos forjados em matriz aberta	Productos forjados (estampa abierta)	Forged products (open die)	Produits forgés (á frappe libre)
Produtos forjados em matriz fechada	Productos estampados (estampa cerrada)	Drop forging (closed die)	Produits estamés
Produtos longos laminados a quente	Productos largos laminados en caliente	Hot rolled long products	Produits longs laminés à chaud
Produtos planos acabados	Productos planos terminados	Finished flat products	Produits finis aplatis
Produtos planos acabados laminados a quanta	Productos planos terminados laminados en caliente	Hot-rolled finished flat products	Produits plats finis laminés à chaud

(*continua*)

Tabela A.I – Equivalência de vocabulário utilizado com outros idiomas (NM COPANT 1588/1996 – Produtos siderúrgicos – Definições e classificação) (*continuação*)

Português	Espanhol	Inglês	Francês
Produtos planos com tratamento de superfície	Productos planos con tratamiento de superficie	Flat products with surface treatment	Produits piats avec traitement de surface
Produtos planos laminados a frio	Productos planos laminado en frio	Cold-rolled flat products	Produit plat laminé à froid
Produtos pulvimetalúrgicos	Productos pulvimetalúrgicos	Powder metallurgy products	Produits de la metallurgie des poudres
Produtos retificados	Productos rectificados	Ground products	Produits ractifiés
Produtos semiacabados para tubos sem costura	Productos semiterminados para tubos sin costura	Semi-finished products for seamless tubes	Demi-produits pour tubes sans soudure
Produtos semiacabados planos	Productos semiterminados planos	Semi-finished products	Demi-produits aplatis
Produtos semiacabados: blocos	Productos semiterminados: tochos	Semi-finished: blooms	Demi-produits: blooms
Produtos trefilados	Productos trefilados	Drawn products	Produits étirés
Redondos	Redondos	Round bars	Barres ronds
Tira estreita laminada a frio	Fleje laminado en frio	Cold-rolled narrow strip	Feulliard à froid
Tira larga laminada a frio	Chapa laminada en frio	Cold-rolled wide strip	Large bande à froid
Tubo	Tubo	Tube	Tube
Tubo sem costura	Tubo sin costura	Seamless tube	Tube sans soudure
Tubo soldado	Tubo soldado	Welded tube	Tube soude